A. A. BOROWKOW

# WAHRSCHEINLICHKEITSTHEORIE

MATHEMATISCHE REIHE

BAND 53

LEHRBÜCHER UND MONOGRAPHIEN

AUS DEM GEBIETE DER EXAKTEN WISSENSCHAFTEN

A. A. BOROWKOW

# WAHRSCHEINLICHKEITS-THEORIE

## EINE EINFÜHRUNG

In deutscher Sprache herausgegeben von

Prof. Dr. PETER FRANKEN

1976
BIRKHÄUSER VERLAG BASEL
UND STUTTGART

А. А. Боровков
Курс теории вероятностей

Erschienen im Verlag Nauka, Moskau

Deutsche Übersetzung: Dr. Egmar Rödel
Dipl.-Math. Hans Kühne

**CIP-Kurztitelaufnahme der Deutschen Bibliothek**
**Borovkov, Aleksandr A.**
Wahrscheinlichkeitstheorie: e. Einf./A. A. Borowkow. In dt. Sprache hrgg. von Peter Franken. (Lehrbücher und Monographien aus dem Gebiete der exakten Wissenschaften: Math. Reihe Bd. 53) Einheitssacht.: Kurs teorii verojatnostej <dt.>.


Vertrieb für alle nichtsozialistischen Länder:
Birkhäuser Verlag Basel 1976
ISBN 3-7643-0788-9
Printed in GDR

# VORWORT DES HERAUSGEBERS

Der Autor des vorliegenden Buches, korrespondierendes Mitglied der Akademie der Wissenschaften der UdSSR und Professor an der Nowosibirsker Staatlichen Universität, A. A. Borowkow, ist ein international bekannter Vertreter der sowjetischen wahrscheinlichkeitstheoretischen Schule. Das auf Erfahrungen aus langjähriger Lehrtätigkeit beruhende Buch schließt eine empfindliche Lücke im Angebot an mathematischen Hochschullehrbüchern.

Die ersten sieben Kapitel des Buches entsprechen sehr gut den verbindlichen Vorstellungen über den Aufbau der obligatorischen Grundvorlesung Wahrscheinlichkeitstheorie für Studenten der Mathematik an den Hochschulen und Universitäten der Deutschen Demokratischen Republik. Das einzige in der DDR bisher erschienene Buch von A. Rényi, das diesen Anforderungen genügt, ist für den Anfänger zu umfangreich.

Die Darstellung der Grundlagen der Wahrscheinlichkeitstheorie basiert, den heute allgemein anerkannten Prinzipien gemäß, auf der Verwendung der Maß- und Integrationstheorie. Das erforderliche Minimum an Kenntnissen auf diesem Gebiet wird bereitgestellt. Die Maß- und Integrationstheorie erscheint jedoch im Buch als das, was sie für Wahrscheinlichkeitstheoretiker wirklich ist, nämlich ein Hilfsmittel. Das Hauptanliegen besteht in der Vermittlung wahrscheinlichkeitstheoretischer Kenntnisse und Denkweisen.

Hervorzuheben sind die kurzen und eleganten Beweise. Die Beispiele sind so ausgewählt, daß sie den Leser auf das Wesentliche der vorangehenden Begriffe und Sätze orientieren. Der Leser wird sehr schnell an Sachverhalte herangeführt, die gewöhnlich den Spezialvorlesungen vorbehalten werden (z. B. Waldsche Identität, lokale Grenzwertsätze, stabile Verteilungen, Geschwindigkeitsabschätzungen, Wahrscheinlichkeiten großer Abweichungen, Erneuerungstheorie, bedingter Erwartungswert). Bemerkenswert ist die Aufnahme des Kapitels über Faktorisierungsidentitäten, durch das dem Leser der Einblick in einige höchst aktuelle Untersuchungsmethoden vermittelt wird.

Die bekannten Verteilungstypen und ihre numerischen Charakteristika werden recht kurz behandelt. Dem Anfänger werden diesbezüglich die Lehrbücher von B. W. Gnedenko, M. Fisz und A. Rényi empfohlen.

Professor Borowkow hat freundlicherweise alle inzwischen entstandenen Änderungen und Ergänzungen für die DDR-Ausgabe zur Verfügung gestellt. Es handelt sich dabei um eine Vielzahl kleiner Verbesserungen der Beweise und der inhaltlichen Erläuterungen sowie um neue Beispiele, die die Darstellung des Stoffes auflockern.

Daneben gibt es eine Reihe umfangreicher und grundlegender Änderungen: Das Kapitel 5 enthält eine sehr schöne Darstellung des Grenzwertsatzes von Poisson mit der dazugehörigen Geschwindigkeitsabschätzung. Wesentliche Änderungen haben die Kapitel 6 und 7 erfahren, wobei solche Fragen wie Geschwindigkeitsabschätzungen und Wahrscheinlichkeiten großer Abweichungen neu aufgenommen wurden. Neu geschrieben wurden die Abschnitte über Konvergenzarten, charakteristische Funktionen und stabile Verteilungen. Es wurde ein ganzes Kapitel 8 über Erneuerungstheorie neu aufgenommen. Auf seiner Grundlage gibt es eine Reihe wesentlicher Änderungen in den Kapiteln 9 und 11.

Insgesamt hat das Buch durch die erwähnten Veränderungen didaktisch und inhaltlich sehr gewonnen. Die vorliegende Fassung entspricht im wesentlichen der in Vorbereitung befindlichen 2. SU-Auflage des Buches.

Zwischen Autor und Herausgeber gab es während der Vorbereitung der DDR-Ausgabe eine fruchtbare Zusammenarbeit. In Abstimmung mit dem Autor wurde der Anhang über die Integrationstheorie vom Herausgeber durch die Abschnitte 5, 6 und 7 ergänzt.

Ebenfalls in Abstimmung mit dem Autor hat der Herausgeber einige geringfügige Textänderungen vorgenommen und einige Anmerkungen hinzugefügt, die dem Anfänger das Verständnis erleichtern sollen und ihn insbesondere auf weitere Literatur aufmerksam machen.

P. Franken

# VORWORT DES AUTORS

Diesem Buch liegen Vorlesungen zugrunde, die der Verfasser im Laufe einiger Jahre im dritten Studienjahr der mathematischen Fakultät der Nowosibirsker Staatlichen Universität gehalten hat. Es wird vorausgesetzt, daß der Leser in Ergänzung zum traditionellen Analysiskurs auch mit Elementen der Maßtheorie und insbesondere mit dem Begriff des Integrals bezüglich eines Maßes auf einem abstrakten Raum und seinen einfachsten Eigenschaften vertraut ist. Das Fehlen dieser Kenntnisse hindert jedoch keineswegs beim erfolgreichen Aneignen des Stoffs, falls der Leser bereit ist, bei einigen Behauptungen und Beweisen auf ihre allgemeinste Fassung zu verzichten.

Es gibt auch eine weitere Möglichkeit. Der Leser vermeidet alle Schwierigkeiten, wenn er beim Lesen der entsprechenden Abschnitte auf die Anhänge 1 und 3 am Ende des Buches zurückgreift, die in kurzer Form die notwendigen Ergebnisse aus der Maß- und Integrationstheorie enthalten.

Auch einige andere die Grundlagen der Wahrscheinlichkeitstheorie berührenden Fragen wurden in den Anhängen 1—4 behandelt, was dem Verfasser die Möglichkeit gibt, im Haupttext des Buches bei der Darlegung der eigentlichen wahrscheinlichkeitstheoretischen Fragen und Methoden tiefer vorzudringen.

Die ersten neun Kapitel des Buches bilden ein geschlossenes Ganzes, und man liest sie am besten hintereinander. Die Kapitel 10—13 setzen das Studium wahrscheinlichkeitstheoretischer Probleme in drei verschiedenen Richtungen fort (Faktorisierungsidentitäten — Kapitel 10, MARKOWsche Ketten und Informationstheorie — Kapitel 11 und 12 sowie einfachste Typen zufälliger Prozesse — Kapitel 13), die man unabhängig voneinander lesen kann. In den Vorlesungen wurde den Studenten verschiedener Jahrgänge jeweils eine dieser drei Ergänzungsvarianten dargeboten, und der Verfasser hat keinen Grund anzunehmen, daß einer dieser Varianten vom methodischen oder erkenntnistheoretischen Standpunkt der Vorzug gebürt.

Im Buch wird eine ganze Reihe von Aufgaben und Beispielen ausführlich behandelt. Das enthebt den Leser jedoch nicht der Notwendigkeit, selbständig zu üben. Aus den gegenwärtig vorhandenen Aufgabensammlungen liegt die Aufgabensammlung von L. D. MESCHALKIN[1]) dem Buch besonders nahe und wird daher dem Leser empfohlen.

---

[1]) Empfehlenswert ist auch die Aufgabensammlung von E. S. WENZEL und I.B. OWTSCHAROW, Akademie-Verlag, Berlin 1973 (Anm. d. Red).

Der Verfasser dankt an dieser Stelle seinen Freunden und Kollegen Ju. W. Prochorow, W. W. Petrow und B. A. Rogosin, deren zahlreiche nützliche Hinweise zur Verbesserung des Buches beigetragen haben.

Der Verfasser dankt aufrichtig E. A. Petscherski, der den größten Teil der Arbeit bei der Überarbeitung der Vorlesungsaufzeichnungen übernommen hat und dabei eine Reihe wertvoller Bemerkungen gemacht hat. Der Verfasser dankt des weiteren N. P. Leontjewa für die schnelle und sorgfältige Fertigstellung des Manuskripts und für die Beseitigung einer Reihe von Fehlern.

A. A. Borowkow

*Hinweis für den Leser.* Das Zeichen ◀ im Text bedeutet das Ende eines Beweises. Die Numerierung der Formeln, der Lemmata und der Sätze wird in jedem Kapitel extra vorgenommen. Kleingedruckte Texte können beim ersten Lesen weggelassen werden.

# INHALTSVERZEICHNIS

# EINFÜHRUNG

1. Die Anfänge der Wahrscheinlichkeitstheorie reichen bis ins XVII. Jahrhundert zurück und hängen mit den kombinatorischen Aufgaben der Glücksspiele zusammen. Es fällt einem schwer, Glücksspiele als ernsthafte Beschäftigung anzusehen. Jedoch gerade sie führten zu Aufgaben, die den Rahmen der damals vorhandenen mathematischen Modelle sprengten. Sie stimulierten die Einführung neuer Begriffe, Verfahren und Ideen. Diese neuen Elemente des mathematischen Denkens findet man bereits bei J. Bernoulli, Laplace, Gauss u. a. Die Namen dieser Mathematiker zieren zweifellos den Stammbaum der Wahrscheinlichkeitstheorie, der im gewissen Sinne mit einigen Lastern der Gesellschaft zusammenhängt. Es hat sich jedoch erwiesen, daß gerade dieser Umstand der Wahrscheinlichkeitstheorie in manchen Augen eine zusätzliche Anziehungskraft verleihen kann.

Am Ende des vergangenen und zu Beginn dieses Jahrhunderts traten ernsthafte, durch die Bedürfnisse der Naturwissenschaften geprägte Forderungen auf, die zur Entwicklung einer umfangreichen und relativ selbständigen mathematischen Disziplin, die man heute als Wahrscheinlichkeitstheorie bezeichnet, geführt haben. Dieses Wissensgebiet befindet sich bis zur Gegenwart im Zustand einer intensiven Entwicklung.

Der Umstand, daß die Zunahme unseres Wissens über die Natur ständig neue Forderungen an die Wahrscheinlichkeitstheorie stellt, erschient auf den ersten Blick paradox. Der Leser wird vermutlich bereits wissen, daß das Grundobjekt der Wahrscheinlichkeitstheorie der Zufall oder die in der Regel mit dem Unwissen zusammenhängende Unbestimmtheit ist. Gerade so verhält es sich im klassischen Beispiel — Werfen einer Münze, wo es uns schwer fällt, alle Faktoren, die die Lage der Münze nach ihrem Fall bestimmen, zu berücksichtigen.

Dieses Paradoxon ist jedoch nur scheinbar. In Wirklichkeit existieren in der Natur kaum exakte, streng determinierte quantitative Gesetze. Betrachten wir ein klassisches Beispiel solcher Gesetze — das Gesetz über die Abhängigkeit des Druckes eines Gases von seiner Temperatur. In Wirklichkeit handelt es sich dabei um eine Aussage mit einem Wahrscheinlichkeitscharakter über die Anzahl der Stöße der Teilchen gegen die Gefäßwände und die Teilchengeschwindigkeiten. Im Bereich der üblichen Temperaturen und Drucke sind die dabei auftretenden zufälligen Schwankungen mit großer Wahrscheinlichkeit sehr klein und werden durch unsere Meßgeräte nicht wahrgenommen. Anders verhält es sich bei der Untersuchung von Strömen seltener Teilchen, z. B. der kosmischen

Strahlung, obwohl zwischen den beiden Beispielen kein qualitativer Unterschied besteht.

Man kann in einer etwas anderen Richtung gehen und auf die Unbestimmtheitsrelation hinweisen, aufgrund deren für jedes Paar physikalischer Größen, die durch diese Relation miteinander zusammenhängen, die Fixierung der einen die exakte Bestimmung der anderen ausschließt. Hier erscheint die Zufälligkeit nicht als Folge der Unvollkommenheit unseres Wissens, sondern als eine prinzipielle Erscheinung, die das Wesen der Dinge wiederspiegelt. So ist z. B. die Lebensdauer eines radioaktiven Kerns dem Wesen nach zufällig und diese Zufälligkeit kann durch eine Vergrößerung unserer Erkenntnisse nicht beseitigt werden.

Die Unbestimmtheit stand also am Anfang des Erkenntnisprozesses, und sie bleibt während seines ständigen Fortschritts bestehen. Diese Bemerkungen tragen natürlich einen allgemeinen Charakter. Die Antwort auf die Frage, wann man wahrscheinlichkeitstheoretische Methoden anwenden soll und wann nicht, wird vermutlich stets durch das Verhältnis zwischen dem Genauigkeitsgrad, mit dem wir die gegebene Erscheinung untersuchen wollen, und den uns zur Verfügung stehenden Angaben über sie bestimmt sein.

2. In fast allen Bereichen der menschlichen Tätigkeit existieren Situationen, in denen diese oder jene Experimente oder Beobachtungen eine große Anzahl von Wiederholungen unter den gleichen Bedingungen zulassen. Die Wahrscheinlichkeitstheorie interessiert sich für die Experimente, deren Ergebnis sich von einer Wiederholung zur anderen ändern kann (Experimente mit zufälligem Ausgang). Im Ergebnis des Experiments können bestimmte Ereignisse eintreten oder nicht eintreten, man bezeichnet sie als *zufällige Ereignisse*.

Betrachten wir z. B. das Werfen einer Münze. Dieser Versuch hat zwei mögliche Ausgänge: Die Münze liegt entweder mit dem Wappen oder mit der Zahl nach oben. Dabei kann vor der Realisierung des Versuchs nicht gesagt werden, welcher Ausgang eintreten wird.

Wir haben bereits darauf hingewiesen, daß es uns praktisch unmöglich ist, alle Faktoren, die die Lage der Münze zum Zeitmoment ihres Aufpralls auf den Boden bestimmen, zu berücksichtigen. Das gleiche tritt ein, wenn man bei jeder Lotterie-Auslosung nur einen Tipschein erwirbt und dann zu erraten versucht, ob er gewinnt oder nicht. Ebenso kann man bei der Beobachtung eines genügend komplizierten Mechanismus nicht mit Sicherheit voraussagen, ob er vor einem vorgegebenen Zeitpunkt ausfällt oder nicht. In solchen Situationen lassen sich bei der Betrachtung des Ergebnisses eines einzigen Experiments sehr schwer Gesetzmäßigkeiten feststellen. Folglich hat man hier keine Grundlagen, eine Theorie aufzubauen.

Betrachtet man jedoch die Folge einer großen Anzahl derartiger gleicher Experimente, so stellt man eine interessante Erscheinung fest. Die Ergebnisse der einzelnen Experimente verhalten sich sehr „unregelmäßig“, im Mittel aber weisen sie eine Stabilität auf.

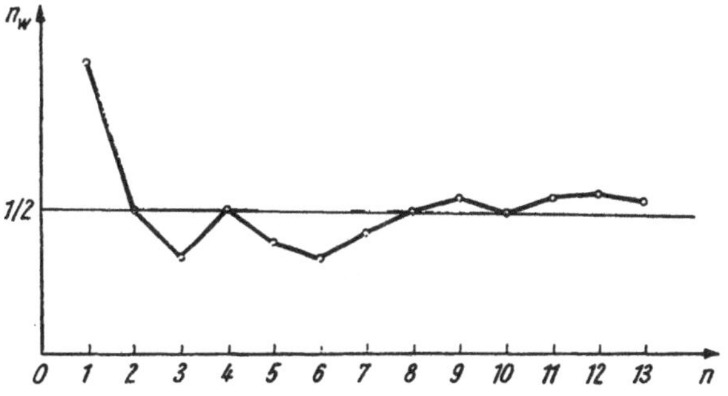


Abb. 1. Graphische Darstellung des Verhältnisses $\frac{n_w}{n}$ für die Realisierung *wzzwzzwwwzwwz* ($w$ — das Wappen, $z$ — die Zahl)

Wir wiederholen z. B. das Experiment „Werfen einer Münze" und bezeichnen mit $n_w$ die Anzahl des Auftretens des Wappens bei den ersten $n$ Versuchen. Danach tragen wir auf der Abszissenachse die Anzahl der durchgeführten Versuche und auf der Ordinatenachse die relative Häufigkeit $n_w/n$ ab. Verbindet man die Punkte $(n_w, n)$ durch einen Polygonzug, so stellt man fest, daß dieser sich mit wachsendem $n$ sehr schnell der Geraden $\frac{n_w}{n} = \frac{1}{2}$ nähert. So hat Buffon[1]) im XVIII. Jahrhundert 4040mal eine Münze geworfen. Dabei fiel das Wappen 2048 mal aus, so daß die relative Häufigkeit $n_w/n$ gleich 0,508 war. Pearson warf eine symmetrische Münze 24000mal; das Wappen fiel dabei 12012mal aus, $n_u/n = 0{,}5005$.

Diese Erscheinung hat einen allgemeinen Charakter: Die relative Häufigkeit des Auftretens irgendeines Ergebnisses in einer Serie von Wiederholungen eines Experiments unter den gleichen Bedingungen strebt mit wachsender Anzahl der Wiederholungen gegen eine Zahl $p \in [0, 1]$.

Es wäre daher natürlich, als Wahrscheinlichkeit eines Versuchsergebnisses diejenige Zahl $p$ zu nehmen, gegen die die relative Häufigkeit des Auftretens dieses Ergebnisses strebt. Aber eine solche Definition der Wahrscheinlichkeit (die auf von Mises[2]) zurückgeht) erweist sich als unbequem. Man hat niemals die ganze unendliche Folge der relativen Häufigkeiten, sondern nur eine endliche Teilfolge. Ferner wird sich die Folge der relativen Häufigkeiten des Auftretens eines Versuchsergebnisses bei der Durchführung einer Serie von Versuchen von der Folge der relativen Häufigkeiten des Auftretens des gleichen Versuchsergebnisses in einer anderen Serie von Versuchen unterscheiden.[3])

[1]) Diese Angaben sind dem „Lehrbuch der Wahrscheinlichkeitsrechnung" von B. W. Gnedenko, Akademie-Verlag, Berlin 1968, entnommen.

[2]) Vgl. z. B. R. von Mises „Wahrscheinlichkeit, Statistik und Wahrheit", Springer-Verlag, Wien 1936 (Anm. d. Red.).

[3]) Im Buch von F. Mosteller, R. Rourke, G. Thomas, Probability: A First Course, Addisson Wesley Publ. Comp, 1961, wird das Ergebnis eines Experiments von J. E. Kerrich angeführt: In 10 Serien zu je 1000 Würfen einer Münze fiel das Wappen jeweils 502, 511, 497, 529, 504, 476, 507, 528, 504, 529 mal (Anm. d. Red.).

Offenbar muß man die Wahrscheinlichkeit auf eine andere Weise definieren, jedoch so, daß die von uns festgestellte Eigenschaft der relativen Häufigkeit gültig bleibt: Die relative Häufigkeit eines Versuchsergebnisses muß bei wachsender Anzahl $n$ der Versuche in irgendeinem Sinne gegen die Wahrscheinlichkeit dieses Versuchsergebnisses streben. Hieraus ergibt sich insbesondere, daß als Wahrscheinlichkeiten nur die Zahlen $p$, $0 \leqq p \leqq 1$, auftreten können; dabei ist die Wahrscheinlichkeit von sicheren Ereignissen gleich 1 zu setzen.

Wir werden zunächst den Wahrscheinlichkeitsbegriff in einer vereinfachten Situation — im sogenannten diskreten Fall — einführen.

KAPITEL 1

# DISKRETE WAHRSCHEINLICHKEITSRÄUME

## § 1. Der Wahrscheinlichkeitsraum

Zur mathematischen Beschreibung von Experimenten mit zufälligem Ausgang benötigen wir als erstes den Begriff des *Raumes der Elementarereignisse*, der dem betrachteten Experiment entspricht. Darunter versteht man eine beliebige Menge $\Omega$ der sich gegenseitig ausschließenden Ausgänge des Experiments derart, daß jedes uns interessierende Resultat des Experiments eindeutig mit Hilfe der Elemente aus $\Omega$ beschrieben werden kann. Die Elemente $\omega$ von $\Omega$ nennt man Elementarereignisse. In dem vorhin betrachteten Beispiel des Werfens einer Münze besteht $\Omega$ aus zwei Elementen. Beim Würfeln mit einem sechsflächigen Spielwürfel ist $\Omega$ auch endlich und enthält sechs Elemente. $\Omega$ kann aber auch unendlich sein. Ein Beispiel hierfür ist der folgende Versuch. Eine Münze wird solange geworfen, bis zum ersten Mal das Wappen fällt. Wenn $z$ bzw. $w$ den Fall von Zahl bzw. Wappen bezeichnen, so kann man einen „elementaren Ausgang" dieses Experimentes als eine Folge $(zz \cdots zw)$ darstellen. Offensichtlich gibt es unendlich viele solcher Folgen.

Besteht die Menge $\Omega$ aus höchstens abzählbar vielen Elementen, so sprechen wir von einem *diskreten* Raum der Elementarereignisse. Man kann sofort Beispiele von Experimenten mit zufälligem Ausgang angeben, bei denen der Raum komplizierter ist. Interessiert man sich z. B. für die zufällige Lebensdauer eines elektronischen Bauelements, so ist $\Omega = [0, \infty)$. Die Ergebnisse des Experiments „Annahme eines Kardiogramms" sind Funktionen auf einem Intervall. Der Raum $\Omega$ ist in diesem Fall ein geeigneter Funktionenraum.

Wir bemerken, daß die Wahl des Raumes $\Omega$ zur Beschreibung eines Experiments nicht eindeutig ist. Bei der Betrachtung der zufälligen Lebensdauer könnten wir genauso gut $\Omega = (-\infty, +\infty)$ wählen. Die geeignete Wahl von $\Omega$ ist im allgemeinen eine Frage der praktischen Zweckmäßigkeit. Uns wird die konkrete Gestalt von $\Omega$ in der Regel nicht interessieren.

Die Teilmengen von $\Omega$ bezeichnet man in der Wahrscheinlichkeitstheorie als *Ereignisse* (*zufällige Ereignisse*). Unter der *Vereinigung* (*Summe*) zweier Ereignisse $A$ und $B$ verstehen wir das Ereignis $A + B$ $(A \cup B)$, welches aus allen Elementarereignissen besteht, die zu $A$ oder zu $B$ gehören. Der *Durchschnitt* (*Produkt*) von $A$ und $B$ ist das Ereignis $AB$ $(A \cap B)$, zu welchem die Elementarereignisse gehören, die in $A$ und in $B$ liegen. Der Differenz der Ereignisse $A$ und $B$ entspricht die Menge $A - B$, die alle Elemente von $A$ enthält, die nicht zu $B$ gehören.

$\Omega$ heißt *sicheres* Ereignis. Die leere Menge $\emptyset$ heißt *unmögliches* Ereignis und $\bar{A} = \Omega - A$ das zu $A$ *komplementäre* Ereignis. Die Ereignisse $A$ und $B$ heißen *unvereinbar* (disjunkt), wenn $AB = \emptyset$ ist.

Als Beispiel betrachten wir das Experiment des zweimaligen Werfens eines Spielwürfels. Als Raum der Elementarereignisse kann man hier die Menge betrachten, die aus den 36 Elementen $(i, j)$ besteht, wobei $i$ und $j$ die Werte von 1 bis 6 annehmen können und die Augenzahl des ersten bzw. zweiten Wurfes angeben. Die Ereignisse $A = \{i + j \leqq 3\}$ und $B = \{j = 6\}$ sind unvereinbar. Das Produkt der Ereignisse $A$ und $C = \{j \text{ ist gerade}\}$ ist das Ereignis (1, 2). Wir könnten auch den kleineren Raum von Elementarereignissen, der aus den 6 Elementen $i = 1, 2, \ldots, 6$ besteht, betrachten, wenn uns nur die Ausgänge des ersten Wurfes interessieren würden.

In diesem Kapitel beschränken wir uns auf die Betrachtung von diskreten Räumen der Elementarereignisse.

Wir sagen, daß auf $\Omega$ die Wahrscheinlichkeiten der Elementarereignisse gegeben sind, wenn auf $\Omega$ eine nichtnegative reellwertige Funktion $\mathsf{P}(\omega)$ definiert ist mit der Eigenschaft $\sum_{\omega \in \Omega} \mathsf{P}(\omega) = 1$. (Man sagt auch, daß die Funktion $\mathsf{P}$ eine *Wahrscheinlichkeit* oder eine *Wahrscheinlichkeitsverteilung* auf $\Omega$ definiert.)

Die *Wahrscheinlichkeit eines beliebigen Ereignisses* $A$ definiert man als die Zahl

$$\mathsf{P}(A) = \sum_{\omega \in A} \mathsf{P}(\omega) .$$

Diese Definition ist korrekt, weil die Reihe auf der rechten Seite absolut konvergiert.

Wir bemerken hier, daß uns die konkreten Zahlenwerte der Funktion $\mathsf{P}$ ebenfalls nicht interessieren werden; dies ist lediglich eine Frage der praktischen Bedeutung dieses oder jenes Modells. Es ist zum Beispiel klar, daß man im Falle eines symmetrischen Spielwürfels für die Ausgänge $1, 2, \ldots, 6$, $\mathsf{P}(1) = \mathsf{P}(2) = \cdots = \mathsf{P}(6) = 1/6$ setzen muß, wie man auch bei einer symmetrischen Münze $\mathsf{P}(z) = \mathsf{P}(w) = 1/2$ zu wählen hat und keine anderen Werte.

In den in der Einführung erwähnten Experimenten, wo es darum ging zu bestimmen, ob ein Mechanismus bis zu einem vorbestimmten Zeitpunkt defekt wird (das Ereignis $A$) oder danach (das Ereignisse $\bar{A}$), können gewöhnlich als Grundlage für die quantitative Schätzung der Wahrscheinlichkeit $\mathsf{P}(A)$ nur die Resultate der Experimente selbst dienen. Methoden zur Schätzung unbekannter Wahrscheinlichkeiten aus den Ergebnissen von Beobachtungen werden in der ***Mathematischen Statistik*** untersucht, deren Inhalt wir etwas später am Beispiel einer der Aufgaben dieses Kapitels erläutern werden.

Aus den obigen Definitionen erhält man unter Ausnutzung der absoluten Konvergenz der Reihe $\sum_{\omega \in A} \mathsf{P}(\omega)$ leicht die folgenden ***Eigenschaften der Wahrscheinlichkeit***:

$$\mathsf{P}(\emptyset) = 0 , \qquad \mathsf{P}(\Omega) = 1 , \tag{1}$$

$$\begin{aligned} \mathsf{P}(A + B) &= \sum_{\omega \in A \cup B} \mathsf{P}(\omega) = \sum_{\omega \in A} \mathsf{P}(\omega) + \sum_{\omega \in B} \mathsf{P}(\omega) - \sum_{\omega \in A \cap B} \mathsf{P}(\omega) = \\ &= \mathsf{P}(A) + \mathsf{P}(B) - \mathsf{P}(AB) , \end{aligned} \tag{2}$$

$$\mathsf{P}(\bar{A}) = 1 - \mathsf{P}(A) . \tag{3}$$

Hieraus folgt insbesondere, daß für disjunkte (unvereinbare) Ereignisse $A$ und $B$ gilt

$$\mathsf{P}(A + B) = \mathsf{P}(A) + \mathsf{P}(B) .$$

Diese Eigenschaft der *Additivität der Wahrscheinlichkeit* läßt sich offensichtlich verallgemeinern: Für eine beliebige Folge $A_1, \ldots, A_n$, $n \leqq \infty$, paarweise disjunkter Ereignisse (es ist $A_i A_j = \emptyset$ für $i \neq j$) gilt:

$$\mathsf{P}\left(\bigcup_{k=1}^{n} A_k\right) = \sum_{k=1}^{n} \mathsf{P}(A_k) , \qquad n \leqq \infty .$$

Im allgemeinen Fall ist jedoch

$$\mathsf{P}\left(\bigcup_{k=1}^{n} A_k\right) \leqq \sum_{k=1}^{n} \mathsf{P}(A_k) , \qquad n \leqq \infty .$$

## § 2. Die klassische Definition der Wahrscheinlichkeit

$\Omega$ bestehe aus $n$ Elementen und alle Ausgänge des Experimentes seien gleichwahrscheinlich; das heißt, es gilt $\mathsf{P}(\omega) = 1/n$ für alle $\omega \in \Omega$. In diesem Fall ist die Wahrscheinlichkeit eines jeden Ereignisses $A$ durch die Formel

$$\mathsf{P}(A) = \frac{\text{Anzahl der Elemente von } A}{n}$$

definiert. Dies ist die sogenannte *klassische Definition der Wahrscheinlichkeit* (man spricht auch von *diskreter Gleichverteilung*).

Sei eine Menge $\{a_1, \ldots, a_n\}$ gegeben. Wir werden sie eine *Grundgesamtheit* nennen. Eine geordnete Folge $(a_{j1}, a_{j2}, \ldots, a_{jk})$ heißt *Stichprobe* (*Auswahl*) vom Umfang $k$ aus der Grundgesamtheit. Diese Folge kann auf folgende Weise gebildet werden. Das erste Element $a_{j1}$ entnehmen wir der vollständigen Grundgesamtheit. Das folgende Element $a_{j2}$ entnehmen wir der um das Element $a_{j1}$ verminderten Grundgesamtheit, das Element $a_{j3}$ der um die Elemente $a_{j1}$ und $a_{j2}$ verminderten Grundgesamtheit usw. Die so erhaltene Stichprobe nennt man eine *Stichprobe ohne Zurücklegen*. Es ist klar, daß in diesem Fall $k \leqq n$ sein muß. Die Anzahl der möglichen Stichproben vom Umfang $k$ ist gleich

$$(n)_k = n(n-1)(n-2)\cdots(n-k+1) .$$

Tatsächlich kann an erster Stelle jedes der $n$ Elemente der Grundgesamtheit stehen, an zweiter Stelle jedes von entsprechend verbliebenen $(n-1)$ Elementen usw. Ein formaler Beweis kann mittels Induktion über $k$ durchgeführt werden.

Wir ordnen jeder Stichprobe ohne Zurücklegen die Wahrscheinlichkeit $1/(n)_k$ zu. Solche Stichprobe wird *zufällig* genannt (zufällige Auswahl). Diese Festlegung führt wieder zum klassischen Schema (Gleichverteilung).

Wir berechnen die Wahrscheinlichkeit dafür, daß $a_{j1} = a_1$ und $a_{j2} = a_2$ ist. Weil die gebliebenen $k - 2$ Plätze durch beliebige der $n - 2$ übrigen Elemente der Grundgesamtheit besetzt werden können, beträgt die Anzahl der Stichproben ohne Zurücklegen mit den Elementen $a_1$ und $a_2$ auf den ersten Plätzen $(n - 2)_{k-2}$. Damit ist die Wahrscheinlichkeit des betrachteten Ereignisses gleich

$$\frac{(n-2)_{k-2}}{(n)_k} = \frac{1}{n(n-1)}.$$

Die Auswahl ohne Zurücklegen kann man anschaulich als eine Folge von Ziehungen aus einer Gesamtheit von $n$ durchnumerierten Kugeln, die sich in einer Urne befinden, vorstellen. Die herausgenommenen Kugeln werden nicht in die Urne zurückgelegt.

Es ist aber auch möglich die Auswahl anders zu gestalten. Der Urne wird eine Kugel entnommen und deren Nummer notiert. Danach wird sie in die Urne zurückgelegt, um von neuem die Ziehung einer Kugel vorzunehmen; die gezogene Kugel wird wiederum notiert und in die Urne zurückgelegt usw. Die so erhaltene Stichprobe heißt eine *Stichprobe mit Zurücklegen.* Bei jeder Ziehung kann jede der $n$ Kugeln gezogen werden. Werden $k$ solche Ziehungen durchgeführt, dann beträgt die Gesamtheit aller möglichen Stichproben mit Zurücklegen $n^k$. Ordnen wir jeder Stichprobe die Wahrscheinlichkeit $1/n^k$ zu, so haben wir wiederum ein klassisches Versuchsschema (*zufällige Auswahl mit Zurücklegen*).

Als Beispiel berechnen wir die Wahrscheinlichkeit dafür, daß in einer Stichprobe mit Zurücklegen vom Umfang $k \leqq n$ alle Elemente verschieden sein werden.

Es gibt genauso viele Stichproben mit sich nicht wiederholenden Elementen, wie es Stichproben ohne Zurücklegen gibt, also $(n)_k$. Damit ist die gesuchte Wahrscheinlichkeit gleich $(n)_k/n^k$.

Wir wenden uns wieder den Stichproben ohne Zurücklegen aus der Grundgesamtheit $\{a_1, \ldots, a_n\}$ zu. Uns interessiert jetzt die Anzahl der Stichproben vom Umfang $k \leqq n$, die nur in der Zusammensetzung verschieden sind. Die Anzahl der möglichen Stichproben vom Umfang $k$, die die gleiche Zusammensetzung besitzen und die sich nur in der Reihenfolge der Elemente unterscheiden, ist $k!$. Aus diesem Grunde ist die Anzahl der Stichproben mit unterschiedlicher Zusammensetzung

$$\frac{(n)_k}{k!} = \binom{n}{k}.$$

Dies ist die Anzahl der Kombinationen aus $n$ zu je $k$ Elementen, dabei ist $0 \leqq k \leqq n$[1]). War die ursprüngliche Auswahl zufällig, so erhalten wir wie-

[1]) Wir setzen $\binom{n}{k} = 0$ für alle $k < 0$ und $k > n$.

derum ein klassisches Versuchsschema, weil die Wahrscheinlichkeit jeder neuen Stichprobe

$$\frac{k!}{(n)_k} = \frac{1}{\binom{n}{k}}$$

beträgt.

In einer Urne seien $n$ Kugeln, von denen $n_1$ schwarz und $n - n_1$ weiß sind. Es wird eine Stichprobe ohne Zurücklegen vom Umfang $k$ entnommen. Wie groß ist die Wahrscheinlichkeit dafür, daß in der Stichprobe genau $k_1$ schwarze Kugeln sind? Insgesamt gibt es $\binom{n}{k}$ Stichproben mit unterschiedlicher Zusammensetzung, wie bereits gezeigt wurde. Man kann $k_1$ schwarze Kugeln aus allen $n_1$ schwarzen Kugeln auf $\binom{n_1}{k_1}$ Möglichkeiten und die übrigen $k - k_1$ weißen Kugeln auf $\binom{n - n_1}{k - k_1}$ Möglichkeiten auswählen. Dabei kann offenbar jeder Satz schwarzer Kugeln mit jedem Satz weißer Kugeln zusammengesetzt werden. Deshalb gibt es $\binom{n_1}{k_1}\binom{n - n_1}{k - k_1}$ Stichproben vom Umfang $k$, die sich in der Zusammensetzung unterscheiden und die genau $k_1$ schwarze Kugeln enthalten. Das bedeutet, daß die gesuchte Wahrscheinlichkeit

$$P_{n_1, n}(k_1, k) = \binom{n_1}{k_1}\binom{n - n_1}{k - k_1} \Big/ \binom{n}{k}$$

beträgt. Die Zahlenfolge $P_{n_1, n}(0, k)$, $P_{n_1, n}(1, k)$, ..., $P_{n_1, n}(k, k)$ bildet die sogenannte *hypergeometrische* Verteilung. Aus der obigen Formel folgt insbesondere für beliebiges $n_1$ $(0 < n_1 < n)$ die Identität

$$\sum_{k_1=0}^{k} \binom{n_1}{k_1}\binom{n - n_1}{k - k_1} = \binom{n}{k}.$$

Beispiel: Wie groß ist die Wahrscheinlichkeit dafür, im Sport-Toto (6 aus 49) 6 „Richtige", 5 „Richtige", usw. zu haben?

Diese Aufgabe können wir wie folgt interpretieren: Wie groß ist die Wahrscheinlichkeit dafür, daß eine zufällige Stichprobe ohne Zurücklegen vom Umfang 6 aus einer Gesamtheit von 49 Kugeln, von denen genau 6 schwarz sind, $k$ $(k = 6, 5, ..., 0)$ schwarze Kugeln enthält?

Wir haben es also mit einer hypergeometrischen Verteilung zu tun. Insbesondere ist die Wahrscheinlichkeit, 6 „Richtige" zu haben, gleich

$$P_{6,49}(6,6) = \binom{49}{6}^{-1} \approx 7{,}2 \cdot 10^{-8}.$$

Im Zusammenhang mit der hypergeometrischen Verteilung kann man die folgende Bemerkung über das Wesen der Aufgaben der Wahrscheinlichkeitstheorie und der Mathematischen Statistik machen. Ist die Zusammensetzung der Grundgesamtheit bekannt, so kann man mit Hilfe der hypergeometrischen Verteilung bestimmen, welche Zusammensetzung eine Stichprobe haben kann. Dies ist die typische direkte Aufgabe der Wahrscheinlichkeitstheorie. Aber in den Naturwissenschaften muß gewöhnlich die umgekehrte Aufgabe gelöst werden, die Bestimmung der Struktur der Grundgesamtheit aus der Zusammensetzung einer Stichprobe. Derartige umgekehrte Aufgaben bilden bildlich gesprochen den Inhalt der Mathematischen Statistik.

## § 3. Das Bernoullische Schema

Aus der Grundgesamtheit, die nur aus den 2 Elementen 0 und 1 besteht, wird eine zufällige Stichprobe mit Zurücklegen vom Umfang $r$ entnommen. Insgesamt gibt es $2^r$ Stichproben. Sei $p$ eine Zahl aus dem Intervall $[0, 1]$. Auf der Menge $\Omega$ aller Stichproben definieren wir eine nichtnegative Funktion $\mathsf{P}$ auf folgende Weise: Befinden sich in der Stichprobe $\omega$ genau $k$ Einsen, so ist $\mathsf{P}(\omega) = p^k(1-p)^{r-k}$.

Um sich davon zu überzeugen, daß $\mathsf{P}$ eine Wahrscheinlichkeitsverteilung ist, muß man die Gültigkeit der Gleichung

$$\mathsf{P}(\Omega) = 1$$

prüfen. Es ist leicht zu begreifen, daß es für die Anordnung von $k$ Einsen auf $r$ Plätzen $\binom{r}{k}$ Möglichkeiten gibt. Das bedeutet, daß die Anzahl der Stichproben, die genau $k$ Einsen enthalten, ebenso groß ist. Jetzt ist es möglich, die Wahrscheinlichkeit von $\Omega$ zu berechnen:

$$\mathsf{P}(\Omega) = \sum_{k=0}^{r} \binom{r}{k} p^k (1-p)^{r-k} = (p + (1-p))^r = 1\,.$$

Die Identität in der Mitte ist der binomische Lehrsatz. Zugleich haben wir die Wahrscheinlichkeit dafür ermittelt, daß eine Stichprobe genau $k$ Einsen, $k = 0, 1, \ldots, n$, enthält:

$$P(k, r) = \binom{r}{k} p^k (1-p)^{r-k}\,.$$

Dies ist die sogenannte *Binomialverteilung*. Das ist die Verteilung der Anzahl der Erfolge in einer Folge von $n$ unabhängigen Versuchen mit nur zwei möglichen Ausgängen 1 (Erfolg) und 0 (Mißerfolg) und $p$ als Wahrscheinlichkeit des Erfolges in einem Versuch. Die Folge unabhängiger Versuche mit zwei möglichen Ausgängen 0 oder 1 und konstanten Wahrscheinlichkeiten $q = 1 - p$ bzw. $p$ für das Auftreten der 0 bzw. der 1 nennt man das Bernoullische *Schema*.

Es ist tatsächlich leicht zu beweisen, daß die Wahrscheinlichkeit des Auftretens der 1 an einer fixierten Stelle in der Stichprobe, z. B. an der Stelle mit der Nummer $s$, gleich $p$ ist. Man erhält eine Stichprobe vom Umfang $r - 1$, wenn man aus der ursprünglichen Stichprobe das Element mit der Nummer $s$ entfernt. Wir finden die gesuchte Wahrscheinlichkeit, indem wir die Wahrscheinlichkeiten dieser verkürzten Stichproben mit $p$ multiplizieren und über alle Stichproben vom Umfang $r - 1$ summieren.

Diese Summe ist offensichtlich gleich $p$. Betrachtet man die Entnahme des $s$-ten Elements als einen Versuch mit den möglichen Ausgängen 1 (Erfolg) oder 0 (Mißerfolg), so ist $p$ die Wahrscheinlichkeit des Erfolgs.

Auf den Begriff der Unabhängigkeit von Versuchen werden wir später eingehen, vgl. § 3, Kap. 2.

Durch analoge Überlegungen erhält man, daß die Wahrscheinlichkeit für das Auftreten der 1 an $k$ fixierten Stellen in der Stichprobe gleich $p^k$ ist.

Wir betrachten nun das Verhalten der Wahrscheinlichkeiten $P(k, r)$ für verschiedene $k$. Es gilt

$$R(k, r) = \frac{P(k, r)}{P(k-1, r)} = \frac{p}{1-p}\,\frac{r-k+1}{k} = \frac{p}{1-p}\left(\frac{r+1}{k} - 1\right).$$

Es ist klar, daß der Ausdruck $R(k, r)$ mit wachsendem $k$ monoton fällt, außerdem ist dieser Ausdruck für $\frac{k}{r+1} < p$ größer als 1, für $\frac{k}{r+1} > p$ kleiner als 1. Dies bedeutet, daß die Wahrscheinlichkeiten $P(k, r)$ zunächst mit $k$ wachsend, aber für $k > p(r+1)$ in $k$ fallend sind.

Diese Überlegungen gestatten es, mit Hilfe der Größen $P(k, r)$ die Wahrscheinlichkeiten

$$Q(k, r) = \sum_{j=0}^{k} P(j, r)$$

dafür abzuschätzen, daß die Anzahl der Erfolge im BERNOULLIschen Schema $k$ nicht übertrifft.

Es gilt nämlich für $k < p\,(r+1)$

$$Q(k, r) = P(k, r)\left(1 + \frac{1}{R(k, r)} + \frac{1}{R(k, r)\,R(k-1, r)} + \cdots\right) \leqq$$

$$\leqq P(k, r)\,\frac{R(k, r)}{R(k, r) - 1} = P(k, r)\,\frac{(r+1-k)\,p}{(r+1)\,p - k}.$$

Es ist leicht zu sehen, daß diese Abschätzung sehr genau wird, wenn die Zahlen $k$ und $r$ groß sind, der Quotient $k/pr$ aber nicht sehr nahe bei 1 liegt.

In diesem Fall wird sich die Summe

$$1 + \frac{1}{R(k, r)} + \frac{1}{R(k, r)\,R(k-1, r)} + \cdots$$

wenig von der Summe der geometrischen Reihe

$$\sum_{j=0}^{\infty} R^{-j}(k, r) = \frac{R(k, r)}{R(k, r) - 1}$$

unterscheiden, und es gilt näherungsweise

$$Q(k, r) \approx P(k, r)\,\frac{(r+1-k)\,p}{(r+1)\,p - k}.$$

Wir betrachten jetzt eine aus $n$ Elementen bestehende Grundgesamtheit, von denen $n_1$ Elemente einer ersten Art und $n_2 = n - n_1$ Elemente einer zweiten Art sind. Dieser Grundgesamtheit wird eine Stichprobe ohne Zurücklegen vom Umfang $r$ entnommen.

**Satz 1.** *$n$ und $n_1$ mögen derart gegen unendlich streben, daß $\frac{n_1}{n} \to p$ gilt, wobei $p$ eine Zahl aus dem Intervall* $[0, 1]$ *ist. Dann gilt für die hypergeometrische Verteilung die Beziehung*

$$P_{n_1, n}(r_1, r) \to P(r_1, r).$$

Beweis. Wir dividieren in der Formel für $P_{n_1, n}(r_1, r)$ (s. § 2) den Zähler und den Nenner durch $r^r$. Setzt man $r_2 = r - r_1$, so erhält man

$$P_{n_1,n}(r_1, r) = \frac{r!(n-r)!}{n!} \cdot \frac{n_1!}{r_1!(n_1-r_1)!} \cdot \frac{n_2!}{r_2!(n_2-r_2)!} =$$

$$= \frac{r!}{r_1! r_2!} \cdot \frac{\frac{n_1}{n}\left(\frac{n_1}{n} - \frac{1}{n}\right)\left(\frac{n_1}{n} - \frac{2}{n}\right)\cdots\left(\frac{n_1}{n} - \frac{r_1 - 1}{n}\right)}{\frac{n}{n}\left(1 - \frac{1}{n}\right)\cdots\left(1 - \frac{r-1}{n}\right)} \times$$

$$\times \frac{n_2}{n}\left(\frac{n_2}{n} - \frac{1}{n}\right)\cdots\left(\frac{n_2}{n} - \frac{r_2 - 1}{n}\right) \to \binom{r}{r_1} p^{r_1}(1-p)^{r_2} = P(r_1, r)$$

für $n \to \infty$. ◀

Für hinreichend großes $n$ ist infolge des bewiesenen Satzes $P_{n_1, n}(r_1, r)$ nahezu gleich $P(r_1, r)$. Deshalb kann man das Bernoullische Schema als eine Stichprobenentnahme ohne Zurücklegen aus einer sehr großen Grundgesamtheit mit einer entsprechenden Zusammensetzung (Anteil der „schwarzen" Kugeln ist gleich $p$) auffassen. Zum Abschluß untersuchen wir zwei Probleme.

Wir betrachten $n$ durchnumerierte Fächer, in welche zufällig $r$ unterscheidbare Teilchen fallen. Jedes Teilchen kann in ein beliebiges der $n$ Fächer fallen, weshalb es insgesamt $n^r$ verschiedene Aufteilungen der $r$ Teilchen auf $n$ Fächer gibt. Die Aufteilung der Teilchen auf die Fächer kann man als eine Stichprobe mit Zurücklegen vom Umfang $r$ aus einer Grundgesamtheit mit $n$ Elementen auffassen. Wir setzen voraus, daß ein klassisches Versuchsschema vorliegt, d. h. die Wahrscheinlichkeit eines jeden Versuchsausgangs $1/n^r$ beträgt[1]).

1. Wie groß ist die Wahrscheinlichkeit dafür, daß in das $k$-te Fach genau $r_1$ Teilchen gefallen sind? Die übrigen $r - r_1$ Teilchen, die nicht in das $k$-te Fach gefallen sind, haben sich auf die restlichen $n - 1$ Fächer verteilt. Für diese $r - r_1$ Teilchen bestehen $(n-1)^{r-r_1}$ Möglichkeiten, sich in den $n - 1$ Fächern zu plazieren.

---

[1]) In den physikalischen Anwendungen spricht man von der Maxwell-Boltzmannschen Statistik. Mehr darüber findet man in den Büchern von A. Rényi „Wahrscheinlichkeitsrechnung" DVW, Berlin 1971, und W. Feller „An Introduction to Probability Theory and Its Applications", vol. 1, Wiley, New York 1957 (Anm. d. Red.).

Es gibt $\binom{r}{r - r_1}$ Möglichkeiten für die Auswahl von $r - r_1$ Teilchen, die nicht in das Fach $k$ fallen, aus $r$ Teilchen. Deshalb ist die gesuchte Wahrscheinlichkeit gleich

$$\binom{r}{r - r_1}\frac{(n-1)^{r-r_1}}{n^r} = \binom{r}{r - r_1}\left(\frac{1}{n}\right)^{r_1}\left(1 - \frac{1}{n}\right)^{r-r_1}.$$

Diese Wahrscheinlichkeit stimmt mit $P(r_1, r)$ im BERNOULLIschen Schema mit $p = \frac{1}{n}$ überein.

2. Wir wollen jetzt die Wahrscheinlichkeit dafür berechnen, daß wenigstens ein Fach leer bleibt. Dieses Ereignis heiße $A$. Bezeichnet $A_k$ das Ereignis, daß das $k$-te Fach leer ist, so gilt

$$A = \bigcup_{k=1}^{n} A_k .$$

Um die Wahrscheinlichkeit des Ereignisses $A$ zu finden, benötigen wir die Formel für die Wahrscheinlichkeit einer Vereinigung von $n$ Ereignissen. Dabei können wir nicht die Additivität der Wahrscheinlichkeit ausnutzen, da die Ereignisse $A_k$ in dieser Aufgabe nicht disjunkt sind.

## § 4. Die Wahrscheinlichkeit der Vereinigung von Ereignissen. Beispiele

Wir befassen uns wieder mit einem beliebigen diskreten Wahrscheinlichkeitsraum.

**Satz 2.** (Satz von POINCARÉ.) *Es seien $A_1, A_2, \ldots, A_n$ beliebige Ereignisse. Dann gilt*

$$\mathsf{P}\left(\bigcup_{i=1}^{n} A_i\right) = \sum_{i=1}^{n} \mathsf{P}(A_i) - \sum_{i<j} \mathsf{P}(A_i A_j) + \\ + \sum_{i<j<k} \mathsf{P}(A_i A_j A_k) - \cdots + (-1)^{n-1}\, \mathsf{P}(A_1 \cdots A_n) .$$

Beweis. Es sei daran erinnert, daß $\mathsf{P}(A) = \sum_{\omega \in A} \mathsf{P}(\omega)$ ist. Ist $\omega \notin \bigcup_{i=1}^{n} A_i$, so geht der Wert $\mathsf{P}(\omega)$ nicht in die linke Seite der zu beweisenden Gleichung ein. Er wird aber auch nicht als Summand auf der rechten Seite auftreten, da aus $\omega \notin \bigcup_{i=1}^{n} A_i$ folgt, daß für alle $i$ gilt $\omega \notin A_i$.

Wir setzen jetzt voraus, daß $\omega \in \bigcup_{i=1}^{n} A_i$ gilt.

Das bedeutet, daß es wenigstens ein Ereignis $A_i$ gibt, in dem $\omega$ liegt. Es bezeichne $s$ die Anzahl dieser Ereignisse. Im linken Teil der zu beweisenden Gleichung tritt die Zahl $\mathsf{P}(\omega)$ als Summand auf. Jetzt bestimmen wir, wie oft der Summand $\mathsf{P}(\omega)$ in die rechte Seite eingeht.

In der ersten Summe tritt $\mathsf{P}(\omega)$ $s$-mal auf, in der zweiten offensichtlich so oft, wie es Produktereignisse $A_i A_j$, $i < j$, gibt, also $\binom{s}{2}$-mal, in der dritten $\binom{s}{3}$-mal usw. Jetzt ist es möglich, zu berechnen, wie oft $\mathsf{P}(\omega)$ in die rechte Seite eingeht:

$$s - \binom{s}{2} + \binom{s}{3} - \cdots + (-1)^{s-1}\binom{s}{s} = 1 - \Big[1 - \binom{s}{1} +$$

$$+ \binom{s}{2} - \binom{s}{3} + \cdots + (-1)^s \binom{s}{s}\Big] = 1 - (1-1)^s = 1 . \blacktriangleleft$$

Wenden wir uns jetzt unserer Aufgabe über die Aufteilung von $r$ Teilchen auf $n$ Fächer zu und bestimmen die Wahrscheinlichkeit des Ereignisses $A$, das darin besteht, daß wenigstens ein Fach leer bleibt. Wir stellten $A$ in der Form $\bigcup_{k=1}^{n} A_k$ dar, wobei $A_k$ das Ereignis ist, daß alle $r$ Teilchen unter Ausschluß des $k$-ten Faches in die restlichen $n-1$ Fächer fallen. Es gilt für jedes $k \leqq n$

$$\mathsf{P}(A_k) = \frac{(n-1)^r}{n^r} = \left(1 - \frac{1}{n}\right)^r .$$

Der Eintritt eines Ereignisses $A_k A_l$ bedeutet, daß alle $r$ Teilchen in $n-2$ Fächer fallen, deren Nummern ungleich $k$ und $l$ sind. Deshalb gilt für beliebige $k, l \leqq n$ $(k \neq l)$

$$\mathsf{P}(A_k A_l) = \frac{(n-2)^r}{n^r} = \left(1 - \frac{2}{n}\right)^r .$$

Analog gilt für alle $k, l, m \leqq n$ $(k \neq l \neq m,\ m \neq k)$

$$\mathsf{P}(A_k A_l A_m) = \frac{(n-3)^r}{n^r} = \left(1 - \frac{3}{n}\right)^r$$

usw. Die Wahrscheinlichkeit des Ereignisses $A$ beträgt also nach Satz 2

$$\mathsf{P}(A) = n\left(1 - \frac{1}{n}\right)^r - \binom{n}{2}\left(1 - \frac{2}{n}\right)^r + \cdots = \sum_{j=1}^{n} (-1)^{j-1} \binom{n}{j}\left(1 - \frac{j}{n}\right)^r .$$

Die Erörterung dieses Problemes werden wir im Beispiel 5 des Kapitels 4 fortsetzen.

Als Beispiel der Ausnutzung von Satz 2 betrachten wir noch eine Aufgabe, die viele verschiedenartige Anwendungen besitzt.

Es seien $n$ Elemente in einer gewissen Reihenfolge angeordnet. Auf zufällige Weise werden sie permutiert (alle $n!$ Permutationen sind gleichwahrscheinlich). Wie groß ist die Wahrscheinlichkeit dafür, daß mindestens ein Element auf seinem Platz bleibt?

Insgesamt gibt es $n!$ Permutationen. Sei $A_k$ das Ereignis, daß das $k$-te Element auf seinem Platz bleibt. Dieses Ereignis enthält $(n-1)!$ Elementarereignisse und seine Wahrscheinlichkeit beträgt

$$\mathsf{P}(A_k) = \frac{(n-1)!}{n!}.$$

Der Eintritt des Ereignisses $A_k A_l$ bedeutet, daß das $k$-te und das $l$-te Element auf ihren Plätzen bleiben; deshalb gilt

$$\mathsf{P}(A_k A_l) = \frac{(n-2)!}{n!} \quad \text{usw.,} \quad \mathsf{P}(A_1 \cdots A_n) = \frac{(n-(n-1))!}{n!} = \frac{1}{n!}.$$

Das Ereignis $\bigcup_{k=1}^{n} A_k$ ist gerade das Ereignis, das darin besteht, daß wenigstens ein Element auf seinem Platz blieb. Auf diese Weise können wir die eben erst bewiesene Formel ausnutzen

$$\mathsf{P}\left(\bigcup_{k=1}^{n} A_k\right) = \binom{n}{1}\frac{(n-1)!}{n!} - \binom{n}{2}\frac{(n-2)!}{n!} + $$
$$+ \binom{n}{3}\frac{(n-3)!}{n!} - \cdots + (-1)^{n-1}\frac{1}{n!} = 1 - \frac{1}{2!} + \frac{1}{3!} - \cdots$$
$$\cdots + \frac{(-1)^{n-1}}{n!} = 1 - \left(1 - 1 + \frac{1}{2!} - \frac{1}{3!} + \cdots + \frac{(-1)^n}{n!}\right).$$

Der Ausdruck in den Klammern enthält die ersten $n+1$ Glieder der Reihenentwicklung für $e^{-1}$, deshalb gilt für $n \to \infty$

$$\mathsf{P}\left(\bigcup_{k=1}^{n} A_k\right) \to 1 - e^{-1}. \blacktriangleleft$$

# KAPITEL 2

# BELIEBIGE WAHRSCHEINLICHKEITSRÄUME

## § 1. Axiome der Wahrscheinlichkeitstheorie. Der Wahrscheinlichkeitsraum

Im vorangehenden Kapitel beschränkten wir uns auf Probleme, bei denen der Raum der Elementarereignisse (Menge der möglichen Versuchsausgänge) höchstens abzählbar war. Wir konnten in diesem Fall jedem Ereignis $A$ eine nichtnegative Zahl $\mathsf{P}(A) = \sum_{\omega \in A} \mathsf{P}(\omega)$ zuordnen (die Wahrscheinlichkeit des Ereignisses $A$), so daß die reellwertige Mengenfunktion $\mathsf{P}(A)$ auf dem Mengensystem $\mathfrak{P}(\Omega)$, das aus allen Teilmengen von $\Omega$ besteht, folgende Eigenschaften besitzt:

(1) $\mathsf{P}(\Omega) = 1$,

(2) $\mathsf{P}(\bar{A}) = 1 - \mathsf{P}(A)$

(3) Sind die Ereignisse $A_i$, $i = 1, 2, \ldots$ paarweise disjunkt, so gilt

$$\mathsf{P}\left(\bigcup_i A_i\right) = \sum_i \mathsf{P}(A_i) .$$

Es wurde bereits im § 1 des Kapitels 1 darauf hingewiesen, daß es viele Probleme gibt, bei denen die Menge $\Omega$ der möglichen Versuchsausgänge überabzählbar ist. In diesem Fall ist es nicht immer möglich, allen Ereignissen (d. h. Teilmengen von $\Omega$) Wahrscheinlichkeiten zuzuordnen. Bei der Definition des Wahrscheinlichkeitsbegriffs muß man sich auf spezielle Klassen von Ereignissen beschränken.

Sei $\Omega$ ein beliebiger Raum der Elementarereignisse (beliebige Menge). Ein System $\mathfrak{F}$ von Teilmengen der Menge $\Omega$ heißt *Algebra*, wenn:

A1. $\Omega \in \mathfrak{F}$

A2. Aus $A \in \mathfrak{F}$ und $B \in \mathfrak{F}$ folgt:
$A \cup B \in \mathfrak{F}$ und $A \cap B \in \mathfrak{F}$

A3. Aus $A \in \mathfrak{F}$ folgt $\bar{A} \in \mathfrak{F}$.

Es ist leicht zu sehen, daß es in der Bedingung A2 ausreichend ist, die Gültigkeit nur einer der zwei angegebenen Beziehungen zu fordern. Die zweite Relation gilt dann automatisch.

Ein Mengensystem $\mathfrak{F}$ heißt *σ-Algebra*, oder BORELsches *Feld* von Ereignissen, wenn die Bedingung A2 für beliebige Mengenfolgen erfüllt ist.

A2'. Ist $\{A_n\}$ eine Folge von Mengen aus $\mathfrak{F}$, so gilt

$$\bigcup_{n=1}^{\infty} A_n \in \mathfrak{F}, \qquad \bigcap_{n=1}^{\infty} A_n \in \mathfrak{F}.$$

Wie in A2 ist es hier ausreichend, die Gültigkeit nur einer dieser zwei Relationen zu verlangen. Die andere folgt aus der Gleichheit $\overline{\bigcap A_n} = \bigcup \overline{A_n}$.

Eine Algebra ist also ein Mengensystem, das in bezug auf Komplementbildung und Bildung von endlichen Durchschnitten und Vereinigungen abgeschlossen ist; eine $\sigma$-Algebra ist abgeschlossen in bezug auf Bildung abzählbarer Durchschnitte und Vereinigungen.

Das Paar $\langle \Omega, \mathfrak{F} \rangle$ bestehend aus einer Menge $\Omega$ und einer $\sigma$-Algebra $\mathfrak{F}$ von Teilmengen von $\Omega$ nennt man einen *meßbaren Raum*. Die Elemente aus $\mathfrak{F}$ nennt man *meßbare* Ereignisse (wir werden später das Wort „meßbar" weglassen, jedoch verstehen wir unter einem Ereignis stets ein meßbares Ereignis).

Auf dem Intervall $[0, 1]$ bilden alle Mengen, die aus endlich vielen Intervallen zusammengesetzt sind, eine Algebra, aber keine $\sigma$-Algebra. Wir betrachten alle $\sigma$-Algebren, die die Intervalle enthalten (offenbar gibt es eine solche, weil die Gesamtheit aller Teilmengen einer gegebenen Menge eine $\sigma$-Algebra ist). Es ist leicht zu sehen, daß der Durchschnitt aller dieser $\sigma$-Algebren (d. h. die Gesamtheit aller Mengen, die in allen $\sigma$-Algebren gleichzeitig enthalten sind) erneut eine $\sigma$-Algebra ist. Sie ist die kleinste $\sigma$-Algebra, die die Intervalle enthält und heißt Borelsch; die Borelsche $\sigma$-Algebra kann man sich, grob gesprochen, vorstellen als Gesamtheit der Mengen, die man aus den Intervallen mit Hilfe abzählbar vieler Operationen von Vereinigungen, Durchschnitten und Komplementbildungen erhält. Sie ist eine reichhaltige Klasse von Mengen, die sicherlich zur Formalisierung der verschiedensten Anwendungsaufgaben ausreicht. Die Elemente der Borelschen $\sigma$-Algebra nennt man Borel-*Mengen* oder Borel-*meßbare* Mengen des Intervalls $[0, 1]$.

Ist irgendeine Klasse $\mathcal{A}$ von Mengen aus $\Omega$ gegeben, dann nennen wir die kleinste $\sigma$-Algebra, die $\mathcal{A}$ enthält, die von $\mathcal{A}$ erzeugte $\sigma$-Algebra und bezeichnen sie mit $\sigma(\mathcal{A})$. Als die Borelsche $\sigma$-Algebra ($\sigma$-Algebra der Borel-*Mengen*) des $n$-dimensionalen euklidischen Raum $R^n$ bezeichnet man die von den Rechtecken oder Sphären erzeugte $\sigma$-Algebra $\mathfrak{B}^n$. Ist $\Omega$ abzählbar, so fällt die von den Elementen aus $\Omega$ erzeugte $\sigma$-Algebra offenbar mit der $\sigma$-Algebra $\mathfrak{P}(\Omega)$ aller Teilmengen von $\Omega$ zusammen.

Zur Übung empfehlen wir dem Leser, die $\sigma$-Algebra von Teilmengen der Menge $\Omega = [0, 1]$ zu beschreiben, die durch

a) die Intervalle $\left(0, \frac{1}{3}\right)$ und $\left(\frac{1}{3}, 1\right)$,

b) die halboffenen Intervalle der Gestalt $(a, 1]$, $0 < a < 1$,

c) Mengen der Form $\{a\}$, $a \in [0, 1]$,

erzeugt wird.

Zur mathematischen Beschreibung eines Experiments mit zufälligem Ausgang ist es erforderlich, diesem Experiment einen meßbaren Raum $\langle \Omega, \mathfrak{F} \rangle$ zuzuordnen. Hierbei bezeichnet die Menge $\Omega$ den Raum der Elementarereignisse und $\mathfrak{F}$ eine $\sigma$-Algebra ausgewählter Ereignisse. Diesen meßbaren Ereignissen werden wir in der Lage sein, Wahrscheinlichkeiten zuzuordnen. Alle anderen Teilmengen von $\Omega$ werden wir nicht mehr betrachten. Die Auswahl dieser oder jener

$\sigma$-Algebra $\mathfrak{F}$ wird sowohl durch das Wesen des behandelten Problems, als auch durch die Struktur von $\Omega$ bestimmt. Es kann durchaus vorkommen, daß bestimmte inhaltlich sehr „interessante" Teilmengen aus $\Omega$ nicht in $\mathfrak{F}$ liegen, d. h. nicht meßbar sind (vgl. Kapitel 13).

Wir haben bereits in Kapitel I darauf hingewiesen, daß in der Wahrscheinlichkeitstheorie neben der gewöhnlichen mengentheoretischen Terminologie noch eine andere Terminologie verwendet wird, die damit zusammenhängt, daß die Mengen aus $\Omega$ (die in $\mathfrak{F}$ liegen) als Ereignisse interpretiert werden. In diesem Zusammenhang heißt $\Omega$ oft *sicheres Ereignis*. Nach den Axiomen A2 und A3 liegt die Menge $\emptyset$ auch in $\mathfrak{F}$; sie heißt *unmögliches Ereignis*. Das Ereignis $\bar{A}$ heißt das zu $A$ *komplementäre* Ereignis. Ist $A \cap B = \emptyset$, so heißen die Ereignisse $A$ und $B$ *unvereinbar*.

Wir führen jetzt den Begriff der Wahrscheinlichkeitsverteilung auf $\mathfrak{F}$ ein.[1])

Unter einer *Wahrscheinlichkeitsverteilung* auf der $\sigma$-Algebra $\mathfrak{F}$ eines meßbaren Raumes $\langle \Omega, \mathfrak{F} \rangle$ versteht man eine reellwertige Funktion $\mathsf{P}$ auf $\mathfrak{F}$, die folgende Eigenschaften besitzt:

P1. $\mathsf{P}(A) \geqq 0$ für alle $A$

P2. $\mathsf{P}(\Omega) = 1$

P3. Ist $\{A_n\}$ eine Folge paarweise unvereinbarer Ereignisse, d. h. $A_i A_j = \emptyset$ für $i \neq j$, dann gilt

$$\mathsf{P}\left(\bigcup_{n=1}^{\infty} A_n\right) = \sum_{n=1}^{\infty} \mathsf{P}(A_n) . \tag{1}$$

Die Eigenschaft P3 bezeichnet man als *$\sigma$-Additivität* der Funktion $\mathsf{P}$. Äquivalent zu Axiom P3 ist die Forderung der Additivität (1) für endlich viele Ereignisse $A_j$ und das folgende *Stetigkeitsaxiom*:

P3'. Ist $\{B_n\}$ eine Folge von Ereignissen mit der Eigenschaft[2]) $B_n \supset B_{n+1}$ und

$$B = \bigcap_{n=1}^{\infty} B_n, \text{ dann gilt } \mathsf{P}(B_n) \to \mathsf{P}(B) \text{ für } n \to \infty .$$

Beweis der Äquivalenz. Sei $\{B_n\}$ eine Folge von Ereignissen, die den Voraussetzungen in P3 genügt. Dann besteht die Folge der Ereignisse $B$, $C_k = B_k \bar{B}_{k+1}$, $k = 1, 2, \ldots$ aus paarweise unvereinbaren Ereignissen, und es ist $B_n = B + \bigcup_{k=n}^{\infty} C_k$ für alle $n$. Aus der Eigenschaft P3 von $\mathsf{P}$ folgt, daß die Reihe $\mathsf{P}(B_1) = \mathsf{P}(B) + \sum_{k=1}^{\infty} \mathsf{P}(C_k)$ konvergiert. Das bedeutet aber, daß für $n \to \infty$

$$\mathsf{P}(B_n) = \mathsf{P}(B) + \sum_{k=n}^{\infty} \mathsf{P}(C_k) \to \mathsf{P}(B)$$

gilt. Dies ist gerade die Eigenschaft P3'.

1) Eine nichtnegative $\sigma$-additive Mengenfunktion $\mu$ auf $\mathfrak{F}$ bezeichnet man als ein *Maß*. Das Maß $\mu$ heißt endlich, falls $\mu(\Omega) < \infty$ ist. Eine Wahrscheinlichkeitsverteilung $\mathsf{P}$ ist also ein normiertes Maß auf $\mathfrak{F}$ ($\mathsf{P}(\Omega) = 1$). Daher ist auch die Bezeichnung *Wahrscheinlichkeitsmaß* üblich (Anm. d. Red.).

2) Es genügt in P3' sich auf den Fall $B = \emptyset$ zu beschränken (Anm. d. Red.).

Sei umgekehrt $\{A_n\}$ eine Folge paarweise unvereinbarer Ereignisse. Dann gilt

$$\mathsf{P}\left(\bigcup_{k=1}^{\infty} A_k\right) = \mathsf{P}\left(\bigcup_{k=1}^{n} A_k\right) + \mathsf{P}\left(\bigcup_{k=n+1}^{\infty} A_k\right),$$

und man erhält die Gleichungen

$$\sum_{k=1}^{\infty} \mathsf{P}(A_k) = \lim_{n\to\infty} \sum_{k=1}^{n} \mathsf{P}(A_k) = \lim_{n\to\infty} \mathsf{P}\left(\bigcup_{k=1}^{n} A_k\right) =$$

$$= \lim_{n\to\infty} \left\{\mathsf{P}\left(\bigcup_{k=1}^{\infty} A_k\right) - \mathsf{P}\left(\bigcup_{k=n+1}^{\infty} A_k\right)\right\} = \mathsf{P}\left(\bigcup_{k=1}^{\infty} A_k\right),$$

wobei die letzte Gleichung aus P3′ folgt. ◀

Das Tripel $\langle \Omega, \mathfrak{F}, \mathsf{P}\rangle$ heißt ein *Wahrscheinlichkeitsraum*. Demnach ist durch die Angabe eines Wahrscheinlichkeitsraumes ein abzählbar additives ($\sigma$-additives) nichtnegatives Maß $\mathsf{P}$ auf einem meßbaren Raum gegeben, für das $\mathsf{P}(\Omega)=1$ ist. In dieser Form wurde die Axiomatik der Wahrscheinlichkeitstheorie von A. N. Kolmogorow formuliert. Das eingeführte Axiomen-System ist vollständig und widerspruchsfrei.

Beispiel 1. Das Experiment bestehe im zufälligen Werfen eines Punktes in das Quadrat $[0, 1] \times [0,1]$. Darunter werden wir Folgendes verstehen. Die Menge $\Omega$ aller Versuchsausgänge ist hier ein Quadrat. „Ein Versuch wurde durchgeführt" bedeutet hier, daß ein Punkt $\omega \in \Omega$ ausgewählt wurde. Die $\sigma$-Algebra $\mathfrak{F}$ bilden wir aus Mengen, für welche der Begriff des Flächeninhalts einen Sinn hat, zum Beispiel aus allen Borel-meßbaren Teilmengen des Quadrates. Die Wahrscheinlichkeit eines Ereignisses setzen wir dem Flächeninhalt der entsprechenden meßbaren Menge gleich. Es ist klar, daß hier alle Axiome erfüllt sind. Wir haben die sogenannte *Gleichverteilung* auf dem Einheitsquadrat erhalten. Analog wird die Gleichverteilung auf einem Intervall definiert.

Als anderes Beispiel wäre es möglich, ein Experiment zu betrachten, dessen Resultat eine auf dem Intervall $[a, b]$ stetige Funktion ist. In diesem Fall müßte man eine passende $\sigma$-Algebra in den Raum $C(a, b)$ der stetigen Funktionen oder in irgendeinem umfangreicheren Raum einführen und danach auf ihr ein Maß angeben. Dies ist aber schon etwas schwieriger als in Beispiel 1.

Betrachten wir in $\Omega = [0, 1]$ die durch isolierte Punkte dieser Strecke erzeugte $\sigma$-Algebra, dann erhalten wir Mengen, deren Lebesgue-Maß entweder 0 oder 1 ist. Mit anderen Worten, wir erhalten entweder sehr „dichte" oder sehr „magere" (abzählbare) Mengen, so daß diese $\sigma$-Algebra keine Intervalle $(a, b)$ mit $b - a < 1$ enthält.

Betrachten wir andererseits auf $\Omega = [0, 1]$ die $\sigma$-Algebra aller Teilmengen von $\Omega$, dann ist ein Wahrscheinlichkeitsmaß darauf mit $\mathsf{P}([a, b]) = b - a$ (d. h. eine Gleichverteilung) nicht möglich.

Wir machen jetzt noch eine allgemeine Bemerkung. Die Mathematik unterscheidet sich qualitativ von solchen Wissenschaften wie z. B. Physik, Chemie

u. a. dadurch, daß sie sich bei der Herleitung ihrer Schlußfolgerungen nicht ausschließlich auf experimentelle Daten stützt, mit deren Hilfe der Naturwissenschaftler versucht, Antworten auf seine Fragen zu erhalten, sondern sich im Rahmen einer bestimmten Konstruktion oder eines Axiomensystems entwickelt, mit denen das zu untersuchende Objekt beschrieben wird. Damit untersucht die Mathematik und speziell die Wahrscheinlichkeitstheorie das Wesen der uns umgebenden Erscheinungen methodisch anders. Sie untersucht die Erscheinungen nicht direkt, sondern sie untersucht *Modelle* dieser Erscheinungen, die aufgrund der menschlichen Erfahrung aufgestellt wurden. Der Wert des einen oder anderen Modells wird bestimmt durch die Übereinstimmung der Schlußfolgerungen aus der Theorie mit den Beobachtungsergebnissen und hängt gänzlich von der Auswahl der Axiome ab, durch die das Objekt charakterisiert wird.

In diesem Sinne sind die Axiome P1 und P2 und die Additivität der Wahrscheinlichkeit unbestreitbar und natürlich (vgl. die einführenden Bemerkungen über die gewünschten Eigenschaften von Wahrscheinlichkeiten). Die abzählbare Additivität der Wahrscheinlichkeit und die Eigenschaft A2′ der $\sigma$-Algebren sind feiner und weniger kontrollierbar durch unsere Intuition (wie übrigens vieles andere, was mit dem Begriff der Unendlichkeit zu tun hat). Die letzten beiden Eigenschaften wurden vor allem eingeführt, damit eine inhaltsreiche mathematische Theorie entwickelt werden kann. Eine Vielzahl von Anwendungen der Wahrscheinlichkeitstheorie, die aus dem in diesem Paragraphen formulierten Axiomensystem entwickelt wurde, zeigen seine hohe Effektivität und Zweckmäßigkeit.

## § 2. Eigenschaften von Wahrscheinlichkeitsverteilungen

(1) $\mathsf{P}(\emptyset) = 0$. Dies folgt aus der Gleichung $\emptyset + \Omega = \Omega$ und den Eigenschaften P2, P3 der Wahrscheinlichkeit.

(2) $\mathsf{P}(\bar{A}) = 1 - \mathsf{P}(A)$, wegen $A + \bar{A} = \Omega$ und $A \cap \bar{A} = \emptyset$.

(3) Wenn $A \subset B$, so gilt $\mathsf{P}(A) \leqq \mathsf{P}(B)$, was sich aus der Gleichung $\mathsf{P}(A) + \mathsf{P}(\bar{A}B) = \mathsf{P}(B)$ ergibt.

(4) $\mathsf{P}(A) \leqq 1$ (s. Eigenschaft (3) und P2)

(5) $\mathsf{P}(A \cup B) = \mathsf{P}(A) + \mathsf{P}(B) - \mathsf{P}(AB)$. Dies folgt aus $A \cup B = A + (B - AB)$ und $\mathsf{P}(B - AB) = \mathsf{P}(B) - \mathsf{P}(AB)$.

(6) $\mathsf{P}(A \cup B) \leqq \mathsf{P}(A) + \mathsf{P}(B)$; (6) ergibt sich unmittelbar aus (5).

(7) $$\mathsf{P}\left(\bigcup_{k=1}^{n} A_k\right) = \sum_{k=1}^{n} \mathsf{P}(A_k) - \sum_{k<l} \mathsf{P}(A_k A_l) + \sum_{k<l<m} \mathsf{P}(A_k A_l A_m) - \cdots (-1)^{n-1} \mathsf{P}(A_1 \cdots A_n).$$

Für ein diskretes $\Omega$ wurde diese Formel in § 4, Kap. 1, bewiesen und ausgenutzt. Wir schlagen dem Leser vor, sie selbständig mittels Induktion und unter Ausnutzung von (5) zu beweisen.

(8) $\mathsf{P}\left(\bigcup_{n=1}^{\infty} A_n\right) \leqq \sum_{n=1}^{\infty} \mathsf{P}(A_n)$. Weil $\bigcup_{n=1}^{\infty} A_n = \bigcup_{n=1}^{\infty} B_n A_n$ gilt, wobei $B_n = \Omega - \bigcup_{k=1}^{n-1} A_k$ ist und die Ereignisse $A_n B_n$ unvereinbar sind, folgt

$$\mathsf{P}\left(\bigcup_{n=1}^{\infty} A_n\right) = \sum_{n=1}^{\infty} \mathsf{P}(B_n A_n) \leqq \sum_{n=1}^{\infty} \mathsf{P}(A_n) .$$

(9) Ist $A_n$ eine monoton wachsende Mengenfolge ($A_n \subset A_{n+1}$) und $A = \bigcup A_n$, so gilt

$$\mathsf{P}(A) = \lim_{n\to\infty} \mathsf{P}(A_n) .$$

Denn ziehen wir die Mengen $B_n = A - A_n$ in Betracht, für die $B_{n+1} \subset B_n$ und $\bigcap B_n = \emptyset$ gilt, so erhalten wir nach dem Stetigkeitsaxiom P3′ für $n \to \infty$

$$\mathsf{P}(A - A_n) = \mathsf{P}(A) - \mathsf{P}(A_n) \to 0 . \blacktriangleleft$$

Im weiteren wird von uns auch der Begriff der auf einer *Algebra* $\mathfrak{A}$ von Teilmengen aus $\Omega$ definierten *Wahrscheinlichkeitsverteilung* (Wahrscheinlichkeitsmaß) benötigt. Dies ist eine reelle Funktion $\mathsf{P}$, die auf $\mathfrak{A}$ definiert ist und die folgenden Eigenschaften besitzt:

PA1. $\mathsf{P}(A) \geqq 0$ für alle $A \in \mathfrak{A}$.

PA2. $\mathsf{P}(\Omega) = 1$

PA3. Ist $A_n \in \mathfrak{A}$, $n = 1, 2, \ldots$, eine Folge von Mengen, für die $A_i A_j = \emptyset$ für $i \neq j$ und $\bigcup_{j=1}^{\infty} A_j \in \mathfrak{A}$ gilt, so ist die Gleichung

$$\mathsf{P}\left(\bigcup_{j=1}^{\infty} A_j\right) = \sum_{j=1}^{\infty} \mathsf{P}(A_j)$$

erfüllt. Die Eigenschaft PA3 ist wieder der Forderung der endlichen Additivität und dem folgenden Stetigkeitsaxiom äquivalent.

PA3′. Ist $B_n \in \mathfrak{A}$ eine Folge von Mengen mit $B_{n+1} \subset B_n$ und $\bigcap_{n=1}^{\infty} B_n = \emptyset$, so gilt $\mathsf{P}(B_n) \to 0$ für $n \to \infty$.

## § 3. Die bedingte Wahrscheinlichkeit. Unabhängigkeit von Ereignissen und Versuchen

Wir beginnen mit einigen Beispielen. Ein Experiment bestehe im dreimaligen Werfen einer symmetrischen Münze. Die Wahrscheinlichkeit dafür, daß das Wappen genau einmal fällt, d. h., daß eines der Elementarereignisse (wzz), (zwz), (zzw) eintritt, beträgt im klassischen Schema 3/8. Dieses Ereignis bezeichnen wir mit $A$. Wir setzen jetzt voraus, daß über den Ausgang des Experimentes zusätzlich bekannt ist, daß das Ereignis

$$B = \{\text{Anzahl der gefallenen Wappen ist ungerade}\}$$

eingetreten ist. Wie groß ist die Wahrscheinlichkeit des Ereignisses $A$ bei dieser zusätzlichen Information? Das Ereignis $B$ enthält 4 Elementarereignisse. Das

Ereignis $A$ setzt sich aber aus 3 dieser Elementarereignisse zusammen. Im Rahmen des klassischen Schemas ist es natürlich, die neue Wahrscheinlichkeit gleich 3/4 zu setzen.

Betrachten wir noch ein allgemeineres Beispiel. Es sei ein klassisches Schema (Gleichverteilung) mit $n$ Elementarereignissen gegeben. Das Ereignis $A$ bestehe aus $r$, das Ereignis $B$ aus $m$ und das Ereignis $AB$ aus $k$ Elementarereignissen. In Übereinstimmung mit dem vorigen Beispiel ist es natürlich, die Wahrscheinlichkeit des Ereignisses $A$ unter der Bedingung, daß das Ereignis $B$ eintrat, auf folgende Weise zu bestimmen:

$$\mathsf{P}(A/B) = \frac{k}{m} = \frac{k/n}{m/n}.$$

Der Quotient auf der rechten Seite ist gleich $\frac{\mathsf{P}(AB)}{\mathsf{P}(B)}$, weil

$$\mathsf{P}(AB) = k/n, \quad \mathsf{P}(B) = m/n$$

gilt.

Wir können jetzt zur allgemeinen Definition übergehen. Es sei $\langle \Omega, \mathfrak{F}, \mathsf{P} \rangle$ ein Wahrscheinlichkeitsraum und $A$ und $B$ seien beliebige Ereignisse. Ist $\mathsf{P}(B) > 0$, so definieren wir die *bedingte Wahrscheinlichkeit* des Ereignisses $A$ unter der Bedingung, daß das Ereignis $B$ eintrat, durch die Formel

$$\mathsf{P}(A/B) = \frac{\mathsf{P}(AB)}{\mathsf{P}(B)}.$$

Die Ereignisse $A$ und $B$ heißen *unabhängig*, wenn

$$\mathsf{P}(AB) = \mathsf{P}(A)\,\mathsf{P}(B).$$

gilt.

Wir geben einige Eigenschaften unabhängiger Ereignisse an.

(1) Ist $\mathsf{P}(B) > 0$, so ist die Unabhängigkeit von $A$ und $B$ der Gleichung $\mathsf{P}(A/B) = \mathsf{P}(A)$ äquivalent. (Der Beweis ist trivial.)

(2) Sind $A$ und $B$ unabhängig, so sind auch $\bar{A}$ und $B$ unabhängig.

Es gilt nämlich

$$\mathsf{P}(\bar{A}B) = \mathsf{P}(B - AB) = \mathsf{P}(B) - \mathsf{P}(AB) = \mathsf{P}(B)\,(1 - \mathsf{P}(A)) = \mathsf{P}(\bar{A})\,\mathsf{P}(B).$$

(3) Die Ereignisse $A$ und $B_1$, wie auch die Ereignisse $A$ und $B_2$, seien unabhängig und außerdem gelte $B_1B_2 = \emptyset$. Dann sind die Ereignisse $A$ und $B_1 + B_2$ unabhängig.

Die folgenden Gleichungen beweisen diese Eigenschaft:

$$\begin{aligned}\mathsf{P}(A(B_1 + B_2)) &= \mathsf{P}(AB_1 + AB_2) = \mathsf{P}(AB_1) + \mathsf{P}(AB_2) = \\ &= \mathsf{P}(A)\,(\mathsf{P}(B_1) + \mathsf{P}(B_2)) = \mathsf{P}(A)\,\mathsf{P}(B_1 + B_2).\end{aligned}$$

Wie wir nachstehend sehen werden, ist hier die Voraussetzung $B_1B_2 = \emptyset$ wesentlich.

Beispiel 2. $A$ bezeichne das Ereignis des Fallens des Wappens beim ersten von zwei Würfen mit einer symmetrischen Münze und $B$ den Fall der Zahl beim zweiten Wurf. Die Wahrscheinlichkeit jedes dieser Ereignisse beträgt 1/2 und die des Durchschnitts $AB$

$$\mathsf{P}(AB) = \frac{1}{4} = \frac{1}{2} \cdot \frac{1}{2} = \mathsf{P}(A)\ \mathsf{P}(B)\,.$$

Demnach sind die Ereignisse $A$ und $B$ unabhängig.

Beispiel 3. Wenden wir uns dem Beispiel 1 zu. Das Ereignis $A$ bestehe darin, daß ein zufällig geworfener Punkt in das Gebiet fällt, dessen Abszissen nicht kleiner als $a$ sind, und $B$ bestehe darin, daß ein zufällig geworfener Punkt in das Gebiet fällt, dessen Ordinaten nicht kleiner als $b$ sind.

In der Abbildung 2 sind beide Gebiete schraffiert. Das Ereignis $AB$ ist kariert dargestellt. Offensichtlich gilt $\mathsf{P}(AB) = \mathsf{P}(A)\ \mathsf{P}(B)$, und das bedeutet, daß die Ereignisse $A$ und $B$ unabhängig sind. Besagt das Ereignis $B$, daß der zufällig geworfene Punkt in das Dreieck FCD fällt (s. Abb. 2), so stellt man leicht fest, daß $A$ und $B$ abhängig sind.

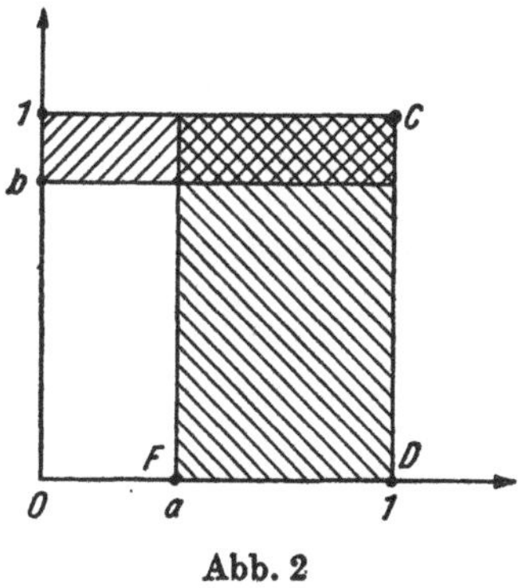


Abb. 2

**Definition.** Die Ereignisse $B_1, B_2, \ldots, B_n$ heißen *vollständig unabhängig*, wenn für beliebige $1 \leqq i_1 < i_2 < \cdots < i_r \leqq n$, $r = 2, 3, \ldots, n$, gilt

$$\mathsf{P}\left(\bigcap_{k=1}^{r} B_{i_k}\right) = \prod_{k=1}^{r} \mathsf{P}(B_{i_k})\,.$$

Paarweise Unabhängigkeit von Ereignissen ist nicht hinreichend für die vollständige Unabhängigkeit von $n$ Ereignissen. Dies beweist das folgende Beispiel.

Beispiel 4 (Bernstein). Wir betrachten das folgende Experiment: Auf eine Ebene wird ein Tetraeder geworfen, bei dem drei seiner Begrenzungsflächen die Farben rot, blau oder grün haben, während die vierte Fläche mit allen drei Farben versehen ist. Der Eintritt des Ereignisses $R$ bedeutet, daß beim Wurf des Tetraeders auf die Ebene eine Fläche unten liegt, die mit der Farbe rot versehen ist. Die entsprechenden Ereignisse für blau und grün werden mit $B$ und $G$ bezeichnet. Weil jede der 3 Farben auf zwei Flächen vorkommt, gilt $\mathsf{P}(R) = \mathsf{P}(B)$

$= \mathsf{P}(G) = 1/2$. Die Wahrscheinlichkeit des Durchschnittes eines beliebigen Paares der angegebenen Ereignisse beträgt $1/4 = 1/2 \cdot 1/2$ weil jedes Paar von Farben nur auf einer Fläche anwesend ist. Das bedeutet, daß alle drei Ereignisse paarweise unabhängig sind. Andererseits gilt

$$\mathsf{P}(RBG) = \frac{1}{4} \neq \mathsf{P}(R)\,\mathsf{P}(G)\,\mathsf{P}(B) = \frac{1}{8}. \blacktriangleleft$$

Es ist jetzt leicht ein Beispiel dafür zu konstruieren, daß bei $B_1B_2 \neq \emptyset$ die Eigenschaft (3) unabhängiger Ereignisse nicht gelten muß.

Als Beispiel einer Folge von Ereignissen, die vollständig unabhängig sind, kann man die Folge der Ausgänge bei einzelnen Versuchen (Entnahme eines Elements) im Bernoullischen Schema anführen.

Nehmen wir an, daß jeder Ausgang (0 oder 1) als Resultat eines *Einzelversuches* erhalten wird, so erkennen wir, daß jedes zu einem festen Versuch gehörende Ereignis unabhängig von jedem zu den übrigen Versuchen gehörenden Ereignis ist. In solchen Fällen spricht man von einer Folge *unabhängiger Versuche.*

Um eine allgemeinere Definition zu geben, betrachten wir zwei beliebige Experimente $G_1$ und $G_2$ und bezeichnen mit $\langle \Omega_1, \mathfrak{F}_1, \mathsf{P}_1 \rangle$ bzw. $\langle \Omega_2, \mathfrak{F}_2, \mathsf{P}_2 \rangle$ die ihnen entsprechenden Wahrscheinlichkeitsräume. Wir untersuchen gleichfalls das „zusammengesetzte“ Experiment $G$ mit dem Wahrscheinlichkeitsraum $\langle \Omega, \mathfrak{F}, \mathsf{P} \rangle$, wobei $\Omega = \Omega_1 \times \Omega_2$, $\mathfrak{F} = \mathfrak{F}_1 \times \mathfrak{F}_2$ das direkte Produkt der Mengen $\Omega_1$ und $\Omega_2$ bzw. die Produkt-$\sigma$-Algebra von $\mathfrak{F}_1$ und $\mathfrak{F}_2$ sind ($\mathfrak{F}$ ist die von den Ereignissen $B = B_1 \times B_2$, $B_1 \in \mathfrak{F}_1$, $B_2 \in \mathfrak{F}_2$, erzeugte $\sigma$-Algebra).

Wir werden sagen, daß *die Versuche* $G_1$ *und* $G_2$ *unabhängig* sind, wenn für alle

$$B = B_1 \times B_2\,, \qquad B_1 \in \mathfrak{F}_1\,, \qquad B_2 \in \mathfrak{F}_2$$

die Beziehung

$$\mathsf{P}(B) = \mathsf{P}_1(B_1)\,\mathsf{P}_2(B_2) = \mathsf{P}(B_1 \times \Omega_2)\,\mathsf{P}(\Omega_1 \times B_2)$$

erfüllt ist.

Die *Unabhängigkeit von n Versuchen* $G_1, \ldots, G_n$ definiert man analog mit Hilfe der Gleichung

$$\mathsf{P}(B) = \mathsf{P}_1(B_1) \cdots \mathsf{P}_n(B_n)\,,$$

hierbei ist $B = B_1 \times \cdots \times B_n$; $B_k \in \mathfrak{F}_k$ und $\langle \Omega_k, \mathfrak{F}_k, \mathsf{P}_k \rangle$ der dem Experiment $G_k$, $k = 1, \ldots, n$, entsprechende Wahrscheinlichkeitsraum.

Im Zusammenhang mit dem Bernoullischen Schema können wir bemerken, daß auch eine im gewissen Sinne umgekehrte Behauptung richtig ist: Jede Folge unabhängiger gleichartiger Versuche mit zwei möglichen Ausgängen entspricht einem Bernoullischen Schema.

In Kap. 3 werden wir einiges über den Zusammenhang der eingeführten Begriffe der Unabhängigkeit mit der üblichen Auffassung von der kausalen Abhängigkeit ausführen.

## § 4. Die Formel der totalen Wahrscheinlichkeit und die Bayessche Formel

Es sei $A$ ein Ereignis, $B_1, B_2, \ldots, B_n$, $n \leqq \infty$, seien paarweise unvereinbare Ereignisse, die positive Wahrscheinlichkeiten besitzen und für die $A \subset \bigcup_{j=1}^{n} B_j$

ist. Dann gilt die *Formel der totalen Wahrscheinlichkeit*

$$\mathsf{P}(A) = \sum_{j=1}^{n} \mathsf{P}(B_j)\, \mathsf{P}(A/B_j)\,.$$

Beweis. Aus den aufgeführten Bedingungen folgt $A = \bigcup_{j=1}^{n} B_j A$. Außerdem sind die Ereignisse $AB_1, AB_2, \ldots, AB_n$ paarweise unvereinbar. Es gilt also

$$\mathsf{P}(A) = \sum_{j=1}^{n} \mathsf{P}(AB_j) = \sum_{j=1}^{n} \mathsf{P}(B_j)\, \mathsf{P}(A/B_j)\,. \blacktriangleleft$$

Beispiel 5. In Modellen des radioaktiven Zerfalls ist die Wahrscheinlichkeit dafür, daß in einer Zeiteinheit $j$ Zusammenstöße erfolgen, gleich

$$p_j = \frac{e^{-\lambda}\lambda^j}{j!}, \quad j = 0, 1, \ldots,$$

wobei $\lambda$ ein positiver Parameter ist (dies ist die sogenannte Poisson-Verteilung, welche wir in den Kapiteln 3 und 12 detailliert untersuchen werden). Bei jedem Zusammenstoß können als Ergebnis der Wechselwirkung verschiedene Gruppen von Elementarteilchen entstehen, wobei die Wahrscheinlichkeit des Auftretens jeder Gruppe fest ist und nicht von den Resultaten der Wechselwirkung bei den übrigen Zusammenstößen abhängt. Als eine von diesen Gruppen betrachten wir das Paar der $\mu$-Mesonen und bezeichnen mit $p$ die Wahrscheinlichkeit ihres Entstehens nach einem Zusammenstoß. Wie groß ist dann die Wahrscheinlichkeit des Ereignisses $A_k = \{$in einer Zeiteinheit entstehen $k$ Paare von $\mu$-Mesonen$\}$ ?

Nehmen wir an, daß das Ereignis $B_j = \{$in einer Zeiteinheit finden $j$ Zusammenstöße statt$\}$ eingetreten ist. Dann haben wir eine Folge von $j$ unabhängigen Versuchen (Zusammenstößen), und die Wahrscheinlichkeit für das Auftreten von $k$ Paaren von $\mu$-Mesonen beträgt $\binom{j}{k} p^k (1-p)^{j-k}$. Nach der Formel der totalen Wahrscheinlichkeit gilt also

$$\mathsf{P}(A_k) = \sum_{j=k}^{\infty} \mathsf{P}(B_j)\, \mathsf{P}(A_k/B_j) = \sum_{j=k}^{\infty} \frac{e^{-\lambda}\lambda^j}{j!} \frac{j!}{k!(j-k)!} p^k(1-p)^{j-k} =$$

$$= \frac{e^{-\lambda}p^k\lambda^k}{k!} \sum_{j=0}^{\infty} \frac{(\lambda(1-p))^j}{j!} = \frac{e^{-\lambda p}(p\lambda)^k}{k!}.$$

Wir haben auf diese Weise wiederum eine Poisson-Verteilung erhalten, aber mit dem Parameter $\lambda p$.

Der angegebene Lösungsweg ist nicht streng formalisiert. Eine formale Lösung erfordert vor allem die Konstruktion eines geeigneten Wahrscheinlichkeitsraumes. Dieser erweist sich hier als ziemlich kompliziert. Bezeichnen wir mit $\Omega_j$ den Raum der Elementarereignisse im Bernoullischen Schema mit $j$ Versuchen und mit $e_j$ ein Element von $\Omega_j$. Dann kann man als $\Omega$ die Menge aller möglichen Paare $\{(j, e_j)\}_{j=0}^{\infty}$, nehmen, wobei $j$ die Anzahl der Zusammenstöße anzeigt und $e_j$ eine Folge der Länge $j$ von „Erfolgen“ und „Nicht-Erfolgen“ bedeutet („Erfolg“ — Auftreten von $\mu$-Mesonen). Wenn $e_j$ $k$ „Erfolge“ enthält, so muß man

$$\mathsf{P}((j, e_j)) = p_j p^k (1-p)^{j-k}$$

setzen. Um $P(A_k)$ zu erhalten, müssen diese Wahrscheinlichkeiten über alle $e_j$ summiert werden, die $k$ Erfolge umfassen, also über alle $j \geqq k$ (das Prinzip der Formel der totalen Wahrscheinlichkeit wird hier bei der Zerlegung von $A_k$ in die Ereignisse $(j, e_j)$ implizit ausgenutzt). ◀

Die Tatsache, daß die Anzahl der Zusammenstöße von Teilchen durch eine POISSON-Verteilung beschrieben wird, kann man aus folgenden, mit dem Wesen des betrachteten physikalischen Prozesses zusammenhängenden Annahmen herleiten.

Das Ereignis $B_i(t, u)$ bestehe darin, daß in dem Zeitintervall $[t, t+u)$ $j$ Zusammenstöße stattgefunden haben. Dann kann man annehmen, daß

a) die Ereignispaare $B_j(v, t)$ und $B_k(v+t, u)$, die durchschnittsfremden Zeitintervallen entsprechen, für alle $v, t, u, j$ und $k$ unabhängig sind,

b) für kleine $\Delta$ die Wahrscheinlichkeit eines Zusammenstoßes in dem Zeitraum $\Delta$ proportional zu $\Delta$ ist:

$$\mathsf{P}(B_1(t, \Delta)) = \lambda\Delta + o(\Delta)$$

und außerdem

$$\mathsf{P}(B_k(t, \Delta)) = o(\Delta) \quad \text{für} \quad k \geqq 2$$

gilt.

Benutzen wir wiederum die Formel der totalen Wahrscheinlichkeit unter den Hypothesen $B_j(v, t)$, so erhalten wir für die Wahrscheinlichkeiten $p_k(t) = \mathsf{P}(B_k(v, t))$ die folgenden Beziehungen:

$$p_k(t+\Delta) = \sum_{j=0}^{k} p_j(t)\, \mathsf{P}(B_k(v, t+\Delta)/B_j(v, t)) =$$
$$= \sum_{j=0}^{k} p_j(t)\, \mathsf{P}(B_{k-j}(v+t, \Delta)) = o(\Delta) + p_{k-1}(t)\,(\lambda\Delta + o(\Delta)) +$$
$$+ p_k(t)\,(1 - \lambda\Delta - o(\Delta)), \quad k \geqq 1;$$

$$p_0(t+\Delta) = p_0(t)\,(1 - \lambda\Delta - o(\Delta)).$$

Aus der letzten Gleichung ergibt sich

$$\frac{p_0(t+\Delta) - p_0(t)}{\Delta} = -\lambda p_0(t) + o(1).$$

Folglich existiert die Ableitung

$$p_0'(t) = -\lambda p_0(t).$$

Auf analoge Weise stellen wir fest, daß die Ableitungen

$$p_k'(t) = \lambda p_{k-1}(t) - \lambda p_k(t), \qquad k \geqq 1, \tag{1}$$

existieren. Aus der Stetigkeit der Funktionen $p_k(t)$ können wir jetzt schließen, daß man $p_0(0) = 1$ und $p_k(0) = 0$ zu setzen hat. Deshalb gilt also

$$p_0(t) = e^{-\lambda t}.$$

Wir führen einen Induktionsschluß durch. Substituieren wir in (1) $p_{k-1}(t) = \frac{(\lambda t)^{k-1} e^{-\lambda t}}{(k-1)!}$ (es ist bequemer, die Größe $p_k = e^{-\lambda t} u_k$ zu verwenden; dann nimmt die Gleichung (1) die Gestalt $u_k' = \frac{\lambda(\lambda t)^{k-\lambda}}{(k-1)!}$ an), so erhalten wir

$$p_k(t) = \frac{(\lambda t)^k e^{-\lambda t}}{k!}, \qquad k = 0, 1, \ldots$$

Dies ist die POISSON-Verteilung mit dem Parameter $\lambda t$.

Um den Wahrscheinlichkeitsraum bei diesem Problem zu konstruieren, geht man von der Menge $\Omega$ aller nichtfallenden Stufenfunktionen $x(t) \geqq 0$, $t \geqq 0$, die die Werte 0, 1, 2, ... annehmen, aus. Jede solche Funktion kann die Rolle eines Elementarereignisses spielen; ihre Sprungstellen weisen die Anzahl der Zusammenstöße in dem Intervall $(0, t)$ aus. Um hier umfangreiche Überlegungen zu vermeiden, die mit der Bestimmung der $\sigma$-Algebra zusammenhängen, können wir für unsere Berechnungen annehmen, daß die Wahrscheinlichkeitsverteilung $\mathsf{P}$ auf der von den Mengen $\{x(t) = k\}$, $t \geqq 0$; $k = 0, 1, \ldots$, erzeugten Algebra $\mathcal{A}$ (s. § 2) definiert ist (alle bei diesem Problem betrachteten Ereignisse sind gerade derartige Mengen). Die obigen Überlegungen zeigen, daß man

$$\mathsf{P}\big(x(v + t) - x(v) = k\big) = \frac{e^{-\lambda t}(\lambda t)^k}{k!}$$

setzen muß.

Nach dem Studium des Kap. 3 kann sich der Leser weiter der Konstruktion der in diesem Beispiel behandelten $\sigma$-Algebra widmen. (Vgl. ferner Ausführungen über POISSONsche Prozesse im Kap. 13.) ◀

Durch die angegebenen Beispiele wollten wir nicht nur die Anwendung der Formel für die totale Wahrscheinlichkeit veranschaulichen, sondern auch zeigen, daß die Konstruktion des Wahrscheinlichkeitsraumes in konkreten Aufgaben bei weitem nicht immer einfach ist.

Es versteht sich, daß die Durchführung solcher Konstruktionen in jeder Aufgabe keineswegs erforderlich ist. Wir empfehlen dem Leser aber, dies bis zur Erlangung hinreichend gefestigter Fertigkeiten zu tun.

Die Ereignisse $A$ und $B_1, \ldots, B_n$, $n \leqq \infty$, mögen den Bedingungen genügen, die zu Beginn von § 4 formuliert wurden. Ist $\mathsf{P}(A) > 0$, so gilt unter diesen Bedingungen die BAESsche *Formel*

$$\mathsf{P}(B_i/A) = \frac{\mathsf{P}(B_i)\,\mathsf{P}(A/B_i)}{\sum_{k=1}^{n} \mathsf{P}(B_k)\,\mathsf{P}(A/B_k)}.$$

Diese Formel ist einfach eine andere Form der Gleichung

$$\mathsf{P}(B_i/A) = \frac{\mathsf{P}(B_i A)}{\mathsf{P}(A)},$$

wobei im Zähler die Definition der bedingten Wahrscheinlichkeit des Ereignisses $A$ unter der Bedingung $B_i$ und im Nenner die Formel der totalen Wahrscheinlichkeit verwendet wurde. ◀

Beispiel 6. Ein gewisses Erzeugnis wird in zwei Fabriken produziert. Dabei ist der Produktionsumfang der zweiten Fabrik $k$-mal so groß wie der der ersten Fabrik. Die Ausschußquote der ersten Fabrik betrage $P_1$ und die der zweiten Fabrik $P_2$. Wir nehmen an daß die Erzeugnisse, die von den Fabriken im gleichen Zeitraum produziert werden, vermischt werden und in dieser Weise zum Verkauf kommen. Wie groß ist die Wahrscheinlichkeit dafür, daß man ein Erzeugnis der zweiten Fabrik erworben hat, wenn es sich als Ausschuß erweist?

$B_1$ bzw. $B_2$ seien die Ereignisse, daß man ein Erzeugnis der ersten Fabrik bzw. der zweiten Fabrik auswählt. Offensichtlich ist

$$\mathsf{P}(B_1) = \frac{1}{1+k}, \quad \mathsf{P}(B_2) = \frac{k}{1+k}.$$

Das sind die sogenannten a-priori Wahrscheinlichkeiten für die Ereignisse $B_1$ und $B_2$. $A$ sei das Ereignis, daß Ausschuß gekauft wird. Die bedingten Wahrscheinlichkeiten $\mathsf{P}(A/B_1) = P_1$ und $\mathsf{P}(A/B_2) = P_2$ sind uns bekannt. Durch die Ausnutzung der Bayesschen Formel kann man jetzt die gestellte Frage beantworten. Es ist nämlich

$$\mathsf{P}(B_2/A) = \frac{\frac{k}{1+k} P_2}{\frac{1}{1+k} P_1 + \frac{k}{1+k} P_2} = \frac{kP_2}{P_1 + kP_2}.$$

Auf analoge Weise folgt

$$\mathsf{P}(B_1/A) = \frac{P_1}{P_1 + kP_2}. \quad ◀$$

Die Wahrscheinlichkeiten $\mathsf{P}(B_1/A)$ und $\mathsf{P}(B_2/A)$ nennt man oft a-posteriori Wahrscheinlichkeiten der Ereignisse $B_1$ bzw. $B_2$.

## KAPITEL 3

# ZUFALLSGRÖSSEN UND VERTEILUNGSFUNKTIONEN

### § 1. Definitionen und Beispiele

Es sei $\langle \Omega, \mathfrak{F}, \mathsf{P} \rangle$ ein beliebiger Wahrscheinlichkeitsraum. Eine meßbare Funktion $\xi = \xi(\omega)$, die $\Omega$ in die Menge der reellen Zahlen $R^1$ abbildet, d. h. eine Funktion, für die das Urbild $\{\omega : \xi(\omega) \in B\} = \xi^{-1}(B)$ jeder Borel-Menge $B \subseteq R^1$ ein Element der $\sigma$-Algebra $\mathfrak{F}$ ist, heißt eine *Zufallsgröße* (*zufällige Größe*)[1].

Zum Beispiel besteht $\Omega$ beim Werfen einer Münze aus zwei Punkten: Wappen und Zahl. Ordnen wir dem Wappen den Wert 1 und der Zahl den Wert 0 zu, so erhalten wir offensichtlich eine Zufallsgröße. Die Augenzahl beim Würfeln ist auch eine Zufallsgröße.

Der Abstand vom Koordinatenursprung bis zu einem zufällig aus dem Quadrat $[0 \leqq x \leqq 1,\ 0 \leqq y \leqq 1]$ ausgewählten Punkt ist ebenfalls eine Zufallsgröße, weil die Menge $\{(x, y) : x^2 + y^2 < t\}$ meßbar ist. Der Leser bemerkte sicher, daß es sehr schwer ist, in diesen Beispielen eine nichtmeßbare Funktion von $\omega$ zu finden, die irgendeiner realen Aufgabe entsprechen könnte. Eine derartige Erscheinung hat man oft, aber nicht immer. Im Kap. 13, das den zufälligen Prozessen gewidmet ist, werden uns Mengen interessieren, die im allgemeinen keine meßbaren Ereignisse sind. Es sind spezielle Modifikationen erforderlich, damit man sie als meßbare Ereignisse auffassen kann.

Aus der Definition einer Zufallsgröße $\xi$ folgt, daß

$$\{\xi < x\} = \{\omega : \xi(\omega) < x\} \in \mathfrak{F}$$

gilt. Deshalb ist die Funktion

$$F_\xi(x) = \mathsf{P}(\xi < x) = \mathsf{P}_\xi((-\infty, x))$$

auf der ganzen reellen Achse definiert. Sie heißt *Verteilungsfunktion* der Zufallsgröße $\xi$.

Dort, wo es keine Mißverständnisse hervorruft, werden wir an Stelle von $F_\xi(x)$ einfach $F(x)$ schreiben.

Im allgemeinen werden wir Zufallsgrößen $\xi$ betrachten, für die $\mathsf{P}(|\xi| < \infty) = 1$ gilt. Ist diese Bedingung nicht erfüllt, dann nennen wir die Funktion $\xi(\omega)$ *un-*

---

[1]) Durch die meßbare Funktion $\xi$ wird dem Wahrscheinlichkeitsmaß $\mathsf{P}$ auf $\mathfrak{F}$ ein Wahrscheinlichkeitsmaß $\mathsf{P}_\xi$ auf der $\sigma$-Algebra $\mathfrak{B}^1$ der Borel-Mengen des $R^1$ vermöge

$$\mathsf{P}_\xi(A) = \mathsf{P}(\xi^{-1}(A)) = \mathsf{P}\,(\omega : \xi(\omega) \in A)$$

zugeordnet. Man bezeichnet $\mathsf{P}_\xi$ als Verteilungsgesetz der Zufallsgröße $\xi$. Jeder Zufallsgröße $\xi$ entspricht also ein Wahrscheinlichkeitsraum $\langle R^1, \mathfrak{B}^1, \mathsf{P}_\xi \rangle$. Um die „Herkunft" von $\xi$ hervorzuheben spricht man auch von einer Zufallsgröße $\xi$ auf dem Wahrscheinlichkeitsraum $\langle \Omega, \mathfrak{F}, \mathsf{P} \rangle$ (Anm. d. Red.).

*eigentlich*. Das Auftreten solcher Zufallsgrößen werden wir jedesmal besonders vermerken.

Beispiel 1. Wir betrachten ein BERNOULLIsches Schema mit der Erfolgswahrscheinlichkeit $p$ und dem Stichprobenumfang $k$ (s. § 3, Kap. 1). Bekanntlich ist die Menge der Elementarausgänge $\Omega$ in diesem Fall die Gesamtheit aller möglichen Folgen der Länge $k$, die aus Nullen und Einsen bestehen. Als $\sigma$-Algebra $\mathfrak{F}$ nehmen wir das System aller Teilmengen von $\Omega$ und definieren über $\Omega$ eine Zufallsgröße $\xi$ auf die folgende Weise: Jeder Folge aus Nullen und Einsen ordnen wir die Anzahl der in ihr stehenden Einsen zu.

Die Wahrscheinlichkeit von $\xi = r$ ($r$ Erfolge) beträgt, wie wir bereits wissen

$$P(r, k) = \binom{k}{r} p^r (1-p)^{k-r}.$$

Die Zufallsgröße $\xi$ heißt *binomial* verteilt mit den Parametern $n$ und $p$. Im Falle $n = 1$ spricht man auch von einer BERNOULLI-verteilten Zufallsgröße (BERNOULLI-Variable). Die Verteilungsfunktion der binomial verteilten Zufallsgröße $\xi$ hat die Gestalt

$$F(x) = \sum_{r<x} P(r, k).$$

Die Summation erstreckt sich hier über alle $r$, die kleiner als $x$ sind. Für $x < 0$ ist $F(x) = 0$; für $x > k$ ist $F(x) = 1$.

Beispiel 2. In das Intervall $[a, b]$ werde „zufällig ein Punkt geworfen“. Die Trefferwahrscheinlichkeit des Punktes in irgendeine Teilmenge von $[a, b]$ wird als proportional zum LEBESGUE-Maß dieser Menge angenommen. $\Omega$ ist hier das Intervall $[a, b]$, die $\sigma$-Algebra $\mathfrak{F}$ ist die Klasse der BOREL-meßbaren Teilmengen von $[a, b]$. Wir definieren die Zufallsgröße $\xi$ durch

$$\xi(\omega) = \omega, \qquad \omega \in [a, b],$$

d. h., diese Zufallsgröße nimmt als Wert die Zahl aus $[a, b]$ an, auf welche der geworfene Punkt fiel. $\xi$ ist eine meßbare Funktion. Ist $x < a$, so gilt $F(x) = \mathsf{P}(\xi < x) = 0$. Es sei $x \in [a, b]$. Dann bedeutet $\{\xi < x\}$, daß der Punkt in das Intervall $[a, x)$ fiel. Die Wahrscheinlichkeit dieses Ereignisses ist der Intervallänge proportional, d. h.

$$F(x) = \mathsf{P}(\xi < x) = \frac{x-a}{b-a}.$$

Ist jedoch $x > b$, so setzen wir selbstverständlich $F(x) = 1$. Insgesamt ergibt sich

$$F(x) = \begin{cases} 0, & x < a, \\ \dfrac{x-a}{b-a}, & a \leqq x \leqq b, \\ 1. & x > b. \end{cases}$$

Diese Verteilungsfunktion definiert die sogenannte *Gleichverteilung* auf dem Intervall $[a, b]$.

## § 2. Eigenschaften von Verteilungsfunktionen und Beispiele

$F(x)$ sei die Verteilungsfunktion einer Zufallsgröße $\xi$. Dann besitzt $F(x)$ die folgenden Eigenschaften:

F1. Monotonie: Aus $x_1 \leqq x_2$ folgt die Ungleichung $F(x_1) \leqq F(x_2)$.

F2. $\lim\limits_{x\to-\infty} F(x) = 0$, $\lim\limits_{x\to\infty} F(x) = 1$.

F3. $F(x)$ ist linksseitig stetig: $\lim\limits_{x\uparrow x_0} F(x) = F(x_0)$.

Beweis: Weil $\{\xi < x_1\} \subseteqq \{\xi < x_2\}$ gilt, falls $x_1 \leqq x_2$ ist, folgt F1 sofort aus Eigenschaft (3) der Wahrscheinlichkeit (s. § 2, Kap. 2).

Für den Beweis von F2 betrachten wir zwei Zahlenfolgen $\{x_n\}$ und $\{y_n\}$. Dabei sei die Folge $\{x_n\}$ fallend, so daß $x_n \to -\infty$, die Folge $\{y_n\}$ dagegen wachsend und zwar derart, daß $y_n \to \infty$. Wir führen die Bezeichnungen $A_n = \{\xi < x_n\}$, $B_n = \{\xi < y_n\}$ ein. Aus $x_n \downarrow -\infty$ folgt, daß die Mengenfolge $A_n$ fällt und $\bigcap A_n = \emptyset$ ist. Wegen des Stetigkeitsaxioms P3' (s. § 1, Kap. 2) ergibt sich $\mathsf{P}(A_n) \to 0$ für $n \to \infty$, d. h. $\lim\limits_{n\to\infty} F(x_n) = 0$. Hieraus und aus der Monotonie von $F(x)$ schließen wir auf

$$\lim_{x\to-\infty} F(x) = 0\,.$$

Da die Folge $\{y_n\}$ monoton gegen $\infty$ strebt, wächst die Mengenfolge $B_n$, und es ist $\bigcup B_n = \Omega$, woraus (s. die Eigenschaft (9) einer Wahrscheinlichkeitsverteilung) man $\mathsf{P}(B_n) \to 1$ erhält. Hieraus folgt die Gültigkeit der Beziehungen

$$\lim_{n\to\infty} F(y_n) = 1\,, \qquad \lim_{x\to\infty} F(x) = 1\,.$$

Die Eigenschaft F3 wird auf ähnliche Art bewiesen. Es sei $A = \{\xi < x_0\}$ und $A_n = \{\xi < x_n\}$, wobei die Folge $\{x_n\}$ wachsend ist und $x_n \uparrow x_0$ gilt. Die Mengenfolge $A_n$ ist ebenfalls wachsend, und es ist $\bigcup A_n = A$. Es folgt also $\mathsf{P}(A_n) \to \mathsf{P}(A)$, was gleichbedeutend ist mit

$$\lim_{x\uparrow x_0} F(x) = F(x_0)\,. \blacktriangleleft$$

Es ist leicht zu sehen, daß die Funktion $F$ rechtsseitig stetig wäre, wenn wir $F(x) = \mathsf{P}\,(\xi \leqq x)$ gesetzt hätten.

**Satz 1.** *Zu jeder Funktion $F(x)$, die die Eigenschaften* F1, F2 *und* F3 *besitzt, gibt es einen Wahrscheinlichkeitsraum $\langle \Omega, \mathfrak{F}, \mathsf{P}\rangle$ und eine auf ihm definierte Zufallsgröße $\xi$, für die $F_\xi(x) = F(x)$ gilt.*

Beweis: Als $\Omega$ nehmen wir die Menge der reellen Zahlen und als $\mathfrak{F}$ die $\sigma$-Algebra der Borel-Mengen. Die Wahrscheinlichkeitsverteilung $\mathsf{P}$ bestimmen wir zunächst auf den Intervallen der Art $(-\infty, x)$ mit Hilfe der Gleichungen

$$\mathsf{P}(-\infty, x) = F(x)\,.$$

Dann gilt $\mathsf{P}(\Omega) = 1$ und $\mathsf{P}(-\infty, x) \leqq \mathsf{P}(-\infty, y)$ für $x \leqq y$. Wir setzen ferner

$$\mathsf{P}\big((a, b)\big) = F(b) - F(a)\,.$$

Da die von Intervallen $(-\infty, a)$, $[a, b)$ erzeugte Algebra $\mathcal{A}$ aus Mengen besteht, die sich als endliche Vereinigung disjunkter Intervalle darstellen lassen, können wir die Mengenfunktion $\mathsf{P}$ auf $\mathcal{A}$ definieren. Aus den Eigenschaften F2, F3 folgt, daß $\mathsf{P}$ eine Wahrscheinlichkeitsverteilung (Wahrscheinlichkeitsmaß) auf $\mathcal{A}$ ist (d. h. eine reellwertige Funktion, die den Bedingungen PA1—PA3 genügt). Wir nutzen jetzt den Ausdehnungssatz der Maßtheorie (s. Anhang 1) aus. Nach diesem Satz kann ein endliches Maß $\mathsf{P}$, das auf einer Algebra $\mathcal{A}$ definiert ist, eindeutig auf die kleinste $\sigma$-Algebra $\mathfrak{F}$, die $\mathcal{A}$ enthält, fortgesetzt werden[1]). Mit anderen Worten heißt das, daß auf $\mathfrak{F}$ genau ein Maß $\mathsf{P}'$ existiert, so daß für alle $A \in \mathcal{A}$ gilt: $\mathsf{P}'(A) = \mathsf{P}(A)$.

In unserem Fall ist $\mathfrak{F}$ gerade die $\sigma$-Algebra der Borel-Mengen, und wir haben die Wahrscheinlichkeitsverteilung $\mathsf{P}$ auf $\mathfrak{F}$ definiert.

Somit haben wir einen Wahrscheinlichkeitsraum konstruiert. Als Zufallsgröße $\xi$ brauchen wir nur die identische Abbildung der reellen Zahlen auf sich zu nehmen. Dann gilt

$$F_\xi(x) = \mathsf{P}\,(\xi < x) = \mathsf{P}(-\infty, x) = F(x)\,. \blacktriangleleft$$

Beim Studium der Verteilungsfunktionen ist es oft zweckmäßig, von vornherein anzunehmen, daß $\Omega$ die reelle Achse und $\mathfrak{F}$ die $\sigma$-Algebra der Borel-Mengen ist. Anstelle des Wahrscheinlichkeitsmaßes $\mathsf{P}$ genügt es dabei, die zugehörige Verteilungsfunktion anzugeben. Wir berücksichtigen diese Feststellung bei der Fortsetzung der Liste der Beispiele von Verteilungen.

Beispiel 3. Die *Normalverteilung* (*Gauss-Verteilung*). Die Verteilungsfunktion der Normalverteilung wird durch folgenden Ausdruck definiert

$$F(x) = \frac{1}{\sigma\sqrt{2\pi}} \int\limits_{-\infty}^{x} \mathrm{e}^{-(u-a)^2/2\sigma^2}\,du\,.$$

Hierbei ist $a$ eine beliebige und $\sigma$ eine positive Zahl. Um sich davon zu überzeugen, daß $F(x)$ eine Verteilungsfunktion ist, muß man die Eigenschaften F1, F2 und F3 nachprüfen. Die Eigenschaft F3 gilt offensichtlich, weil $F(x)$ stetig ist. Die Eigenschaften F1, F2 folgen daraus, daß der Integrand nichtnegativ ist und daß

$$\int\limits_{-\infty}^{\infty} \mathrm{e}^{-(u-a)^2/2\sigma^2}\,du = \sigma\sqrt{2\pi}$$

ist.

Die Verteilungsfunktion $F(x)$ hängt von den zwei Parametern $a$ und $\sigma$ ab. Ist $a = 0$ und $\sigma = 1$, so spricht man von einer *Standard-Normalverteilung*.

Beispiel 4. Die Cauchy-Verteilung. Die Verteilungsfunktion wird durch die Formel

$$F(x) = \frac{1}{\pi} \int\limits_{-\infty}^{x} \frac{dt}{1 + t^2}$$

---

[1]) Der Begriff „die kleinste $\sigma$-Algebra, die $\mathcal{A}$ enthält" wurde auf S. 17 erläutert (Anm. d. Red.).

definiert. Auch hier kann man leicht die charakteristischen Eigenschaften einer Verteilungsfunktion überprüfen.

Beispiel 5. Die POISSON-Verteilung. Eine Zufallsgröße $\xi$ nehme nur ganzzahlige nichtnegative Werte mit den Wahrscheinlichkeiten

$$\mathsf{P}\,(\xi = m) = \frac{\mu^m}{m!}\,e^{-\mu}\,, \qquad \mu > 0\,, \qquad m = 0, 1, 2, \ldots,$$

an. Die Verteilungsfunktion hat wie in Beispiel 1 die Gestalt einer Summe:

$$F(x) = \sum_{m<x} \frac{\mu^m}{m!}\,e^{-\mu} \quad \text{für} \quad x > 0\,, \qquad F(x) = 0 \quad \text{für} \quad x \leqq 0\,.$$

Alle in den Beispielen betrachteten Verteilungsfunktionen kann man in zwei Typen einteilen.

Der *diskrete Verteilungstyp* entspricht den zufälligen Größen, die eine endliche oder abzählbare Menge von Werten annehmen. Hierzu gehören die Beispiele 1 und 5. Die erste Ableitung dieser Verteilungsfunktionen verschwindet überall, mit Ausnahme einer endlichen oder abzählbaren Menge von Punkten $x_1$, $x_2, \ldots$, wo $F(x)$ Sprungstellen besitzt. Das bedeutet, daß $\xi$ nur die Werte $x_1$, $x_2, \ldots$, mit positiver Wahrscheinlichkeit annehmen kann, wobei

$$\mathsf{P}(\xi = x_k) = F(x_k + 0) - F(x_k)$$

gilt[1]). Aus dieser Gleichung wird auch ersichtlich, daß $\mathsf{P}\,(\xi = x) = 0$ genau dann gilt, wenn $F(x)$ im Punkt $x$ stetig ist.

Das Verteilungsgesetz $\mathsf{P}_\xi$ der Zufallsgröße $\xi$ nennt man *absolutstetig*, falls für alle BOREL-Mengen $B \in R^1$ die Gleichung

$$\mathsf{P}_\xi(B) = \mathsf{P}(\xi \in B) = \int_B f(x)\,dx$$

erfüllt ist, wobei die BORELsche Funktion $f$ nichtnegativ ist, und es gilt

$$\int_{R^1} f(x)\,dx = 1\,.$$

($f$ heißt BORELsch, wenn auch das Urbild jeder BOREL-Menge wieder eine BOREL-Menge ist.) Aus dem Satz 1 folgt, daß man diese Definition durch folgende äquivalente Definition ersetzen kann, indem man die Gültigkeit von

$$F_\xi(x) = \int_{-\infty}^{x} f(u)\,du$$

für alle $x \in R^1$ fordert. Die Verteilungsfunktion $F_\xi$ nennt man in diesem Fall ebenfalls *absolutstetig*.

---

[1]) Eine diskrete Größe $\xi$ beschreibt man am besten mit Hilfe der Tabelle

| Werte | $x_1$ | $x_2$ | $\cdots$ |
| --- | --- | --- | --- |
| Wahrscheinlichkeiten | $p_1$ | $p_2$ | $\cdots$ |

wobei $p_i = \mathsf{P}(\xi = x_i) \geqq 0$ ist, und es gilt $\sum_i p_i = 1$. (Anm. d. Red.)

Absolut stetige Verteilungen treten in den Beispielen 2, 3, 4 auf. Die Funktion $f(x)$ ist durch die angegebenen Gleichungen im folgenden Sinne eindeutig bestimmt: Ist $g$ eine weitere BORELsche Funktion mit

$$\mathsf{P}_\xi(B) = \int_B g(x)\,\mathrm{d}x\,, \qquad B \in \mathfrak{B}^1\,,$$

so gilt $\mu(x\colon f(x) \neq g(x)) = 0$, wobei $\mu$ das LEBESGUEsche Maß auf $\mathfrak{B}^1$ ist.[1]) Man nennt $f(x)$ die *Dichte* (Dichtefunktion) von $\mathsf{P}_\xi$ oder $F_\xi$ (man sagt auch, $f$ sei die Dichte von $\xi$).

Für sie gilt fast überall die Gleichheit

$$f(x) = \frac{\mathrm{d}F(x)}{\mathrm{d}x}\,.$$

Bei einer Normalverteilung mit den Parametern $(a, \sigma)$ ist zum Beispiel

$$f(x) = \frac{1}{\sqrt{2\pi}\,\sigma}\,\mathrm{e}^{-(x-a)^2/2\sigma^2}\,.$$

Möglich sind natürlich *Mischungen* dieser zwei Typen, d. h. Verteilungsfunktionen der Form $F(x) = \alpha F_1(x) + (1 - \alpha)\,F_2(x)$, $0 < \alpha < 1$, $F_1$ diskret, $F_2$ absolut stetig. Aber es gibt noch einen dritten Typ von Verteilungsfunktionen, der nicht den zwei vorangegangenen zugeordnet werden kann. Dies ist der *singuläre*

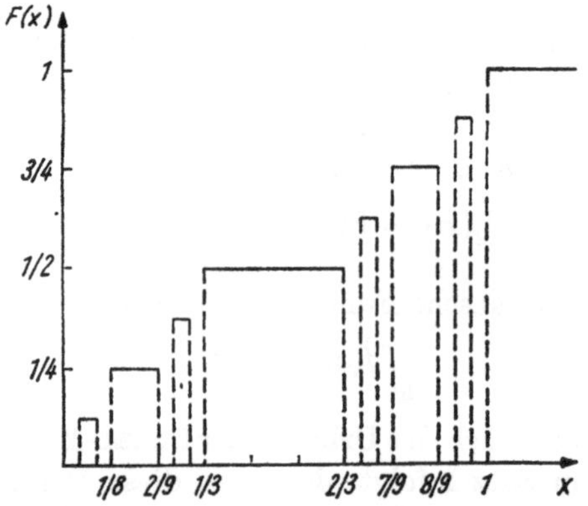


Abb. 3. Der Konstruktionsprozeß für die CANTORsche Kurve

Typ. Er wird dadurch charakterisiert, daß die Verteilungsfunktion $F(x)$ stetig ist, aber die Wachstumspunkte von $F(x)$ eine Menge mit dem LEBESGUEschen Maß 0 bilden. (Der Punkt $x$ heißt Wachstumspunkt von $F(x)$, wenn für beliebiges $\varepsilon > 0$ die Ungleichung $F(x + \varepsilon) - F(x - \varepsilon) > 0$ erfüllt ist).

Demnach ist hier $F(x)$ stetig, $\dfrac{\mathrm{d}F(x)}{\mathrm{d}x} = 0$ fast überall und $F(\infty) - F(-\infty) = 1$.

[1]) Aus dem Satz von RADON-NIKODYM (vgl. Anhang 3) folgt, daß $\mathsf{P}_\xi$ im Sinne der in der Maß- und Integrationstheorie üblichen Definition bezüglich des LEBESGUEschen Maßes $\mu$ auf $\mathfrak{B}^1$ absolutstetig ist. Aus diesem Satz folgt auch die angeführte Aussage über die „fast überall"-Eindeutigkeit von $f$ (Anm. d. Red.).

Als Beispiel für eine derartige Verteilungsfunktion kann die bekannte CANTORsche Kurve dienen, für die $F(x) = 0$ für $x \leq 0$, $F(x) = 1$ für $x \geq 1$ gilt. Sie wird folgendermaßen gebildet: Das Intervall $[0, 1]$ wird aufgeteilt in Teilintervalle $[0, \frac{1}{3}]$, $[\frac{1}{3}, \frac{2}{3}]$, $[\frac{2}{3}, 1]$. Im mittleren Abschnitt setzen wir $F(x) = \frac{1}{2}$. Die beiden übrigen Abschnitte werden wiederum in je drei gleichlange Abschnitte unterteilt und auf den mittleren Teilen wird $F(x)$ gleich $\frac{1}{4}$ bzw. $\frac{3}{4}$ gesetzt. Jeder der verbliebenen Abschnitte wird erneut gedrittelt und auf den mittleren Segmenten wird $F(x)$ dem arithmetischen Mittel der benachbarten und bereits bestimmten Werte von $F(x)$ gleichgesetzt. In Punkten, die nicht in solchen mittleren Segmenten liegen, setzt man $F(x)$ stetig fort. Es ist leicht zu sehen, daß die Gesamtlänge der „mittleren" Abschnitte, auf denen $F(x)$ konstant ist,

$$\frac{1}{3} + \frac{2}{9} + \frac{4}{27} + \cdots = \frac{1}{3} \sum_{k=0}^{\infty} \left(\frac{2}{3}\right)^k = \frac{1}{3} \frac{1}{1 - \frac{2}{3}} = 1$$

beträgt, weshalb $F(x)$ nur auf einer Menge vom Maß Null wächst, aber ohne Sprünge.

Bekannt ist in diesem Zusammenhang der Satz von LEBESGUE[1]), daß jede Verteilungsfunktion eindeutig als Summe von drei Komponenten, einer diskreten, einer absolutstetigen und einer singulären Komponente, dargestellt werden kann.

Daraus folgt, daß eine beliebige Verteilungsfunktion $F$ nicht mehr als abzählbar viele Sprünge haben kann (das kann man auch direkt sehen: Man zählt die Sprünge, indem man sie der Reihe nach numeriert und zwar erst die Sprünge größer als $1/2$, dann die Sprünge größer als $1/3$, dann die Sprünge größer als $1/4$ usw. Die Verteilungsfunktion $F$ hat höchstens $n$ Sprünge größer als $1/n$.). Das bedeutet insbesondere, daß $F(x)$ bis auf Ausnahme von abzählbar oder endlich vielen Punkten überall stetig ist.

Zum Schluß führen wir noch eine Reihe von Eigenschaften für Verteilungsfunktionen und Dichten an, die beim Übergang zu neuen Zufallsgrößen benötigt werden (Transformationsformeln).

Sei $F_\xi(x) = \mathsf{P}(\xi < x)$ und $g(x)$ eine BORELsche Funktion. Dann ist die Verteilungsfunktion der Zufallsgröße $\eta = g(\xi)$ gleich

$$F_{g(\xi)}(x) = \mathsf{P}(g(\xi) < x) = \mathsf{P}(\xi \in g^{-1}(-\infty, x)) .$$

Ist $g(x)$ eine nichtabfallende Funktion, für die $g^{-1}(x)$ definiert ist, dann ist

$$F_{g(\xi)}(x) = \mathsf{P}(\xi < g^{-1}(x)) = F_\xi(g^{-1}(x)) .$$

---

1) Vgl. z. B. M. LOÈVE „Probability Theory", D. Van Nostrand Comp., 1960. Der Satz von LEBESGUE besagt, daß jede Verteilungsfunktion $F$ die Gestalt

$$F(x) = \alpha_1 F_1(x) + \alpha_2 F_2(x) + \alpha_3 F_3(x)$$

besitzt mit $0 \leq \alpha_i \leq 1$, $\alpha_1 + \alpha_2 + \alpha_3 = 1$ wobei $F_1$ diskret, $F_2$ absolut stetig und $F_3$ singulär ist. Oft faßt man $\alpha_2 F_2(x) + \alpha_3 F_3(x)$ zu $F_s(x)$ zusammen und schreibt $F(x) = F_d(x) + F_s(x)$. Die Funktionen $F_d$ und $F_s$ bezeichnet man als diskrete bzw. stetige Komponente von $F$ (Anm. d. Red.).

Daraus folgt speziell, daß für stetige $F_\xi$ die Zufallsgröße $\eta = F_\xi(\xi)$ über $[0, 1]$ gleichverteilt ist. Ist umgekehrt $\eta$ eine gleichverteilte Zufallsgröße und $F$ eine gegebene stetige Verteilungsfunktion, dann besitzt die Zufallsgröße $\xi = F^{-1}(\eta)$ die Verteilungsfunktion $F(x)$. Wir erhalten so die wichtige Möglichkeit, mit Hilfe gleichverteilter Zufallsgrößen gewisse Zufallsgrößen mit vorher gegebener Verteilungsfunktion zu konstruieren.

In einem anderen Spezialfall, nämlich $g(x) = a + bx$, $b > 0$, erhalten wir

$$F_{g(\xi)}(x) = F_\xi\left(\frac{x-a}{b}\right).$$

Ist $g$ zusätzlich noch differenzierbar und besitzt $\xi$ die Dichte $f(x)$, dann existiert die Dichte von $g(\xi)$ in der Form

$$f_{g(\xi)}(x) = f\big(g^{-1}(x)\big)\,(g^{-1})'\,(x) = \frac{f\big(g^{-1}(x)\big)}{g'(x)}.$$

Für $g(x) = a + bx$, $b > 0$, erhalten wir

$$f_{a+b\xi}(x) = \frac{1}{b} f\left(\frac{x-a}{b}\right).$$

## § 3. Integrale

Es wurde schon bemerkt, daß die Einführung eines Wahrscheinlichkeitsraumes die Einführung eines endlichen $\sigma$-additiven Maßes auf $\mathfrak{F}$ bedeutet. Dies macht die Untersuchung von Integralen bezüglich des eingeführten Maßes $\int g\big(\xi(\omega)\big)\, \mathsf{P}(\mathrm{d}\omega)$ (s. dazu Anhang 3) über die ganze Menge $\Omega$ für BOREL-meßbare Funktionen $g$ und für jede Zufallsgröße $\xi$ auf $\langle \Omega, \mathfrak{F}, \mathsf{P}\rangle$ möglich. Wie uns schon bekannt ist, induziert $\xi(\omega)$ ein Maß $\mathsf{P}_\xi$ auf der reellen Achse, das durch die Gleichung

$$\mathsf{P}_\xi\big((x, y)\big) = \mathsf{P}\,(x \leqq \xi < y) = F_\xi(y) - F_\xi(x)$$

gegeben ist. Mit Hilfe dieses Maßes ist es möglich, unser Integral in der Form

$$\int g\big(\xi(\omega)\big)\,\mathsf{P}\,(\mathrm{d}\omega) = \int g(x)\,\mathsf{P}_\xi(\mathrm{d}x)$$

zu schreiben.

Diese Gleichung ist das Resultat der Substitution $x = \xi(\omega)$. Man kann sie beweisen, indem man die Definitionen beider Integrale vergleicht. Das Integral auf der rechten Seite heißt LEBESGUE-STIELTJES-Integral der Funktion $g(x)$ bezüglich $F_\xi(x)$, und wir schreiben es in der Form

$$\int g(x)\,\mathrm{d}F_\xi(x)\,.$$

Dieses Integral wird oft einfach STIELTJES-Integral genannt, wie übrigens auch das RIEMANN-STIELTJES-Integral, welches etwas anders und für eine engere Klasse von Funktionen $g(x)$ definiert ist.

Ist $g(x)$ eine stetige Funktion, so stimmt das LEBESGUE-STIELTJES-Integral mit dem RIEMANN-STIELTJES-Integral überein, das durch

$$\int g(x)\, \mathrm{d}F(x) = \lim_{\substack{b \to \infty \\ a \to -\infty}} \lim_{N \to \infty} \sum_{k=0}^{N} g(\tilde{x}_k)\, [F(x_{k+1}) - F(x_k)] \tag{1}$$

definiert ist, wobei der Grenzwert auf der rechten Seite unabhängig von der Zerlegung $x_0, x_1, \ldots, x_N$ des halboffenen Intervalls $[a, b)$ und von der Wahl der Punkte $\tilde{x}_k \in \Delta_k = [x_k, x_{k+1})$ ist. Die Zerlegung $x_0, x_1, \ldots, x_N$ (jedem $N$ entspricht „seine" Zerlegung) hat die Eigenschaft $\max_k (x_{k+1} - x_k) \to 0$ für $N \to \infty$.

Wie wir wissen. ist das LEBESGUE-STIELTJES-Integral (vgl. Anhang 3) durch

$$\int g(x)\, \mathrm{d}F(x) = \lim_{\substack{a \to -\infty \\ b \to \infty}} \lim_{N \to \infty} \int_a^b g_N(x)\, \mathsf{P}_\xi(\mathrm{d}x)\,, \tag{2}$$

gegeben, wobei $g_N$ eine beliebige Folge primitiver Funktionen ist (d. h., $g_N$ nimmt nur endlich viele Werte an), die monoton gegen $g(x)$ konvergiert. Es genügt, wie man aus den angegebenen Definitionen ersieht, die Übereinstimmung der Integrale $\int^b$ für endliche Grenzen $a$ und $b$ zu beweisen. Da das LEBESGUE-STIELTJES-Integral $\int_a^b g\, \mathrm{d}F$ einer stetigen Funktion $g$ immer existiert, können wir in seiner Definitionsgleichung als $g_N$ zwei unterschiedliche Folgen primitiver Funktionen $g_N^*$ und $g_N^{**}$ verwenden, die auf den halboffenen Intervallen $\Delta_k$ konstant sind und auf ihnen die Werte

$$g_N^*(x_k) = \sup_{x \in \Delta_k} g(x) \qquad \text{und} \qquad g_N^{**}(x_k) = \inf_{x \in \Delta_k} g(x)$$

annehmen. Setzt man in die rechte Seite von (2) die Folge $g_N^*$ bzw. $g_N^{**}$ ein, so konvergieren die entsprechenden Ausdrücke von verschiedenen Seiten monoton gegen den gleichen Grenzwert der mit dem LEBESGUE-STIELTJES-Integral $\int_a^b g(x)\, \mathrm{d}F(x)$.

Für beliebige $\tilde{x}_k \in \Delta_k$ gilt andererseits

$$g^{**}(x_k) \leqq g(\tilde{x}_k) \leqq g^*(x_k)\,,$$

woraus sich für die Integralsumme in (1) die Abschätzung

$$\int_a^b g_N^{**}\, \mathrm{d}F(x) \leqq \sum_{k=0}^{N} g(\tilde{x}_k)\, [F(x_{k+1}) - F(x_k)] \leqq \int_a^b g_N^*(x)\, \mathrm{d}F(x)$$

ergibt. Diese Ungleichungen beweisen offensichtlich die Behauptung.

Es ist leicht nachzuprüfen, daß (2) und (1) auch dann übereinstimmen, wenn $F(x)$ stetig und $g(x)$ eine Funktion mit beschränkter Variation ist. Dabei ist

$$\int_a^b g(x)\, \mathrm{d}F(x) = g(x)\, F(x)\big|_a^b - \int_a^b F(x)\, \mathrm{d}g(x)\,.$$

Ausgehend davon, können wir die Definition des RIEMANN-STIELTJES-Integrals auch auf den Fall erweitern, wo $g(x)$ eine Funktion mit beschränkter Variation und $F(x)$ eine beliebige Verteilungsfunktion ist. Sei dazu $F(x) = F_s(x) + F_d(x)$ die Darstellung von $F$ als Summe der stetigen und der diskreten Komponente und seien $y_1, y_2, \ldots$ die Sprungstellen der Funktion $F_d(x)$,

$$p_k = F_d(y_k + 0) - F_d(y_k) > 0\,.$$

Dann setzt man definitionsgemäß

$$\int g(x)\, \mathrm{d}F(x) = \sum p_k g(y_k) + \int g(x)\, \mathrm{d}F_s(x)\,,$$

wobei das RIEMANN-STIELTJES-Integral $\int g\, \mathrm{d}F_s(x)$, wie bereits bemerkt, durch die Definitionsgleichung (1) gegeben ist.

Wie üblich werden wir sagen, daß $\int g\, \mathrm{d}F$ existiert, wenn $\int |g|\, \mathrm{d}F$ endlich ist. Aus der Definition des STIELTJES-Integrals kann man leicht herleiten, daß sich das Integral für eine Stufenfunktion $F(x)$ (diskreter Verteilungstyp) in die Summe

$$\int g(x)\, \mathrm{d}F(x) = \sum_k g(x_k) \left(F(x_k + 0) - F(x_k)\right) = \sum_k g(x_k)\; \mathsf{P}(\xi = x_k)$$

übergeht, wobei $x_1, x_2, \ldots$ die Sprungstellen von $F(x)$ sind. Wenn jedoch $F(x) = \int\limits_{-\infty}^{x} f(t)\, \mathrm{d}t$ absolutstetig ist und $f(x)$ und $g(x)$ RIEMANN-integrierbar sind, so geht das STIELTJES-Integral

$$\int g(x)\, \mathrm{d}F(x) = \int g(x) f(x)\, \mathrm{d}x\,,$$

n ein gewöhnliches RIEMANN-Integral über.

*Der Leser der mit der Technik des* STIELTJES-*Integrals und der Integration bezüglich eines Maßes schlecht vertraut ist, kann die Lektüre des Buches fortsetzen, indem er nur diese zwei Interpretationen des Integrals im Auge behält.* Das ist völlig ausreichend, um das Wesentliche in den Darlegungen zu verstehen. Außerdem gehört die Mehrheit der praktisch wichtigen Verteilungen gerade zu diesen Typen, nämlich zum diskreten oder absolutstetigen.

Wir erinnern nun an einige andere Eigenschaften des STIELTJES-Integrals, die unmittelbar aus den Definitionen (2) oder (1) folgen:

$$\int\limits_a^b \mathrm{d}F = F(b) - F(a);$$

$$\int\limits_a^b g\, \mathrm{d}F = \int\limits_a^c g\, \mathrm{d}F + \int\limits_c^b g\, \mathrm{d}F;$$

$$\int (g_1 + g_2)\, \mathrm{d}F = \int g_1\, \mathrm{d}F + \int g_2\, \mathrm{d}F;$$

$$\int cg\, \mathrm{d}F = c \int g\, \mathrm{d}F \quad \text{für} \quad c = \text{const};$$

$$\int\limits_a^b g\, \mathrm{d}F = gF\,|_a^b - \int\limits_a^b F\, \mathrm{d}g\,,$$

wenn $g$ eine Funktion mit beschränkter Variation ist.

## § 4. Zufällige Vektoren

Die Zufallsgrößen $\xi_1, \xi_2, \ldots, \xi_n$ seien auf einem Wahrscheinlichkeitsraum $\langle \Omega, \mathfrak{F}, \mathsf{P} \rangle$ definiert. Diese Zufallsgrößen ordnen jedem $\omega$ einen $n$-dimensionalen Vektor $\zeta(\omega) = (\xi_1(\omega), \xi_2(\omega), \ldots, \xi_n(\omega))$ zu. Die Abbildung $\Omega \to R^n$, die durch die Zufallsgrößen $\xi_1, \xi_2, \ldots, \xi_n$ vermittelt wird, heißt *zufälliger Vektor* oder *mehrdimensionale Zufallsgröße.*

Man kann sie als meßbare Abbildung von $\langle \Omega, \mathfrak{F} \rangle$ in $\langle R^n, \mathfrak{B}^n \rangle$ ansehen, wobei $\mathfrak{B}^n$ die $\sigma$-Algebra der BOREL-Mengen in $R^n$ ist. Darum ist für beliebige BOREL-Mengen $B$ die Funktion

$$\mathsf{P}_\xi(B) = \mathsf{P}(\xi \in B)$$

erklärt, sie heißt *Verteilungsgesetz des zufälligen Vektors* $\xi$.

Die Funktion

$$F_{\xi_1,\ldots,\xi_n}(x_1, \ldots, x_n) = \mathsf{P}(\xi_1 < x_1, \ldots, \xi < x_n)$$

heißt *Verteilungsfunktion des zufälligen Vektors* $(\xi_1, \ldots, \xi_n)$ oder *gemeinsame Verteilungsfunktion* der Zufallsgrößen $\xi_1, \ldots, \xi_n$. Jede Verteilungsfunktion $F_{\xi_1,\ldots,\xi_n}$ eines zufälligen Vektors $(\xi_1, \ldots, \xi_n)$ hat folgende Eigenschaften:

FF 1. Die Funktion $F_{\xi_1,\ldots,\xi_n}(x_1, \ldots, x_n)$ ist eine monoton nicht fallende Funktion jedes ihrer Argumente.

FF 2. Es gilt.

a) $F_{\xi_1,\ldots,\xi_n}(x_1, \ldots, x_n) = F_{\xi_{i(1)},\ldots,\xi_{i(n)}}(x_{i(1)}, \ldots, x_{i(n)})$, wobei $(i(1), \ldots, i(n))$ eine beliebige Permutation von $(1, \ldots, n)$ ist.

b) $\lim\limits_{x_n \to \infty} F_{\xi_1,\ldots,\xi_n}(x_1, \ldots, x_n) = F_{\xi_1,\ldots,\xi_{n-1}}(x_1, \ldots, x_{n-1})$.

c) $\lim\limits_{x_n \to -\infty} F_{\xi_1,\ldots,\xi_n}(x_1, \ldots, x_n) = 0$.

d) $F_{\xi_1,\ldots,\xi_n}(x_1, \ldots, x_n) \to 1$, falls alle $x_i$ gegen $\infty$ streben.

FF 3. Die Funktion $F_{\xi_1,\ldots,\xi_n}(x_1, \ldots, x_n)$ ist in jedem Argument von links stetig.

Die Eigenschaften FF 2a), b) nennt man *Verträglichkeitsbedingungen*. Wegen der Eigenschaft a) ist es in b) und c) unwesentlich, daß man Grenzübergänge bezüglich des letzten Arguments betrachtet.

Aus der Eigenschaft FF 2b) folgt insbesondere, daß man die Verteilungsfunktion $F_{\xi_i}(x)$ der $i$-ten Komponente des Vektors $(\xi_1, \ldots, \xi_n)$ dadurch erhält, daß man in $F_{\xi_1,\ldots,\xi_n}(x_1, \ldots, x_n)$ alle Komponenten außer $x_i$ gleich $+\infty$ und $x_i = x$ setzt.

Aus der gemeinsamen Verteilungsfunktion des zufälligen Vektors $(\xi_1, \ldots, \xi_n)$ kann man also einfach die Verteilungsfunktionen seiner Komponenten oder beliebigen Teilvektoren erhalten (die sogenannten *Randverteilungen*). Die Umkehrung gilt im allgemeinen nicht.

Der Beweis der Eigenschaften FF1—FF3 verläuft analog zum Beweis der Eigenschaften F1—F3 dimensionaler Verteilungsfunktionen.

Außer diesen Eigenschaften besitzt jede mehrdimensionale Verteilungsfunktion noch eine weitere charakteristische Eigenschaft, die für $n = 1$ aus der Eigenschaft F1 folgt.

Sei $g(x) = g(x_1, \ldots, x_n)$ eine reelle BORELsche Funktion auf $R$ und sei $I = [a, b)$, $a < b$. Wir setzen

$$\Delta_I^{(k)} = g(x_1, \ldots, x_{k-1}, b, x_{k+1}, \ldots, x_n) - g(x_1, \ldots, x_{k-1}, a, x_{k+1}, \ldots, x_n) \,.$$

Ist $I_k = [a_k, b_k)$ mit $a_k < b_k$ und versteht man unter $\Delta_{I_1}^{(1)} \cdots \Delta_{I_n}^{(n)} g(x)$ die Nacheinanderausführung der Operationen $\Delta_{I_k}^{(k)}$, $k = 1, \ldots, n$, so gilt offenbar die Formel

$$\mathsf{P}_{\xi_1,\ldots,\xi_n}(I_1 \times \cdots \times I_n) = \mathsf{P}(\xi_1 \in I_1, \ldots, \xi_n \in I_n) = \Delta_{I_1}^{(1)} \cdots \Delta_{I_n}^{(n)} F_{\xi_1,\ldots,\xi_n}(x) \, . \quad (2a)$$

Da die linke Seite dieser Formel eine Wahrscheinlichkeit ist, gilt die Eigenschaft FF4. Für eine beliebige Verteilungsfunktion $F_{\xi_1,\ldots,\xi_n}(x_1, \ldots, x_n)$ und beliebige $a_1 < b_1, \ldots, a_n < b_n$ gilt[1])

$$\Delta_{I_1}^{(1)} \cdots \Delta_{I_n}^{(n)} F_{\xi_1,\ldots,\xi_n}(x_1, \ldots, x_n) \geqq 0 \, .$$

Offenbar gilt ein mehrdimensionales Analogon des Satzes 1 aus dem § 2 dieses Kapitels:

*Jeder* Borel*schen Funktion $F(x_1, \ldots, x_n)$ auf $R^n$, die die Eigenschaften* FF1 *bis* FF4 *besitzt, entspricht ein eindeutig bestimmtes Verteilungsgesetz $P$ auf $\mathfrak{B}^n$ derart, daß*

$$F(x_1, \ldots, x_n) = \mathsf{P}\big((-\infty, x_1) \times \cdots \times (-\infty, x_n)\big)$$

*gilt.*

In der Tat definiert man mit Hilfe der Formel (2a) ein Wahrscheinlichkeitsmaß auf der Algebra $\mathcal{A}$, die durch die „Rechtecke"

$$\{a_i \leqq x_i < b_i, \; i = 1, \ldots, n\}$$

erzeugt wird. Nun ist aber $\mathfrak{B}^n = \sigma(\mathcal{A})$, und wir haben wie im Beweis des Satzes 1 lediglich den Ausdehnungssatz für Maße anzuwenden.

Ebenso wie im eindimensionalen Fall können wir bei der Betrachtung eines zufälligen Vektors $\xi = (\xi_1, \ldots, \xi_n)$ ein einfaches Modell eines Wahrscheinlichkeitsraumes $\langle \Omega, \mathfrak{F}, \mathsf{P} \rangle$ benutzen. Man setzt $\Omega = R^n$ und $\mathfrak{F} = \mathfrak{B}^n$, wobei $\mathfrak{B}^n$ die $\sigma$-Algebra der Borel-Mengen des $R^n$ ist.

Wir schließen die Konstruktion des geforderten Wahrscheinlichkeitsraumes ab, indem wir $\mathsf{P}_\xi(B) = \mathsf{P}(\xi \in B)$ für alle $B \in \mathfrak{B}^n$ setzen. Als Zufallsgröße nehmen wir in diesem Fall die identische Abbildung des $R^n$ auf sich, d. h., wir setzen $\xi(\omega) = \omega$, wobei $\omega$ ein Punkt des $R^n$ ist.

Die Einführung des Wahrscheinlichkeitsmaßes $\mathsf{P}_\xi$ auf dem Raum $\langle R^n, \mathfrak{B}^n \rangle$ gibt uns die Möglichkeit, die Integration bezüglich dieses Maßes zu betrachten.

Ist $g$ eine Borel-meßbare, auf dem $R^n$ definierte, reellwertige Funktion, dann bildet $g\big(\xi_1(\omega), \ldots, \xi_n(\omega)\big)$ den Ausgangsraum $\Omega$ meßbar in $R$ ab und das Integral

$$\int_\Omega g\big(\xi_1(\omega), \ldots, \xi_n(\omega)\big) \, \mathsf{P}(d\omega) \, ,$$

ist definiert.

Aus der Definition dieses Integrals erkennen wir unmittelbar, daß es mit

$$\int_{R^n} g(x) \, \mathsf{P}_\xi(dx) \, , \quad x = (x_1, \ldots, x_n) \in R^n \, ,$$

übereinstimmt.

---

[1]) Eine ausführliche Diskussion der Bedingung FF4 findet man bei A. Rényi „Wahrscheinlichkeitsrechnung", DVW, Berlin 1971 (Anm. d. Red.).

Analog zum eindimensionalen Fall heißt die Verteilungsfunktion (das Verteilungsgesetz) eines zufälligen Vektors *diskret,* wenn dieser Vektor nicht mehr als abzählbar viele Werte annimmt. Das Verteilungsgesetz $\mathsf{P}_\xi$ eines zufälligen Vektors $\xi$ heißt *absolutstetig,* wenn für beliebige Borel-Mengen $B \subset R^n$ gilt

$$\mathsf{P}_\xi(B) = \mathsf{P}(\xi \in B) = \int_B f(x)\,\mathrm{d}x\,,$$

wobei $f(x) \geqq 0$ und $\int_\Omega f(x)\,\mathrm{d}x = 1$ gilt. Man kann auch die zu dieser Definition äquivalente Definition einführen, indem man für alle $x_1, \dots, x_n$

$$F_{\xi_1 \cdots \xi_n}(x_1, \dots, x_n) = \int_{-\infty}^{x_1} \cdots \int_{-\infty}^{x_n} f(t_1, \dots, t_n)\,\mathrm{d}t_1 \cdots \mathrm{d}t_n \tag{3}$$

fordert. Gilt nämlich (3), dann definieren wir die abzählbar additive Mengenfunktion $Q(B) = \int_B f(x)\,\mathrm{d}x$ (vgl. die Eigenschaften der Integrale in Anhang 3), die auf den Rechtecken mit $\mathsf{P}_\xi(B)$ zusammenfällt. Damit ist $\mathsf{P}_\xi(B) = Q(B)$.[1])

Die Funktion $f(x)$ heißt *Verteilungsdichte* von $\xi$ oder *gemeinsame Dichte von* $\xi_1, \dots, \xi_n$. Für sie ist fast überall

$$\frac{\partial^n F_{\xi_1 \cdots \xi_n}(x_1, \dots, x_n)}{\partial x_1 \dots \partial x_n} = f(x_1, \dots, x_n)\,.$$

Beispiel 6. Die Verteilung eines Vektors $(\xi_1, \dots, \xi_n)$ heißt *normal,* wenn sie die Dichte

$$f(x_1, \dots, x_n) = \frac{\sqrt{|A|}}{(2\pi)^{n/2}}\, \mathrm{e}^{-\frac{1}{2}Q(x_1, \dots, x_n)}\,,$$

besitzt. Hierbei ist $Q = \sum_{i,j=1}^{n} a_{ij} x_i x_j$ eine positiv definite quadratische Form und $|A|$ die Determinante der Matrix $\|a_{ij}\|$. Es ist nicht schwer nachzuprüfen, daß hier

$$\int_{R^n} f(x_1, \dots, x_n)\,\mathrm{d}x_1 \cdots \mathrm{d}x_n = 1$$

gilt (vgl. auch § 6., Kap. 6).

## § 5. Unabhängigkeit von Zufallsgrößen und Klassen von Ereignissen

1. Die Zufallsgrößen $\xi_1, \dots, \xi_n$ heißen (*stochastisch*) *unabhängig,* wenn

$$\mathsf{P}(\xi \in B_1, \dots, \xi \in B_n) = \mathsf{P}(\xi \in B_1) \cdots \mathsf{P}(\xi \in B_n) \tag{4}$$

für beliebige Borel-Mengen $B_1, \dots, B_n$ der Geraden gilt.

---

[1]) Aus dem Satz von Radon-Nikodym (Anhang 3) folgt die Äquivalenz der obigen Definition mit der absoluten Stetigkeit von $\mathsf{P}_\xi$ bezüglich des Lebesgueschen Maßes $\mu$ auf $\mathfrak{B}^n$ (im Sinne des in der Maß- und Integrationstheorie verwendeten Begriffes der absoluten Stetigkeit). Aus diesem Satz folgt auch, daß die Dichte $f$ im folgenden Sinne eindeutig bestimmt ist. Ist $g$ eine andere Borelsche Funktion mit der Eigenschaft

$$\mathsf{P}_\xi(B) = \int_B g(x)\,\mathrm{d}x\,, \qquad B \in \mathfrak{B}^n\,,$$

so gilt $\mu\,(x\colon g(x) \neq f(x)) = 0$ (Anm. d. Red.).

Man kann auch den Begriff einer „Folge unabhängiger Zufallsgrößen" einführen. Die Zufallsgrößen der Folge $\{\xi_n\}_{n=1}^{\infty}$, die auf einem Wahrscheinlichkeitsraum $\langle \Omega, \mathfrak{F}, \mathsf{P} \rangle$ definiert sind, heißen *unabhängig*, wenn (4) für beliebige natürliche Zahlen $n$ erfüllt ist.

Die Unabhängigkeit einer Folge von Zufallsgrößen wird also auf die Unabhängigkeit jeder endlichen Auswahl zufälliger Größen aus dieser Folge zurückgeführt. Wir zeigen später, daß bei einer Folge unabhängiger Zufallsgrößen zwei beliebige Ereignisse, die sich auf disjunkte Gruppen von Zufallsgrößen aus dieser Folge beziehen, ebenfalls unabhängig sind.

Eine andere Möglichkeit für die Definition der Unabhängigkeit von Zufallsgrößen ergibt sich aus der folgenden Aussage:

**Satz 2.** *Die Zufallsgrößen $\xi_1, \ldots, \xi_n$ sind genau dann unabhängig, wenn gilt*

$$F_{\xi_1 \cdots \xi_n}(x_1, \ldots, x_n) = F_{\xi_1}(x_1) \cdots F_{\xi_n}(x_n) .$$

Den Beweis dieses Satzes bringen wir am Ende von Punkt 3 dieses Paragraphen. Ist die Verteilung von $\xi = (\xi_1, \ldots, \xi_n)$ absolutstetig, so gilt folgendes wichtiges Unabhängigkeitskriterium.

**Satz 3.** *Seien $\xi_1, \ldots, \xi_n$ unabhängig. Ist die Verteilung von $\xi_j$ für beliebiges $j$ absolutstetig, dann ist $\mathsf{P}_\xi$ auch absolutstetig. Ist umgekehrt $\mathsf{P}_\xi$ absolutstetig, so ist $\mathsf{P}_{\xi_j}$ absolutstetig für jedes $j$. Dabei gilt fast überall*

$$f(x_1, \ldots, x_n) = f_1(x_1) \cdots f_n(x_n) ,$$

*wobei $f_1, \ldots, f_n$ die den Zufallsgrößen $\xi_1, \ldots, \xi_n$ entsprechenden Dichten sind.*

Ist also die Dichte von $\xi$ gleich dem Produkt der Dichten der $\xi_j$, so bedeutet das die Unabhängigkeit der $\xi_j$.

Wir überlassen es dem Leser, mit Hilfe dieses Satzes zu beweisen, daß die Komponenten eines normalverteilten Vektors $(\xi_1, \ldots, \xi_n)$ (s. Beispiel 6) dann und nur dann unabhängig sind, wenn $a_{ij} = 0$ für $i \neq j$ ist.

Beweis des Satzes 3. Sind die Verteilungsfunktionen aller Zufallsgrößen absolutstetig und ist

$$F_{\xi_i}(x_i) = \int_{-\infty}^{x_i} f_i(t_i)\, \mathrm{d}t_i ,$$

so ist die gemeinsame Verteilungsfunktion durch die Formel

$$F_{\xi_1 \cdots \xi_n}(x_1, \ldots, x_n) = F_{\xi_1}(x_1) \cdots F_{\xi_n}(x_n) = \int_{-\infty}^{x_1} f_1(t_1)\, \mathrm{d}t_1 \cdots \int_{-\infty}^{x_n} f(t_n)\, \mathrm{d}t_n =$$
$$= \int_{-\infty}^{x_1} \cdots \int_{-\infty}^{x_n} f_1(t_1) \cdots f_n(t_n)\, \mathrm{d}t_1 \cdots \mathrm{d}t_n$$

definiert.

Umgekehrt erhalten wir unter der Voraussetzung

$$F_{\xi_1 \cdots \xi_n}(x_1, \ldots, x_n) = \int_{-\infty}^{x_1} \cdots \int_{-\infty}^{x_n} f(t_1, \ldots, t_n)\, \mathrm{d}t_1 \cdots \mathrm{d}t_n$$

die Gleichung

$$F_{\xi_1}(x_1) = F_{\xi_1 \cdots \xi_n}(x_1, \infty, \ldots, \infty) = \int_{-\infty}^{x_1} \int_{-\infty}^{\infty} \cdots \int_{-\infty}^{\infty} f(t_1, \ldots, t_n)\, dt_1 \cdots dt_n ,$$

d. h., es gilt

$$f_1(t_1) = \int_{-\infty}^{\infty} \cdots \int_{-\infty}^{\infty} f(t_1, \ldots, t_n)\, dt_2 \cdots dt_n .$$

Analoge Beziehungen ergeben sich für ein beliebiges $i$. Die Gleichungen gelten fast überall, deshalb sind die Funktionen $f_i(t_i)$ fast überall definiert. In den Punkten, in denen diese Funktionen nicht definiert sind, kann man sie gleich Null setzen. ◀

Wir betrachten jetzt den diskreten Fall. Jede einzelne Komponente $\xi_i$ möge nur ganzzahlige Werte annehmen. Dann ist für die Unabhängigkeit der $\xi_i$ notwendig und hinreichend, daß für alle $k_1, \ldots, k_n$ gilt

$$\mathsf{P}(\xi_1 = k_1, \ldots, \xi_n = k_n) = \mathsf{P}(\xi_1 = k_1) \cdots \mathsf{P}(\xi_n = k_n) .$$

Die Richtigkeit dieser Beziehung ist nicht schwer zu zeigen, und wir überlassen das dem Leser.

Der Unabhängigkeitsbegriff ist in der Wahrscheinlichkeitstheorie überaus wichtig und wird von uns noch öfter benötigt. Wie ist die Unabhängigkeit von Ereignissen und Zufallsgrößen bei der Lösung der einen oder anderen realen Aufgaben zu erkennen? Bei weitem kann man dies nicht immer mit Hilfe der Definition tun, besonders wenn es sich um die wahrscheinlichkeitstheoretische Formulierung irgendeiner praktischen Fragestellung handelt. In solchen Fällen ist die Vorschrift gerechtfertigt, Ereignisse oder Zufallsgrößen, die nicht kausal voneinander abhängen, als stochastisch unabhängig anzusehen.

Es ist zum Beispiel bekannt, daß die Wahrscheinlichkeit dafür, daß bei einer Geburt ein Junge zur Welt kommt, den ziemlich stabilen Wert $\mathsf{P}(A) = 22/43$ besitzt. Die Wahrscheinlichkeit für die Geburt eines Jungen unter der Bedingung, daß am Geburtstag Jupiter und Mars in Konjunktion stehen (Ereignis $B$), besitzt den gleichen Wert: $\mathsf{P}(A/B) = 22/43$. Denn man kann voraussetzen, daß die Konstellation der Planeten die persönlichen Geschicke der Menschen nicht beeinflußt. Das heißt, daß eine tatsächliche Zählung der Knabengeburten unter derartigen speziellen astrologischen Bedingungen ebenfalls zur relativen Häufigkeit 22/43 führen würde. Obwohl eine derartige Zählung im großen Umfang vermutlich von niemandem durchgeführt wurde, bestehen an ihrem Ergebnis keine Zweifel.

Es ist selbstverständlich, daß man eine derartige Unabhängigkeit nicht immer verabsolutieren kann. So ist es beispielsweise wegen des Wirkens der Schwerkraft gewiß, daß der Flug eines Artilleriegeschosses einen gewissen Einfluß auf die Flugbahn eines anderen Artilleriegeschosses ausübt. Aber es ist offensichtlich, daß man in der Praxis diesen Einfluß nicht zu berücksichtigen braucht. Dies macht auch klar, daß die Annahme der Unabhängigkeit von Ereignissen und

Größen in der konkreten und relativen Auffassung dieses Begriffs wie sie in konkreten Situationen auftritt überhaupt nicht dem Prinzip des allgemeinen Zusammenhangs aller Erscheinungen widerspricht.

Es ist auch interessant, daß die formale Definition der Unabhängigkeit von Zufallsgrößen oder Ereignissen bedeutend umfassender ist als der Begriff der realen Unabhängigkeit im Sinne der Zugehörigkeit zu kausal nicht zusammenhängenden Erscheinungen. Das kann mit Hilfe des folgenden Beispieles illustriert werden. Es sei $\eta$ eine in [0, 1] gleich verteilte Zufallsgröße. Dann sind in der dualen Zerlegung von

$$\eta = \frac{\xi_1}{2} + \frac{\xi_2}{4} + \frac{\xi_3}{8} + \cdots$$

die Zufallsgrößen $\xi_k$ unabhängig (s. Beispiel 1 in § 2., Kap. 9), obwohl sie ihrer Herkunft nach untereinander zusammenhängen.

Es ist klar, daß dieser Umstand den Anwendungsbereich aller Aussagen, die von uns unter der formalen Voraussetzung der Unabhängigkeit hergeleitet werden, nur erweitert.[1])

2. Mit dem Begriff der Unabhängigkeit zufälliger Größen hängt eng der Begriff der Unabhängigkeit von $\sigma$-Algebren zusammen.

Es sei $\langle \Omega, \mathfrak{F}, \mathsf{P} \rangle$ ein Wahrscheinlichkeitsraum, und $\mathcal{A}_1$ und $\mathcal{A}_2$ seien Klassen von Ereignissen, die in der $\sigma$-Algebra $\mathfrak{F}$ enthalten sind.

Die Ereignisklassen $\mathcal{A}_1$ und $\mathcal{A}_2$ heißen *unabhängig*, wenn für alle Ereignisse $A_1 \in \mathcal{A}_1$ und $A_2 \in \mathcal{A}_2$ die Gleichung

$$\mathsf{P}(A_1 A_2) = \mathsf{P}(A_1)\, \mathsf{P}(A_2)$$

gilt.

Die folgende Definition führt den Begriff der *Unabhängigkeit einer Folge von Ereignisklassen* ein. Die Ereignisklassen $\{\mathcal{A}_n\}_{n=1}^{\infty}$ sind *unabhängig*, wenn für jede endliche Auswahl ganzer Zahlen $n_1, \ldots, n_k$ die Gleichung

$$\mathsf{P}\left(\bigcap_{j=1}^{k} A_{n_j}\right) = \prod_{j=1}^{k} \mathsf{P}(A_{n_j})$$

für beliebige $A_{n_j} \in \mathcal{A}_{n_j}$ gilt.

Zum Beispiel sind in einer Folge unabhängiger Versuche die $\sigma$-Algebren der Ereignisse, die sich auf verschiedene Versuche beziehen, unabhängig.

Die Unabhängigkeit einer Folge von Unteralgebren von $\mathfrak{F}$, wie auch von Zufallsgrößen, bedeutet die Unabhängigkeit einer jeden endlichen Auswahl von Algebren dieser Folge. Offenbar sind Unteralgebren von unabhängigen Algebren von Ereignissen wiederum unabhängig.

**Satz 4.** *Die von den unabhängigen Ereignisalgebren $\mathcal{A}_1$ und $\mathcal{A}_2$ erzeugten $\sigma$-Algebren $\mathfrak{A}_1$ bzw. $\mathfrak{A}_2$ sind unabhängig.*

---

[1]) Eine detailliertere Diskussion der Beziehungen zwischen der kausalen und der stochastischen Unabhängigkeit findet man bei A. N. Kolmogorow im Buch „Mathematik, ihr Inhalt, Methoden und Bedeutung“ Band 2, Moskau 1956, aus dem die von uns angeführten Beispiele entlehnt sind.

Um diesen Satz zu beweisen, beschäftigen wir uns vorher mit dem für das Weitere wichtigen Approximationssatz. Nach diesem Satz kann man jedes Ereignis $A$ aus der von der Algebra $\mathcal{A}$ erzeugten $\sigma$-Algebra $\mathfrak{A}$ durch eine Folge von Ereignissen aus $\mathcal{A}$ annähern. Genauer, es gilt

**Satz 5.** (Approximationssatz). *Es sei* $\langle \Omega, \mathfrak{F}, \mathsf{P} \rangle$ *ein Wahrscheinlichkeitsraum und* $\mathfrak{A}$ *die von einer gewissen Algebra* $\mathcal{A}$ *von Ereignissen aus* $\mathfrak{F}$ *erzeugte* $\sigma$*-Algebra. Dann existiert für jedes* $A \in \mathfrak{A}$ *eine Folge* $A_n \in \mathcal{A}$ *mit der Eigenschaft*

$$\lim_{n\to\infty} \mathsf{P}\,(A_n\bar{A} \cup \bar{A}_n A) = 0 \tag{5}$$

*oder, was das gleiche ist,*

$$\lim_{n\to\infty} \mathsf{P}(A - A_n) = \lim_{n\to\infty} \mathsf{P}(A_n - A) = 0\,. \tag{6}$$

Weil $\mathsf{P}(A) = \mathsf{P}(A_n A) + \mathsf{P}(\bar{A}_n A) = \mathsf{P}(A_n) - \mathsf{P}(A_n \bar{A}) + \mathsf{P}(\bar{A}_n A)$ gilt, folgt aus der Behauptung des Satzes die Beziehung $\mathsf{P}(A) = \lim_{n\to\infty} \mathsf{P}(A_n)$, und jedes Ereignis $A \in \mathfrak{A}$ kann damit bis auf eine Menge mit der Wahrscheinlichkeit Null als Grenzwert einer Folge von Ereignissen der erzeugenden Algebra $\mathcal{A}$ dargestellt werden (s. Anhang 1).

Beweis.[1]) Ein Ereignis $A \in \mathfrak{F}$ heiße approximierbar, wenn eine Folge $A_n \in \mathcal{A}$ mit der Eigenschaft (5) existiert. Für den Beweis des Satzes ist es ausreichend, sich davon zu überzeugen, daß die Gesamtheit $\mathfrak{A}^*$ der approximierbaren Ereignisse eine $\sigma$-Algebra bildet und daß $\mathcal{A} \subset \mathfrak{A}^*$ gilt. Die letzte Beziehung ist offensichtlich, wie auch die Behauptung, daß $\mathfrak{A}^*$ eine Algebra ist. Denn die Relationen $A \in \mathfrak{A}^*$, $B \in \mathfrak{A}^*$ haben die Aussagen $\bar{A} = \Omega - A \in \mathfrak{A}^*$ und $A \cup B \in \mathfrak{A}^*$ zur Folge.

Approximiert ferner die Folge $B_{n,N}$ im Sinne von (5) die Ereignisse $B_N$ und approximiert $B_N$ das Ereignis $B$, dann approximiert $B_{n,N}$ für $N \to \infty$, $n = n(N) \to \infty$ das Ereignis $B$. Es genügt also, z. B. die Wahrscheinlichkeit

$$\mathsf{P}(B\bar{B}_{n,N}) \leqq \mathsf{P}(B\bar{B}_N) + \mathsf{P}(B_N \bar{B}_{n,N})$$

zu betrachten, die für $N \to \infty$ und $n = n(N) \to \infty$ gegen Null konvergiert.

Wir betrachten jetzt das Ereignis $C = \bigcup_{k=1}^{\infty} C_k$ mit $C_k \in \mathfrak{A}^*$. Da die Ereignisse $D_n = \bigcup_{k=1}^{n} C_k \subset C$ approximierbar sind und $\mathsf{P}(\bar{D}_n C) \to 0$ für $n \to \infty$ gilt, folgt aus dem oben gesagten, daß auch das Ereignis $C$ approximierbar ist, d. h. $\bigcup_{k=1}^{\infty} C_k \in \mathfrak{A}^*$ gilt. ◀

Der Beweis von Satz 4 ist nun leicht zu führen. Nach Satz 5 existieren für $A_1 \in \mathfrak{A}_1$ und $A_2 \in \mathfrak{A}_2$ Folgen $A_{1n} \in \mathcal{A}_1$ und $A_{2n} \in \mathcal{A}_2$ mit der Eigenschaft $\mathsf{P}\,(A_i\bar{A}_{in} \cup \bar{A}_i A_{in}) \to 0$ für $n \to \infty$, $i = 1, 2$. Indem $B = A_1 A_2$, $B_n = A_{1n} A_{2n}$ gesetzt wird, erhalten wir $\mathsf{P}\,(B\bar{B}_n \cup \bar{B}B_n) \leqq \mathsf{P}(B\bar{B}_n) + \mathsf{P}(\bar{B}B_n) \to 0$ für $n \to \infty$ und

$$\mathsf{P}(A_1A_2) = \lim_{n\to\infty} \mathsf{P}(B_n) = \lim_{n\to\infty} \mathsf{P}(A_{1n})\,\mathsf{P}(A_{2n}) = \mathsf{P}(A_1)\,\mathsf{P}(A_2)\,. \;◀$$

---

[1]) Dieser Satz folgt unmittelbar aus dem im Anhang 1 bewiesenen Lemma.

**3.** Wir benötigen noch folgenden Begriff. Sei $\xi$ eine Zufallsgröße (oder ein zufälliger Vektor) auf dem Wahrscheinlichkeitsraum $\langle \Omega, \mathfrak{F}, \mathsf{P} \rangle$. Die Klasse $\mathfrak{F}_\xi$ von Mengen aus $\mathfrak{F}$ nennen wir die von $\xi$ erzeugte $\sigma$-Algebra, wenn sie aus allen Ereignissen der Art $A = \xi^{-1}(B) = \{\omega : \xi(\omega) \in B\}$ besteht, wobei $B$ eine BOREL-Menge ist. Daß $F_\xi$ eine $\sigma$-Algebra ist, ist leicht zu sehen, weil jeder Operation zwischen Mengen $A$ eine Operation zwischen den Mengen $B = \xi(A)$ entspricht, die eine $\sigma$-Algebra bilden.

Die von der Zufallsgröße $\xi$ erzeugte $\sigma$-Algebra $F_\xi$ bezeichnen wir auch mit dem Symbol $\sigma(\xi)$.[1]

Als Beispiel betrachten wir den Wahrscheinlichkeitsraum $\langle \Omega, \mathfrak{F}, \mathsf{P} \rangle$, wobei $\Omega = R$ die reelle Achse und $\mathfrak{F}$ die $\sigma$-Algebra der BOREL-Mengen ist. Setzen wir

$$\xi = \xi(\omega) = \begin{cases} 0, & \omega < 0, \\ 1, & \omega \geqq 0, \end{cases}$$

so besteht $\mathfrak{F}_\xi$ offensichtlich aus den 4 Mengen: $R$, $\emptyset$, $\{\omega < 0\}$, $\{\omega \geqq 0\}$. „Feinere" Ereignisse kann die so definierte Zufallsgröße aus $\mathfrak{F}$ nicht „aussondern". Gleichzeitig ist jedoch offensichtlich, daß $\xi$ bezüglich jeder umfassenderen $\sigma$-Unteralgebra $\mathfrak{F}_1$ von $\mathfrak{F}$, $\sigma_\xi \subset \mathfrak{F}_1 \subset \mathfrak{F}$ meßbar ist ($\{\xi \in B\} \in \mathfrak{F}_1$).

Ist $\xi = \xi(\omega) = [\omega]$ die größte ganze Zahl, die kleiner als $\omega$ ist, so ist $\sigma(\xi)$ die von den Ereignissen $\{k \leqq \omega < k + 1\}$, $k = \ldots, -1, 0, 1, \ldots$, erzeugte $\sigma$-Algebra.

Wenn schließlich $\xi(\omega) = \varphi(\omega)$ ist, wobei $\varphi$ stetig und monoton ist, $\varphi(\infty) = \infty$, $\varphi(-\infty) = -\infty$, so stimmt $\sigma(\xi)$ mit der $\sigma$-Algebra der BOREL-Mengen $\mathfrak{F}$ überein.

Jetzt sind wir in der Lage, einen Satz zu formulieren, der die Verbindung zwischen der Unabhängigkeit von Zufallsgrößen und $\sigma$-Algebren herstellt.

*Die Zufallsgrößen $\xi_1, \ldots, \xi_n$ sind genau dann unabhängig, wenn die $\sigma$-Algebren $\sigma(\xi_1), \ldots, \sigma(\xi_n)$ unabhängig sind.*

Das ist eine einfache Folgerung aus der Definition der Unabhängigkeit von Zufallsgrößen und $\sigma$-Algebren. Wir können jetzt Satz 2 beweisen. Zuvor bemerken wir, daß die endlichen Vereinigungen von Intervallen der Art $[\cdot, \cdot)$ (möglicherweise mit unendlichen Grenzen) eine Algebra bilden, die die BORELsche $\sigma$-Algebra $\mathfrak{B}^1$ der Geraden erzeugt: $\mathfrak{B}^1 = \sigma(\mathcal{A})$.

Beweis von Satz 2. Da die eine Richtung der Aussage des Satzes offensichtlich ist, brauchen wir nur noch zu zeigen, daß aus der Beziehung

$$F(x_1, \ldots, x_n) = F_{\xi_1}(x_1) \cdots F_{\xi_n}(x_n)$$

die Unabhängigkeit der $\sigma(\xi_1), \ldots, \sigma(\xi_n)$ folgt. Wir setzen der Einfachheit halber $n = 2$ und bezeichnen mit $\Delta$ bzw. $\Lambda$ die halboffenen Intervalle $[x_1, x_2)$ bzw. $[y_1, y_2)$. Dann gilt die Gleichung

$$\begin{aligned} \mathsf{P}(\xi_1 \in \Delta, \xi_2 \in \Lambda) &= \mathsf{P}(\xi_1 \in [x_1, x_2), \xi_2 \in [y_1, y_2)) = \\ &= F(x_2, y_2) - F(x_1, y_2) - F(x_2, y_1) + F(x_1, y_1) = \\ &= \left(F_{\xi_1}(x_2) - F_{\xi_1}(x_1)\right)\left(F_{\xi_2}(y_2) - F_{\xi_2}(y_1)\right) = \mathsf{P}\{\xi_1 \in \Delta\}\, \mathsf{P}\{\xi_2 \in \Lambda\}. \end{aligned}$$

[1]) Offenbar kann man $\sigma(\xi)$ als die kleinste $\sigma$-Unteralgebra von $\mathfrak{F}$ charakterisieren, bezüglich der die Abbildung $\xi$ noch meßbar ist (Anm. d. Red.).

Für zwei Systeme $\Delta_i$, $i = 1, ..., n$ und $\Lambda_j$, $j = 1, ..., m$ paarweise disjunkter halboffener Intervalle ist

$$\mathsf{P}\left(\xi_1 \in \bigcup_{i=1}^{n} \Delta_i, \xi_2 \in \bigcup_{j=1}^{m} \Lambda_j\right) =$$

$$= \sum_{i,j} \mathsf{P}(\xi_1 \in \Delta_i, \xi_2 \in \Lambda_j) = \sum_{i,j} \mathsf{P}(\xi_1 \in \Delta_i)\, \mathsf{P}(\xi_2 \in \Lambda_j) =$$

$$= \mathsf{P}\left(\xi_1 \in \bigcup_{i=1}^{n} \Delta_i\right) \mathsf{P}\left(\xi_2 \in \bigcup_{j=1}^{m} \Lambda_j\right). \tag{7}$$

Aber die Klasse der Ereignisse $\{\omega : \xi(\omega) \in A\} = \xi^{-1}(A)$ mit $A \in \mathcal{A}$ ist eine Algera (wir bezeichnen sie mit $\alpha(\xi)$), und dabei ist $\sigma(\alpha(\xi)) = \sigma(\xi)$. In (7) wurde gezeigt, daß $\alpha(\xi_1)$ und $\alpha(\xi_2)$ unabhängig sind. Folglich ist nach Satz 4 auch $\sigma(\xi_1) = \sigma(\alpha(\xi_1))$ und $\sigma(\xi_1) = \sigma(\alpha(\xi_2))$ unabhängig. Wir beweisen nun die folgende Aussage:

**Satz 6.** *Es seien $\varphi_1$ und $\varphi_2$ Borelsche Funktionen und $\xi_1$ und $\xi_2$ unabhängige Zufallsgrößen, dann sind $\eta_1 = \varphi_1(\xi_1)$ und $\eta_2 = \varphi_2(\xi_2)$ ebenfalls unabhängige Zufallsgrößen.*

Beweis: Wir müssen zeigen, daß

$$\mathsf{P}(\varphi_1(\xi_1) \in B_1, \varphi_2(\xi_2) \in B_2) \tag{8}$$

gleich dem Produkt der entsprechenden Wahrscheinlichkeiten ist. Die Mengen $\{x : \varphi_i(x) \in B_i\} = \varphi^{-1}(B_i) = B_i^*$ sind Borelsch. Darum ist $\{\omega : \varphi_i(\xi_i) \in B_i\} = \{\omega : \xi_i \in B_i^*\}$ und die zu zeigende Produktdarstellung der Wahrscheinlichkeit (8) folgt aus der Unabhängigkeit der $\xi_j$. ◀

Sei $\{\xi_n\}_{k=1}^{\infty}$ eine Folge unabhängiger Zufallsgrößen. Wir betrachten die Zufallsgrößen $\xi_k, \xi_{k+1}, \cdots, \xi_m$ mit $k < m \leqq \infty$. Bezeichne $\sigma(\xi_k, ..., \xi_m)$ (für $m = \infty$ schreiben wir $\sigma(\xi_k, \xi_{k+1} ...)$) die $\sigma$-Algebra der Ereignisse, die durch die Ereignisse $\bigcap_{i=k}^{m} A_i$ mit $A_i \in \sigma(\xi_i)$ erzeugt wird. Die $\sigma$-Algebra $\sigma(\xi_k, ..., \xi_m)$ heißt auch die *von den Zufallsgrößen $\xi_k, ..., \xi_m$ erzeugte $\sigma$-Algebra.*

Für die weiteren Ausführungen benötigen wir den folgenden Satz: *Für alle $k \geqq 1$ sind die $\sigma$-Algebren $\sigma(\xi_{n+k})$ und $\sigma(\xi_1, ..., \xi_n)$ unabhängig.*

Zum Beweis dieser Behauptung benutzen wir Satz 4. Dazu müssen wir zeigen, daß die von den Ereignissen der Form $B = \bigcap_{i=1}^{n} A_i$, $A_i \in \sigma(\xi_i)$ erzeugte Algebra $\mathcal{A}$ unabhängig von $\sigma(\xi_{n+k})$ ist. Es sei $A \in \sigma(\xi_{n+k})$, dann folgt aus der Unabhängigkeit der $\sigma$-Algebren $\sigma(\xi_1), ..., \sigma(\xi_n), \sigma(\xi_{n+k})$

$$\mathsf{P}(AB) = \mathsf{P}(A)\, \mathsf{P}(A_1) \cdots \mathsf{P}(A_n) = \mathsf{P}(A)\, \mathsf{P}(B)\,.$$

Analog können wir uns davon überzeugen, daß

$$\mathsf{P}\left(\bigcup_{i=1}^{n} A_i A\right) = \mathsf{P}\left(\bigcup_{i=1}^{n} A_i\right) \mathsf{P}(A)$$

gilt, man muß nur $\bigcup_{i=1}^{n} A_i$ als Vereinigung disjunkter Mengen aus $\mathcal{A}$ darstellen Damit ist die Algebra $\mathcal{A}$ unabhängig von $\sigma(\xi_{n+k})$ und folglich auch $\sigma(\xi_1, ..., \xi_n)$ unabhängig von $\sigma(\xi_{n+k})$.

Es ist leicht einzusehen, daß man zu den vorangegangenen Unabhängigkeitssätzen und ihren Folgerungen analoge Aussagen auch für zufällige Vektoren $\xi_1, \xi_2, \ldots$ beweisen kann, indem man ihre Unabhängigkeit mit Hilfe der Beziehung

$$\mathsf{P}(\xi_1 \in B_1, ..., \xi_n \in B_n) = \Pi\, \mathsf{P}(\xi_j \in B_j)$$

charakterisiert, wobei $B_j$ BOREL-Mengen in Räumen entsprechender Dimension sind.

4. Kehren wir zur Unabhängigkeit eindimensionaler Zufallsgrößen zurück. Sind die Komponenten $\xi_1$ und $\xi_2$ des Vektors $\xi = (\xi_1, \xi_2)$ unabhängig, dann ist für die Mengen

$$B = B_1 \times B_2 = \{(x_1, x_2): x_1 \in B_1, x_2 \in B_2\} \subset R^2$$

wobei $B_1$ und $B_2$ in $R$ liegen und meßbar sind, die Gleichung

$$\mathsf{P}(\xi \in B) = \mathsf{P}(\xi_1 \in B_1, \xi_2 \in B_2) = \mathsf{P}(\xi_1 \in B_1)\, \mathsf{P}(\xi_2 \in B_2)$$

erfüllt. In diesem Fall nennt man das Maß $\mathsf{P}_{\xi_1, \xi_2}(\mathrm{d}x_1, \mathrm{d}x_2) = \mathsf{P}(\xi_1 \in \mathrm{d}x_1, \xi_2 \in \mathrm{d}x_2)$ im $R^2$, das durch $(\xi_1, \xi_2)$ erzeugt wird, das *Produktmaß* von

$$\mathsf{P}_{\xi_1}(\mathrm{d}x_1) = \mathsf{P}(\xi_1 \in \mathrm{d}x_1) \quad \text{und} \quad \mathsf{P}_{\xi_2}(\mathrm{d}x_2) = \mathsf{P}(\xi_2 \in \mathrm{d}x_2)\,.$$

Das Integral

$$\int g(x_1, x_2)\, \mathsf{P}_{\xi_1, \xi_2}(\mathrm{d}x_1, \mathrm{d}x_2)$$

kann dann als mehrfaches (iteriertes) Integral (s. Anhang 3) geschrieben werden

$$\iint g(x_1, x_2)\, \mathsf{P}_{\xi_1}(\mathrm{d}x_1)\, \mathsf{P}_{\xi_2}(\mathrm{d}x_2)\,.$$

Ist $g(x_1, x_2) = g_1(x_1)\, g_2(x_2)$ und existieren die Integrale

$$\int g_1(x_1)\, \mathsf{P}_{\xi_1}(\mathrm{d}x_1) \quad \text{und} \quad \int g_2(x_2)\, \mathsf{P}_{\xi_2}(\mathrm{d}x_2)$$

(d. h., konvergieren sie absolut), dann existiert das Integral

$$\iint g(x_1, x_2)\, \mathsf{P}_{\xi_1, \xi_2}(\mathrm{d}x_1, \mathrm{d}x_2) = \int g_1(x_1)\, \mathsf{P}_{\xi_1}(\mathrm{d}x_1) \int g_2(x_2)\, \mathsf{P}_{\xi_2}(\mathrm{d}x_2)\,. \tag{9}$$

Diese Gleichung gilt offenbar immer, wenn $g_i \geqq 0$ ist (der Fall, daß eine der Funktionen $g_i$ gleich Null ist auf einer Menge der Wahrscheinlichkeit 1 ist ausgeschlossen), vgl. Satz 15, Anhang 3.

Es ist völlig klar, daß die obigen Ausführungen in vollem Umfang auch im mehrdimensionalen Fall ($n > 2$) gültig bleiben.

Als charakteristische Eigenschaft unabhängiger Zufallsgrößen $\xi_1, ..., \xi_n$ erweist sich gerade der Umstand, daß die Verteilung des Vektors und damit einer beliebigen meßbaren Funktion von $(\xi_1, ..., \xi_n)$ sich vollständig durch die Verteilungen $P_{\xi_1}, ..., P_{\xi_n}$ beschreiben läßt. Als Beispiel berechnen wir die Verteilung der Summe zweier unabhängiger Zufallsgrößen $\xi_1$ und $\xi_2$ mit den

Verteilungsfunktionen $F_1$ bzw. $F_2$. Indem wir die eben genannte Eigenschaft des Integrals nach einem Maß im $R^2$ und die Unabhängigkeit von $\xi_1$ und $\xi_2$ ausnutzen, erhalten wir

$$F_{\xi_1+\xi_2}(x) = \mathsf{P}(\xi_1 + \xi_2 < x) = \int\limits_{\{\xi_1+\xi_2<x\}} \mathsf{P}(\mathrm{d}\omega) = \iint\limits_{x_1+x_2<x} \mathsf{P}_{\xi_1,\xi_2}(\mathrm{d}x_1, \mathrm{d}x_2) =$$

$$= \iint\limits_{x_1+x_2<x} \mathsf{P}_{\xi_2}(\mathrm{d}x_1)\, \mathsf{P}_{\xi_1}(\mathrm{d}x_2) = \int\limits_{x_1=-\infty}^{\infty} \int\limits_{x_2=-\infty}^{x-x_1} \mathsf{P}_{\xi_1}(\mathrm{d}x_1)\, \mathsf{P}_{\xi_2}(\mathrm{d}x_2) =$$

$$= \int\limits_{-\infty}^{\infty} F_2(x-t)\, \mathsf{P}_{\xi_1}(\mathrm{d}t) = \int\limits_{-\infty}^{\infty} F_2(x-t)\, \mathrm{d}F_1(t)\,.$$

Dieses Integral heißt *Faltung* der Verteilungsfunktionen $F_1(x)$ und $F_2(x)$ und wird mit $F_1 * F_2(x)$ bezeichnet. Auf die gleiche Art kann man die Gleichung

$$\mathsf{P}(\xi_1 + \xi_2 < x) = \int\limits_{-\infty}^{\infty} F_1(x-t)\, \mathrm{d}F_2(t)$$

erhalten. Die rechte Seite dieser Gleichung kann man auch als das Resultat der partiellen Integration von $\int \mathrm{d}F_1(t)\, F_2(x-t)$ auffassen.

Besitzt wenigstens eine Verteilungsfunktion eine Dichte, so besitzt auch die Faltung eine Dichte. Dies ergibt sich unmittelbar aus der Faltungsformel. Sei zum Beispiel $F_2(x) = \int\limits_{-\infty}^{\infty} f_2(u)\, \mathrm{d}u$, dann gilt

$$F_{\xi_1+\xi_2}(x) = \int\limits_{-\infty}^{x} \int\limits_{-\infty}^{x} f_2(u-t)\, \mathrm{d}u\, \mathsf{P}_{\xi_1}(\mathrm{d}t) = \int\limits_{-\infty}^{x} \left( \int\limits_{-\infty}^{\infty} f_2(u-t)\, \mathsf{P}_{\xi_1}(\mathrm{d}t) \right) \mathrm{d}u\,.$$

Damit errechnet sich die Dichte $f(x)$ der Summe $\xi_1 + \xi_2$ zu

$$f(x) = \int\limits_{-\infty}^{\infty} f_2(x-t)\, \mathsf{P}_{\xi_1}(\mathrm{d}t) = \int\limits_{-\infty}^{\infty} f_2(x-t)\, \mathrm{d}F_1(t)\,.$$

Beispiel 7. $\xi_1, \xi_2, \ldots$ seien unabhängig und auf $[0, 1]$ gleichverteilt. Alle $\xi_1, \xi_2, \ldots$ besitzen also ein und dieselbe Verteilungsfunktion mit der Dichte

$$f(x) = \begin{cases} 1, & x \in [0, 1]\,, \\ 0, & x \notin [0, 1]\,. \end{cases} \tag{10}$$

Die Dichte der Summe $\xi_1 + \xi_2$ ist dann

$$f_{\xi_1+\xi_2}(x) = \int\limits_0^1 f(x-t)\, \mathrm{d}t = \begin{cases} 0, & x \notin [0, 2]\,, \\ x\,, & x \in [0, 1]\,, \\ 2-x, & x \in [1, 2]\,. \end{cases} \tag{11}$$

Das hier auftretende Integral stimmt offensichtlich mit der Länge des Durchschnittes der Intervalle $[0, 1]$ und $[x - 1, x]$ überein.

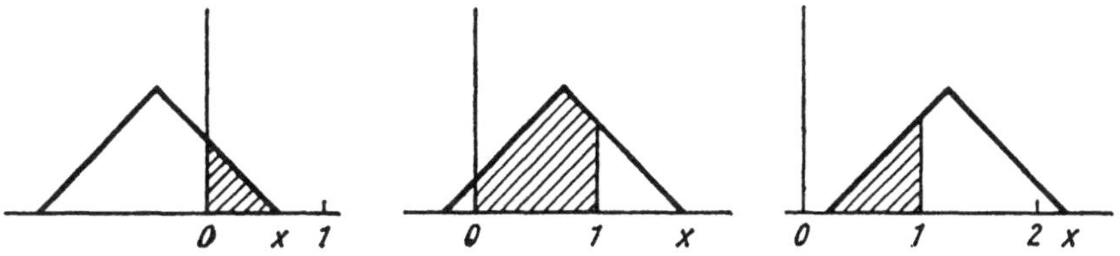

Abb. 4

Die Dichte der Summe $\xi_1 + \xi_2 + \xi_3$ setzt sich bereits aus drei Parabelstücken zusammen

$$f_{\xi_1+\xi_2+\xi_3}(x) = \int_0^1 f_{\xi_1+\xi_2}(x-t)\,dt = \begin{cases} 0, & x \notin [0,3], \\ \dfrac{x^2}{2}, & x \in [0,1], \\ 1 - \dfrac{(2-x)^2}{2} - \dfrac{(x-1)^2}{2}, & x \in [1,2], \\ \dfrac{(3-x)^2}{2}, & x \in [2,3]. \end{cases}$$

Die Berechnung dieses Integrals wird durch Abb. 4 veranschaulicht, wo die schraffierten Flächen den Werten $f_{\xi_1+\xi_2+\xi_3}(x)$ für verschiedene $x$ entsprechen. Die Formen der Dichten für $\xi_1$, $\xi_1 + \xi_2$ und $\xi_1 + \xi_2 + \xi_3$ sind in der Abb. 5 dargestellt. Die Dichte der Summe $\xi_1 + \xi_2 + \xi_3 + \xi_4$ setzt sich bereits aus 4 Stücken von Kurven dritter Ordnung zusammen usw. Wenn der Koordinatensprung in den Punkt $n/2$ verlegt wird, so wird die äußere Gestalt der Dichte der Summe $\xi_1 + \cdots + \xi_n$ mit wachsendem $n$ immer mehr der grafischen Darstellung der Funktion $e^{-x^2}$ gleichen. Wir werden später sehen, daß diese Tatsache nicht zufällig ist.

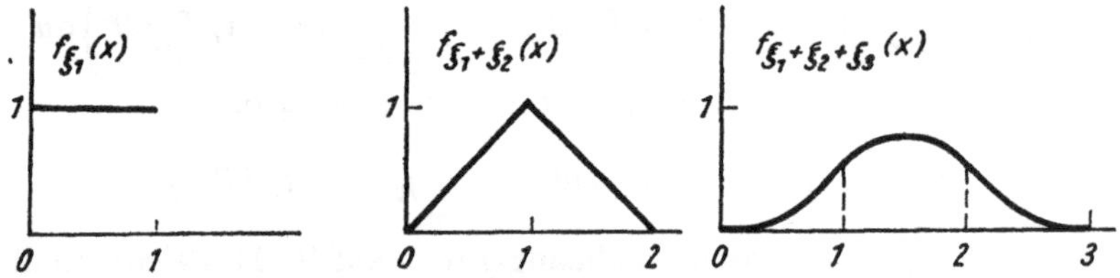

Abb. 5

Im Zusammenhang mit dem betrachteten Beispiel bemerken wir, daß für zwei unabhängige Zufallsgrößen $\xi$ und $\eta$, bei denen $\xi$ die Verteilungsfunktion $F(x)$ besitzt und $\eta$ auf $[0, 1]$ gleichverteilt ist, die Dichte der Summe $\xi + \eta$ im Punkt $x$ sich ergibt als

$$f_{\xi+\eta}(x) = \int dF(t)\, f_\eta(x-t) = \int_{x-1}^{x} dF(t) = F(x) - F(x-1).$$

**5.** Am Schluß dieses Kapitels wollen wir eine Bemerkung allgemeineren Charakters machen. Bei unseren Untersuchungen haben wir bereits Folgen unendlich vieler Zufallsgrößen betrachtet. Derartige Folgen werden weiterhin öfter Gegenstand unserer Betrachtungen sein. Dabei entsteht jedoch die Frage, ob es immer möglich ist, auf einem Wahrscheinlichkeitsraum eine unendliche Folge zu definieren, deren Koordinaten im voraus verlangte Eigenschaften besitzen (z. B., daß sie identisch verteilt und unabhängig sind).

Wie wir gesehen haben, ist es immer möglich, eine endliche Folge unabhängiger Zufallsgrößen zu definieren, indem für die „zusammengesetzte" Zufallsgröße $(\xi_1, \ldots, \xi_n)$ der Raum der Elementarereignisse $R_1 \times R_2 \times \cdots \times R_n = R^n$ und die $\sigma$-Algebra $\mathfrak{B}_1 \times \mathfrak{B}_2 \times \cdots \times \mathfrak{B}_n = \mathfrak{B}^n$, die von den Mengen $B_1 \times B_2 \times \cdots \times B_n \subset R^n$ erzeugt wird, betrachtet wird. Die $B_i$ sind dabei BOREL-Mengen. Es genügt, die Wahrscheinlichkeit auf der Algebra dieser Mengen anzugeben. Im unendlich-dimensionalen Fall ist dies indessen schwieriger. Man muß die Wahrscheinlichkeit auf einer solchen Algebra von Ereignissen aus $R^\infty = \prod_{k=1}^{\infty} R_k$ definieren können ($R_k = R^1$ für alle $k$), deren Abschließung bezüglich abzählbar vieler Operationen $\cup$ und $\cap$ eine $\sigma$-Algebra $\mathfrak{B}^\infty$ bilden würde, die von den Produktereignissen $\cap\, B_{j_k}$, $B_{j_k} \in \mathfrak{B}_{j_k}$, erzeugt wird.

Es sei $N$ irgendeine Teilmenge der ganzen Zahlen. Wir bezeichnen mit $R^N = \prod_{k \in N} R_k$ das direkte Produkt der Räume $R_k$ über $k \in N$ und analog $\mathfrak{B}^N = \prod_{k \in N} \mathfrak{B}_k$. Wir nennen die Verteilungen $\mathsf{P}_{N'}$, und $\mathsf{P}_{N''}$ auf $(R^{N'}, \mathfrak{B}^{N'})$ bzw. $(R^{N''}, \mathfrak{B}^{N''})$ *verträglich*, wenn die auf dem Durchschnitt $R^N = R^{N'} \cap R^{N''}$ (bei $R^N$ bedeutet $N = N' \cap N''$) von ihnen induzierten Maße übereinstimmen. Diese Maße auf $R^N$ heißen *Projektionen* von $\mathsf{P}_{N'}$ bzw. $\mathsf{P}_{N''}$ auf $R^N$.

Die Antwort auf die oben gestellte Frage über die Existenz einer unendlichen Folge von Zufallsgrößen ist in dem folgenden Satz von Kolmogorow enthalten, dessen Beweis im Anhang 2 gebracht wird.

**Satz von Kolmogorow.** *Durch die Vorgabe verträglicher Verteilungen $\mathsf{P}_N$ auf den endlich-dimensionalen Räumen $R^N$ ist über $(R^\infty, \mathfrak{B}^\infty)$ eindeutig ein Wahrscheinlichkeitsmaß $\mathsf{P}_\infty$ definiert, so daß jede Wahrscheinlichkeit $\mathsf{P}_N$ die Projektion von $\mathsf{P}_\infty$ auf $R^N$ ist.*

Insbesondere folgt aus diesem Satz, daß es immer möglich ist, auf einem passenden Raum eine unendliche Folge unabhängiger Zufallsgrößen zu definieren. Denn die Produkte der auf $R_1, R_2, \ldots$ gegebenen Maße sind für die verschiedenen $R^{N'}$ und $R^{N''}$ offensichtlich immer verträglich.

## KAPITEL 4

# NUMERISCHE CHARAKTERISTIKA VON ZUFALLSGRÖSSEN

### § 1. Der Erwartungswert

Als *Moment erster Ordnung* oder *Erwartungswert* einer Zufallsgröße $\xi$, die auf einem Wahrscheinlichkeitsraum $\langle \Omega, \mathfrak{F}, \mathsf{P} \rangle$ definiert ist, bezeichnen wir die Zahl

$$\mathsf{M}\xi = \int_{\Omega} \xi(\omega)\ \mathsf{P}(\mathrm{d}\omega)\,,$$

wenn das Integral auf der rechten Seite existiert.

Wegen früherer Bemerkungen (s. § 3, Kap. 3) können wir $\mathsf{M}\xi$ auch durch

$$\mathsf{M}\xi = \int x\ \mathsf{P}_{\xi}(\mathrm{d}x) = \int x\ \mathrm{d}F(x) \tag{1}$$

definieren, wobei $F(x)$ die Verteilungsfunktion von $\xi$ ist[1]).

Es folgt aus der Definition, daß $\mathsf{M}\xi$ existiert, falls $\mathsf{M}\,|\xi| < \infty$ ist. Ist beispielsweise $1 - F(x) > 1/x$ für alle hinreichend großen $x$, so existiert $\mathsf{M}\xi$ nicht.

Ist $F(x)$ eine Stufenfunktion (d. h. ist $\xi$ eine diskrete Zufallsgröße), so geht bekanntlich das STIELTJES-Integral (1) über in die Summe

$$\mathsf{M}\xi = \sum_{k} x_k \mathsf{P}\,(\xi = x_k)\,.$$

Besitzt $F(x)$ die Dichtefunktion $f(x)$, so ist

$$\mathsf{M}\xi = \int x f(x)\ \mathrm{d}x\,.$$

---

[1]) Oft ist die folgende Darstellung von $\mathsf{M}\xi$ nützlich:

$$\mathsf{M}\xi = -\int_{-\infty}^{0} F(x)\ \mathrm{d}x + \int_{0}^{\infty} (1 - F(x)\ \mathrm{d}x\,, \tag{*}$$

wobei die rechte Seite genau dann endlich ist, wenn $\mathsf{M}\xi$ existiert. Der Beweis ergibt sich leicht mit Hilfe des Satzes von FUBINI (vgl. Anhang 3). Es ist

$$\int_0^{\infty} x\,\mathsf{P}_{\xi}(\mathrm{d}x) = \int_0^{\infty}\left(\int_0^{x} 1\ \mathrm{d}y\right)\mathsf{P}_{\xi}(\mathrm{d}x) = \int_0^{\infty}\left(\int_y^{\infty}\mathsf{P}_{\xi}(\mathrm{d}x)\right)\mathrm{d}y = \int_0^{\infty}(1 - F(y))\ \mathrm{d}y$$

$$\int_{-\infty}^{0} x\,\mathsf{P}_{\xi}(\mathrm{d}x) = \int_{-\infty}^{0}\left(-\int_x^{0}\mathrm{d}y\right)\mathsf{P}_{\xi}(\mathrm{d}x) = -\int_{-\infty}^{0}\left(\int_{-\infty}^{y}\mathsf{P}_{\xi}(\mathrm{d}x)\right)\mathrm{d}y = -\int_{-\infty}^{0} F(y)\ \mathrm{d}y\,.$$

In den bewiesenen Gleichungen sind beide Seiten gleichzeitig endlich oder unendlich.

Ist speziell $\xi$ eine zufällige natürliche Zahl, d. h., gilt

$$p_k = \mathsf{P}(\xi = k) \geqq 0\,, \qquad k = 0, 1, 2, \ldots, \qquad \sum_{k=0}^{\infty} p_k = 1\,,$$

so erhält man aus (*)

$$\mathsf{M}\xi = \sum_{k=0}^{\infty} k p_k = \sum_{k=1}^{\infty}\sum_{j=k}^{\infty} p_k = \sum_{k=1}^{\infty}\mathsf{P}(\xi \geqq k)$$

(Anm. d. Red.).

Man kann also $\mathsf{M}\xi$ als Koordinate des „Schwerpunktes" einer Massenbelegung mit der Gesamtmasse 1 auf der reellen Achse auffassen.

Ist $g(x)$ eine BOREL-meßbare Funktion, so ist $\eta = g(\xi)$ wiederum eine Zufallsgröße, und es gilt (vgl. Anhang 3)

$$\mathsf{M}g(\xi) = \int g(\xi(\omega))\, \mathsf{P}(\mathrm{d}\omega) = \int g(x)\, \mathrm{d}F(x) = \int x\, \mathrm{d}F_{g(\xi)}(x)\,.$$

Die grundlegenden Eigenschaften des Erwartungswertes stimmen mit den Eigenschaften des Integrals überein:

M1. Für eine Konstante $c$ ist $\mathsf{M}c = c$.

M2. $\mathsf{M}(\xi_1 + \xi_2) = \mathsf{M}\xi_1 + \mathsf{M}\xi_2$, wenn die beiden in der Gleichung auftretenden Erwartungswerte $\mathsf{M}\xi_1$ und $\mathsf{M}\xi_2$ existieren.

M3. Aus $a \leqq \xi \leqq b$ folgt $a \leqq \mathsf{M}\xi \leqq b$. Es gilt immer $\mathsf{M}\xi \leqq \mathsf{M}\,|\xi|$.

M4. Aus $\xi \geqq 0$ und $\mathsf{M}\xi = 0$ folgt $\mathsf{P}\,(\xi = 0) = 1$.

M5. Die Wahrscheinlichkeit eines Ereignisses $A$ kann mit Hilfe der Gleichung

$$\mathsf{P}(A) = \mathsf{M}I(A)$$

als ein Erwartungswert geschrieben werden. Dabei ist $I(A)$ die Indikatorfunktion des Ereignisses $A$: $I(A) = 1$, falls $\omega \in A$, und $I(A) = 0$ anderenfalls. $I(A)$ ist also eine BERNOULLI-verteilte Zufallsgröße mit $p = \mathsf{P}\,(I(A) = 1) = \mathsf{P}(A)$.

Wir werden jetzt den Erwartungswert für einige Zufallsgrößen berechnen.

Beispiel 1. Erwartungswerte im Zusammenhang mit dem BERNOULLIschen Schema. $\xi$ nehme die Werte 0 und 1 mit den Wahrscheinlichkeiten $q$ bzw. $p$, $p + q = 1$, an ($\xi$ ist BERNOULLI-verteilt). Dann gilt

$$\mathsf{M}\xi = 0 \cdot \mathsf{P}\,(\xi = 0) + 1 \cdot \mathsf{P}\,(\xi = 1) = p\,.$$

Ist $\zeta$ die Anzahl der „Erfolge" im BERNOULLIschen Schema mit $n$ Versuchen (vgl. Beispiel 1, S. 30), so gilt $\zeta = \sum_{i=1}^{n} \xi_i$, wobei $\xi_i$ unabhängig und wie $\xi$ verteilt sind. Mit Hilfe von $M_2$ erhält man $M\xi = np$.

Wir betrachten ein unendliches BERNOULLIsches Schema, d.h. eine Folge $\xi_1, \xi_2, \ldots$ unabhängiger Zufallsgrößen, die wie $\xi$ verteilt sind, und setzen $\eta = \min\,\{k \geqq 1 : \xi_k = 1\}$. Offensichtlich ist $\eta$ eine Zufallsgröße, und es gilt[1])

$$\mathsf{P}\,(\eta = k) = q^{k-1}p\,, \qquad k \geqq 1\,, \qquad \mathsf{M}\eta = \sum_{k=1}^{\infty} kq^{k-1}p = \frac{p}{(1-q)^2} = \frac{1}{p}\,.$$

[1]) Die Zufallsgröße $\eta - 1$ (Anzahl der „Mißerfolge" im BERNOULLIschen Schema bis zum Auftreten des ersten „Erfolgs") besitzt offensichtlich die Verteilung

$$\mathsf{P}\,(\eta - 1 = k) = pq^k\,, \qquad k \geqq 0\,.$$

Man bezeichnet sie als *geometrische* Verteilung. Ihr Erwartungswert ist gleich $\mathsf{M}\,(\eta - 1) = q/p$ (Anm. d. Red.).

Beispiel 2. Die Zufallsgröße $\xi$ sei normalverteilt. Für den Erwartungswert von $\xi$ ergibt sich dann die Beziehung

$$\mathsf{M}\xi = \int t f(t)\,\mathrm{d}t = \int t \frac{1}{\sigma\sqrt{2\pi}}\,\mathrm{e}^{-\frac{(t-a)^2}{2\sigma^2}}\,\mathrm{d}t =$$

$$= \frac{1}{\sigma\sqrt{2\pi}} \int (t-a)\,\mathrm{e}^{-\frac{(t-a)^2}{2\sigma^2}}\,\mathrm{d}t + \frac{a}{\sigma\sqrt{2\pi}} \int \mathrm{e}^{-\frac{(t-a)^2}{2\sigma^2}}\,\mathrm{d}t =$$

$$= \frac{1}{\sigma\sqrt{2\pi}} \int z\,\mathrm{e}^{-\frac{z^2}{2\sigma^2}}\,\mathrm{d}z + a = a\,.$$

Somit stimmt der Parameter $a$ der Normalverteilung mit dem Erwartungswert überein.

Beispiel 3. Der Erwartungswert einer POISSON-verteilten Zufallsgröße mit dem Parameter $\mu$ beträgt $\mu$, denn es gilt

$$\mathsf{M}\xi = \sum_{k=0}^{\infty} k \frac{\mu^k}{k!}\,\mathrm{e}^{-\mu} = \mu\,\mathrm{e}^{-\mu} \sum_{k=1}^{\infty} \frac{\mu^{k-1}}{(k-1)!} = \mu\,.$$

Beispiel 4. Für den Erwartungswert einer in $[0, 1]$ gleichverteilten Zufallsgröße ergibt sich

$$\mathsf{M}\xi = \int_0^1 x \cdot 1 \cdot \mathrm{d}x = \frac{1}{2}\,.$$

Beispiel 5. In der Aufgabe über die Verteilung von $r$ Teilchen auf $n$ Fächer in den §§ 3, 4, Kap. 1, untersuchten wir die Wahrscheinlichkeit des Ereignisses $A$, das darin bestand, daß wenigstens eines von $n$ Fächern leer bleibt. Wir berechnen den Erwartungswert der Anzahl $S_{n,r}$ leerer Fächer. Ist $A_k$ das Ereignis, das darin besteht, daß das $k$-te Fach leer bleibt, und $I(A_k)$ die Indikatorfunktion dieses Ereignisses ist, so erhält man

$$S_{n,r} = \sum_{k=1}^{n} I(A_k)\,, \qquad \mathsf{M}S_{n,r} = \sum_{k=1}^{n} \mathsf{P}(A_k) = n\left(1 - \frac{1}{n}\right)^r.$$

Wir bemerken dabei, daß $\mathsf{M}S_{n,r}$ nahe bei Null liegt, wenn $(1 - 1/n)^r$ groß im Vergleich zu $1/n$ ist. Das heißt, wenn $-r \ln(1 - 1/n) - \ln n$ groß ist. Für große $n$ gilt $\ln(1 - 1/n) = -1/n + O(1/n^2)$ und die geforderte Relation wird gelten, wenn $\frac{r}{n \ln n}$ groß ist. Es ist klar, daß in unserem Fall (vgl. mit Eigenschaft M4) das Kleinwerden von $\mathsf{M}S_{n,r}$ das Verschwinden von $\mathsf{P}(A) = \mathsf{P}(S_{n,r} > 0)$ zur Folge hat.

## § 2. Bedingte Verteilungsfunktionen und bedingte Erwartungswerte

Es sei $\langle \Omega, \mathfrak{F}, \mathsf{P} \rangle$ ein Wahrscheinlichkeitsraum und das Ereignis $B \in \mathfrak{F}$ besitze die Eigenschaft $\mathsf{P}(B) > 0$. Wir bilden den neuen Wahrscheinlichkeitsraum $\langle \Omega, \mathfrak{F}, \mathsf{P}_B \rangle$, wobei $\mathsf{P}_B$ für alle $A \in \mathfrak{F}$ durch die Gleichung

$$\mathsf{P}_B(A) = \mathsf{P}(A/B)$$

gegeben ist. Die Eigenschaften der Wahrscheinlichkeit *P*1, *P*2, *P*3 kann man für das Maß $\mathsf{P}_B$ leicht nachprüfen. Es sei $\xi$ eine Zufallsgröße auf $\langle \Omega, \mathfrak{F}, \mathsf{P} \rangle$. Diese ist dann offensichtlich auch eine Zufallsgröße auf $\langle \Omega, \mathfrak{F}, \mathsf{P}_B \rangle$. Der Erwartungswert von $\xi$ bezüglich des Wahrscheinlichkeitsmaßes $\mathsf{P}_B$ heißt *bedingter Erwartungswert* von $\xi$ bezüglich $B$ und wird mit $\mathsf{M}(\xi/B)$ oder $\mathsf{M}_B(\xi)$ bezeichnet

$$\mathsf{M}(\xi/B) = \int_B \xi(\omega)\ \mathsf{P}_B(d\omega)\,.$$

Gemäß der Definition des Maßes $\mathsf{P}_B$ gilt

$$\mathsf{M}(\xi/B) = \int_\Omega \xi(\omega)\ \mathsf{P}(d\omega/B) = \frac{1}{\mathsf{P}(B)} \int_\Omega \xi(\omega)\ \mathsf{P}(d\omega \cap B) = \frac{1}{\mathsf{P}(B)} \int_B \xi(\omega)\ \mathsf{P}(d\omega)\,.$$

Das letzte Integral unterscheidet sich von $\mathsf{M}\xi$ dadurch, daß die Integration in ihm nur über die Menge $B$ erstreckt wird. Wir werden dieses Integral mit

$$\mathsf{M}(\xi; B) = \int_B \xi(\omega)\ \mathsf{P}(d\omega)$$

bezeichnen, man kann also schreiben

$$\mathsf{M}(\xi/B) = \frac{1}{\mathsf{P}(B)} \mathsf{M}(\xi; B)\,.$$

Es ist leicht zu erkennen, daß die Funktion

$$F(x/B) = \mathsf{P}_B\,(\xi < x) = \mathsf{P}\,(\xi < x/B)\,,$$

die Verteilungsfunktion der auf $\langle \Omega, \mathfrak{F}, \mathsf{P}_B \rangle$ betrachteten Zufallsgröße $\xi$ ist. $F(x/B)$ heißt bedingte Verteilungsfunktion von $\xi$ unter der Bedingung $B$ (im Ausgangsraum $\langle \Omega, \mathfrak{F}, \mathsf{P} \rangle$).

Den Wert $M(\xi/B)$ kann man offensichtlich auch in der Form $\int x\, dF(x/B)$ darstellen.

Ist die von der Zufallsgröße $\xi$ erzeugte $\sigma$-Algebra $\sigma(\xi)$ unabhängig vom Ereignis $B$, so gilt $\mathsf{P}_B(A) = \mathsf{P}(A)$ für alle $A \in \sigma(\xi)$ und folglich

$$F(x/B) = F(x) \quad \text{und} \quad \mathsf{M}(\xi/B) = \mathsf{M}\xi; \quad \mathsf{M}(\xi; B) = \mathsf{P}(B) \cdot \mathsf{M}\xi\,. \tag{2}$$

Es sei $\{B_n\}$ eine endliche oder abzählbare Folge paarweise disjunkter Ereignisse mit $\cup B_n = \Omega$ und $\mathsf{P}(B_n) > 0$ für alle $n$. Es ergibt sich dann

$$\mathsf{M}\xi = \int_\Omega \xi(\omega)\ \mathsf{P}(d\omega) = \sum_n \int_{B_n} \xi(\omega)\ \mathsf{P}(d\omega) = \sum_n \mathsf{M}(\xi; B_n) = \sum_n \mathsf{P}(B_n)\, \mathsf{M}(\xi/B_n)\,. \tag{3}$$

Hiermit haben wir ein Analogon zur *Formel der totalen Wahrscheinlichkeit* für Erwartungswerte erhalten. Diese Formel ist sehr nützlich.

**Beispiel 6.** Die Lebensdauer (Zeit der ausfallfreien Arbeit) irgendeines technischen Gerätes sei eine Zufallsgröße $\xi$ mit der Verteilungsfunktion $F(x)$, $F(0) = p(\xi < 0) = 0$. Es ist bekannt, daß das Gerät bereits die Zeit $a$ arbeitet. Welche Verteilung hat die verbleibende (restliche) Lebensdauer $\xi_a$? Welchen Erwartungswert hat sie?

Wir müssen in dieser Aufgabe offenbar

$$\mathsf{P}(\xi_a \geqq x) = \mathsf{P}(\xi - a \geqq x/\xi \geqq a) \quad \text{und} \quad M\xi_a = \mathsf{M}(\xi - a/\xi \geqq a)$$

berechnen. Wir setzen natürlicherweise

$$R(a) = \mathsf{P}(\xi \geqq a) = 1 - F_\xi(a) > 0$$

voraus. Nach der obigen Formel gilt dann

$$\mathsf{P}(\xi - a \geqq x/\xi \geqq a) = \frac{R(x+a)}{R(a)}$$

$$\mathsf{M}(\xi - a/\xi \geqq a) = \frac{1}{R(a)} \int_0^\infty x \,\mathrm{d}F(x+a)\,.$$

Es ist interessant, folgendes zu bemerken: In vielen Anwendungsaufgaben, insbesondere wenn es sich um die Arbeit komplizierter Geräte handelt, die aus einer Vielzahl von Teilen bestehen, kann man annehmen, daß

$$R(x) = \mathsf{P}(\xi \geqq x) = \mathrm{e}^{-\mu x}, \quad \mu > 0$$

gilt. (Der Grund dafür wird später bei der Betrachtung des Satzes von Poisson und der Poissonschen Prozesse klar.) Die Verteilungsfunktion und die Dichte von $\xi$ haben dann die Form

$$F(x) = \begin{cases} 1 - \mathrm{e}^{-\mu x}, & x \geqq 0 \\ 0, & \text{sonst} \end{cases} \qquad f(x) = \begin{cases} \mu\, \mathrm{e}^{-\mu x}, & x \geqq 0 \\ 0, & \text{sonst} \end{cases}$$

Man bezeichnet diese Verteilung als (negative) *Exponentialverteilung*. Für die Exponentialverteilung ergibt sich für jedes $a > 0$

$$\mathsf{P}(\xi_a \geqq x) = \mathsf{P}(\xi - a \geqq x/\xi \geqq a) = \frac{R(x+a)}{R(a)} = \mathrm{e}^{-\mu x} = R(x)\,, \tag{4}$$

d. h., die Verteilung der restlichen Lebensdauer beim Alter $a$ fällt mit der Verteilung der Lebensdauer eines neuen Gerätes zusammen. Mit anderen Worten: Das neue Gerät und das Gerät, das bis zur Zeit $a$ ununterbrochen gearbeitet hat, sind vom Standpunkt der Dauer der weiteren ausfallfreien Arbeitszeit gleichwertig.

Es ist nicht schwer zu sehen, daß die angegebene Verteilung (mit ihrem diskreten Analogon $\mathsf{P}(\xi = k) = q^k(1-q)$, $k = 0, 1, \ldots$) (geometrische Verteilung)) die einzige Verteilung ist, die die oben angegebene bemerkenswerte Eigenschaft hat. Das ist aus der Gleichung (4) zu erkennen, aus der notwendig $R(x+a) = R(x) \cdot R(a)$ folgt.

Beispiel 7. Wir betrachten $n$ Orte, die längs einer Straße im Abstand 1 voneinander liegen. Diese Orte betreut ein Wagen der medizinischen Hilfe. Jeder anfallende Anruf entsteht mit gleicher Wahrscheinlichkeit in jedem der $n$ Orte, und es besteht eine direkte Funkverbindung mit dem Wagen, der in dem Ort wartet, aus dem der vorige Anruf kam.

Wie groß ist die mittlere Weglänge des Wagens pro Fahrt?

Es sei $B_k$ das Ereignis, daß der vorhergehende Anruf aus dem Ort $k$ kam. Dann ist $\mathsf{P}(B_k) = 1/n$ und die Wahrscheinlichkeit dafür, daß sich der Wagen aus dem Ort $k$ in den Ort $i$, $i = 1, 2, \ldots, n$, begibt, beträgt ebenfalls $1/n$. Die Weglänge ist dabei $|i - k|$. Es folgt also

$$\mathsf{M}(\xi/B_k) = \sum_{i=1}^{k-1} \frac{1}{n}(k-i) + \sum_{i=k+1}^{n} \frac{1}{n}(i-k) = \frac{k(k-1)}{2n} + \frac{(n-k)(n-k+1)}{2n}$$

und nach dem Analogon zur Formel der totalen Wahrscheinlichkeit erhält man

$$\mathsf{M}\xi = \sum_{k=1}^{n} \mathsf{P}(B_k)\,\mathsf{M}(\xi/B_k) = \sum_{k=1}^{n} \frac{1}{n^2} k(k-1)\,.$$

Da $\sum_{k=1}^{n} k(k-1) = \frac{1}{3}(n-1)\,n\,(n+1)$ ist, ergibt sich schließlich

$$\mathsf{M}\xi = \frac{n-1}{3}\left(1 + \frac{1}{n}\right).$$

Das heißt, daß $\mathsf{M}\xi$ für große $n$ ungefähr ein Drittel der Entfernung zwischen den äußeren Orten beträgt, die $n - 1$ ist. Wenn also am Tag $a$ Anrufe eintreffen, so beträgt die mittlere Gesamtweglänge etwa $\frac{a(n-1)}{3}$.

Beispiel 8. Es wurde schon darauf hingewiesen, daß der Erwartungswert nicht für alle Zufallsgrößen existiert. Auch entsprechende Beispiele sind durchaus nicht pathologisch. Wir betrachten ein sogenanntes *faires Spiel*. Am Spiel nehmen zwei Spieler teil. Das Anfangskapital des ersten Spielers sei $z$ (wir nehmen an, daß $z$ eine ganze Zahl ist). Dieser Spieler gewinnt oder verliert jede Partie unabhängig von den Ausgängen der vorangegangenen Partien mit der Wahrscheinlichkeit 1/2. Dabei erhöht oder verringert sich sein Kapital jeweils um eine Geldeinheit. Es sei $z + S_k$ das Kapital des ersten Spielers nach der $k$-ten Partie und $\eta(z)$ die Anzahl der Schritte bis zu seinem Ruin beim Spiel mit einem unendlich reichen Gegenspieler. Es ist

$$\eta(z) = \min\{k\colon z + S_k = 0\}, \quad \eta(0) = 0\,.$$

Ist $\inf_k S_k > -z$ (d. h. daß der erste Spieler niemals ruiniert wird), so setzen wir $\eta(z) = \infty$.

Wir zeigen zunächst, daß $\eta(z)$ eine eigentliche Zufallsgröße ist, d. h. eine Zufallsgröße, die mit Wahrscheinlichkeit 1 endliche Werte annimmt. Das würde für den 1. Spieler bedeuten, daß er mit Wahrscheinlichkeit 1 ruiniert wird, gleichgültig mit welchem Kapital er das Spiel begann. Als $\Omega$ kann man hier den Raum der Elementarereignisse betrachten, der aus allen möglichen Folgen von 1 und $-1$ besteht. Jede solche Folge $\omega$ wird eine „Trajektorie" des Spieles beschreiben. (Zum Beispiel bedeutet $-1$ an $k$-ter Stelle, daß der erste Spieler die $k$-te Partie verlor.) Wir überlassen es dem Leser als Übung, den Wahrscheinlichkeitsraum $\langle \Omega, \mathfrak{F}, \mathsf{P} \rangle$ bis zum Ende zu konstruieren. Es ist offensichtlich, daß man dies so einrichten muß, daß die Wahrscheinlichkeit jedes festen Ausgangs der ersten $n$-Partien des Spieles (die ersten $n$ Koordinaten von $\omega$ sind fest) $2^{-n}$ beträgt.

Wir setzen

$$u(z) = \mathsf{P}\big(\eta(z) = \eta(z, \omega) < \infty\big), \quad u(0) = 1$$

und bezeichnen mit $B_1$ und $B_2$ die Ereignisse, die darin bestehen, daß die erste Koordinate von $\omega$ gleich 1 (der Spieler gewann) bzw. $-1$ (der Spieler verlor) ist. Wegen der Beziehung $\mathsf{P}\big(\eta(z) < \infty / B_1\big) = u(z + 1)$ (wenn die erste Partie gewonnen wurde, so erhöhte sich das Kapital auf $z + 1$), und $\mathsf{P}\big(\eta(z) < \infty / B_2\big) = u(z - 1)$ erhalten wir aus der Formel der totalen Wahrscheinlichkeit für $z \geqq 1$

$$\begin{aligned} u(z) &= \mathsf{P}(B_1)\, \mathsf{P}\big(\eta(z) < \infty / B_1\big) + \mathsf{P}(B_2)\, \mathsf{P}\big(\eta(z) < \infty / B_2\big) = \\ &= \frac{1}{2} u(z + 1) + \frac{1}{2} u(z - 1)\,. \end{aligned}$$

Für $\delta(z) = u(z + 1) - u(z)$, $z \geqq 0$, folgt daraus die Beziehung

$$\delta(z) - \delta(z - 1) = 0, \quad \delta(z) = \delta = \text{const.}$$

Es ist aber

$$u(z + 1) = u(0) + \sum_{k=1}^{z} \delta(k) = u(0) + z\delta\,.$$

Also muß $\delta$ gleich 0 sein, und es ist $u(z) \equiv 1$ für alle $z$.

Der Spieler wird also im Spiel mit einem unendlich reichen Gegenspieler mit Wahrscheinlichkeit 1 ruiniert. Dies erklärt in gewissem Maße die Tatsache, daß alle Glücksspieler, die nicht zur „rechten Zeit" aufhören zu spielen (die Bestimmung dieses „Zeitpunktes" ist ein besonderes Problem), sich früher oder später ruinieren. Dies geschieht sogar, wenn das Spiel fair ist.

Wir zeigen jetzt, daß $\mathsf{M}\eta(z) = \infty$ ist, obwohl $\eta(z)$ eine endliche Zufallsgröße ist. Wir nehmen das Gegenteil an:

$$v(z) = \mathsf{M}\eta(z) < \infty\,.$$

Analog zur vorangegangenen Überlegung folgt die Beziehung $\mathsf{M}\big(\eta(z)/B_1\big) = 1 + v(z + 1)$ (das Kapital erhöhte sich auf $z + 1$, und es wurde eine Partie bereits gespielt). Aus dem Analogon der Formel der totalen Wahrscheinlichkeit für Erwartungswerte ergibt sich deshalb für $z \geqq 1$

$$v(z) = \frac{1}{2}\big(1 + v(z + 1)\big) + \frac{1}{2}\big(1 + v(z - 1)\big)\,, \quad v(0) = 0\,.$$

Aus dieser Formel ist ersichtlich, daß aus $v(z) < \infty$ die Ungleichung $v(k < \infty$ für alle $k$ folgt. Es sei $\Delta(z) = v(z + 1) - v(z)$. Dann kann man die letzte Gleichung für $z \geqq 1$ in der Form

$$-1 = \frac{1}{2}\Delta(z) - \frac{1}{2}\Delta(z-1)$$

oder

$$\Delta(z) = \Delta(z-1) - 2$$

schreiben. Hieraus leiten wir die Beziehung

$$\Delta(z) = \Delta(0) - 2z$$

ab, aus der

$$v(z) = \sum_{k=0}^{z-1} \Delta(k) = z\Delta(0) - z(z-1) = zv(1) - z(z-1)$$

folgt. Für hinreichend große $z$ ist demnach $\mathsf{M}\eta(z) < 0$. Die Zufallsgröße $\eta(z)$ ist aber positiv, und damit gilt $\mathsf{M}\eta(z) \geqq 0$. Der erhaltene Widerspruch zeigt, daß die Annahme über die Endlichkeit des Erwartungswertes von $\eta(z)$ falsch ist.

## § 3. Der Erwartungswert des Produktes von Zufallsgrößen

**Satz 1.** *Seien $\xi$ und $\eta$ unabhängige Zufallsgrößen. Existieren $\mathsf{M}\xi$ und $\mathsf{M}\eta$, dann existiert $\mathsf{M}\xi\eta$, und es gilt*

$$\mathsf{M}\xi\eta = \mathsf{M}\xi\,\mathsf{M}\eta\,.$$

*Existiert $\mathsf{M}\xi\eta$ und sind weder $\xi$ noch $\eta$ mit Wahrscheinlichkeit 1 gleich 0, so existieren auch $\mathsf{M}\xi$ und $\mathsf{M}\eta$.*

Beweis: Die Integrale

$$\int |x|\,\mathsf{P}_\xi(dx) = \mathsf{M}|\xi| \quad \text{und} \quad \int |y|\,\mathsf{P}_\eta(dy) = \mathsf{M}|\eta|$$

seien endlich. Dann folgt aus der Unabhängigkeit und aus (9) § 5, Kap. 3, die Gleichung

$$\iint xy\ \mathsf{P}_{\xi,\eta}(dx, dy) = \mathsf{M}\xi\eta = \int x\mathsf{P}_\xi(dx) \cdot \int y\mathsf{P}_\eta(dy) = \mathsf{M}\xi\,\mathsf{M}\eta\,.$$

Existiere jetzt $\mathsf{M}\xi\eta$. Aus (9) § 5, Kap. 3, erhalten wir für die Funktionen $|\xi| \geqq 0$ und $|\eta| \geqq 0$

$$\mathsf{M}|\xi|\,\mathsf{M}|\eta| = \mathsf{M}|\xi\eta| < \infty\,.$$

Da nach Voraussetzung $|\xi|$ und $|\eta|$ nicht gleich Null sind, sind $\mathsf{M}|\xi|$ und $\mathsf{M}|\eta|$ von Null verschieden, und es folgt $\mathsf{M}|\xi| < \infty$, $\mathsf{M}|\eta| < \infty$. ◀

Die umgekehrte Behauptung gilt nicht. Es gibt abhängige Zufallsgrößen $\xi$ und $\eta$, die der Beziehung

$$\mathsf{M}\xi\eta = \mathsf{M}\xi\mathsf{M}\eta$$

genügen. Seien beispielsweise $\zeta$ und $\xi$ unabhängig und es gelte $\mathsf{M}\zeta = \mathsf{M}\xi = 0$. Wir setzen $\eta = \xi\zeta$, $\xi$ und $\eta$ sind dann offenbar abhängig (unter Ausschluß gewisser trivialer Fälle, wie zum Beispiel, $\xi = \text{const.}$), aber es gilt

$$\mathsf{M}\xi\eta = \mathsf{M}\xi^2\zeta = \mathsf{M}\xi^2\mathsf{M}\zeta = 0 = \mathsf{M}\xi \cdot \mathsf{M}\eta\,.$$

## § 4. Der Erwartungswert von Zufallsgrößen, die von der Zukunft unabhängig sind

Gegeben sei eine Folge $\{\xi_n\}_{n=1}^{\infty}$ unabhängiger Zufallsgrößen und eine ganzzahlige Zufallsgröße $\nu \geqq 0$ auf dem Wahrscheinlichkeitsraum $\langle \Omega, \mathfrak{F}, \mathsf{P} \rangle$. Sei $\mathfrak{F}_{k,n} = \sigma(\xi_k, .., \xi_n)$ die von den $n - k + 1$ Zufallsgrößen $\xi_k, ..., \xi_n$ erzeugte $\sigma$-Algebra.

Die Zufallsgröße $\nu$ heißt *von der Zukunft unabhängig*, wenn das Ereignis $\{\nu \leqq n\}$ nicht von $\mathfrak{F}_{n+1,\infty}$ abhängt.

Die Zufallsgröße $\nu$ heißt Markowsche *Zufallsgröße* oder eine *Stoppzeit*, wenn $\{\nu \leqq n\} \in \mathfrak{F}_{1,n}$ ist. Mit anderen Worten: Die Kenntnis der Werte von $\xi_1, ..., \xi_n$ enthält die volle Information darüber, ob das Ereignis $\{\nu \leqq n\}$ eingetreten ist oder nicht.

Auf Grund der Ausführungen im § 5, Kap. 3 ist klar, daß für eine Markowsche Zufallsgröße das Ereignis $\{\nu \leqq n\}$ (oder $\{\nu > n\}$) und jedes Ereignis $A \in \mathfrak{F}_{n+1,\infty}$ unabhängig sind. Das bedeutet, daß eine Markowsche Zufallsgröße bei einer Folge unabhängiger $\xi_k$ unabhängig von der Zukunft ist.

Beispiel 9. Es sei $\nu$ der Index der ersten Zufallsgröße aus der Folge $\{\xi_n\}_{n=1}^{\infty}$, die nicht kleiner als $N$ ist:

$$\nu = \inf\{k\colon \xi_k \geqq N\} .$$

Sind die $\xi_n$ unabhängig, so ist $\nu$ offensichtlich von der Zukunft unabhängig, da

$$\{\nu \leqq n\} = \bigcup_{k=1}^{n} \{\xi_k \geqq N\} \in \mathfrak{F}_{1,n}$$

gilt. Jede Zufallsgröße $\nu$, die von der Folge $\xi_1, \xi_2, \ldots$ unabhängig ist ($\sigma(\nu)$, und $\mathfrak{F}_{1,\infty}$ sind unabhängig), ist offenbar eine von der Zukunft unabhängige Zufallsgröße.

Der Begriff „Markowsche Zufallsgröße“ wird nach der Einführung entsprechender Begriffe im Kapitel 11 verständlicher sein. Die Bezeichnung „Stoppzeit“ ist mit dem Charakter einer großen Anzahl von praktischen Aufgabenstellungen verbunden, in denen solche Zufallsgrößen auftreten. Als recht typisches Beispiel können wir das folgende Verfahren betrachten. $\xi_k$ bezeichne die Ausschußrate des $k$-ten Postens eines Produktionsbetriebes. Die statistische Qualitätskontrolle der Produktion wird auf folgende Weise durchgeführt. Die ganze Produktion wird zum Ausschuß erklärt, wenn sich bei einer fortlaufenden Prüfung der Posten herausstellt, daß für gewisses $n$ der Wert der Summe $S_n = \sum_{k=1}^{n} \xi_k$ ein vorgegebenes Niveau $a + bn$ überschreitet. Die Nummer des Postens $\nu$, bei dem dieses Ereignis eintritt,

$$\nu = \min\{n\colon S_n \geqq a + bn\} ,$$

ist der Moment des Abbruchs oder die Stoppzeit des ganzen Prüfverfahrens. Um eine zu lange Kontrolle zu vermeiden, kann man als Moment des Abbruchs (als Stoppzeit im wörtlichen Sinne) auch die Zufallsgröße

$$\nu^* = \min \{n\colon S_n \leqq -A + bn\}$$

verwenden, wobei $A > 0$ so groß gewählt wird, daß mit hoher Wahrscheinlichkeit ein ausreichendes Qualitätsniveau der ganzen Produktion garantiert ist (vorausgesetzt zum Beispiel, daß die $\xi_k$ identisch verteilt sind). Es ist klar, daß $\nu$ und $\nu^*$ der Definition der MARKOWschen Zufallsgröße oder der Stoppzeit genügen.

Wir empfehlen dem Leser, ein Beispiel für eine Zufallsgröße zu konstruieren, die von der Zukunft abhängt.

Es sei $S_\nu = \xi_1 + \cdots + \xi_\nu$. Dies ist eine Summe einer zufälligen Anzahl von Zufallsgrößen.

**Satz 2.** (KOLMOGOROW-PROCHOROW). *Die ganzzahlige nichtnegative Zufallsgröße $\nu$ sei von der Zukunft unabhängig. Gilt dann*

$$\sum_{k=1}^{\infty} \mathsf{P}(\nu \geqq k)\, \mathsf{M}|\xi_k| < \infty\,, \tag{5}$$

*so folgt*

$$\mathsf{M}S_\nu = \sum_{k=1}^{\infty} \mathsf{P}(\nu \geqq k)\, \mathsf{M}\xi_k\,. \tag{6}$$

*Ist $\xi_k \geqq 0$, so ist die Bedingung* (5) *überflüssig, wobei beide Seiten in* (6) *gleichzeitig endlich oder unendlich sind.*

Beweis. Es gilt

$$\mathsf{M}S_\nu = \sum_{n=1}^{\infty} \mathsf{M}(S_\nu;\ \nu = n) = \sum_{n=1}^{\infty} \mathsf{M}(S_n;\ \nu = n) =$$

$$= \sum_{n=1}^{\infty} \sum_{k=1}^{n} \mathsf{M}(\xi_k;\ \nu = n) = \sum_{k=1}^{\infty} \mathsf{M}(\xi_k;\ \nu \geqq k)\,. \tag{7}$$

Die Vertauschbarkeit der Reihenfolge der Summation werden wir später begründen. Da das Ereignis $\{\nu \geqq k\} = \{\nu > k - 1\}$ nicht von der $\sigma$-Algebra $\mathfrak{F}_{k,\infty}$ abhängt, ist es auch von $\sigma(\xi_k)$ unabhängig. Also folgt $\mathsf{M}(\xi_k;\ \nu \geqq k) = \mathsf{P}(\nu \geqq k)\, \mathsf{M}(\xi_k)$, und die Formel (6) ist bewiesen.

Die Vertauschung der Reihenfolge der Summation in (7) ist wegen der absoluten Summierbarkeit der entsprechenden Reihen möglich. Es ist

$$\sum_{k=1}^{\infty} \sum_{n=k}^{\infty} \mathsf{M}(|\xi_k|\,;\nu = n) = \sum_{k=1}^{\infty} \mathsf{M}(|\xi_k|\,;\ \nu \geqq k) = \sum_{k=1}^{\infty} \mathsf{P}(\nu \geqq k)\, \mathsf{M}|\xi_k| < \infty$$

nach Voraussetzung des Satzes. Ist $\xi_k \geqq 0$, dann sind alle Summanden nichtnegativ und die Vertauschung der Summationsreihenfolge ist stets erlaubt. ◀

**Folgerung** (WALDsche Identität). *Sind die Zufallsgrößen $\xi_1, \xi_2, \ldots$ unabhängig und identisch verteilt, ist $\mathsf{M}|\xi_k| < \infty$, die Zufallsgröße $\nu$ von der Zukunft unabhängig und ist $\mathsf{M}\nu < \infty$, so gilt*

$$\mathsf{M}S_\nu = \mathsf{M}\xi_1 \cdot \mathsf{M}\nu\,.$$

Der Beweis ergibt sich unmittelbar aus der Beziehung

$$\sum_{k=1}^{\infty} \mathsf{P}(\nu \geqq k) = \sum_{k=1}^{\infty} \sum_{i=k}^{\infty} \mathsf{P}(\nu = i) = \sum_{i=1}^{\infty} i \mathsf{P}(\nu = i) = \mathsf{M}\nu . \blacktriangleleft$$

Beispiel 10 Das Modell der Kettenreaktion. Als Ausgangspunkt betrachten wir ein Teilchen, das entweder mit der Wahrscheinlichkeit $q$ verschwindet oder sich mit der Wahrscheinlichkeit $p = 1 - q$ in $m$ gleichartige Teilchen umwandelt. Jedes Teilchen der neuen Generation verhält sich auf die gleiche Weise unabhängig vom Schicksal der restlichen Teilchen. Wie groß ist der Erwartungswert der Anzahl $\zeta_n$ von Teilchen in der $n$-ten Generation?

Dazu betrachten wir die „Doppel"-Folge $\{\xi_k^{(n)}\}_{k=1,\, n=1}^{\infty\quad \infty}$ unabhängiger, identisch verteilter Zufallsgrößen, die die Werte $m$ und 0 mit den Wahrscheinlichkeiten $p$ und $q$ annehmen. Es ist klar, daß die Folgen $\{\xi_k^{(1)}\}_{k=1}^{\infty}$, $\{\xi_k^{(2)}\}_{k=2}^{\infty}, \ldots$ untereinander unabhängig sind. Mit Hilfe dieser Folgen kann man die Zufallsgrößen $\zeta_n(\zeta_0 = 1)$ in folgender Form darstellen:

$$\zeta_1 = \xi_{\zeta_0}^{(1)} = \xi_1^{(1)} ,$$

$$\zeta_2 = \xi_1^{(2)} + \cdots + \xi_{\zeta_1}^{(2)} ,$$

$$\zeta_n = \xi_1^{(n)} + \cdots + \xi_{\zeta_{n-1}}^{(n)} .$$

Dabei kann man in der Gleichung für $\zeta_n$ die Anzahl der Summanden $\zeta_{n-1}$ als die Anzahl der „Elternteilchen" interpretieren. Da die Folge $\{\xi_k^{(n)}\}$ unabhängig von $\zeta_{n-1}$ ist und $\mathsf{M}\xi_k^{(n)} = pm$ beträgt, folgt aus der Waldschen Identität die Formel

$$\mathsf{M}\,\zeta_n = \mathsf{M}\xi_1^{(n)} \cdot \mathsf{M}\zeta_{n-1} = pm\mathsf{M}\xi_{n-1} = (pm)^n .$$

Beispiel 11. Wir kehren zu dem fairen Spiel zweier Spieler zurück, das in Beispiel 8 beschrieben wurde und zwar für den Fall, in dem die Kapitale $z_1 > 0$ und $z_2 > 0$ des ersten bzw. des zweiten Spielers endlich sind. Wir führen die Zufallsgröße $\xi_k$ ein, die den Ausgang des Spiels für den ersten Spieler in der $k$-ten Partie angibt. Offensichtlich sind die $\xi_k$ unabhängig,

$$\xi_k = \begin{cases} 1 & \text{mit Wahrscheinlichkeit } 1/2 , \\ -1 & \text{mit Wahrscheinlichkeit } 1/2 . \end{cases}$$

Die Zahl

$$z_1 + S_k = z_1 + \sum_{j=1}^{k} \xi_j$$

gibt das Kapital des ersten Spielers und $z_2 - S_k$ das Kapital des zweiten Spielers nach der $k$-ten Partie an. Die Größe

$$\eta = \min \{k : z_1 + S_k = 0 \text{ oder } z_2 - S_k = 0\}$$

gibt den Zeitpunkt des Spielendes an, d. h. die Zeit bis zum Ruin eines Spielers. Wie groß ist die Wahrscheinlichkeit $P_i$ dafür, daß der $i$-te Spieler gewinnt $(i = 1,2)$?

Es ist klar, daß $\eta$ eine MARKOWsche Zeit ist, für die $S_\eta = -z_1$ mit Wahrscheinlichkeit $P_2$ und $S_\eta = z_2$ mit Wahrscheinlichkeit $P_1 = 1 - P_2$ ist. Daher gilt

$$\mathsf{M}S_\eta = P_1 z_2 - P_2 z_1 .$$

Ist $\mathsf{M}\eta < \infty$, dann erhalten wir aus der WALDschen Identität

$$P_1 z_2 - P_2 z_1 = \mathsf{M}\eta \mathsf{M}\xi_1 = 0 .$$

Das führt zu $P_i = \dfrac{z_i}{z_1 + z_2}$.

Wir müssen noch die Endlichkeit von $\mathsf{M}\eta$ zeigen. Sei der Einfachheit halber $z_1 + z_2 = 2z$, $z$ ganzzahlig. Mit Wahrscheinlichkeit

$$2^{-\min(z_1,z_2)} \geqq 2^{-z}$$

ist das Spiel nach $\min(z_1, z_2) \leqq z$ Partien zu Ende. Da das Gesamtkapital der beiden Spieler im Laufe des Spiels nicht kleiner wird, gilt

$$\mathsf{P}(\eta > z) \leqq 1 - 2^{-z}, \ldots, \mathsf{P}(\eta > zN) \leqq (1 - 2^{-z})^N .$$

Daraus folgt offensichtlich die Endlichkeit von

$$\mathsf{M}\eta = \sum_{k=0}^{\infty} \mathsf{P}(\eta > k) . \quad \blacktriangleleft$$

## § 5. Die Varianz

Wir führen eine weitere numerische Charakteristik von Zufallsgrößen ein. Unter der *Varianz* (Dispersion) $\mathsf{D}\xi$ einer Zufallsgröße $\xi$ versteht man die Zahl

$$\mathsf{D}\xi = \mathsf{M}(\xi - \mathsf{M}\xi)^2 .$$

$\mathsf{D}\xi$ ist ein „Streuungsmaß" der Verteilung $\mathsf{P}_\xi$. Die Streuung ist physikalisch als das Trägheitsmoment der Verteilung einer Einheitsmasse auf der Geraden deutbar.

Eine andere Darstellung für $\mathsf{D}\xi$ ist

$$\mathsf{D}\xi = \mathsf{M}\xi^2 - 2\mathsf{M}\xi\mathsf{M}\xi + (\mathsf{M}\xi)^2 = \mathsf{M}\xi^2 - (\mathsf{M}\xi)^2 . \qquad (8)$$

Man könnte die Varianz ebenso als $\min\limits_b \mathsf{M}(\xi - b)^2$ definieren. Denn es gilt auf Grund dieser Definition

$$\mathsf{D}\xi = \mathsf{M}\xi^2 + \min_b (b^2 - 2b\mathsf{M}\xi) = \mathsf{M}\xi^2 - (\mathsf{M}\xi)^2 ,$$

weil der Ausdruck $b^2 - 2b\,\mathsf{M}\xi$ sein Minimum in $b = \mathsf{M}\xi$ annimmt. Diese Bemerkung zeigt auch, daß die Zahl $b = \mathsf{M}\xi$ die beste Schätzung (Näherung) im quadratischen Mittel für die Zufallsgröße $\xi$ ist.

Die Größe $\sqrt{\mathsf{D}\xi}$ heißt *Standardabweichung*.

Beispiel 12. Die Varianz einer Zufallsgröße, die mit den Parametern $(a, \sigma)$ normalverteilt ist. Im Beispiel 2 des § 1 wurde gezeigt, daß $\mathsf{M}\xi = a$ ist. Folglich gilt

$$\mathsf{D}\xi = \int (x-a)^2 \frac{1}{\sigma\sqrt{2\pi}} e^{-\frac{(x-a)^2}{2\sigma^2}} dx = \frac{\sigma^2}{\sqrt{2\pi}} \int t^2 e^{-\frac{t^2}{2}} dt .$$

Die letzte Gleichung ist das Ergebnis der Substitution $\frac{x-a}{\sigma} = t$. Durch partielle Integration erhalten wir die Beziehung

$$\mathsf{D}\xi = -\frac{\sigma^2}{\sqrt{2\pi}} t\, e^{-\frac{t^2}{2}} \Big|_{-\infty}^{\infty} + \frac{\sigma^2}{\sqrt{2\pi}} \int e^{-\frac{t^2}{2}} dt = \sigma^2 .$$

**Beispiel 13.** Die Varianz einer POISSON-verteilten Zufallsgröße. Aus Beispiel 3 ist bekannt, daß $\mathsf{M}\xi = \mu$ ist. Dabei ist $\mu$ der Verteilungsparameter. Deshalb erhalten wir

$$\mathsf{D}\xi = \mathsf{M}\xi^2 - (\mathsf{M}\xi)^2 = \sum_{k=0}^{\infty} k^2 \frac{\mu^k e^{-\mu}}{k!} - \mu^2 =$$

$$= \sum_{k=2}^{\infty} \frac{k(k-1)\mu^k}{k!} e^{-\mu} + \sum_{k=0}^{\infty} \frac{k\mu^k}{k!} e^{-\mu} - \mu^2 = \mu^2 + \mu - \mu^2 = \mu .$$

**Beispiel 14.** Die Varianz einer auf $[0, 1]$ gleichverteilten Zufallsgröße. Aus den Beziehungen

$$\mathsf{M}\xi^2 = \int_0^1 x^2\, dx = \frac{1}{3}, \quad \mathsf{M}\xi = \frac{1}{2}$$

und (8) erhält man

$$\mathsf{D}\xi = \frac{1}{12}.$$

**Beispiel 15.** Die Varianz einer BERNOULLI-verteilten Zufallsgröße. Weil $\xi^2 = \xi$ ist, folgt $\mathsf{M}\xi^2 = \mathsf{M}\xi = p$ und damit

$$\mathsf{D}\xi = p - p^2 = pq .$$

Wir geben nun einige Eigenschaften der Varianz an.

D1. $\mathsf{D}\xi \geqq 0$; $\mathsf{D}\xi = 0$ gilt dann und nur dann, wenn $\mathsf{P}(\xi = c) = 1$ für eine gewisse Konstante $c$ ist.

Ersteres ist offensichtlich wegen $\mathsf{D}\xi = \mathsf{M}(\xi - \mathsf{M}\xi)^2 \geqq 0$. Es sei $\mathsf{P}(\xi = c) = 1$. Dann gilt $(\mathsf{M}\xi)^2 = \mathsf{M}\xi^2 = c^2$, d. h.

$$\mathsf{D}\xi = c^2 - c^2 = 0 .$$

Ist $\mathsf{D}\xi = \mathsf{M}(\xi - \mathsf{M}\xi)^2 = 0$, folgt aus $(\xi - \mathsf{M}\xi)^2 \geqq 0$ die Relation $\mathsf{P}(\xi - \mathsf{M}\xi = 0) = 1$ bzw. $\mathsf{P}(\xi = \mathsf{M}\xi) = 1$ (vgl. Eigenschaft M4).

D2. $\mathsf{D}c\xi = c^2\mathsf{D}\xi$, $\xi =$, $\mathsf{D}(\xi + c) = \mathsf{D}\xi$.

Diese Eigenschaften folgen unmittelbar aus der Definition von $\mathsf{D}\xi$.

D3. Für unabhängige Zufallsgrößen $\xi$ und $\eta$ gilt

$$\mathsf{D}(\xi + \eta) = \mathsf{D}\xi + \mathsf{D}\eta .$$

Diese Tatsache ergibt sich aus den folgenden Gleichungen.

$$\begin{aligned}\mathsf{D}(\xi + \eta) &= \mathsf{M}(\xi + \eta)^2 - (\mathsf{M}\xi + \mathsf{M}\eta)^2 = \\ &= \mathsf{M}\xi^2 + 2\mathsf{M}\xi\mathsf{M}\eta + \mathsf{M}\eta^2 - (\mathsf{M}\xi)^2 - \\ &- (\mathsf{M}\eta)^2 - 2\mathsf{M}\xi\mathsf{M}\eta = \mathsf{M}\xi^2 - (\mathsf{M}\xi)^2 + \mathsf{M}\eta^2 - (\mathsf{M}\eta)^2 = \mathsf{D}\xi + \mathsf{D}\eta\,.\end{aligned}$$

Hieraus wird ersichtlich, daß die Additivität der Varianz nicht nur für unabhängige $\xi$ und $\eta$ gilt, sondern auch bei $\mathsf{M}\xi\eta = \mathsf{M}\xi \cdot \mathsf{M}\eta$ gilt.

Beispiel 15′ (Fortsetzung): Für die Zufallsgröße $\zeta = \sum_{i=1}^{m} \xi_i$ aus Beispiel 1 folgt mit Hilfe von D3

$$\mathsf{D}\zeta = \sum_{i=1}^{n} \mathsf{D}\xi_i = npq\,.$$

Beispiel 16. Sei $\nu \geqq 0$ eine ganzzahlige Zufallsgröße, die nicht von der Folge $\{\xi_j\}$ unabhängiger, identisch verteilter Zufallsgrößen abhängt, und $\mathsf{M}\nu < \infty$, $\mathsf{M}\xi_j = a$. Dann ist bekanntlich $\mathsf{M}S_\nu = a\mathsf{M}\nu$. Wie groß ist $\mathsf{D}S_\nu$?

Mit Hilfe der Formel der totalen Wahrscheinlichkeit für Erwartungswerte erhalten wir

$$\begin{aligned}\mathsf{D}S_\nu &= \mathsf{M}(S_\nu - \mathsf{M}S_\nu)^2 = \sum_{k=0}^{\infty} \mathsf{P}(\nu = k)\, \mathsf{M}(S_k - \mathsf{M}S_\nu)^2 = \\ &= \sum_{k=0}^{\infty} \mathsf{P}(\nu = k)\, [\mathsf{M}(S_k - ak)^2 - (ak - a\mathsf{M}\nu)^2] = \\ &= \sum_{k=0}^{\infty} \mathsf{P}(\nu = k)\, k\mathsf{D}\xi_1 + a^2\mathsf{M}(\nu - \mathsf{M}\nu)^2 = \mathsf{D}\xi_1\mathsf{M}\nu + a^2\mathsf{D}\nu\,.\end{aligned}$$

Die Gleichung

$$\mathsf{D}S_\nu = \mathsf{D}\xi_1\mathsf{M}\nu + a^2\,\mathsf{D}\nu$$

gilt auch für eine beliebige Zufallsgröße $\nu$, die unabhängig von der Zukunft ist. Nutzen wir sie aus, dann können wir in Beispiel 11 den Erwartungswert der Zeit $\eta$ bis zur Beendigung des fairen Spiels, wenn die Kapitale $z_1$ und $z_2$ endlich sind, berechnen. Tatsächlich ist in diesem Fall

$$\mathsf{D}S_\eta = \mathsf{D}\xi_1\,\mathsf{M}\eta = z_1^2P_2 + z_2^2P_1 \quad \text{und} \quad \mathsf{M}\eta = z_1z_2\,.$$

## § 6. Der Korrelationskoeffizient und andere numerische Charakteristika

Zwei Zufallsgrößen $\xi$ und $\eta$ können funktionell (determiniert) abhängig sein: $\xi = f(\eta)$; sie können abhängig sein, aber nicht funktionell, und schließlich können sie unabhängig sein. Mit Hilfe des Korrelationskoeffizienten versucht man den Grad der Abhängigkeit zwischen zwei Zufallsgrößen zu charakterisieren.

Bei allen Zufallsgrößen, die in diesem Abschnitt behandelt werden, wird die Existenz einer endlichen und positiven Varianz vorausgesetzt.

Eine Zufallsgröße $\xi$ heißt *normiert* (*standardisiert*) wenn $\mathsf{M}\xi = 0$ und $\mathsf{D}\xi = 1$ gilt.

Jede Zufallsgröße $\xi$ kann durch eine lineare Transformation in eine normierte Größe $\xi_1$ überführt werden, indem

$$\xi_1 = \frac{\xi - \mathsf{M}\xi}{\sqrt{\mathsf{D}\xi}}$$

gesetzt wird. Es seien $\xi$ und $\eta$ Zufallsgrößen und $\xi_1$ bzw. $\eta_1$ die ihnen entsprechenden normierten Zufallsgrößen.

Die Zahl

$$\varrho(\xi, \eta) = \mathsf{M}\xi_1\eta_1$$

heißt *Korrelationskoeffizient* zwischen den Zufallsgrößen $\xi$ und $\eta$.

Der Korrelationskoeffizient besitzt folgende Eigenschaften:

1. $|\varrho(\xi, \eta)| \leqq 1$. Dies folgt unmittelbar aus der Ungleichung

$$0 \leqq \mathsf{D}(\xi_1 \pm \eta_1) = \mathsf{M}(\xi_1 \pm \eta_1)^2 = 2 \pm 2\varrho(\xi, \eta)\,.$$

2. Sind $\xi$ und $\eta$ unabhängig, so gilt $\varrho(\xi, \eta) = 0$. Der Beweis folgt daraus, daß $\xi_1$ und $\eta_1$ auch unabhängig sind.

Die Umkehrung dieser Aussage ist natürlich falsch. In § 3 dieses Kapitels gaben wir ein Beispiel abhängiger Zufallsgrößen an, für die $\mathsf{M}\xi = \mathsf{M}\eta = \mathsf{M}\xi\eta = 0$ gilt. Der Korrelationskoeffizient nimmt in diesem Fall den Wert 0 an, obwohl die Zufallsgrößen abhängig sind. Wie wir in Kap. 6 jedoch sehen werden, ist für einen normalverteilten Vektor $(\xi, \eta)$ die Beziehung $\varrho(\xi, \eta) = 0$ notwendig und hinreichend für die Unabhängigkeit der Zufallsgrößen $\xi$ und $\eta$.

3. Es ist $|\varrho(\xi, \eta)| = 1$ genau dann, wenn Zahlen $a \neq 0$ und $b$ existieren, für die $\mathsf{P}(\eta = a\xi + b) = 1$ ist.

Beweis. Es sei $\mathsf{P}(\eta = a\xi + b) = 1$, $\mathsf{M}\xi = \alpha$ und $\sqrt{\mathsf{D}\xi} = \beta$. Dann ergibt sich

$$\varrho(\xi, \eta) = \mathsf{M}\,\frac{\xi - \alpha}{\beta} \cdot \frac{a\xi + b - a\alpha - b}{|a|\beta} = \operatorname{sign} a\,.$$

Setzen wir jetzt voraus, daß $|\varrho(\xi, \eta)| = 1$ ist. Sei zunächst $\varrho(\xi, \eta) = 1$. Wir erhalten dann die Beziehung

$$\mathsf{D}(\xi_1 - \eta_1) = 2\big(1 - \varrho(\xi, \eta)\big) = 0\,.$$

Wegen Eigenschaft D1 der Varianz gilt dies genau dann, wenn die Relation

$$\mathsf{P}(\xi_1 - \eta_1 = c) = 1$$

erfüllt ist.

Falls $\varrho(\xi, \eta) = -1$ ist, so betrachten wir $\mathsf{D}(\xi_1 + \eta_1)$ und erhalten

$$\mathsf{P}(\xi_1 + \eta_1 = c) = 1\,. \quad ◀$$

Die Zufallsgrößen $\xi$ und $\eta$ heißen *positiv korreliert*, falls $\varrho > 0$ ist; ist $\varrho < 0$, so nennt man sie *negativ korreliert*.

Beispiel 17. Betrachten wir einen Sender. Das gesendete Signal sei eine Zufallsgröße $\xi$. Infolge von Störungen empfängt der Teilnehmer das Signal (die Zufallsgröße) $\eta = \alpha\xi + \Delta$. Dabei sind $\alpha$ der Verstärkungsfaktor und $\Delta$ die

Wirkung der Störungen. Wir nehmen an, daß die Zufallsgrößen $\Delta$ und $\xi$ unabhängig sind. Ferner sei $\mathsf{M}\xi = a$, $\mathsf{D}\xi = 1$, $\mathsf{M}\Delta = 0$ und $\mathsf{D}\Delta = \sigma^2$. Die Berechnung des Korrelationskoeffizienten $\xi$ und $\eta$ ergibt dann

$$\varrho(\xi, \eta) = \mathsf{M}\left((\xi - a)\frac{\alpha\xi + \Delta - a\alpha}{\sqrt{\alpha^2 + \sigma^2}}\right) = \frac{\alpha}{\sqrt{\alpha^2 + \sigma^2}}.$$

Falls $\sigma$ im Vergleich zur Verstärkung $\alpha$ groß ist, ist $\varrho$ nahezu 0 und $\eta$ hängt praktisch nicht von $\xi$ ab. Ist andererseits $\sigma$ im Verhältnis zu $\alpha$ klein, dann beträgt $\varrho$ nahezu 1, und man kann $\xi$ aus $\eta$ leicht wiedergewinnen.

Untersuchen wir noch einige andere numerische Charakteristika zufälliger Größen. Oft verwendet man die Momente höherer Ordnungen. Die Zahl $\mathsf{M}\xi^k$ heißt *k-tes Moment* der Zufallsgröße $\xi$. Der Wert von $\mathsf{M}(\xi - \mathsf{M}\xi)^k$ heißt *k-tes zentrales Moment*. Demnach ist die Varianz das zweite zentrale Moment von $\xi$.

Ist $(\xi_1, \ldots, \xi_n)$ ein zufälliger Vektor, so nennt man

$$\mathsf{M}\xi_1^{k_1} \cdots \xi_n^{k_n}$$

das *Moment der Ordnung* $k_1 + \cdots + k_n$. Analog heißt $\mathsf{M}(\xi_1 - \mathsf{M}\xi_1)^{k_1} \cdots (\xi_n - \mathsf{M}\xi_n)^{k_n}$ *zentrales Moment* der Ordnung $k_1 + \cdots + k_r$. Die Größe $\mathsf{M}(\xi - \mathsf{M}\xi)(\eta - \mathsf{M}\eta)$ bezeichnet man als *Kovarianz* von $\xi$ und $\eta$. Für unabhängige Zufallsgrößen stimmen die Momente des Vektors offensichtlich mit dem Produkt der entsprechenden Momente der Komponenten überein. Allgemein gilt für zwei Faktoren die SCHWARZ*sche Ungleichung*

$$\mathsf{M}|\xi_1\xi_2| \leqq \sqrt{\mathsf{M}\xi_1^2\mathsf{M}\xi_2^2},$$

die man aus der Ungleichung $2|ab| \leqq a^2 + b^2$ durch die Substitutionen $a^2 = \frac{\xi^2}{\mathsf{M}\xi^2}$, $b^2 = \frac{\eta^2}{\mathsf{M}\eta^2}$ und anschließende Integration beider Seiten erhält.

Häufig ist die Ungleichung

$$(\mathsf{M}|\xi|^\varrho)^{1/\varrho} \leqq (\mathsf{M}|\xi|^\tau)^{1/\tau} \quad \text{für beliebige } 0 \leqq \varrho \leqq \tau \tag{9}$$

nützlich, die zeigt, daß ein beliebiges Moment der Ordnung $\varrho \leqq \tau$ existiert, falls das Moment der Ordnung $\tau$ existiert. Diese Ungleichung erhält man als Folgerung aus einer allgemeineren Ungleichung (JENSEN*sche Ungleichung*):

*Existiert* $\mathsf{M}\xi$ *und ist* $g(x)$ *eine nach unten konvexe Funktion, dann ist*

$$g(\mathsf{M}\xi) \leqq \mathsf{M}g(\xi). \tag{10}$$

Aus ihr folgt z. B. für beliebiges $t \geqq 1$

$$|\mathsf{M}\eta|^t \leqq \mathsf{M}(|\eta|^t) \quad (g(x) = |x|^t).$$

Setzt man hier $\eta = |\xi|^\varrho$, $t = \tau/\varrho \geqq 1$, so erhält man (9).

Beweis von Ungleichung (10): Ist $g(x)$ nach unten konvex, dann gibt es für jedes $y$ eine Zahl $g'(y)$ darart, daß

$$g(x) \geqq g(y) + (x - y)\, g'(y)$$

gilt. Setzt man hier $x = \xi$ und $y = \mathsf{M}\xi$ und nimmt man auf beiden Seiten der Ungleichung der Erwartungswert, so erhält man

$$\mathsf{M}g(\xi) \geqq g(\mathsf{M}\xi)\,. \quad \blacktriangleleft$$

## § 7. Die Tschebyschewsche Ungleichung

**Satz 3.** *Es sei $\xi \geqq 0$ mit Wahrscheinlichkeit* 1. *Für beliebiges $\varepsilon > 0$ gilt dann*

$$\mathsf{P}(\xi \geqq \varepsilon) \leqq \frac{\mathsf{M}\xi}{\varepsilon}.$$

Beweis. Die folgenden Relationen beweisen die Ungleichung:

$$\mathsf{M}\xi \geqq \mathsf{M}(\xi; \xi \geqq \varepsilon) \geqq \varepsilon \mathsf{M}(1; \xi \geqq \varepsilon) = \varepsilon \mathsf{P}(\xi \geqq \varepsilon)\,. \quad \blacktriangleleft$$

**Folgerung 1.** *Für jede Zufallsgröße $\xi$ gilt*

$$\mathsf{P}(|\xi - \mathsf{M}\xi| \geqq \varepsilon) \leqq \frac{\mathsf{D}\xi}{\varepsilon^2}. \tag{11}$$

Diese Ungleichung ist auch unter dem Namen Tschebyschew*sche Ungleichung* bekannt. Um sie zu beweisen, muß man den Satz 3 auf die Zufallsgröße $\eta = (\xi - \mathsf{M}\xi)^2$ anwenden.

Mit Hilfe dieser Ungleichung besitzen wir die Möglichkeit, die Wahrscheinlichkeiten verschiedener Abweichungen von $\xi$ zu $\mathsf{M}\xi$ abzuschätzen, wenn uns $\mathsf{M}\xi$ und $\mathsf{D}\xi$ bekannt sind.

Beispiel 18. Nehmen wir an, daß wir den Durchmesser des Mondes messen wollen, indem wir Mondfotografien auswerten, die mit Hilfe eines Teleskops erhalten wurden. Infolge atmosphärischer Störungen ergeben Fotografien, die zu verschiedenen Zeiten gemacht wurden, verschiedene Resultate. $\xi - a$ bezeichne die Abweichung einer Messung vom wahren Wert, der in einem gewissen Maßstab $a$ beträgt. Es sei ferner $\mathsf{M}\xi = a$ (die Messungen haben keinen systematischen Fehler) und $\sigma = \sqrt{\mathsf{D}\xi} = 1$. Wir führen eine Reihe von $n$ untereinander unabhängigen Beobachtungen durch und setzen

$$\zeta_n = \frac{1}{n}(\xi_1 + \cdots + \xi_n)\,.$$

Dann erhält man

$$\mathsf{M}\zeta_n = a, \quad \mathsf{D}\zeta_n = \mathsf{D}\,\frac{1}{n}(\xi_1 + \cdots + \xi_n) = \frac{1}{n^2}\,n\sigma^2 = \frac{\sigma^2}{n}.$$

Demzufolge verringert sich die Varianz des arithmetischen Mittels aller Beobachtungen mit wachsendem $n$. Es ist aus diesem Grund natürlich, $a$ mit Hilfe von $\zeta_n$ zu schätzen.

Wieviel Messungen muß man vornehmen, damit das Ereignis $|\zeta_n - a| \leqq 0,1$ eine größere Wahrscheinlichkeit als 0,99 besitzt, d. h. damit die Relationen

$$\mathsf{P}(|\zeta_n - a| \leqq 0{,}1) > 0{,}99 \qquad \text{oder} \qquad \mathsf{P}(|\zeta_n - a| > 0{,}1) \leqq 0{,}01$$

gelten? Aus der Ungleichung von TSCHEBYSCHEW folgt

$$\mathsf{P}(|\zeta_n - a| > 0{,}1) \leqq \frac{\sigma^2}{n\, 0{,}01}.$$

Wählt man $n$ so, daß $\frac{\sigma^2}{0{,}01 n} \leqq 0{,}01$ gilt, dann ist die geforderte Ungleichung erfüllt. Hieraus erhalten wir $n \geqq 10^4$.

Das angegebene Beispiel illustriert die Möglichkeit, für die Abschätzung der Wahrscheinlichkeiten der einen oder anderen Abweichungen zufälliger Größen die TSCHEBYSCHEWsche Ungleichung auszunutzen. Aber dieses Beispiel zeigt gleichzeitig, wie grob diese Ungleichung vom Standpunkt praktischer Berechnungen ist. Befaßt sich der Leser nach dem Studium des zentralen Grenzwertsatzes im Kapitel 7 erneut mit diesem Beispiel, so kann er leicht berechnen, daß es zum Erhalten der obigen Relation ausreicht, nicht $10^4$, sondern ungefähr 670 Beobachtungen durchzuführen.

Wenden wir uns wieder Ungleichungen vom TSCHEBYSCHEWschen Typ zu. Ist $\mathsf{M}e^{h\xi} < \infty$ für ein gewisses $h > 0$, so gilt eine im Vergleich zu (9) stärkere Ungleichung.

**Folgerung 2.** *Wenn die Beziehung* $\mathsf{M}e^{h\xi} < \infty$ *für gewisses* $h > 0$ *erfüllt ist, so gilt die Ungleichung* $\mathsf{P}(\xi \geqq x) \leqq e^{-\lambda x} \cdot \mathsf{M}e^{\lambda\xi}$ *für alle* $0 \leqq \lambda \leqq h$.

Der Beweis dieser Bedingung folgt ebenfalls aus Satz 3, indem man zu der Zufallsgröße $\eta = e^{\lambda\xi}$ übergeht.

## § 8. Die Verallgemeinerung des Begriffes des bedingten Erwartungswertes

Am Schluß dieses Kapitels führen wir einen Begriff ein, der neben den bereits eingeführten ein sehr wichtiges und oft verwendetes Instrument der Wahrscheinlichkeitstheorie ist. Um dem Leser zu ermöglichen, bei der ersten Lektüre des Buches diesen Paragraphen zu übergehen, werden wir im weiteren Text die direkte Ausnutzung der hier angestellten Betrachtungen vermeiden.

Im § 2 dieses Kapitels führten wir den Begriff des bedingten Erwartungswertes (b. E.) bezüglich eines beliebigen Ereignisses $B$, $\mathsf{P}(B) > 0$, mit Hilfe der Gleichung

$$\mathsf{M}(\xi/B) = \frac{\mathsf{M}(\xi;\, B)}{\mathsf{P}(B)}. \tag{12}$$

ein. Ist $\eta$ eine diskrete Zufallsgröße auf $\langle \Omega, \mathfrak{F}, \mathsf{P}\rangle$, die die Werte $x_1, x_2, \ldots$ mit positiven Wahrscheinlichkeiten annimmt, so können wir den b.E. von $\xi$ bezüglich $\eta$ wie folgt definieren:

$$\mathsf{M}(\xi/\eta = x_k) = \frac{\mathsf{M}(\xi;\, \eta = x_k)}{\mathsf{P}(\eta = x_k)}. \tag{13}$$

Sei zum Beispiel $\xi = \varphi(\zeta, \eta)$, wobei $\zeta$ und $\eta$ unabhängig sind und $\varphi$ eine BOREL-meßbare Funktion ist. Dann gilt

$$\mathsf{M}(\varphi(\zeta, \eta)/\eta = x_k) = \frac{\mathsf{M}(\varphi(\zeta, x_k);\, \eta = x_k)}{\mathsf{P}(\eta = x_k)} = \mathsf{M}\varphi(\zeta, x_k).$$

Oft besteht jedoch die Notwendigkeit, sich mit b. E. bezüglich Bedingungen zu befassen, deren Wahrscheinlichkeit Null beträgt. Die Formeln (12) und (13) führen in diesem Fall zu unbestimmten Ausdrücken. Aber gleichzeitig bietet es sich in dem oben betrachteten Beispiel mit der Funktion $\varphi(\zeta, \eta)$ an,

$$\mathsf{M}(\varphi(\zeta, \eta)/\eta = x) = \mathsf{M}\varphi(\zeta, x)$$

auch in den Fällen zu setzen, wo $\eta$ stetig verteilt ist und folglich $\mathsf{P}(\eta = x) = 0$ gilt. Es ist beispielsweise klar, daß der b. E. von $\zeta + \eta$ unter der Bedingung $\eta = x$ gerade $\mathsf{M}\zeta + x$ sein muß.

Wir sehen, daß der Begriff b. E. selbst unter einer „Nullbedingung" sinnvoll sein kann. Wie muß man ihn allgemein definieren?

Wir beachten, daß der von uns in (13) definierte b. E. die Eigenschaft

$$\sum_{x_k \in B} \mathsf{M}(\xi/\eta = x_k)\, \mathsf{P}(\eta = x_k) = \mathsf{M}(\xi; \eta \in B) \tag{14}$$

besitzt. Dabei stellt der auf der linken Seite stehende Ausdruck offensichtlich den Erwartungswert einer gewissen Funktion von $\eta$ über der Menge $\{\eta \in B\}$ dar. Diese Beziehung ist auch die Grundlage der folgenden Definition.

Als *bedingten Erwartungswert* von $\xi$ bezüglich $\eta$ (Bezeichnung: $\mathsf{M}(\xi/\eta)$) bezeichnet man jede $\mathfrak{F}_\eta$-meßbare Zufallsgröße, die für alle Borel-Mengen $B$ der folgenden Gleichung genügt:

$$\mathsf{M}[\mathsf{M}(\xi/\eta); \eta \in B] = \mathsf{M}(\xi; \eta \in B)\,. \tag{15}$$

Wir bezeichnen mit $\mathsf{M}(\xi|\eta = x)$ den Wert der Funktion $\mathsf{M}(\xi/\eta)$ auf der Menge $\{\omega : \eta = x\}$. Dies ist eine Borel-meßbare Funktion von $x$, und wir können die Gleichung (15) auch in der Form

$$\int_B \mathsf{M}(\xi/\eta = x)\, \mathrm{d}F_\eta(x) = \mathsf{M}(\xi; \eta \in B) \tag{16}$$

schreiben, die völlig analog zu (14) ist.

Es ist klar, daß die Funktion $\mathsf{M}(\xi/\eta = x)$ durch Gleichung (16) (d. h. durch die Werte eines unbestimmten Integrals) bis auf eine Menge mit dem $\mathsf{P}_\eta$-Maß Null eindeutig definiert ist. Die gleiche Aussage ist offenbar auch in bezug auf die Zufallsgröße $\mathsf{M}(\xi/\eta)$ in Gleichung (51) zutreffend (vgl. Fußnote auf S. 74).

Die *bedingte Wahrscheinlichkeit* eines Ereignisses $A$ bezüglich $\eta$ wird durch die Relation $\mathsf{P}(A/\eta) = \mathsf{M}(I(A)/\eta)$ definiert, wobei $I(A)$ die Indikatorfunktion des Ereignisses $A$ ist.

Im oben angegebenen Beispiel erfüllt die Funktion

$$\mathsf{M}(\varphi, \zeta, \eta)/\eta = x) = \mathsf{M}\varphi(\zeta, x)$$

offensichtlich die Bedingung (16), da

$$\int_B \mathsf{M}\varphi(\zeta, x)\, \mathrm{d}F_\eta(x) = \iint_{x \in B} \varphi(t, x)\, \mathrm{d}F_\eta(x)\, \mathrm{d}F_\zeta(t) =$$
$$= \int_{\eta \in B} \varphi(t, x)\, \mathsf{P}_{\zeta,\eta}(\mathrm{d}t, \mathrm{d}x) = \mathsf{M}(\varphi(\zeta, \eta); \eta \in B)$$

ist.

Sind $\xi$ und $\eta$ unabhängig, so gilt trivialerweise $\mathsf{M}(\xi/\eta) = \mathsf{M}\xi = \text{const}$. In vielen Spezialfällen kann man die Funktion $\mathsf{M}(\xi/\eta = x)$ konstruktiv als Grenzwert einer Folge $\mathsf{M}(\xi/\eta \in \Delta x)$ erhalten. Dabei ist $\mathsf{P}(\eta \in \Delta x) > 0$ und das Intervall $\Delta x$ zieht sich zum Punkt $x$ zusammen.

Es sei zum Beispiel

$$f(x, y) = \frac{1}{2\pi\sigma_1\sigma_2\sqrt{1 - \varrho^2}} \exp\left\{-\frac{1}{2(1 - \varrho^2)}\left(\frac{x^2}{\sigma_1^2} - \frac{2\varrho xy}{\sigma_1\sigma_2} + \frac{y^2}{\sigma_2^2}\right)\right\} \tag{17}$$

die Dichte einer zweidimensionalen normalverteilten Zufallsgröße $(\xi, \eta)$. Hierbei ist, wie wir später sehen werden,

$$\mathsf{M}\xi = \mathsf{M}\eta = 0\,, \quad \sigma_1^2 = \mathsf{D}\xi_1\,, \quad \sigma_2^2 = \mathsf{D}\eta\,, \quad \varrho = \varrho(\xi, \eta)\,,$$

wobei $\varrho(\xi, \eta)$ der Korrelationskoeffizient zwischen $\xi$ und $\eta$ ist. Es folgt also, daß die Dichten von $\xi$ und $\eta$

$$f_1(x) = \frac{1}{\sqrt{2\pi}\sigma_1} e^{-\frac{x^2}{2\sigma_1^2}} = \int_{-\infty}^{\infty} f(x, y)\,dy \quad \text{bzw.} \quad f_2(y) = \frac{1}{\sqrt{2\pi}\sigma_2} e^{-\frac{y^2}{2\sigma_2^2}} = \int_{-\infty}^{\infty} f(x, y)\,dx \tag{18}$$

sind. Für die bedingte Verteilungsfunktion $P(\xi < t/\eta \in \Delta\eta)$ ergibt sich deshalb

$$P(\xi < t/\eta \in \Delta y) = \frac{P(\xi < t,\ \eta \in \Delta y)}{P(\eta \in \Delta y)} \approx \frac{\int_{-\infty}^{t} f(x, y)\,dx\,\Delta y}{f_2(y)\,\Delta y} = \frac{\int_{-\infty}^{t} f(x, y)\,dx}{f_2(y)}.$$

Man kann sich nun leicht davon überzeugen, daß der Grenzwert dieses Ausdruckes bei einem sich zum Punkt $y$ zusammenziehenden Intervall $\Delta y$ gerade die bedingte Verteilung

$$P(\xi < t/\eta = y) = \frac{\int_{-\infty}^{t} f(x, y)\,dx}{f_2(y)}$$

ist. Demnach gibt es eine Dichtefunktion $f(x/y)$ der bedingten Verteilung von $\xi$ unter der Bedingung $\eta = y$. Die Dichte $f(x/y)$ ist gleich

$$f(x/y) = \frac{f(x, y)}{f_2(y)} = \frac{1}{\sqrt{2\pi}\sigma_1\sqrt{1-\varrho^2}} \exp\left\{-\frac{1}{2(1-\varrho^2)}\cdot\left(\frac{x^2}{\sigma_1^2} - \frac{2\varrho xy}{\sigma_1\sigma_2} + \frac{\varrho^2 y^2}{\sigma_2^2}\right)\right\} =$$

$$= \frac{1}{\sqrt{2\pi\sigma_1^2(1-\varrho^2)}} \exp\left\{-\frac{\left(x - \varrho\frac{\sigma_1}{\sigma_2}y\right)^2}{2\sigma_1^2(1-\varrho^2)}\right\}.$$

Das bedeutet, daß bei festem $\eta = y$ die Größe $\xi$ normalverteilt ist, mit den Parametern $\left(\varrho\frac{\sigma_1}{\sigma_2}y, \sigma_1\sqrt{1-\varrho^2}\right)$. Ist $\varrho = 0$, so hängt die Verteilung von $\xi$ nicht von $\eta$ ab.

Es ist zu betonen, daß in der weiter oben angegebenen Definition der qualitativ neue Gesichtspunkt des b. E. als Zufallsgröße zum Ausdruck kam, d. h. als Funktion von $\omega \in \Omega$. Die vorher definierten b. E. bezüglich „positiver" Ereignisse $\{\eta \in B\}$ erhält man durch die Mittelung (Integration) von $M(\xi/\eta)$ über der Menge $\{\eta \in B\}$ und anschließende Division durch $P(\eta \in B)$, was unmittelbar aus (14) ersichtlich ist.

Völlig analog wird der b. E. bezüglich mehrdimensionaler Zufallsgrößen eingeführt.

Setzt man in (15) $B = (-\infty, \infty)$, so erhält man

$$M\xi = M[M(\xi/\eta)]. \tag{19}$$

Rechts wird dabei nacheinander gemittelt: zuerst bei festem $\eta$ und danach über $\eta$. Im Prinzip ist das nichts anderes als die *Formel der totalen Wahrscheinlichkeit.*

Zur Veranschaulichung bemerken wir zum Beispiel, daß die Formel für die Verteilung der Summe $\xi_1 + \xi_2$ unabhängiger Zufallsgrößen $\xi_1$ und $\xi_2$, die von uns in § 5, Kap. 3, durch Anwendung des Satzes von Fubini erhalten wurde, eine einfache Folgerung von (19) ist. Tatsächlich ist $P(\xi_1 + \xi_2 < x)$ der Erwartungswert der Zufallsgröße $I(\xi_1 + \xi_2 < x)$ ($I$ ist die Indikatorfunktion). Weil

$$M(I(\xi_1 + \xi_2 < x)/\xi_1 = t) = M(I(t + \xi_2 < x)) = P(t + \xi_2 < x) = F_{\xi_2}(x - t)$$

gilt, folgt

$$P(\xi_1 + \xi_2 < x) = M[M(I(\xi_1 + \xi_2) < x/\xi_1)] = \int_{-\infty}^{\infty} F_{\xi_2}(x - t)\,dF_{\xi_1}(t).$$

Betrachten wir in diesem Zusammenhang noch zwei Beispiele.

**Beispiel 19.** Schießen auf ein Ziel mit Korrektur. Es wird ein Schießen auf ein Ziel mit bekannter geometrischer Konfiguration durchgeführt. Wir verwenden das System der Polarkoordinaten, dessen Ursprung die Stellung des Geschützes ist. Die Entfernung $r$ (Abb. 6) vom Geschütz bis zu einem gewissen Punkt, den wir als Zentrum des Zieles betrachten, ist der Bedienung des Geschützes genau bekannt. Die Richtung ist unbekannt, aber es ist ein Korrektor vorhanden, der nach einem ersten Probeschuß der Bedienung mitteilt, welche Abweichung in der Richtung vom Einschlagpunkt bis zum Zentrum des Zieles besteht.

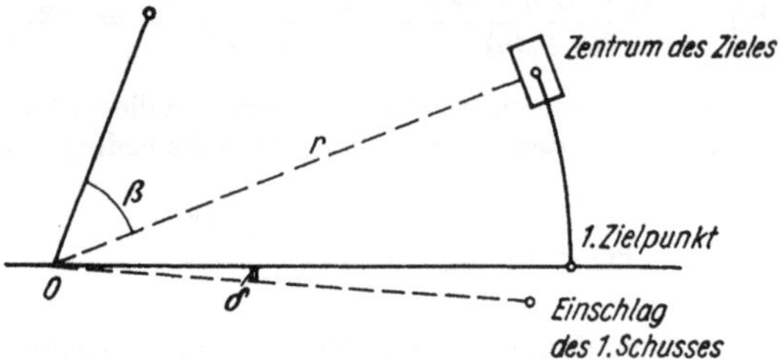


Abb. 6

Wir setzen voraus, daß die Streuung der Geschosse beim Schießen (d. h. die Abweichung $(\xi, \eta)$ des Einschlagpunktes vom Zielpunkt) durch eine zweidimensionale Normalverteilung mit der durch (17) definierten Dichte beschrieben wird. (In § 3, Kap. 7 werden wir erklären, warum die Abweichung $(\xi, \eta)$ näherungsweise normalverteilt ist. Wir vernachlässigen hier den Umstand, daß die Abweichung in der Richtung den Wert $\pi$ nicht überschreiten kann und daß die Abweichung $\xi$ in der Entfernung nicht größer als $r$ sein kann. Gewöhnlich sind die Standardabweichungen $\sigma_1$ und $\sigma_2$ klein im Vergleich zu $r$ bzw. $\pi$, weshalb die obigen Beschränkungen keine Bedeutung haben.) Wäre zusammen mit der Entfernung $r$ auch die Richtung $\beta$ des Zentrums des Zieles genau bekannt, dann würde die Wahrscheinlichkeit eines Treffers

$$\iint_{B(r,\beta)} f(x, y)\, dx\, dy$$

betragen, wobei $B(r, \beta) = \{(x, y) : (r + x, \beta + y) \in B\}$ ist und die Menge $B$ das Ziel darstellt. Aber der Geschützbedienung teilt der Korrektor den Richtwinkel erst nach dem Ergebnis des Probeschusses mit (er identifiziert den Einschlagpunkt mit dem Zielpunkt), d. h., er meldet mit einem Fehler $\delta$, der mit der Dichte $f_2(y)$ (s. (18)) normalverteilt ist. Wie groß ist unter diesen Bedingungen die Wahrscheinlichkeit des Ereignisses $B$, daß das Geschütz beim zweiten Schuß das Ziel trifft? Ist $\delta = z$, so wird der Richtwinkel mit dem Fehler $z$ übermittelt, und es ist

$$\mathsf{P}(B/\delta = z) = \iint_{B(r,\beta)} f(x, y - z)\, dx\, dy \equiv \varphi(z)\,.$$

Folglich gilt die Gleichung

$$\mathsf{P}(B) = \mathsf{M}[\mathsf{P}(B/\delta)] = \mathsf{M}\varphi(\delta) = \frac{1}{\sqrt{2\pi}\sigma_2} \int_{-\infty}^{\infty} e^{-\frac{z^2}{2\sigma_2^2}} \varphi(z)\, dz\,.$$

**Beispiel 20.** Das Intervall [0, 1] wird zufällig in zwei Teile zerlegt (d. h. mit einem in [0, 1] gleichverteilten Teilungspunkt). Danach wird der größere Teil erneut zufällig in zwei Abschnitte geteilt. Wie groß ist die Wahrscheinlichkeit dafür, daß man aus den erhaltenen Abschnitten ein Dreieck zusammensetzen kann?

Man kann diese Aufgabe gewiß auch auf direkte „geometrische" Weise lösen. Wir konstruieren einen Wahrscheinlichkeitsraum $\langle \Omega, \mathfrak{F}, \mathsf{P} \rangle$, wobei als $\Omega$ das Quadrat $[0, 1] \times [0, 1]$ genommen wird (als Menge der Werte $\omega_1$ und $\omega_2$, die der Entfernung des ersten bzw. zweiten

Teilungspunktes vom Koordinatenursprung entsprechen). Die Wahrscheinlichkeitsverteilung auf der $\sigma$-Algebra $\mathfrak{F}$ der BOREL-Mengen aus $\Omega$ wird durch die Beziehung

$$\mathsf{P}(A) = \iint_A f(x, y)\, dx\, dy$$

definiert, wobei gilt

$$f(x, y) = \begin{cases} 0, & \text{falls } x < 1/2, y < x \text{ oder } x \geqq 1/2, y \geqq x, \\ \dfrac{1}{1-x}, & \text{falls } x < 1/2, y \geqq x, \\ \dfrac{1}{x} & \text{falls } x \geqq \dfrac{1}{2}, y < x. \end{cases}$$

Es muß nun noch das Integral dieser Funktion über der Menge $B = B_1 \cap B_2$ berechnet werden, wobei

$$B_1 = \{x < 1/2;\ 2(y - x) < 1,\ 2y > 1\},$$

$$B_2 = \{x > 1/2;\ 2(x - y) < 1,\ 2y < 1\}$$

ist. Denn ein Dreieck kann dann und nur dann konstruiert werden, wenn $(\omega_1, \omega_2) \in B = B_1 \cup B_2$ gilt. Die Anwendung der Formel

$$\mathsf{P}(B) = \mathsf{M}[\mathsf{M}(I(B)/\omega_1)] = \mathsf{M}\,\mathsf{P}(B/\omega_1)$$

führt zu einem etwas anderen Lösungsweg für diese Aufgabe. Abkürzend benutzen wir auch hier das Symbol $B$ für die Bezeichnung des Ereignisses $\{(\omega_1, \omega_2) \in B\}$. Da $\omega_1$ über $[0, 1]$ gleichverteilt ist, brauchen wir nur $\mathsf{P}(B/\omega_1)$ zu berechnen. Ist $\omega_1 < 1/2$, so ist $\omega_2$ in $[\omega_1, 1]$ gleichverteilt. Die Konstruktion eines Dreiecks ist im Fall $1/2 < \omega_2 < 1/2 + \omega_1$ möglich. Folglich gilt $\mathsf{P}(B/\omega_1) = \dfrac{\omega_1}{1 - \omega_1}$. Aus Symmetriegründen ergibt sich leicht für $\omega_1 > 1/2$

$$\mathsf{P}(B/\omega_1) = \frac{1 - \omega_1}{\omega_1}.$$

Demzufolge erhalten wir

$$\mathsf{P}(B) = 2\int_0^{1/2} \frac{x}{1-x}\, dx = -1 + 2\int_0^{1/2} \frac{dx}{1-x} = -1 + 2\ln 2.$$

In der Wahrscheinlichkeitstheorie benutzt man häufig den Begriff des bedingten Erwartungswertes bezüglich einer gegebenen $\sigma$-Unteralgebra $\mathfrak{F}_0 \subset \mathfrak{F}$. Dieser Begriff ist etwas allgemeiner als der oben betrachtete.

*Bedingter Erwartungswert von $\xi$ bezüglich der Unteralgebra* $\mathfrak{F}_0 \subset \mathfrak{F}$ (bezeichnet mit $\mathsf{M}(\xi/\mathfrak{F}_0)$) heißt eine $\mathfrak{F}_0$-meßbare Zufallsgröße, für die für beliebige $B \in \mathfrak{F}_0$ gilt

$$\mathsf{M}[\mathsf{M}(\xi/\mathfrak{F}_0);\ B] = \mathsf{M}(\xi;\ B). \tag{20}$$

*Bedingte Verteilung* von $\xi$ bzgl. $\mathfrak{F}_0$ (bezeichnet mit $\mathsf{P}(\xi \in A/\mathfrak{F}_0)$) heißt die Mengenfunktion $\mathsf{P}(\xi \in A/\mathfrak{F}_0) = \mathsf{M}(I_A/\mathfrak{F}_0)$, wobei $I_A$ die Indikatorfunktion des Ereignisses $\{\xi \in A\}$ ist. Der bedingte Erwartungswert von $\xi$ bezüglich $\eta$ ist ein Spezialfall des eben eingeführten Begriffes, und zwar nichts anderes als der bedingte Erwartungswert von $\xi$ bezüglich der $\sigma$-Algebra $\sigma(\eta)$. Das ergibt sich unmittelbar aus den Definitionen.

Den allgemeineren Begriff des bedingten Erwartungswertes bezüglich einer $\sigma$-Algebra benötigt man dort, wo man mit den bedingten Erwartungswerten bezüglich einer Zufallsgröße nicht auskommt. Betrachten wir irgendeinen zeitlichen Vorgang, beschrieben durch die Folge von Zufallsgrößen $\{\xi_j; -\infty < j < \infty\}$, die nicht unabhängig sind. Dann läßt sich die Verteilung von $\xi_1$ bei fest vorgegebenen Vorgängern (d. h. Werten $\xi_0, \xi_{-1}, \xi_{-2}, \ldots$) gut mit Hilfe der bedingten Verteilung von $\xi_1$ bezüglich der $\sigma$-Algebra $\sigma(\xi_0, \xi_{-1}, \xi_{-2}, \ldots)$ beschreiben.

Die Korrektheit der Definition (20) ist weniger einsichtig als die in (14), wo wir es mit gewöhnlichen Integralen zu tun hatten. Es geht um die Existenz und Eindeutigkeit (mit Ausnahme von Werten auf einer Menge $N \in \mathfrak{F}_0$ mit $\mathsf{P}(N) = 0$) der Funktion $\zeta = \mathsf{M}(\xi/\mathfrak{F}_0)$, die (20) erfüllt. Eine positive Antwort auf diese Frage wird durch den Satz von RADON-NIKODYM gegeben, der in Anhang 3 angegeben wurde.[1])

---

[1]) Für $\xi \geqq 0$ definiert $\nu(B) = \mathsf{M}(\xi; B)$ ein endliches Maß auf $\mathfrak{F}_0$, das bezüglich $\mathsf{P}$ absolutstetig ist. Nach dem Satz von RADON-NIKODYM existiert dann eine $\mathfrak{F}_0$-meßbare Funktion, die wir mit $\mathsf{M}(\xi/\eta)$ bezeichnen, für die die Gleichung (20) für alle $B \in \mathfrak{F}_0$ erfüllt ist. Nach dem Satz von RADON-NIKODYM ist diese Funktion überall eindeutig bestimmt bis auf eine Menge $\in \mathfrak{F}_0$ vom $\mathsf{P}$-Maß Null.
Für eine beliebige Zufallsgröße $\xi$ setzt man

$$\mathsf{M}(\xi/\mathfrak{F}_0) = \mathsf{M}(\xi^+/\mathfrak{F}_0) - \mathsf{M}(\xi^-/\mathfrak{F}_0)$$

Man kann zeigen, daß eine reellwertige $\mathfrak{F}$-meßbare Funktion $g(\omega)$ genau dann $\mathfrak{F}_\eta$-meßbar ist, wenn eine BOREL-meßbare Funktion $h$ auf $R^1$ existiert, so daß $g(\omega) = h(\eta(\omega))$ gilt (vgl. z. B. LEHMANN „Testing Statistical Hypotheses", Wiley, New York 1959). Hieraus folgt die BOREL-Meßbarkeit von $\mathsf{M}(\xi/\eta)$ als Funktion von $x$ und die Gültigkeit von (14) (Anm. d. Red.).

KAPITEL 5

# FOLGEN UNABHÄNGIGER VERSUCHE MIT ZWEI AUSGÄNGEN (DAS UNENDLICHE BERNOULLI-SCHEMA)

## § 1. Das Gesetz der großen Zahlen

Wir betrachten eine Folge von Versuchen. In jedem dieser Versuche tritt ein gewisses Ereignis $A$ mit der Wahrscheinlichkeit $p$ unabhängig von den Ausgängen der anderen Versuche ein. Wir bilden auf folgende Weise eine Folge zufälliger Größen. Es wird $\xi_k = 1$ gesetzt, wenn das Ereignis $A$ im $k$-ten Versuch eingetreten ist; anderenfalls setzen wir $\xi_k = 0$. Dann ist $\{\xi_k\}_{k=1}^{\infty}$ eine Folge unabhängiger Zufallsgrößen, die identisch BERNOULLI-verteilt sind: $\mathsf{P}(\xi_k=1)=p$, $\mathsf{P}(\xi_k = 0) = q = 1 - p$, $\mathsf{M}\xi_k = p$, $\mathsf{D}\xi_k = pq$. Die Summe $S_n = \xi_1 + \dots + \xi_n$ ist gerade die Anzahl des Eintretens des Ereignisses $A$ in den ersten $n$ Versuchen. Die Größe $S_n$ ist binomialverteilt, und es ist $\mathsf{M}S_n = np$ und $\mathsf{D}S_n = npq$.

Die folgende Behauptung bezeichnet man als das (schwache) *Gesetz der großen Zahlen* für das BERNOULLI-Schema:

**Satz 1.** *Für beliebiges $\varepsilon > 0$ gilt*

$$\mathsf{P}\left(\left|\frac{S_n}{n} - p\right| > \varepsilon\right) \to 0 \quad \textit{für} \quad n \to \infty .$$

Beweis. Nach der TSCHEBYSCHEWschen Ungleichung gilt für $n \to \infty$

$$\mathsf{P}\left(\left|\frac{S_n}{n} - p\right| > \varepsilon\right) \leqq \frac{pq}{n\varepsilon^2} \to 0$$

für jedes $\varepsilon > 0$. ◀

Wir können auch folgende stärkere Behauptung zeigen:

**Satz 2** (*starkes Gesetz der großen Zahlen für das* BERNOULLI-*Schema*). *Für beliebige $\varepsilon > 0$ gilt für $n \to \infty$*

$$\mathsf{P}\left(\sup_{k \geqq n}\left|\frac{S_k}{k} - p\right| > \varepsilon\right) \to 0 .$$

Die Bedeutung dieser Aussage besteht darin, daß die von uns eingeführte Definition der Wahrscheinlichkeit der intuitiven Auffassung von der Wahrscheinlichkeit als Grenzwert der relativen Häufigkeit des Auftretens des Ereignisses entspricht. Kann man doch $\frac{S_n}{n}$ als relative Häufigkeit des Eintretens eines Ereignisses $A$ betrachten, für das $\mathsf{P}(A) = p$ gilt, in einer Folge von unabhängigen Versuchen. Es zeigt sich also, daß $\frac{S_n}{n}$ sich in gewissem Sinne unbeschränkt $p$ nähert.

Beweis von Satz 2. Es gilt

$$\mathsf{P}\left(\sup\left|\frac{S_k}{k}-p\right|>\varepsilon\right)=\mathsf{P}\left(\bigcup_{k=n}^{\infty}\left\{\left|\frac{S_k}{k}-p\right|>\varepsilon\right\}\right)\leqq$$

$$\leqq\sum_{k=n}^{\infty}\mathsf{P}\left(\left|\frac{S_k}{k}-p\right|>\varepsilon\right)\leqq\sum_{k=n}^{\infty}\frac{\mathsf{M}(S_k-kp)^4}{k^4\varepsilon^4}. \tag{1}$$

Hier benutzen wir wieder die TSCHEBYSCHEWsche Ungleichung, jedoch mit den 4. Momenten. Wir erhalten weiter

$$\mathsf{M}(S_k-kp)^4=\mathsf{M}\left(\sum_{j=1}^{k}(\xi_j-p)\right)^4=\sum_{j=1}^{k}\mathsf{M}(\xi_j-p)^4+$$

$$+6\sum_{i<j}\mathsf{M}(\xi_i-p)^2(\xi_j-p)^2=k(pq^4+qp^4)+3k(k-1)(pq)^2\leqq$$

$$\leqq k+k(k-1)=k^2.$$

Damit übersteigt die abgeschätzte Wahrscheinlichkeit nicht den Wert

$$\varepsilon^4\sum_{k=n}^{\infty}k^{-2}\to 0 \text{ für } n\to\infty. \quad ◀$$

Es ist leicht zu sehen, daß wir die erwünschte Abschätzung nicht erhalten hätten, wenn wir in (1) die TSCHEBYSCHEWsche Ungleichung für die zweiten Momente verwendet hätten. Man kann auch erkennen, daß für die Wahrscheinlichkeit $\mathsf{P}(|S_k-kp|>\varepsilon)$ schärfere Abschätzungen gelten, als die soeben verwendete. Man kann sie mit Hilfe der Folgerung 2, § 7, Kap. 4, oder der Ergebnisse des folgenden Paragraphen herleiten.

**Folgerung 1.** *Ist $f(x)$ eine auf $[0, 1]$ stetige Funktion, so gilt für $n\to\infty$ gleichmäßig in $p$*

$$\mathsf{M}f\left(\frac{S_n}{n}\right)\to f(p). \tag{2}$$

Der Beweis folgt daraus, daß für beliebiges $\varepsilon>0$

$$\mathsf{M}\left|f\left(\frac{S_n}{n}\right)-f(p)\right|\leqq\mathsf{M}\left(\left|f\left(\frac{S_n}{n}\right)-f(p)\right|;\ \left|\frac{S_n}{n}-p\right|\leqq\varepsilon\right)+$$

$$+\mathsf{M}\left(\left|f\left(\frac{S_n}{n}\right)-f(p)\right|;\ \left|\frac{S_n}{n}-p\right|>\varepsilon\right)\leqq$$

$$\leqq\sup_{|x|\leqq\varepsilon}|f(p+x)-f(p)|+o(1)$$

gilt (hinsichtlich des Symbols $o(1)$ vgl. Fußnote auf S. 78).

**Folgerung 2.** *Ist $f(x)$ in $[0, 1]$ stetig, so gilt für $n\to\infty$*

$$\sum_{k=0}^{n}f\left(\frac{k}{n}\right)\binom{n}{k}x^k(1-x)^{n-k}\to f(x)$$

*gleichmäßig in $x\in[0, 1]$.*

Diese Relation ist einfach eine andere Schreibweise von (2), da $\mathsf{P}(S_n = k) = \binom{n}{k} p^k (1-p)^{n-k}$ ist (s. Kap. 1).

Aus ihr folgt der bekannte *Satz von* WEIERSTRASS über die Approximation stetiger Funktionen durch Polynome. Die erforderlichen Polynome wurden dabei in expliziter Form angegeben, es sind die BERNSTEIN*schen Polynome*.

## § 2. Ein lokaler Grenzwertsatz

Wir wissen bereits, daß

$$\mathsf{P}(S_n = k) = \binom{n}{k} p^k q^{n-k}, \quad q = 1 - p$$

gilt.

Diese Formel wird jedoch für Berechnungen bei großen $n$ und $k$ sehr unbequem. In Zusammenhang damit entsteht die Frage nach dem asymptotischen Verhalten der Wahrscheinlichkeit $\mathsf{P}(S_n = k)$ für $n \to \infty$.

Im weiteren Text benutzen wir für zwei Zahlenfolgen $\{a_n\}$ und $\{b_n\}$ das Symbol $a_n \sim b_n$, falls die Relation $\frac{a_n}{b_n} \to 1$ für $n \to \infty$ erfüllt ist. Wir werden solche Folgen $\{a_n\}$ und $\{b_n\}$ äquivalent nennen.

Wir führen folgende Bezeichnungen ein:

$$H(x) = x \ln \frac{x}{p} + (1-x) \ln \frac{1-x}{1-p}, \quad p^* = \frac{k}{n}.$$

**Satz 3.** *Für $k \to \infty$, $n - k \to \infty$ gilt*

$$\mathsf{P}(S_n = k) = \mathsf{P}\left(\frac{S_n}{n} = p^*\right) \sim \frac{1}{\sqrt{2\pi n p^*(1-p^*)}} \exp\{-nH(p^*)\}. \tag{4}$$

Beweis. Wir benutzendie STIRLINGsche Formel, nach der für $n \to \infty$

$$n! = \sqrt{2\pi n}\, n^n e^{-n}$$

gilt. Es ist dann

$$\mathsf{P}(S_n = k) = \binom{n}{k} p^k q^{n-k} \sim \sqrt{\frac{n}{2\pi k(n-k)}} \frac{n^n}{k^k (n-k)^{n-k}} p^k (1-p)^{n-k} =$$

$$= \frac{1}{\sqrt{2\pi n p^*(1-p^*)}} \exp\left\{-k \ln \frac{k}{n} - (n-k) \ln \frac{n-k}{n} + \right.$$

$$\left. + k \ln p + (n-k) \ln (1-p)\right\} = \frac{1}{\sqrt{2\pi n p^*(1-p^*)}} \times$$

$$\times \exp\{-n[p^* \ln p^* + (1-p^*) \ln (1-p^*) - p^* \ln p -$$

$$- (1-p^*) \ln (1-p)]\} = \frac{1}{\sqrt{2\pi n p^*(1-p^*)}} \exp\{-nH(p^*)\}. \blacktriangleleft$$

Liegt $p^* = \frac{k}{n}$ nahe bei $p$, so kann man für die rechte Seite von (4) eine andere Schreibweise finden, die von bedeutendem Interesse ist. Es sei bemerkt, daß die Funktion $H(x)$ im Intervall (0,1) analytisch ist. Für die beiden ersten Ableitungen von $H(x)$ erhalten wir

$$H'(x) = \ln\frac{x}{p} - \ln\frac{1-x}{1-p}, \qquad H''(x) = \frac{1}{x} + \frac{1}{1-x}, \tag{5}$$

so daß $H(p) = H'(p) = 0$ ist und[1])

$$H(p^*) = \frac{1}{2}\left(\frac{1}{p} + \frac{1}{q}\right)(p^* - p)^2 + O(|p^* - p|^3)$$

gilt. Sind die Relationen $p^* \sim p$ und $n(p^* - p)^3 \to 0$ erfüllt, so ergibt sich daraus die Beziehung

$$\mathsf{P}(S_n = k) \sim \frac{1}{\sqrt{2\pi npq}} \exp\left\{-\frac{n}{2pq}(p^* - p)^2\right\}.$$

Setzen wir

$$\Delta = \frac{1}{\sqrt{npq}}, \qquad \varphi(x) = \frac{1}{\sqrt{2\pi}} e^{-x^2/2},$$

dann erhalten wir

**Folgerung 1.** *Ist* $z = n(p^* - p) = k - np = o(n^{2/3})$, *dann gilt*

$$\mathsf{P}(S_n = k) = \mathsf{P}(S_n - np = z) \sim \Delta\varphi(z\Delta). \tag{6}$$

Diese Formel gestattet uns, die Wahrscheinlichkeit von Ereignissen der Art $\{S_n \leqq k\}$ abzuschätzen.

Ist $p^*$ wesentlich verschieden von $p$, so kann man die Abschätzung der Wahrscheinlichkeit des angegebenen Ereignisses mit Hilfe der Ergebnisse aus § 3, Kap. 1, erhalten. Wir geben ein Beispiel an.

Beispiel 1. In einer Jury, die aus einer ungeraden Zahl $n = 2m + 1$ von Mitgliedern besteht, trifft jedes Mitglied unabhängig von den anderen die richtige Entscheidung mit der Wahrscheinlichkeit $p = 0{,}7$. Wieviel Mitglieder muß die Jury mindestens haben, damit die Entscheidung, die die Mehrheit wählt, mindestens mit der Wahrscheinlichkeit 0,99 richtig ist?

Wir setzen in dieser Aufgabe $\xi_k = 1$, wenn das $k$-te Mitglied der Jury die richtige Entscheidung fällt und setzen andernfalls $\xi_k = 0$. Uns interessiert die

---

[1]) Wir benutzen die üblichen Bezeichnungen

$$a(z) = o(b(z)) \text{ für } z \to z_0, \text{ falls } \lim_{z\to z_0} \frac{a(z)}{b(z)} = 0 \text{ ist},$$

$$a(z) = O(b(z)) \text{ für } z \to z_0, \text{ falls } \limsup_{z\to z_0} \frac{|a(z)|}{b(z)} < \infty \text{ ist}.$$

ungerade Zahl $n$, für die $\mathsf{P}(S_n \leqq m) \leqq 0{,}01$ ist. Es ist klar, daß eine hohe Genauigkeit der angenommenen Entscheidung nur bei großen Werten $n$ erreicht werden kann. In diesem Fall ist, wie bereits in § 3, Kap. 1, hergeleitet, die Wahrscheinlichkeit $\mathsf{P}(S_n \leqq m)$ näherungsweise gleich

$$\frac{(n+1-m)\,p}{(n+1)\,p-m}\,\mathsf{P}\,(S_n = m) \approx \frac{p}{2p-1}\,\mathsf{P}(S_n = m)\,.$$

Mit Satz 3 und der Tatsache, daß in unserer Aufgabe

$$p^* \approx 1/2\,, \quad H(1/2) = -\frac{1}{2}\ln 4p\,(1-p)\,, \quad H'(1/2) = \ln\frac{1-p}{p}$$

ist, erhalten wir

$$\mathsf{P}(S_n \leqq m) \approx \frac{p}{2p-1}\sqrt{\frac{2}{\pi n}}\exp\left\{-nH\left(\frac{1}{2}-\frac{1}{2n}\right)\right\} \approx$$

$$\approx \frac{p}{2p-1}\sqrt{\frac{2}{\pi n}}\exp\left\{-nH\left(\frac{1}{2}\right)+\frac{1}{2}H'\left(\frac{1}{2}\right)\right\} \approx$$

$$\approx \frac{\sqrt{2p\,(1-p)}}{(2p-1)\sqrt{\pi n}}\left(\sqrt{4p(1-p)}\right)^n \approx 0{,}915\,\frac{1}{\sqrt{n}}\,(0{,}84)^{n/2}\,.$$

Rechts steht jetzt eine monoton wachsende Funktion $a(n)$. Lösen wir die Gleichung $a(n) = 0{,}01$, so erhalten wir als Antwort etwa $n = 33$. Das gleiche Resultat erhalten wir, wenn wir exakte Formeln verwenden.

Der in der Formel (4) auftretende Fehler läßt sich leicht abschätzen. Verwenden wir die STIRLINGsche Formel

$$n! = \sqrt{2\pi n}\,n^n e^{-n+\theta(n)}$$

und die bekannten Ungleichungen[1])

$$\frac{1}{12n+1} < \theta(n) < \frac{1}{12n}\,,$$

so erhalten wir mit Hilfe der vorangegangenen Überlegungen den folgenden

**Satz 4.** *Es gilt die Gleichung*

$$\mathsf{P}(S_n = k) = \frac{1}{\sqrt{2\pi n p^*\,(1-p^*)}}\exp\{-nH(p^*) + \theta(k, n)\} \tag{7}$$

*mit*

$$|\theta(k,n)| = |\theta(n) - \theta(k) - \theta(n-k)| < \frac{1}{12k} + \frac{1}{12(n-k)} = \frac{1}{12np^*\,(1-p^*)}\,. \tag{8}$$

Die Beziehung (6) läßt sich ebenfalls verschärfen.

**Satz 5.** *Für alle $k$ mit der Eigenschaft $|p^* - p| \leqq 1/2 \cdot \min(p, q)$ gilt die Gleichung*

$$\mathsf{P}(S_n = k) = \Delta\varphi(z\Delta)\,(1 + \varepsilon(k, n))$$

*mit*

$$1 + \varepsilon(k,n) = \exp\left\{\theta\left(\frac{|z|^3\,\Delta^4}{3} + (|z| + 1/6)\,\Delta^2\right)\right\}, \qquad |\theta| < 1\,.$$

[1]) Vgl. W. FELLER „An Introduction to Probability Theory and Its Applications", Vol. 1, Wiley, New York 1957.

Es ist aus den Eigenschaften der Reihenentwicklung der Funktion $e^x$ leicht zu erkennen, daß die Größenordnung von $\varepsilon(k, n)$ in den angegebenen Formeln mit der des Exponenten im letzten exp-Ausdruck übereinstimmt.

Aus Satz 5 folgt deshalb, daß für $z = k - np = o(\Delta^{-4/3})$ oder, was das Gleiche ist, für $z = o(n^{2/3})$ die Beziehung (6) gilt.

**Beweis.** Wir benutzen die Aussage des Satzes 4. In Ergänzung zu den Formeln (5) gilt

$$H^{(k)}(x) = \frac{(-1)^k (k-2)!}{x^{k-1}} + \frac{(k-2)!}{(1-x)^{k-1}}, \quad k \geqq 2, \qquad H(p^*) = \frac{1}{2pq}(p^* - p)^2 + R_1,$$

wobei wir den Rest

$$R_1 = \sum_{k=3}^{\infty} \frac{H^{(k)}(p)}{k!}(p^* - p)^k$$

abschätzen wollen. Indem wir die Ungleichung

$$|H^{(k)}(p)| \leqq (k-2)!\left(\frac{1}{p^{k-1}} + \frac{1}{q^{k-1}}\right), \qquad k \geqq 2,$$

in Betracht ziehen und abkürzend $|p^* - p| = \delta$ setzen, erhalten wir für $\delta \leqq 1/2 \min(p, q)$

$$|R_1| \leqq \sum_{k=3}^{\infty} \frac{(k-2)!}{k!}\delta^k\left(\frac{1}{p^{k-1}} + \frac{1}{q^{k-1}}\right) \leqq \frac{\delta^3}{6}\left[\frac{1}{p^2}\frac{1}{1-\dfrac{\delta}{p}} + \frac{1}{q^2}\frac{1}{1-\dfrac{\delta}{q}}\right] \leqq$$

$$\leqq \frac{\delta^3}{6}\left[\frac{2}{p^2} + \frac{2}{q^2}\right] < \frac{\delta^3}{3(pq)^2}.$$

Hieraus folgt die Gleichung

$$-nH(p^*) = -\frac{(k-np)^2}{2npq} + \frac{\theta_1|k-np|^3}{3(npq)^2} = -\frac{z^2\Delta^2}{2} + \frac{\theta_1|z|^3\Delta^4}{3}; \qquad |\theta_1| < 1. \tag{9}$$

Wir wenden uns jetzt den restlichen Faktoren in der Gleichung (7) zu und betrachten das Produkt $p^*(1 - p^*)$. Wegen

$$-p \leqq 1 - p - p^* \leqq 1 - p$$

gilt

$$|p^*(1-p^*) - p(1-p)| = |(p^* - p)(1 - p - p^*)| \leqq |p^* - p| \max(p, q),$$

daraus folgt speziell für $|p^* - p| < \frac{1}{2}\min(p, q)$

$$|p^*(1-p^*) - pq| < \frac{1}{2}pq, \qquad p^*(1-p^*) > \frac{1}{2}pq.$$

Neben (8) können wir damit für die Werte von $k$, von denen in Satz 5 die Rede war, schreiben

$$|\theta(k, n)| < \frac{1}{6\,npq} = \frac{\Delta^2}{6}. \tag{10}$$

Wir müssen noch den Faktor $[p^*(1-p^*)]^{-1/2}$ betrachten. Für $|\gamma| < 1/2$ ist

$$|\ln(1+\gamma)| = \left|\int_1^{1+\gamma} \frac{1}{x}\,dx\right| < 2|\gamma|,$$

also ist für $\delta = |p^* - p| < 1/2 \min(p, q)$,

$$\ln p^* (1 - p^*) = \ln pq + \ln\left(1 + \frac{p^*(1 - p^*) - pq}{pq}\right) =$$

$$= \ln pq + \ln\left(1 - \frac{\theta^*\delta}{pq}\right), \quad |\theta^*| < \max(p, q);$$

$$\ln\left(1 - \frac{\theta^*\delta}{pq}\right) = -\frac{2\theta_2\delta}{pq}, \quad |\theta_2| < \max(p, q), \quad [p^*(1 - p^*)]^{-1/2} = [pq]^{-1/2} \exp\frac{\theta_2\delta}{pq}. \quad (11)$$

Aus der Behauptung des Satzes 4 und den Beziehungen (10) und (11) folgt die Behauptung des Satzes 5. ◀

Aus den angegebenen Abschätzungen wird ersichtlich, daß die Grenzen für die Zahl $\theta$ in der Formulierung von Satz 5 verengt werden können, wenn man kleinere Abweichungen $|p^* - p|$ betrachtet, z. B. bis zu Werten $\alpha \min(p, q)$, wobei $\alpha < 1/2$ ist.

Die von uns bewiesenen Beziehungen für $\mathsf{P}(S_n = k)$ werden als *lokale Grenzwertsätze für das* BERNOULLI*-Schema* bezeichnet.

Die grundlegende asymptotische Formel in der Aussage des Satzes 3 läßt eine natürliche Verallgemeinerung auf die sogenannte Polynomialverteilung zu, bei der in der Folge unabhängiger Versuche bei jedem Versuch nicht nur einer von zwei sondern einer von $m \geqq 2$. möglichen Ausgängen $E_1, \ldots, E_m$ eintritt. Die Bezeichnung Polynomialverteilung hängt (wie auch die der Binomialverteilung) damit zusammen, daß die Wahrscheinlichkeit der Ereignisse

$$\{S_n^{(1)} = k_1, \ldots, S_n^{(m)} = k_m\}, \qquad \sum_{0=1}^{m} k_j = n,$$

in denen $S_n^{(i)}$ die Anzahl des Eintreffens des Ausgangs $E_i$ in $n$ Versuchen angibt, gleich dem Element

$$\frac{n!}{k_1! \cdots k_m!} p_1^{k_1} \cdots p_m^{k_m} \qquad \left(p_j = P(E_j), \ \sum_{j=1}^{m} p_j = 1\right)$$

in der Entwicklung des Polynoms $(p_1 + \cdots + p_m)^n$ nach Potenzen von $p_1, \ldots, p_m$ ist.

Diese Gleichung bedarf offenbar keiner ausführlichen Erklärung, weil die Wahrscheinlichkeit für eine beliebige feste Folge von Ausgängen, die gerade $k_i$ Ausgänge $E_i$ enthält $(i = 1, \ldots, m)$, gleich $p_1^{k_1} \cdots p_m^{k_m}$ ist und die Zahl der verschiedenen Folgen solcher Art gleich $\frac{n!}{k_1! \cdots k_m!}$ ist (von den $n!$ Permutationen bleiben die, die sich nicht nur durch Permutationen innerhalb der Gruppen $k_1, \ldots, k_m$ unterscheiden).

Wir bezeichnen mit halbfetten Buchstaben die $m$-dimensionalen Vektoren

$$\mathbf{S}_n = (S_n^{(1)}, \ldots, S_n^{(m)}), \qquad \mathbf{k} = (k_1, \ldots, k_m), \qquad \mathbf{p}^* = \frac{\mathbf{k}}{n},$$

und setzen

$$H(\mathbf{x}) = \sum_{i=1}^{m} x_i \ln\frac{x_i}{p_i}, \qquad \mathbf{x} = (x_1, \ldots, x_m).$$

Die folgende Behauptung ist eine direkte Verallgemeinerung von Satz 3.

**Satz 6.** *Ist jede der Zahlen $k_1, \ldots, k_m$ entweder gleich Null oder strebt sie gegen $\infty$ bei $n \to \infty$, so ist*

$$\mathsf{P}(\mathbf{S}_n = \mathbf{k}) = (2\pi n)^{\frac{1-m_0}{2}} \left(\prod_{\substack{j=1 \\ p_j^* \neq 0}}^{m} p_j^*\right)^{-1/2} \exp\{-nH(\mathbf{p}^*)\},$$

*wobei $m_0$ die Anzahl der Variablen $k_1, \ldots, k_m$ ist, die von Null verschieden sind.*

**Beweis.** Wir benutzen wie beim Beweis von Satz 3 die STIRLINGsche Formel

$$n! \sim \sqrt{2\pi n}\, e^{-n} n^n$$

für $n \to \infty$. Wir nehmen o. B. d. A. an, daß alle $k_j$ ($j = 1, \ldots, m$) gegen unendlich streben, und erhalten

$$P(S_n = k) \sim (2\pi)^{\frac{1-m}{2}} \left(\frac{n}{\prod\limits_{j=1}^{m} k_j}\right)^{1/2} \prod_{j=1}^{m} \left(\frac{np_j}{k_j}\right)^{k_j} =$$

$$= (2\pi n)^{\frac{1-m}{2}} \left(\prod_{j=1}^{m} p_j^*\right)^{-1/2} \exp\left\{n \sum_{j=1}^{m} \frac{k_j}{n} \ln \frac{p_j n}{k}\right\}. \blacktriangleleft$$

## § 3. Der Satz von MOIVRE-LAPLACE und seine Verschärfungen

Sei

$$\zeta_n = \frac{S_n - np}{\sqrt{npq}}.$$

Dann gilt für beliebige feste Zahlen $a$ und $b$

$$P(a < \zeta_n < b) = \sum_{a\sqrt{npq} < z < b\sqrt{npq}} P(S_n - np = z).$$

Setzen wir hier an Stelle von $P(S_n - np = z)$ die Näherungswerte $\Delta\varphi(z\Delta)$ ein, so erhalten wir die Integralsumme $\sum\limits_{a < z\Delta < b} \Delta\varphi(z\Delta)$, die dem Integral $\int\limits_a^b \varphi(x)\,dx$ entspricht.

Auf diese Weise führen die Beziehungen (6) zur Gleichung

$$\lim_{n\to\infty} P(a < \zeta_n < b) = \int_a^b \varphi(x)\,dx = \Phi(b) - \Phi(a), \tag{12}$$

wobei $\Phi(x)$ die Verteilungsfunktion der Normalverteilung mit den Parametern (0, 1) ist

$$\Phi(x) = \frac{1}{\sqrt{2\pi}} \int_{-\infty}^{x} e^{-\frac{t^2}{2}}\,dt.$$

Dies ist der *Satz von* MOIVRE-LAPLACE, der zu den sogenannten *globalen Grenzwertsätzen* gehört. In Kap. 7 erhalten wir allgemeinere globale Grenzwertsätze, aus denen (12) als Spezialfall folgt.

Satz 5 gibt uns die Möglichkeit, die Beziehung (12) zusammen mit der Abschätzung des Fehlers oder, mit anderen Worten, mit der Abschätzung der Konvergenzgeschwindigkeit zu erhalten.

$A$ und $B$ seien ganze Zahlen mit der Eigenschaft

$$a = \frac{A - np}{\sqrt{npq}}, \qquad b = \frac{B - np}{\sqrt{npq}}. \tag{13}$$

**Satz 7.** *Es sei* $b > a$, $c = \max(|a|, |b|)$ *und*

$$\varrho = \frac{c^3 + 3c}{3}\Delta + \frac{\Delta^2}{6}.$$

*Ist* $\Delta = \frac{1}{\sqrt{npq}} \leqq 1/2$, $\varrho \leqq 1/2$, *so gilt*

$$\mathsf{P}(A \leqq S_n < B) = \mathsf{P}(a \leqq \zeta_n < b) = \int_a^b \varphi(t)\,dt\,(1 + \theta_1 \Delta c)\,(1 + 2\theta_2 \varrho)\,, \tag{14}$$

*mit* $|\theta_i| \leqq 1$, $i = 1, 2$.

Dieser Satz zeigt, daß die linke Seite von (14) auch bei wachsenden $a$ und $b$ der Differenz $\Phi(b) - \Phi(a)$ äquivalent sein kann. Unter diesen Bedingungen kann $\Phi(b) - \Phi(a)$ gegen Null konvergieren, und die Kenntnis des relativen Fehlers in (12) ist vorteilhafter, denn ist der relative Fehler klein, so ist es auch der absolute Fehler, aber nicht umgekehrt.

Beweis. Es sei zunächst bemerkt, daß für alle der Ungleichung $|z| = |k - np| < c\sqrt{npq}$ genügenden $k$ die Voraussetzungen des Satzes 5 erfüllt sind. Denn es ist für die Gültigkeit der Ungleichung $|p^* - p| < 1/2 \min(p, q)$ hinreichend, daß $|k - np| < \frac{npq}{2} = \frac{1}{2\Delta^2}$ ist. Diese Ungleichung ist erfüllt für $c < \frac{1}{2\Delta}$. Wegen $\varrho \leqq 1/2$ erhalten wir

$$\frac{c(c^2+3)\Delta}{3} < 1/2; \quad c\Delta < 1/2\,.$$

Demzufolge können wir für jedes $k$, das den Restriktionen $a\sqrt{npq} \leqq z < b\sqrt{npq}$ unterworfen ist, den Satz 5 ausnutzen. Nach diesem Satz gilt

$$\mathsf{P}(A \leqq S_n < B) = \sum_{a\sqrt{npq} \leqq z < b\sqrt{npq}} \mathsf{P}(S_n = k) =$$

$$= \sum_{a \leqq z\Delta < b} \Delta\varphi(z\Delta)\left[1 + \left(\exp\left\{\theta\left(\frac{|z|^3\Delta^4}{3} + (|z| + 1/6)\,\Delta^2\right)\right\} - 1\right)\right], \tag{15}$$

wobei $|\theta| < 1$ ist. Weil für $\varrho \leqq 1$ die Ungleichung

$$\left|\frac{e^\varrho - 1}{\varrho}\right| < (e - 1) < 2\,,$$

gilt, kann der Absolutbetrag des Korrekturgliedes in (15) (wir substituieren darin $z\Delta = c$) die Größe

$$\left|\exp\left\{\theta\left(\frac{c^3\Delta}{3} + c\Delta + \frac{\Delta^2}{6}\right)\right\} - 1\right| \leqq 2\theta\left(\frac{c^3\Delta}{3} + c\Delta + \frac{\Delta^2}{6}\right) = 2\theta\varrho$$

nicht überschreiten. Deshalb ergibt sich die Beziehung

$$\mathsf{P}(A \leqq S_n < B) = \sum_{a \leqq z\Delta < b} \Delta\varphi(z\Delta)\,[1 + 2\theta 2\varrho]\,, \tag{16}$$

in der $|\theta 2| < 1$ ist.

Wir formen jetzt die Summe um, die auf der rechten Seite der gewonnenen Ungleichung steht. Dazu bemerken wir, daß für jede glatte Funktion $\varphi(x)$

$$\left|\Delta\varphi(x) - \int_x^{x+\Delta} \varphi(t)\,dt\right| \leqq \frac{\Delta^2}{2} \max_{x \leqq t \leqq x+\Delta} |\varphi'(t)| \tag{17}$$

gilt. Für die Funktion $\varphi(x) = \frac{1}{\sqrt{2\pi}} e^{-x^2/2}$ haben wir $\varphi'(x) = -x \cdot \varphi(x)$ und der größte Wert von $\varphi(t)$ auf dem Intervall $[x, x + \Delta]$, $|x| \leqq c$, unterscheidet sich vom kleinsten Wert höchstens um den Faktor $\exp\left\{c\Delta + \frac{\Delta^2}{2}\right\}$. Aus (17) folgt deshalb für $|x| \leqq c$ die Abschätzung

$$\left|\Delta\varphi(x) - \int_x^{x+\Delta} \varphi(t)\,dt\right| \leqq \frac{\Delta^2 c}{2} e^{c\Delta + \frac{\Delta^2}{2}} \min_{x \leqq t \leqq x+\Delta} \varphi(t) \leqq \frac{\Delta c}{2} e^{c\Delta + \frac{\Delta^2}{2}} \int_x^{x+\Delta} \varphi(t)\,dt\,.$$

Wegen $c\Delta + \frac{\Delta^2}{2} < \frac{1}{2} + \frac{1}{8}$ gilt $e^{c\Delta + \Delta^2/2} \leqq 2$ und damit die Darstellung

$$\Delta\varphi(x) = \int_x^{x+\Delta} \varphi(t)\, dt\, (1 + \theta_1 \Delta c)\,, \qquad |\theta_1| < 1\,.$$

Durch Substitution dieses Ausdrucks in (16) erhalten wir die Behauptung des Satzes. ◀

Nach Satz 6 wird die Differenz

$$|\mathsf{P}(x \leqq \zeta_n < y) - (\Phi(y) - \Phi(x))| \tag{18}$$

effektiv, wenn auch sehr grob, von oben durch eine Größe der Ordnung $\Delta$ abgeschätzt, oder, was dasselbe ist, durch eine Größe der Ordnung $\sqrt{npq}$, wenn nur $x = a$, $y = b$ ist (unter $a$ und $b$ verstehen wir Werte (s. (13)), die in der Form $(k - np)\,\Delta$ darstellbar sind, wobei $k$ ganzzahlig ist). Liegen $x$ und $y$ nicht auf dem genannten „Gitter" mit der Maschenweite $\Delta$, so wird der Fehler (18) durch eine Größe der gleichen Ordnung abgeschätzt, da beispielsweise bei einer Änderung von $y$ die Wahrscheinlichkeit $\mathsf{P}(a \leqq \zeta_n < y)$ konstant auf den halboffenen Intervallen der Gestalt $(a + k\Delta, a + (k + 1)\,\Delta)$ ist, und die Funktion $\Phi(y) - \Phi(x)$ monoton mit beschränkter 1. Ableitung wächst. Analoge Überlegungen sind auch bezüglich der linken Grenze $x$ richtig. Es ist wichtig festzustellen, daß die Ordnung $\sqrt{npq}$ der Abschätzung *nicht verbessert werden kann*, da die Sprünge der Verteilungsfunktion von $\zeta_n$ nach Satz 5 diese Größenordnung besitzen.

Satz 6 gibt uns die Möglichkeit, die Normal-Approximation für $\mathsf{P}(x \leqq \zeta_n < y)$ auch im sogenannten Bereich der großen Abweichungen zu verwenden, falls $x$ und $y$ dem Absolutbetrag nach wachsen und gleiche Vorzeichen besitzen. In diesem Fall konvergieren $\Phi(y) - \Phi(x)$ und die zu approximierende Wahrscheinlichkeit gegen 0. Deshalb ist es sinnvoll, die Approximation naturgemäß als ausreichend zu betrachten, wenn

$$\frac{\mathsf{P}(x \leqq \zeta_n < y)}{\Phi(y) - \Phi(x)} \to 1 \tag{19}$$

gilt.

Nach Satz 6 ist eine solche Beziehung gültig, sofern

$$c = \max\,(|x|,\ |y|) = o\,(\Delta^{-1/3})$$

oder, was dasselbe ist, $c = o(n^{1/6})$ ist.

Es ist mit Hilfe des Satzes 3 leicht zu prüfen, daß für größere Werte von $c$ die Beziehung (19) im allgemeinen nicht gilt.

Abschließend bemerken wir, daß wegen

$$\mathsf{P}(|\zeta_n| > b) \to 0$$

für $b \to \infty$ aus Satz 6 sofort die Relation

$$\lim_{n\to\infty} \mathsf{P}(\zeta_n < y) = \Phi(y)$$

für jedes feste $y$ folgt. Später werden wir zeigen, daß diese Behauptung unter gewissen Voraussetzungen auch für normierte Summen $\zeta_n$ unabhängiger beliebig verteilter Zufallsgrößen mit endlichen Varianzen gültig ist.

## § 4. Der Satz von POISSON und seine Verschärfungen

Aus den Abschätzungen des vorigen Paragraphen ist ersichtlich, daß der Satz von MOIVRE-LAPLACE eine gute Approximation der abzuschätzenden Wahrscheinlichkeiten gewährleistet, wenn die Zahl $npq$ (die Varianz von $S_n$) groß ist. Dieser Wert wächst zusammen mit $n$, wenn $p$ und $q$ positiv und fest sind. Wie verfährt man aber bei einer Aufgabe, in der zum Beispiel $p = 0{,}001$ und $n = 1000$ betragen, also $np = 1$ ist? Es ist in dieser Aufgabe trotz des großen Wertes von $n$ sinnlos, den Satz von MOIVRE-LAPLACE anzuwenden. Es wird sich zeigen, daß man in diesem Fall die Verteilung $\mathsf{P}(S_n = k)$ gut durch die POISSON-Verteilung approximieren kann.

**Satz 7.** *Wir setzen*

$$\mu = np, \ \pi_k = \frac{\mu^k \, e^{-\mu}}{k!}.$$

*Dann ist für alle Mengen B*

$$\left| \mathsf{P}(S_n \in B) - \sum_{k \in B} \pi_k \right| \leqq \frac{\mu^2}{n}.$$

Diese Behauptung könnten wir wie den lokalen Satz beweisen, indem wir die bekannte Formel für $\mathsf{P}(S_n = k)$ benutzen. Man kann den Beweis auch mit Hilfe der „Methode des gleichen Wahrscheinlichkeitsraumes" führen. Diese Methode wird nicht selten bei wahrscheinlichkeitstheoretischen Untersuchungen ausgenutzt und besteht in unserem Fall darin, auf dem Raum, auf dem $S_n$ definiert ist, eine Zufallsgröße $S_n^*$ zu konstruieren, die möglichst nahe an $S_n$ liegt und zwar so, daß $S_n^*$ POISSON-*verteilt* ist.

Wichtig ist auch, daß die „Methode des gleichen Wahrscheinlichkeitsraumes" ohne zusätzliche Schwierigkeiten eine Verallgemeinerung auf Summen *verschieden verteilter* Zufallsgrößen zuläßt, bei denen die Wahrscheinlichkeit $p$ für das Auftreten der 1 in jedem Versuch von der Nummer des Versuches abhängt. Wir nutzen diesen Umstand aus und zeigen eine allgemeinere Behauptung, aus der Satz 7 als Spezialfall folgt.

Sei also $\xi_1, \ldots, \xi_n$ eine Folge unabhängiger Zufallsgrößen mit $\mathsf{P}(\xi_k = 1) = p_k$, $\mathsf{P}(\xi_k = 0) = 1 - p_k$.

Wie früher bezeichnen wir mit $S_n$ die Summe $S_n = \sum_{j=1}^{n} \xi_j$. Der unten formulierte Satz erlaubt eine näherungsweise Bestimmung von $\mathsf{P}(S_n \in B)$ in dem Fall, daß die $p_j$ klein sind und die Zahl $\mu = \sum_{j=1}^{n} p_j$ „mit 1 vergleichbar" ist.

**Satz 8.** *Für alle Mengen B gilt*

$$\left| \mathsf{P}(S_n \in B) - \sum_{k \in B} \pi_k \right| \leqq \sum_{j=1}^{n} p_j^2.$$

Zunächst leiten wir eine wichtige Eigenschaft der POISSON-Verteilung ab, die wir im Beweis des Satzes 8 benötigen[1]). Sind $\eta_1$ und $\eta_2$ unabhängige, mit den Parametern $\mu_1$ bzw. $\mu_2$ POISSON-verteilte Zufallsgrößen, dann besitzt $\eta_1 + \eta_2$ eine POISSON-Verteilung mit dem Parameter $\mu_1 + \mu_2$. Nach der Formel der

[1]) Diese Tatsache kann man sehr leicht aus den Eigenschaften der charakteristischen Funktionen, die in Kapitel 6 behandelt werden, ableiten.

totalen Wahrscheinlichkeit gilt nämlich

$$\mathsf{P}(\eta_1 + \eta_2 = k) = \sum_{j=0}^{k} \mathsf{P}(\eta_1 = j)\, \mathsf{P}(\eta_2 = k - j) = \sum_{j=0}^{k} \frac{\mu_1^j\, e^{-\mu_1}}{j!} \cdot \frac{\mu_2^{k-j}\, e^{-\mu_2}}{(k-j)!} =$$

$$= \frac{1}{k!}\, e^{-(\mu_1+\mu_2)} \sum_{j=0}^{k} \binom{k}{j} \mu_1^j \mu_2^{k-j} = \frac{(\mu_1+\mu_2)^k\, e^{-(\mu_1+\mu_2)}}{k!}.$$

Beweis von Satz 8. Wir betrachten den Wahrscheinlichkeitsraum $\langle \Omega, \mathfrak{F}, \mathsf{P} \rangle$, wobei $\Omega$ der Einheitskubus $[0, 1] \times \cdots \times [0,1]$ im $R^n$, $\mathfrak{F}$ die $\sigma$-Algebra der BOREL-Mengen von $\Omega$ und $\mathsf{P}$ die Gleichverteilung (das LEBESGUEsche Maß) auf $\mathfrak{F}$ ist. Die Elemente von $\Omega$ bezeichnen wir mit $\omega = (\omega_1, \ldots, \omega_n)$. Man kann $\omega_i$ als unabhängige und auf dem Intervall $[0,1]$ gleichverteilte Zufallsgröße ansehen. Wir konstruieren auf $\Omega$ die Zufallsgrößen $\xi_j$ und $\xi_j^*$ folgendermaßen

$$\xi_j(\omega) = \begin{cases} 0, & \text{falls } \omega_j < 1 - p_j, \\ 1, & \text{falls } \omega_j \geqq 1 - p_j, \end{cases}$$

$$\xi_j^*(\omega) = \begin{cases} 0, & \text{falls } \omega_j < e^{-p_j}, \\ k \geqq 1, & \text{falls } \omega_j \in [\Pi_{k-1}, \Pi_k), \end{cases}$$

wobei $\Pi_k = \sum_{m \leqq k} e^{-p_j} \frac{(p_j)^m}{m!}$, $k = 0,1, \ldots$, ist. Offenbar sind die $\xi_j(\omega)$ unabhängig und haben die gleiche Verteilung wie die Ausgangszufallsgrößen $\xi_1, \ldots, \xi_n$; dagegen sind die $\xi_j^*(\omega)$ POISSON-verteilt mit den Parametern $p_j$. Wegen $1 - p_j \leqq e^{-p_j}$ kann $\xi_j(\omega) \neq \xi_j^*(\omega)$ nur dann gelten, falls $\omega_j \in [1 - p_j, e^{-p_j})$ oder $\omega_j \in [e^{-p_j} + p_j\, e^{-p_j}, 1]$ gilt. Folglich ist

$$\mathsf{P}(\xi_j \neq \xi_j^*) = (e^{-p_j} - 1 + p_j) + (1 - e^{-p_j} - p_j e^{-p_j}) = p_j(1 - e^{-p_j}) \leqq p_j^2,$$

$$\mathsf{P}(S_n \neq S_n^*) \leqq \mathsf{P}(\bigcup_j \{\xi_j \neq \xi_j^*\}) \leqq \sum p_j^2,$$

wobei $S_n^* = \sum_{j=1}^{n} \xi_j^*$ POISSON-verteilt ist mit dem Parameter $\sum_{j=1}^{n} p_j = \mu$.

Jetzt können wir schreiben

$$\mathsf{P}(S_n \in B) = \mathsf{P}(S_n \in B,\ S_n = S_n^*) + \mathsf{P}(S_n \in B,\ S_n \neq S_n^*) =$$

$$= \mathsf{P}(S_n^* \in B) - \mathsf{P}(S_n^* \in B,\ S_n \neq S_n^*) + \mathsf{P}(S_n \in B,\ S_n^* \neq S_n); \qquad (20)$$

$$|\mathsf{P}(S_n \in B) - \mathsf{P}(S_n^* \in B)| \leqq |\mathsf{P}(S_n^* \in B, S_n \neq S_n^* - \mathsf{P}(S_n \in B, S_n \neq S_n^*)|;$$

$$\leqq \max \mathsf{P}(S_n^* \in B,\ S_n \neq S_n^*), \quad \mathsf{P}(S_n \in B,\ S_n \neq S_n^*) \leqq \mathsf{P}(S_n \neq S_n^*).$$

Daraus folgt offenbar die Behauptung des Satzes. ◀

**Bemerkung:** Man kann auch andere Konstruktionen angeben, die auf der Methode „des gleichen Wahrscheinlichkeitsraumes" beruhen. Mit Hilfe einer davon werden wir jetzt eine bessere POISSONsche Näherung für die Verteilung von $S_n$ angeben.

Es seien $\xi_j^*(\ )$ unabhängige zufällige Größen, die POISSON-verteilt sind mit den Parametern $r_j = -\ln(1 - p_j) > p_j$, so daß

$$\mathsf{P}(\xi_j^* = 0) = e^{-r_j} = 1 - p_j$$

gilt. Für die zufälligen Größen

$$\xi_j(\omega) = \min\big(1, \xi_j^*(\omega)\big)$$

gilt dann offenbar $\mathsf{P}(\xi_j = 0) = 1 - p_j$, $\mathsf{P}(\xi_i = 1) = p_j$. Es gilt dabei

$$\mathsf{P}\left(\bigcup_{j=1}^{n} \{\xi_j(\omega) \neq \xi_j^*(\omega)\}\right) \leqq \sum_{j=1}^{n} \mathsf{P}(\xi_j^*(\omega) \geqq 2) = \sum_{j=1}^{n} (1 - e^{-r_j} - r_j\, e^{-r_j}).$$

Für $r = -\ln(1 - p)$ gilt jedoch die Ungleichung

$$1 - e^{-r} - r\, e^{-r} = p + (1 - p)\ln(1 - p) \leqq p + (1 - p)\left(-p - \frac{p^2}{2}\right)$$
$$= \frac{p^2}{2}(1 + p).$$

Also erhalten wir für die so konstruierte Poissonsche Näherung die Abschätzung

$$\mathsf{P}(S_n^* \neq S_n) \leqq \frac{1}{2}\sum_{j=1}^{n} p_j^2(1 + p_j).$$

Setzen wir

$$\lambda = -\sum_j \ln(1 - p_j) \geqq \sum p_j,$$

so erhalten wir mit Hilfe früherer Überlegungen

$$\left|\mathsf{P}(S_n \in B) - \sum_{k \in B} e^{-\lambda}\frac{\lambda^k}{k!}\right| \leqq \frac{1}{2}\sum_{j=1}^{n} p_j^2(1 + p_j).$$

Diese Abschätzung des „Abstandes“ zwischen der Verteilung von $S_n$ und der Poisson-Verteilung mit einem „etwas verschobenen“ Parameter ist besser als die Abschätzung in der Behauptung des Satzes 8.

Außerdem gilt bei der neuen Konstruktion $\xi_j \leqq \xi_j^*$, $S_n \leqq S_n^*$ und folglich

$$\mathsf{P}(S_n \geqq k) \leqq \mathsf{P}(S_k^* \geqq k) = \sum_{l \geqq k} e^{-\lambda}\frac{\lambda^l}{l!}.$$

Wir kehren jetzt wieder zum Fall identisch verteilter Zufallsgrößen $\xi_k$ zurück. Um aus Theorem 7 einen Grenzwertsatz vom Typ des Satzes von Moivre-Laplace zu gewinnen (vgl. (11)), ist hier eine etwas andere Aufgabenstellung als vorher erforderlich. Denn damit $np$ bei wachsenden $n$ beschränkt bleibt, muß $p = \mathsf{P}(\xi_k = 1)$ gegen Null konvergieren, was bei der Betrachtung einer festen Folge zufälliger Größen $\xi_1, \xi_2, \ldots$ nicht möglich ist.

Wir untersuchen eine Folge wachsender Serien von Zufallsgrößen

$$\begin{array}{lllll}
\xi_1^{(1)}; & & & & \\
\xi_1^{(2)}, & \xi_2^{(2)}; & & & \\
\xi_1^{(3)}, & \xi_2^{(3)}, & \xi_3^{(3)}; & & \\
\cdot\ \cdot\ \cdot & & & & \\
\cdot\ \cdot\ \cdot & \cdot\ \cdot & \cdot\ \cdot & & \cdot\ \cdot \\
\xi_1^{(n)}, & \xi_2^{(n)}, & \xi_3^{(n)}, \ldots, & & \xi_n^{(n)}.
\end{array}$$

Dies ist ein sogenanntes *Serienschema.* Der obere Index bezeichnet die Nummer der Serie und der untere Index die Nummer der Zufallsgröße in der Serie.

Die Zufallsgrößen $\xi_k^{(n)}$ in der $n$-ten Serie seien unabhängig und BERNOULLI-verteilt,

$$\mathsf{P}(\xi_i^{(n)} = 1) = p_n, \quad \mathsf{P}(\xi_i^{(n)} = 0) = 1 - p_n, \qquad i = 1, \ldots, n.$$

**Satz 9** (Satz von POISSON). *Aus $np_n \to \mu > 0$ für $n \to \infty$ folgt für jedes $k$ die Beziehung*

$$\mathsf{P}(S_n = k) \sim \frac{\mu^k}{k!} e^{-\mu}, \tag{21}$$

*wobei $S_n = \xi_1^{(n)} + \cdots + \xi_n^{(n)}$ ist.*

Diese Behauptung ist eine offensichtliche Folgerung aus Satz 8.

Man kann sie auch leicht direkt erhalten, wenn man bemerkt, daß aus der Gleichung

$$\mathsf{P}(S_n = k) = \binom{n}{k} p^k (1-p)^{n-k}$$

folgt

$$\mathsf{P}(S_n = 0) = e^{n \ln(1-p)} \sim e^{-\mu},$$

$$\frac{\mathsf{P}(S_n = k+1)}{\mathsf{P}(S_n = k)} = \frac{n-k}{k+1} \frac{p}{1-p} \sim \frac{\mu}{k+1}.$$

Es ist auch klar, daß eine ähnliche Behauptung auch für verschieden verteilte[1]) $\xi_j^{(n)}$ gilt, wenn die Wahrscheinlichkeiten $p_{jn} = \mathsf{P}(\xi_j^{(n)} = 1)$ von $j$ abhängen. Aus Satz 8 folgt nämlich, die Gültigkeit von (20),

*falls* $\quad \sum_j p_{jn} \to \mu > 0 \quad$ *und* $\quad \max p_{jn} \to 0 \quad$ *für* $\quad n \to \infty$

gilt.

Aus den Sätzen 7, 8 folgen offensichtlich auch etwas schärfere Aussagen: Für eine beliebige Menge $B$ gilt

$$\lim_{n\to\infty} \mathsf{P}(S_n \in B) = \sum_{k \in B} \pi_k, \qquad \pi_k = \frac{\mu^k}{k!} e^{-\mu}.$$

Aus Satz 7 ist zu entnehmen, daß die Konvergenzgeschwindigkeit in Satz 9 durch eine Größe der Ordnung $\frac{1}{n}$ bestimmt wird. Da für $n \to \infty$

$$\mathsf{P}(S_n = 0) - \pi_0 = e^{n \ln(1-p)} - e^{-\mu} \sim e^{-\mu} \frac{\mu^2}{2n}$$

ist, kann diese Abschätzung nicht wesentlich verbessert werden. Dagegen ist bei großem $k$ (sozusagen im Bereich großer Abweichungen) diese Abschätzung für

$$\mathsf{P}(S_n = k) - \pi_k$$

---

[1]) Eine Verallgemeinerung des Satzes von MOIVRE-LAPLACE auf den Fall verschieden verteilter Zufallsgrößen ist im zentralen Grenzwertsatz § 3, Kap. 7, enthalten.

zu grob (wir vernachlässigen ja in (20) nicht nur die verschiedenen Vorzeichen der rechten Glieder sondern auch die seltenen Ereignisse $\{S_n = k\}$ und $\{S_n^* = k\}$, die hinter P stehen). Hier stellen wir, wie auch in § 3, fest, daß es notwendig ist, eine Näherung zu erhalten, die nicht nur einen kleinen absoluten Fehler, sondern auch einen kleinen relativen Fehler hat.

Wir zeigen, daß das Verhältnis der asymptotischen Äquivalenz (21) auch erhalten bleibt, wenn $k$ und $\mu$ (gemeinsam mit $n$) in der Größenordnung $k = o(n^{2/3})$, $\mu = o(n^{2/3})$, $|k - \mu| = o(\sqrt{n})$ wachsen.

In der Tat ist dann

$$\mathsf{P}(S_n = k) = \binom{n}{k} p^k (1-p)^{n-k} = \frac{n(n-1)\cdots(n-k+1)}{k!} p^k (1-p)^{n-k}$$

$$= \frac{(pn)^k}{k!} e^{-np}\left(1 - \frac{1}{n}\right)\cdots\left(1 - \frac{k-1}{n}\right)(1-p)^{n-k} e^{pn} = \pi_k e^{\varepsilon(k,n)}.$$

Wir müssen also zeigen, daß für die entsprechenden Werte von $k$ und $\mu$ gilt

$$\varepsilon(k, n) = \ln\left[\left(1 - \frac{1}{n}\right)\cdots\left(1 - \frac{k-1}{n}\right)(1-p)^{n-k} e^{pn}\right] = o(1). \tag{22}$$

Wir erhalten diese Beziehung mit einer Restgliedabschätzung. Wir zeigen nämlich, daß

$$\varepsilon(k, n) = \frac{k - (k-\mu)^2}{2n} + O\left(\frac{k^3 + \mu^3}{n^2}\right)$$

gilt und folglich

$$\mathsf{P}(S_n = k) = \pi_k\left(1 + \frac{k - (k-\mu)^2}{2n}\right) + O\left(\frac{k^3 + \mu^3}{n^2}\right). \tag{23}$$

Wir benutzen dazu, daß für $\alpha \to 0$ gilt

$$\ln(1-\alpha) = -\alpha - \frac{\alpha^2}{2} + O(\alpha^3).$$

Dann folgen nämlich die Beziehungen (22) und (23) aus den Gleichungen

$$\sum_{j=1}^{k-1} \ln\left(1 - \frac{j}{n}\right) = -\sum_{j=1}^{k-1} \frac{j}{n} + O\left(\frac{k^3}{n^2}\right) = -\frac{k(k-1)}{2n} + O\left(\frac{k^3}{n^2}\right),$$

$$(n-k)\ln(1-p) + pn = (n-k)\left(-p - \frac{p^2}{2} + O(p^3)\right) + pn =$$

$$= \frac{\mu}{2n} + \frac{k\mu}{n} + O\left(\frac{\mu^3}{n^2}\right). \quad ◀$$

Zum Schluß bemerken wir noch, daß die POISSONsche Näherungsformel

$$\mathsf{P}(S_n = k) = \frac{\mu^k}{k!} e^{-\mu}$$

bei verschiedenen Anwendungen vielfältig ausgenutzt werden kann und wie die Erfahrungen und die oben erhaltenen Abschätzungen zeigen, große Genauigkeit bereits bei verhältnismäßig kleinen Werten von $n$ besitzt.

Betrachten wir jetzt zwei Beispiele, in denen für Näherungsrechnungen die Sätze von MOIVRE-LAPLACE und POISSON benutzt werden.

Beispiel 2. Wir betrachten $10^4$ Säcke mit Korn. Es sei bekannt, daß sich in diesen Säcken 5000 markierte Körner befinden. Wie groß ist die Wahrscheinlichkeit dafür, daß in irgendeinem fixierten Sack wenigstens ein markiertes Korn ist? Wir können dabei unterstellen, daß sich die markierten Körner zufällig auf die Säcke verteilen. Die Wahrscheinlichkeit für das Auftreten eines bestimmten markierten Kornes in einem ausgewählten Sack beträgt also $p = 10^{-4}$. Da es 5000 dieser Körner gibt, ist die Anzahl der Versuche gleich $n = 5000$. Wir definieren die Zufallsgröße $\xi_k$ auf folgende Weise: $\xi_k = 1$, wenn das $k$-te Korn in den ausgewählten Sack fiel; $\xi_k = 0$ anderenfalls. $S_{5000} = \sum_{k=1}^{5000} \xi_k$ ist dann die Anzahl der markierten Körner im ausgewählten Sack. Nach Satz 7 ergibt sich $\mathsf{P}(S_{5000} = 0) \approx e^{-np} = e^{-0,5}$, weshalb die gesuchte Wahrscheinlichkeit ungefähr $1 - e^{-0,5}$ beträgt. Die Genauigkeit dieser Approximation erweist sich als besonders groß (der relative Fehler übertrifft nicht $4^{-1} \cdot 10^{-4}$). Wenn wir an Stelle von Satz 7 den Satz von POISSON verwenden wollten, so müßten wir uns ein Serienschema von Zufallsgrößen, die nach dem BERNOULLI-Schema verteilt sind, vorstellen, in welchem unsere Zufallsgrößen die 5000. Serie bilden. Außerdem müßten wir annehmen, daß für die $n$-te Serie $np_n = 0,5$ ist. Auf diese Weise würden die Bedingungen des Satzes von POISSON erfüllt sein, und wir könnten diesen Grenzwertsatz ausnutzen, um die von uns bereits angegebene Näherung abzuleiten.

Beispiel 3. Die gleichen Überlegungen kann man auch bei dem folgenden Problem ausnutzen. Ein Wasserbehälter mit dem Inhalt $V$, aus welchem wir eine Probe vom Volumen $v \ll V$ entnehmen, enthält $n$ gefährliche Bakterien. Wie groß ist die Wahrscheinlichkeit dafür, daß mindestens eine dieser Bakterien in dem Kontrollgefäß festgestellt wird?

Gewöhnlich rechnet man, daß die Wahrscheinlichkeit dafür, daß eine beliebige Bakterie in die Probe fällt, mit dem Quotienten $\frac{v}{V}$ übereinstimmt. Außerdem setzt man voraus, daß das Auftreten einer gegebenen Bakterie in der Probe nicht davon abhängt, wo sich die restlichen $n - 1$ Bakterien befinden — in der Probe oder nicht.

Man nimmt also gewöhnlich an, daß der Mechanismus des Auftretens von Bakterien in einer Kontrollprobe einer Folge von $n$ unabhängigen Versuchen äquivalent ist. Die Erfolgswahrscheinlichkeit eines jeden Versuches beträgt dabei $p = \frac{v}{V}$. Wir führen wieder Zufallsgrößen $\xi_k$ ein; die Anzahl von Bakterien in der Probe ist dann gleich der Summe $S_n = \sum_{k=1}^{n} \xi_k$ im BERNOULLI-Schema. Ist $nv$ der Größe nach mit $V$ vergleichbar, so ergibt sich nach dem Satz von POISSON für die gesuchte Wahrscheinlichkeit die Näherungsformel

$$\mathsf{P}(S_n > 0) \approx 1 - e^{-n\frac{v}{V}}.$$

Analoge Modelle werden auch für die Beschreibung der Anzahl sichtbarer Sterne in einem gewissen Gebiet des Himmels, das außerhalb der Milchstraße liegt, genutzt. Es wird vorausgesetzt, daß beim Vorhandensein $n$ sichtbarer Sterne im Gebiet $R$ die Wahrscheinlichkeit für das Auftreten $k$ sichtbarer Sterne in einem Teilgebiet $r \subset R$

$$\binom{n}{k} p^k (1-p)^{n-k}$$

beträgt. Dabei ist $p$ der Quotient $\frac{S(r)}{S(R)}$ der Flächeninhalte der Gebiete $r$ bzw. $R$.

Beispiel 4. Nehmen wir an, daß die Wahrscheinlichkeit für die Geburt eines Jungen konstant ist und 0,512 beträgt (s. Abschnitt 1, § 5, Kap. 3).

Betrachten wir eine Gruppe $10^4$ Neugeborener, die wir als eine Folge $10^4$ unabhängiger Versuche auffassen. Der Ausgang eines jeden dieser Versuche ist die Geburt eines Jungen oder eines Mädchens. Wie groß ist die Wahrscheinlichkeit dafür, daß sich unter diesen Neugeborenen mindestens 200 Jungen mehr als Mädchen befinden?

Die Zufallsgrößen $\xi_k$ definieren wir folgendermaßen: $\xi_k = 1$, wenn das $k$-te Neugeborene sich als Junge erweist, $\xi_k = 0$ anderenfalls. Dann ist $S_n = \sum_{k=1}^{10^4} \xi_k$ die Anzahl der Knaben in der registrierten Gruppe. Der Wert von $npq \approx 0{,}25 \cdot 10^4$ ist hier groß, so daß der Satz von Moivre-Laplace anwendbar ist. Für die gesuchte Wahrscheinlichkeit erhalten wir

$$\mathsf{P}(S_n \geqq 5100) = 1 - \mathsf{P}\left(\frac{S_n - np}{\sqrt{npq}} < \frac{5100 - 5120}{\sqrt{2500}}\right) \approx$$
$$\approx 1 - \Phi\left(-\frac{20}{50}\right) = 1 - \Phi\,(-0{,}4) \approx 0{,}66\,.$$

Für die Ermittlung der Zahlenwerte von $\Phi(x)$ benutzt man gewöhnlich Tabellen, die sich in den meisten Lehrbüchern für Wahrscheinlichkeitstheorie und mathematische Statistik befinden.

Im angeführten Beispiel ist $\Delta \approx 1/50$ und eine befriedigende Annäherung durch die Formel von Moivre-Laplace ist offenbar für $c \leqq 2{,}5$ gesichert (s. Satz 6).

Ist jedoch die Wahrscheinlichkeit dafür abzuschätzen, daß der Anteil der Jungen 0,55 übertrifft, so haben wir es mit Wahrscheinlichkeiten für große Abweichungen zu tun. Dabei ist es besser, für die Abschätzung von $\mathsf{P}(S_n > 5500)$ die im § 3 Kap. 1 angegebene Näherung zu verwenden. Danach ergibt sich ($k = 0{,}45n$, $q = 0{,}488$)

$$\mathsf{P}(S_n > 5500) \approx \frac{(n+1-k)\,q}{(n+1)\,q - k}\,\mathsf{P}(S_n = 5500)\,.$$

Durch Anwendung von Satz 3 erhalten wir

$$\mathsf{P}(S_n > 5500) \approx \frac{0{,}55q}{q - 0{,}45}\,\frac{1}{\sqrt{2\pi n\,0{,}25}}\,\mathrm{e}^{-nH(0{,}55)} \leqq \frac{1}{5}\,\mathrm{e}^{-25} < 10^{-11}\,.$$

Nehmen wir also an, daß auf unserem Planeten jährlich 100 Millionen Menschen geboren werden und daß die Gesamtheit aller Geburten in Gruppen von je 10000 aufgeteilt wird, so müßte man im Mittel mehr als $10^7$ Jahre warten bis in irgendeiner Gruppe der Anteil der Jungen größer als 0,538 sein wird (s. Beispiel 1 § 1 Kap. 4).

Es ist klar, daß die Approximation durch Normalverteilung auch in Aufgaben des Beispiels 2 zur Gewinnung numerischer Abschätzungen genutzt werden kann, falls die dort auftretenden Zahlen $np$ groß sind.

## KAPITEL 6

# CHARAKTERISTISCHE FUNKTIONEN

### § 1. Definition und Eigenschaften charakteristischer Funktionen

Zunächst bemerken wir, daß wir neben reellwertigen Zufallsgrößen $\xi(\omega)$ auch komplexwertige Zufallsgrößen untersuchen können. Eine komplexwertige Zufallsgröße fassen wir als Funktion $\xi_1(\omega) + i\xi_2(\omega)$ auf, wobei $(\xi_1, \xi_2)$ ein zufälliger Vektor ist. Es ist natürlich, $\mathsf{M}(\xi_1 + i\xi_2) = \mathsf{M}\xi_1 + i\mathsf{M}\xi_2$ zu setzen. Die komplexwertigen Zufallsgrößen $\xi = \xi_1 + i\xi_2$ und $\eta = \eta_1 + i\eta_2$ heißen unabhängig, wenn die Vektoren $(\xi_1, \xi_2)$ und $(\eta_1, \eta_2)$, d. h. die von ihnen erzeugten $\sigma$-Algebren $\sigma(\xi_1, \xi_2)$ beziehungsweise $\sigma(\eta_1, \eta_2)$ unabhängig sind. Ohne Mühe kann man beweisen, daß für solche Zufallsgrößen gilt

$$\mathsf{M}\xi\eta = \mathsf{M}\xi \cdot \mathsf{M}\eta .$$

**Definition.** Als *charakteristische Funktion (c. F.) einer reellen Zufallsgröße* $\xi$ *bezeichnet man die komplexwertige Funktion*

$$\varphi_\xi(t) = \mathsf{M}e^{it\xi} = \int e^{itx}\, dF(x) ,$$

*wobei t reell ist.*

Besitzt die Verteilungsfunktion eine Dichte $f(x)$, so ist die c. F. gleich

$$\varphi_\xi(t) = \int e^{itx} f(x)\, dx$$

und stimmt mit der FOURIER-Transformation[1]) der Funktion $f(x)$ überein. Allgemein ist die c. F. die FOURIER-STIELTJES-Transformation der Funktion $F(x)$.

Die c. F. existiert für jede Zufallsgröße $\xi$. Dies folgt sofort aus der Relation

$$|\varphi_\xi(t)| = \left|\int e^{itx}\, dF(x)\right| \leqq \int 1 \cdot dF(x) = 1 .$$

Die charakteristischen Funktionen stellen einen geeigneten Apparat für die Untersuchung von Eigenschaften von Summen unabhängiger Zufallsgrößen dar.

---

1) In der Analysis definiert man die FOURIER-Transformierte einer Funktion $f(x)$ vermöge

$$\varphi(t) = \frac{1}{\sqrt{2\pi}} \int_{-\infty}^{+\infty} e^{-itx} f(x)\, dx .$$

Die Umkehrformel lautet dann

$$f(x) = \frac{1}{\sqrt{2\pi}} \int_{-\infty}^{+\infty} e^{itx} \varphi(t)\, dt .$$

Analog wird die FOURIER-STIELTJES-Transformation definiert. Der Unterschied zu den in der Wahrscheinlichkeitstheorie verwendeten Definitionen ist also unwesentlich (Anm. d. Red.).

Eigenschaften charakteristischer Funktionen.

1. *Für jede Zufallsgröße $\xi$ gilt*

$$\varphi_\xi(0) = 1 \quad \textit{und} \quad |\varphi_\xi(t)| \leqq 1 \quad \textit{für alle } t\,.$$

Diese Eigenschaft ist offensichtlich.

2. $$\varphi_{a\xi+b}(t) = e^{itb}\,\varphi_\xi(ta)\,.$$

Es ist nämlich

$$\varphi_{a\xi+b}(t) = \mathsf{M}\,e^{it(a\xi+b)} = e^{itb}\,\mathsf{M}\,e^{iat\xi} = e^{itb}\,\varphi_\xi(ta)\,. \blacktriangleleft$$

3. *Sind die Zufallsgrößen $\xi_1, \ldots, \xi_n$ unabhängig, so gilt für die c. F. der Summe $S_n = \xi_1 + \cdots + \xi_n$ die Gleichung*

$$\varphi_{S_n}(t) = \varphi_{\xi_1}(t) \cdots \varphi_{\xi_n}(t)\,.$$

Der Beweis folgt aus den Eigenschaften des Erwartungswertes eines Produktes unabhängiger Zufallsgrößen. Es ergibt sich

$$\varphi_{S_n}(t) = \mathsf{M}\,e^{it(\xi_1+\cdots+\xi_n)} = \mathsf{M}\,e^{it\xi_1}e^{it\xi_2}\ldots e^{it\xi_n} = \mathsf{M}\,e^{it\xi_1}\mathsf{M}\,e^{it\xi_2}\ldots\mathsf{M}\,e^{it\xi_n} =$$
$$= \varphi_{\xi_1}(t)\,\varphi_{\xi_2}(t)\cdots\varphi_{\xi_n}(t)\,. \blacktriangleleft$$

Der Faltung $F_{\xi_1} * F_{\xi_2}$ entspricht also das Produkt $\varphi_{\xi_1}\cdot\varphi_{\xi_2}$.

4. *Eine c. F. $\varphi_\xi(t)$ ist gleichmäßig stetig*

$$|\varphi(t+h) - \varphi(t)| \leqq \int |e^{ihx} - 1|\,dF_\xi(x) =$$
$$= \int_{|x|<N} |e^{ihx} - 1|\,dF_\xi(x) + \int_{|x|\geqq N} |e^{ihx} - 1|\,dF_\xi(x) = I_1 + I_2\,.$$

Für vorgegebenes $\varepsilon > 0$ kann man hier ein solches $N$ finden, daß $I_2 < \varepsilon/2$ ist. Danach bestimmen wir $h$ so, daß $I_1 < \varepsilon/2$ ist. ◀

5. *Existiert das k-te Moment $\mathsf{M}|\xi|^k < \infty$, $k \geqq 1$, so ist die Funktion $\varphi_\xi(t)$ k-mal stetig differenzierbar, und es gilt*

$$\varphi^{(k)}(0) = i^k\mathsf{M}\xi^k\,.$$

Aus der Ungleichung

$$\left|\int ix\,e^{itx}\,dF(x)\right| \leqq \int |x|\,dF(x) = \mathsf{M}|\xi| < \infty$$

folgt, daß das Integral $\int ix\,e^{itx}\,dF(x)$ gleichmäßig in $t$ konvergiert (die Funktionen $ix\,e^{itx}$ sind gleichgradig integrierbar). Deshalb ist es möglich, unter dem Integralzeichen zu differenzieren

$$\varphi'(t) = i\int x\,e^{itx}\,dF(x)\,, \qquad \varphi'(0) = i\mathsf{M}\xi\,.$$

Die weiteren Überlegungen erfolgen durch Induktion. Gilt für $l < k$

$$\varphi^{(l)}(t) = i^l\int x^l\,e^{itx}\,dF(x)\,,$$

so ergibt sich die Identität

$$\varphi^{(l+1)}(t) = i^{l+1}\int x^{l+1}\,e^{itx}\,dF(x)$$

wegen der gleichmäßigen Konvergenz des Integrals auf der rechten Seite. Man erhält somit die Beziehung

$$\varphi^{(l+1)}(0) = i^{l+1}\mathsf{M}\xi^{l+1}\,. \blacktriangleleft$$

Ist also $\mathsf{M}|\xi|^k < \infty$, so gilt in einer Umgebung des Punktes $t = 0$ die Darstellung

$$\varphi(t) = 1 + \sum_{j=1}^{k} \frac{t^j i^j}{j!} \mathsf{M}\xi^j + o(t^k)\,. \tag{1}$$

6. Ist $\xi \geqq 0$, so ist $\varphi_\xi(\lambda)$ auf der Ebene der komplexen Veränderlichen $\lambda$ für $\operatorname{Im}\lambda \geqq 0$ definiert. Dabei gilt $|\varphi_\xi(\lambda)| \leqq 1$, $\varphi_\xi(\lambda)$ ist analytisch im Gebiet $\operatorname{Im}\lambda > 0$ und stetig einschließlich der Grenze $\operatorname{Im}\lambda = 0$.

Die Tatsache, daß $\varphi_\xi(\lambda)$ analytisch ist, folgt für $\operatorname{Im}\lambda > 0$ aus der Möglichkeit der Differentiation unter dem Integralzeichen im Integral

$$\varphi_\xi(\lambda) = \int_0^\infty \mathrm{e}^{i\lambda x}\, \mathrm{d}F(x)\,.$$

Die Stetigkeit für $\operatorname{Im}\lambda = 0$ wird ebenso bewiesen wie die Eigenschaft 4.

7. *Es ist* $\overline{\varphi}_\xi(t) = \varphi_\xi(-t) = \varphi_{-\xi}(t)$. *Dabei bezeichnet der Querstrich die konjugiert komplexe Zahl.*

Der Beweis folgt aus den Gleichungen

$$\overline{\varphi}_\xi(t) = \overline{\mathsf{M}\,\mathrm{e}^{it\xi}} = \mathsf{M}\,\overline{\mathrm{e}^{it\xi}} = \mathsf{M}\,\mathrm{e}^{-it\xi}\,. \blacktriangleleft$$

Hieraus folgt, daß bei symmetrischem $\xi$ (d. h., daß $\xi$ die gleiche Verteilung wie $-\xi$ besitzt) die c. F. reellwertig ist. Man kann auch die Umkehrung zeigen, wenn man den Eindeutigkeitssatz ausnutzt, von dem weiter unten die Rede sein wird. Wir werden jetzt die c. F. der wichtigsten Verteilungsgesetze ermitteln.

Beispiel 1. Ist $\xi = c$ mit Wahrscheinlichkeit 1, so gilt

$$\varphi_\xi(t) = \mathrm{e}^{itc}\,.$$

Beispiel 2. $\xi$ sei Bernoulli-verteilt. Es gilt also: $\mathsf{P}(\xi = 1) = p$, $\mathsf{P}(\xi = 0) = q$, $p + q = 1$. Hierfür ergibt sich

$$\varphi_\xi(t) = \mathrm{e}^{it} p + q = 1 + p\,(\mathrm{e}^{it} - 1)\,.$$

Beispiel 3. Die Normalverteilung mit den Parametern (0, 1) (d. h.: $\mathsf{M}\xi = 0$, $\mathsf{D}\xi = 1$). Es gilt hier

$$\varphi_\xi(t) = \frac{1}{\sqrt{2\pi}} \int_{-\infty}^{\infty} \mathrm{e}^{itx}\, \mathrm{e}^{-\frac{x^2}{2}} \mathrm{d}x = \frac{\mathrm{e}^{-\frac{t^2}{2}}}{\sqrt{2\pi}} \int_{-\infty}^{\infty} \mathrm{e}^{\frac{t^2}{2} + itx - \frac{x^2}{2}} \mathrm{d}x =$$

$$= \frac{\mathrm{e}^{-\frac{t^2}{2}}}{\sqrt{2\pi}} \int_{-\infty}^{\infty} \mathrm{e}^{-\frac{(x-it)^2}{2}} \mathrm{d}x = \frac{\mathrm{e}^{-\frac{t^2}{2}}}{\sqrt{2\pi}} \lim_{N\to\infty} \int_{-N}^{N} \mathrm{e}^{-\frac{(x-it)^2}{2}} \mathrm{d}x\,.$$

Führen wir im letzten Integral die Substitution $z = x - it$ durch, so erhalten wir

$$\int_{-N}^{N} \mathrm{e}^{-\frac{(x-it)^2}{2}} \mathrm{d}x = \int_{-N-it}^{N-it} \mathrm{e}^{-\frac{z^2}{2}} \mathrm{d}z\,.$$

Untersuchen wir das Integral der komplexen Funktion $e^{-z^2/2}$ entlang des rechteckigen Weges $\Gamma$ mit den Ecken $-N, N, N - it, - N - it$ (Abb. 7). Da $e^{-z^2/2}$ analytisch ist, gilt

$$0 = \int_G e^{-\frac{z^2}{2}} dz = \int_{-N}^{N} e^{-\frac{z^2}{2}} dz + \int_{N-it}^{-N-it} e^{-\frac{z^2}{2}} dz + \int_{\Gamma_1} e^{-\frac{z^2}{2}} dz .$$

$\Gamma_1$ ist hier die Vereinigung der Strecken $[N, N - it]$ und $[- N - it, - N]$.

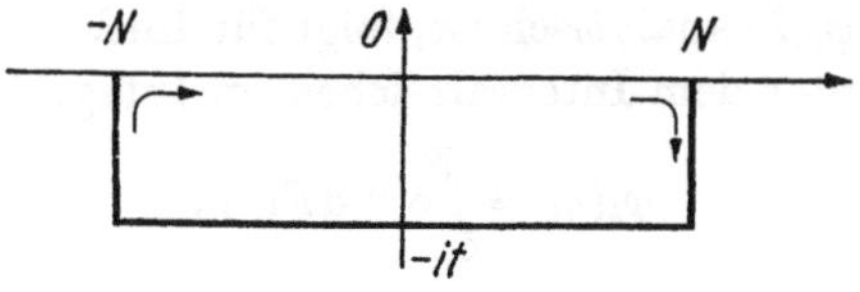


Abb. 7

Offenbar konvergiert das Integral entlang $\Gamma_1$ für $N \to \infty$ gegen Null. Wir erhalten also die Beziehung

$$\lim_{N\to\infty} \int_{-N}^{N} e^{-\frac{(x-it)^2}{2}} dx = \lim_{N\to\infty} \int_{-N-it}^{N-it} e^{-\frac{z^2}{2}} dz = \lim_{N\to\infty} \int_{-N}^{N} e^{-\frac{z^2}{2}} dz = \sqrt{2\pi} ;$$

daraus ergibt sich schließlich

$$\varphi_\xi(t) = e^{-\frac{t^2}{2}} .$$

$\eta$ sei nun eine normalverteilte Zufallsgröße mit den Parametern $(a, \sigma)$. Man kann sie in der Form $\eta = \sigma\xi + a$ darstellen, wobei $\xi$ normalverteilt mit den Parametern (0, 1) ist. Für die c. F. von $\eta$ ergibt sich dann gemäß Eigenschaft 2

$$\varphi_\eta(t) = e^{ita} e^{-\frac{(t\sigma)^2}{2}} = e^{ita - \frac{t^2\sigma^2}{2}} .$$

**Beispiel 4.** Die Poisson-Verteilung mit dem Parameter $\mu$. Die c. F. hat hier die Gestalt

$$\varphi_\xi(t) = \mathsf{M}\, e^{it\xi} = \sum_k e^{itk} \frac{\mu^k}{k!} e^{-\mu} = e^{-\mu} \sum_k \frac{(\mu\, e^{it})^k}{k!} = e^{-\mu} e^{\mu e^{it}} = \exp\left[\mu(e^{it} - 1)\right] .$$

**Beispiel 5.** Die Gleichverteilung in [0, 1]. In diesem Fall erhalten wir

$$\varphi_\xi(t) = \int_0^1 e^{itx}\, dx = \frac{e^{it} - 1}{it} .$$

Die c. F. der Summen $\xi_1 + \xi_2, \xi_1 + \xi_2 + \xi_3, \ldots$, die im Beispiel 7, Kap. 3, untersucht wurden, sind wegen der Eigenschaft 3 gleich

$$\varphi_{\xi_1+\xi_2}(t) = - \frac{(e^{it} - 1)^2}{t^2} , \qquad \varphi_{\xi_1+\xi_2+\xi_3}(t) = - \frac{(e^{it} - 1)^3}{it^3} , \ldots$$

Wir geben nun noch zwei weitere Eigenschaften charakteristischer Funktionen an.

8. Wir werden die Verteilung von $\xi$ *gitterförmig mit der Gitterkonstante* (Maschenweite) $h$ nennen, wenn Zahlen $a$ und $h$ derart existierten, daß

$$\sum_{k=-\infty}^{\infty} \mathsf{P}(\xi = a + kh) = 1$$

gilt

*Eine Zufallsgröße $\xi$ besitzt dann und nur dann eine gitterförmige Verteilung mit der Gitterkonstante $h$, wenn*

$$\left|\varphi_\xi\left(\frac{2\pi}{h}\right)\right| = 1$$

*gilt.*

Ist $\xi$ gitterförmig, so gilt

$$\varphi_\xi(t) = \mathrm{e}^{ita} \sum_k \mathsf{P}(\xi = a + kh)\, \mathrm{e}^{itkh}$$

und folglich

$$\varphi_\xi\left(\frac{2\pi}{h}\right) = \mathrm{e}^{\frac{2\pi i a}{h}}. \tag{2}$$

Wenn umgekehrt (2) gilt, so folgt für $t = \frac{2\pi}{h}$

$$\varphi_{\xi-a}(t) = \mathsf{M} \cos t\,(\xi - a) + i\mathsf{M} \sin t\,(\xi - a) = 1\,.$$

Deshalb ist $\mathsf{M}(1 - \cos t(\xi - a)) = 0$, und nach der Eigenschaft M4 gilt mit Wahrscheinlichkeit 1: $\cos t(\xi - a) = 1$, $(\xi - a)\frac{2\pi}{h} = 2\pi k$, $\xi = a + kh$, $k = 0, \pm 1, \pm 2, \ldots$

9. Besitzt die Verteilung von $\xi$ eine Dichte, so gilt $\varphi_\xi(t) \to 0$ für $t \to \infty$. Dies ist eine unmittelbare Folgerung des Satzes von LEBESGUE über die FOURIER-Transformationen. Die Umkehrung dieser Behauptung ist falsch. Im allgemeinen ist jedoch die Konvergenzgeschwindigkeit der Funktion $\varphi_\xi(t)$ gegen 0 für $|t| \to \infty$ desto größer, je glatter $F(x)$ ist. Die Formeln des Beispiels 5 sind in diesem Zusammenhang typisch.

## § 2. Über die Konvergenz von Zufallsgrößen und Verteilungen

In den vorigen Kapiteln hatten wir es häufig mit Behauptungen zu tun, in denen die Konvergenz von Verteilungen von Zufallsgrößen oder die Konvergenz der Zufallsgrößen selbst in diesem oder jenem Sinne betrachtet wurde. Wir wollen jetzt eine Reihe von Definitionen anführen, die die verschiedenen Konvergenzarten beschreiben. Außerdem klären wir deren Beziehungen zueinander und die Zusammenhänge mit dem Verhalten der c. F.

Auf dem Wahrscheinlichkeitsraum $\langle \Omega, \mathfrak{F}, \mathsf{P} \rangle$ sei eine Folge von Zufallsgrößen $\{\xi_n\}$ und eine Zufallsgröße $\xi$ gegeben.

*Die Folge $\{\xi_n\}$ konvergiert in Wahrscheinlichkeit*[1] *gegen $\xi$, wenn für beliebiges $\varepsilon > 0$*

$$\mathsf{P}(|\xi_n - \xi| > \varepsilon) \to 0\,, \quad \textit{für} \quad n \to \infty$$

*gilt.* Man bezeichnet das wie folgt:

$$\xi_n \underset{p}{\to} \xi\,, \qquad \text{für } n \to \infty\,.$$

Mit diesen Bezeichnungen kann man die Behauptung des Gesetzes der großen Zahlen für das BERNOULLI-Schema in der Form

$$\frac{S_n}{n} \underset{p}{\to} p$$

schreiben, weil man $\frac{S_n}{n}$ als eine auf einem Wahrscheinlichkeitsraum gegebene Folge von Zufallsgrößen betrachten kann.

Sei $f$ eine beliebige stetige und beschränkte Funktion. *Aus $\xi_n \underset{p}{\to} \xi$ folgt dann*

$$\mathsf{M}f(\xi_n) \to \mathsf{M}f(\xi)\,. \tag{3}$$

Diese Relation bedeutet speziell die Konvergenz der c. F. $\varphi_{\xi_n}(t) \to \varphi_\xi(t)$ für jedes $t$, da die Funktion $e^{itx}$ stetig und beschränkt ist.

Bezeichnet man mit $F_n(x)$ und $F(x)$ die Verteilungsfunktionen von $\xi_n$ und $\xi$, so kann man (3) in der Form

$$\int f(x)\,\mathrm{d}F_n(x) \to \int f(x)\,\mathrm{d}F(x) \quad \text{oder} \quad \int f(\xi_n(\omega))\,\mathsf{P}(\mathrm{d}\omega) \to \int f(\xi(\omega))\,\mathsf{P}(\mathrm{d}\omega) \tag{4}$$

schreiben.

Die Relation (3) wird ähnlich wie die Folgerung 1 in § 1 Kap. 5 bewiesen. Sei $\varepsilon > 0$. Setzt man dann der Einfachheit halber $|f(x)| \leqq 1/2$ voraus, so erhält man für beliebiges $\delta > 0$

$$\mathsf{M}|f(\xi_n) - f(\xi)| \leqq \mathsf{M}(|f(\xi_n) - f(\xi)|\,;\,|\xi_n - \xi| \leqq \delta) + \mathsf{P}(|\xi_n - \xi| > \delta)\,. \tag{5}$$

Wir wählen $N$ derart, daß $\mathsf{P}(|\xi| > N) > \varepsilon/2$ ist und $\delta > 0$ so, daß aus $|x - y| < \delta$ für $|x| \leqq N$ die Ungleichung $|f(x) - f(y)| \leqq \varepsilon/2$ folgt. Offenbar ist dann der erste Summand in (5) nicht größer als $\varepsilon$. Der letzte Summand in (5) strebt für $n \to \infty$ gegen Null. ◀

Die umgekehrte Behauptung, die darin besteht, daß aus (3) die Konvergenz in Wahrscheinlichkeit folgt, ist natürlich nicht richtig[2]. Wir überlassen es dem Leser selbst, sich darüber Klarheit zu verschaffen.

---

[1] In der mengentheoretischen Terminologie wird die Konvergenz in Wahrscheinlichkeit als *Konvergenz dem Maße nach* bezeichnet. Die Konvergenz in Wahrscheinlichkeit wird auch als *stochastische* Konvergenz bezeichnet.

[2] Man kann folgende Behauptung angeben, die sich im bestimmten Sinne als Umkehrung von (3) auffassen läßt: Hat für die Folge $F_n(x)$ die Relation (4) für jede stetige und beschränkte Funktion $f$ Gültigkeit, so existieren auf ein und demselben Wahrscheinlichkeitsraum definierte $\xi$ und $\xi_n$ derart, daß $\xi_n \to \xi$, $F_{\xi_n} = F_n$ und $F_\xi = F$ gilt. Die Größen $\xi_n$ und $\xi$ kann man erhalten, wenn man $\xi_n = F_n^{-1}(\eta)$ und $\xi = F^{-1}(\eta)$ setzt, wobei $\eta$ auf [0, 1] gleichverteilt ist und der Index $-1$ die Umkehrfunktion bezeichnet (s. Ende von § 2 Kap. 3).

Ähnlich wie (3) (allerdings etwas einfacher) kann man beweisen, daß für eine beliebige stetige Funktion $g$ aus $\xi_n \underset{p}{\to} \xi$ folgt

$$g(\xi_n) \underset{p}{\to} g(\xi) .$$

Ist $f(x)$ unstetig oder unbeschränkt, so gelten im allgemeinen die Relationen (3) und (4) nicht. Es ist nicht schwierig, einfache Beispiele anzugeben, die das bestätigen. Ist beispielsweise $|\xi(\omega)| \leqq 1$; $\xi_n(\omega) = \xi(\omega)$ auf der Menge $A_n$ der Wahrscheinlichkeit $1 - 1/n$ und $\xi_n(\omega) = n^2$ auf dem Komplement von $A_n$, so gilt $\mathsf{M}\xi_n = \int x \, \mathrm{d}F_n(x) \geqq n - 1 \to \infty$, während $\mathsf{M}|\xi| \leqq 1$ ist.

Man kann folgendes Konvergenzkriterium für die Integrale

$$\int g(\xi_n(\omega)) \; \mathsf{P}(\mathrm{d}\omega) \to \int g(\xi(\omega)) \; \mathsf{P}(\mathrm{d}\omega)$$

angeben. Dazu führen wir die Bezeichnungen $\eta_n = g(\xi_n)$ und $\eta = g(\xi)$ ein. Gefragt wird nach Bedingungen, aus denen $\mathsf{M}\eta_n \to \mathsf{M}\eta$ folgt.

**Satz** (Satz über die Konvergenz einer majorisierten Folge, siehe Anhang 3). *Aus* $\eta_n \underset{p}{\to} \eta$ *für* $n \to \infty$ *und* $|\eta_n| \leqq \zeta$, *wobei* $\mathsf{M}\zeta < \infty$ *ist, folgt*

$$\mathsf{M}\eta_n \to \mathsf{M}\eta .$$

Wir sagen: *Die Folge* $\xi_n$ *konvergiert gegen* $\xi$ *mit Wahrscheinlichkeit* 1 (*oder fast sicher*: $\xi_n \to \xi$ f. s.), *falls für* $n \to \infty$ *die Beziehung* $\xi_n(\omega) \to \xi(\omega)$ *für alle* $\omega \in \Omega$ *gilt, mit der möglichen Ausnahme einer Menge* $N \subset \Omega$, *deren Wahrscheinlichkeit Null ist*: $\mathsf{P}(N) = 0$.

Diese Konvergenz wird auch als *Konvergenz fast überall* (f. ü.) bezeichnet.

Bedeutet die Konvergenz in Wahrscheinlichkeit, daß für beliebiges $\varepsilon > 0$ die Beziehung $\lim\limits_{n\to\infty} \mathsf{P}(|\xi_n - \xi| > \varepsilon) = 0$ erfüllt ist, so ist die Konvergenz mit Wahrscheinlichkeit 1 der Gleichung

$$\lim_{n\to\infty} \mathsf{P}\Big(\bigcup_{k\geqq n} \{|\xi_k - \xi| > \varepsilon\}\Big) = 0 \tag{6}$$

äquivalent.

In der Tat, $\xi_n \to \xi$ f. s. bedeutet, daß auf der Menge $\Omega - N$ von einem gewissen $n = n(\omega)$ an die Ungleichung $\sup\limits_{k\geqq n} |\xi_k - \xi| \leqq \varepsilon$ gilt. Es ist also

$$\bigcup_n \bigcap_{k\geqq n} \{|\xi_k - \xi| \leqq \varepsilon\} = \Omega - N .$$

Durch Übergang zum Komplementärereignis erhalten wir

$$\mathsf{P}(N) = \mathsf{P}\Big(\bigcap_n \bigcup_{k\geqq n} \{|\xi_k - \xi| > \varepsilon\}\Big) = 0 ,$$

was (6) äquivalent ist. ◀

In der eingeführten Terminologie kann aufgrund von (6) die Behauptung des starken Gesetzes der großen Zahlen für das Bernoulli-Schema als Konvergenz von $\dfrac{S_n}{n} \to p$ mit Wahrscheinlichkeit 1 formuliert werden.

Aus dem oben Gesagten folgt, daß die fast sichere Konvergenz die Konvergenz in Wahrscheinlichkeit nach sich zieht. Die umgekehrte Behauptung ist nicht richtig. Sei zum Beispiel $\langle \Omega, \mathfrak{F}, \mathsf{P} \rangle$ der Einheitskreis mit der $\sigma$-Algebra der BOREL-Mengen und der Gleichverteilung. Wir setzen $\xi_n(\omega) = 2$ auf dem Bogen $[r(n), r(n) + 1/n]$ und $\xi_n(\omega) = 1$ auf der restlichen Menge. Außerdem sei $\xi \equiv 1$. Hierbei ist $r(n) = \sum_{k=1}^{n} \frac{1}{k}$. Offenbar gilt $\xi_n \underset{p}{\to} \xi$. Andererseits gilt $r(n) \to \infty$ für $n \to \infty$ und die Menge, auf der $\xi_n$ gegen $\xi$ konvergiert, ist leer (wir können kein solches $\omega$ angeben, für das $\xi_n(\omega) \to \xi(\omega)$ gilt).

Fällt allerdings $\mathsf{P}(|\xi_n - \xi| > \varepsilon)$ genügend schnell, so folgt aus der Konvergenz in Wahrscheinlichkeit die fast sichere Konvergenz. Aus der Relation (6) ergibt sich nämlich folgende hinreichende Bedingung für die Konvergenz mit Wahrscheinlichkeit 1.

*Konvergiert die Reihe*

$$\sum_{k=1}^{\infty} \mathsf{P}(|\xi_k - \xi| > \varepsilon)$$

*für beliebiges $\varepsilon > 0$, so gilt $\xi_n \to \xi$ fast sicher.*

Diese Behauptung ist evident, weil

$$\mathsf{P}\Big(\bigcup_{k \geqq n} \{|\xi_k - \xi| > \varepsilon\}\Big) \leqq \sum_{k=n}^{\infty} \mathsf{P}(|\xi_k - \xi| > \varepsilon)$$

gilt.

Gerade dieses Kriterium hatten wir genau genommen auch beim Beweis des starken Gesetzes der großen Zahlen für das BERNOULLI-Schema benutzt.

Umgekehrt ist es unmöglich, aus der fast sicheren Konvergenz auf die Konvergenzgeschwindigkeit der Wahrscheinlichkeiten $\mathsf{P}(|\xi_n - \xi| > \varepsilon)$ gegen Null zu schließen. Der Leser kann mühelos Beispiele angeben, in denen $\xi_n \to \xi$ f. s., aber $\mathsf{P}(|\xi_n - \xi| > \varepsilon)$ beliebig langsam gegen Null konvergiert.

Wir haben also zwei Möglichkeiten, die Nachbarschaft von Zufallsgrößen zu charakterisieren, die auf ein und demselben Wahrscheinlichkeitsraum gegeben sind[1]). Wie hat man aber in solchen Fällen vorzugehen, wenn die Zufallsgrößen auf verschiedenen Wahrscheinlichkeitsräumen definiert sind (oder überhaupt nicht bekannt ist, worauf sie definiert sind) und ihre Verteilungen sehr ähnlich sind? (Wir erinnern beispielsweise an die Sätze von POISSON und MOIVRE-LAPLACE). In diesen Fällen muß man in der Lage sein, die Nachbarschaft der Verteilungen selbst zu charakterisieren. Bei geeigneter Definition einer solchen Nachbarschaft wird es uns in vielen Aufgaben möglich sein, die von uns benötigten aber schwer zugänglichen Verteilungen mit Hilfe bekannter und in der Regel einfacherer (z. B. tabellierten) Verteilungen zu approximieren.

Welche Verteilungen sollte man also als benachbart auffassen? Offenbar geht es um die Definition der Konvergenz einer Folge von Verteilungsfunktionen $F_n(x)$ gegen die Funktion $F(x)$. Es wäre beispielsweise natürlich festzulegen, daß die Verteilungen der Größen $\xi_n = \xi + 1/n\ \xi$ für $n \to \infty$ gegen die Verteilung von $\xi$ konvergieren. Deshalb ist es nicht zweckmäßig in der Konvergenzdefinition

[1]) Häufig wird auch die Konvergenz im *quadratischen Mittel* betrachtet, bei der $\mathsf{M}(\xi_n - \xi)^2 \to 0$ für $n \to \infty$ gefordert wird.

die Kleinheit von $\sup_x |F/(x) - F(x)|$ zu fordern, weil die Verteilungen von $\xi + 1/n$ und $\xi$ dieser Bedingung nicht genügen, wenn $F(x) = \mathsf{P}(\xi < x)$ wenigstens eine Sprungstelle besitzt.

Wir definieren die Konvergenz von $F_n$ gegen $F$ ausgehend von der Eigenschaft (3) der Konvergenz in Wahrscheinlichkeit. Und zwar wollen wir $F_n$ *schwach konvergent* gegen $F$ nennen und das mit

$$F_n \Rightarrow F$$

bezeichnen (man sagt auch, daß die entsprechenden Verteilungsgesetze $\mathsf{P}_n$ schwach gegen $\mathsf{P}$ konvergieren und schreibt dafür $\mathsf{P}_n \Rightarrow \mathsf{P}$), wenn für jede stetige und beschränkte Funktion $f(x)$

$$\int f(x)\,\mathrm{d}F_n(x) \to \int f(x)\,\mathrm{d}F(x) \tag{7}$$

gilt. Offenbar kann man (7) auch in der Form

$$\int f(x)\,\mathsf{P}_n(\mathrm{d}x) \to \int f(x)\,\mathsf{P}(\mathrm{d}x) \qquad \text{oder} \qquad \mathsf{M}f(\xi_n) \to \mathsf{M}f(\xi)$$

schreiben, wobei $\xi_n$ und $\xi$ Zufallsgrößen mit den entsprechenden Verteilungsfunktionen $F_n$ und $F$ sind. Eine andere Definition der schwachen Konvergenz wird durch folgende Behauptung möglich.[1])

**Satz 1.** *Es gilt $F_n \Rightarrow F$ genau dann, wenn in jedem Stetigkeitspunkt $x$ von $F$ die Beziehung $F_n(x) \to F(x)$ gilt.*

Beweis. Sei (7) erfüllt. Für $\varepsilon > 0$ betrachten wir die stetige Funktion $f_\varepsilon(t)$, die für $t < x$ gleich 1, für $t \geqq x + \varepsilon$ gleich 0 und auf $[x, x + \varepsilon]$ linear sein soll. Wegen

$$F_n(x) = \int_{-\infty}^{x} f_\varepsilon(t)\,\mathrm{d}F_n(t) \leqq \int f_\varepsilon(t)\,\mathrm{d}F_n(t)$$

erhalten wir aufgrund von (7)

$$\limsup_{n\to\infty} F_n(x) \leqq \int f_\varepsilon(t)\,\mathrm{d}F(t) \leqq F(x+\varepsilon)\,.$$

Da $\varepsilon$ beliebig gewählt werden kann, ergibt sich für jeden Stetigkeitspunkt $x$ von $F$

$$\limsup_{n\to\infty} F_n(x) \leqq F(x)\,.$$

1) In den meisten Lehrbüchern über Wahrscheinlichkeitstheorie ist es üblich, die Aussage des Satzes 1 als Definition der schwachen Konvergenz $F_n \Rightarrow F$ ($P_n \Rightarrow \mathsf{P}$) zu nehmen. Die Definition $P_n \Rightarrow \mathsf{P}$ in der Form:

$$\int f(x)\,P_n(\mathrm{d}x) \to \int f(x)\,\mathsf{P}(\mathrm{d}x)$$

für alle stetigen beschränkten Funktionen $f$ ist zweckmäßiger, da sie auch für Wahrscheinlichkeitsmaße auf den Borel-Mengen eines vollständigen separablen metrischen Raumes (z. B. $R^n$, vgl. § 6.) sinnvoll ist, vgl. dazu P. Billingsley „Convergence of Probability Measures" J. Wiley, New York 1968 (Anm. d. Red.).

Völlig analog erhält man mit Hilfe der Funktion $f_\varepsilon^*(t) = f_\varepsilon(t + \varepsilon)$ die Ungleichung

$$\liminf_{n\to\infty} F_n(x) \geqq F(x) .$$

Wir wollen nun die Umkehrung des Satzes herleiten. Seien $-M$ und $N$ solche Stetigkeitspunkte von $F$, für die $F(-M) < \varepsilon/5$ und $1 - F(N) < \varepsilon/5$ ist. Für alle hinreichend großen $n$ gilt dann $F_n(-M) < \varepsilon/4$ und $1 - F_n(N) < \varepsilon/4$. Deshalb unterscheiden sich

$$\int f\,\mathrm{d}F_n \quad \text{und} \quad \int f\,\mathrm{d}F \tag{8}$$

von

$$\int_{-M}^{N} f\,\mathrm{d}F_n \quad \text{und} \quad \int_{-M}^{N} f\,\mathrm{d}F$$

weniger als um $\varepsilon/2$, wenn wir der Einfachheit halber $|f| \leqq 1$ voraussetzen. Auf $(-M, N]$ konstruieren wir nun eine Treppenfunktion $g_{\varepsilon,f}$ mit Sprüngen in den Stetigkeitspunkten von $F$, die sich von $f$ weniger als um $\varepsilon/2$ unterscheidet. Außerhalb von $(-M, N]$ setzen wir $g_{\varepsilon,f}$ gleich 0. Beispielsweise können wir

$$g_{\varepsilon,f}(x) = \sum_{j=1}^{k} f(x_j)\,\delta_j(x)$$

setzen, wobei $x_0 = -M, x_1, \ldots, x_k = N$ die in erforderlicher Form gewählten Stetigkeitspunkte von $f$ sind und $\delta_j(x)$ die Indikatorfunktion des halboffenen Intervalls $(x_{j-1}, x_j]$ bedeutet. Dann unterscheiden sich $\int g_{\varepsilon,f}\,\mathrm{d}F_n$ und $\int g_{\varepsilon,f}\,\mathrm{d}F$ von den Integralen (8) für genügend große $n$ weniger als um $\varepsilon$. Andererseits gilt

$$\int g_{\varepsilon,f}\,\mathrm{d}F_n = \sum_{j=1}^{k} f(x_j)\,[F_n(x_j) - F_n(x_{j-1})] \to \int g_{\varepsilon,f}\,\mathrm{d}F .$$

Da $\varepsilon > 0$ beliebig ist, folgt hieraus (7) (Man muß die Ungleichung

$$\limsup \int f\,\mathrm{d}F_n \leqq \varepsilon + \limsup \int g_{\varepsilon,f}\,\mathrm{d}F_n = \varepsilon + \int g_{\varepsilon,f}\,\mathrm{d}F \leqq 2\varepsilon + \int f\,\mathrm{d}F$$

und eine analoge Ungleichung für $\liminf \int f\,\mathrm{d}F_n$ verwenden). ◀

Bemerkung 1. Wiederholt man mit einigen offensichtlichen Veränderungen den angeführten Beweis, so ergibt sich eine etwas andere zur Konvergenz (7) äquivalente Aussage, nämlich *die Konvergenz der Differenzen $F_n(y) - F_n(x)$ gegen $F(y) - F(x)$ in allen Stetigkeitspunkten $x$ und $y$ von $F$.*

Bemerkung 2. Für stetige $F(x)$ ist die schwache Konvergenz $F_n \Rightarrow F$ der *gleichmäßigen* Konvergenz $\sup_x |F_n(x) - F(x)| \to 0$ äquivalent.

Den Beweis dieser Behauptung überlassen wir dem Leser. Er folgt aus der Tatsache, daß aus $F_n(x) \to F(x)$ für jedes $x$ auf Grund der Stetigkeit von $F$ die gleichmäßige Konvergenz auf jedem endlichen Intervall folgt. Die gleichmäßige Kleinheit von $F_n(x) - F(x)$ an den „Rändern" wird durch die Kleinheit von $F(x)$ bzw. $1 - F(x)$ garantiert.

Bemerkung 3. Sind $F_n$ und $F$ diskrete Verteilungen mit Sprüngen in denselben Punkten $x_1, x_2, \ldots$, so ist $F_n \Rightarrow F$ offenbar der Konvergenz der Wahrscheinlichkeiten der Werte $x_1, x_2, \ldots$ äquivalent:

$$F_n(x_k + 0) - F_n(x_k) \to F(x_k + 0) - F(x_k) \ .$$

Bemerkung 4. Die Konvergenz $F_n(x) \to G(x)$ in jedem Stetigkeitspunkt einer bestimmten Funktion $G$ bedeutet noch nicht die schwache Konvergenz von $F_n$, da daraus nicht folgt, daß $G$ eine Verteilungsfunktion ist. Beispielsweise konvergiert die Folge der Verteilungsfunktionen

$$F_n(x) = \begin{cases} 0, & x \leqq -n\,, \\ 1/2, & -n < x \leqq n\,, \\ 1, & x > n\,, \end{cases}$$

überall gegen die Funktion $G(x) \equiv 1/2$.

Eine bemerkenswerte Tatsache besteht darin, daß man die schwache Konvergenz von Verteilungen vollständig mit Hilfe der c. F. charakterisieren kann. Diese Charakterisierung wird ausführlich im § 4 dieses Kapitels behandelt.

## § 3. Die Umkehrformel

Es ist uns bekannt, daß zu jeder Zufallsgröße eine ihr entsprechende c. F. existiert. Es zeigt sich aber, daß unterschiedlichen Verteilungsfunktionen unterschiedliche charakteristische Funktionen entsprechen und daß die Verteilungsfunktion aus der c. F. eindeutig zurückgewonnen werden kann. Diese Tatsache wird durch die folgende Umkehrformel bewiesen.

**Satz 2** (Umkehrformel). *Ist $F(x)$ die Verteilungsfunktion der Zufallsgröße $\xi$ und ist $\varphi(t)$ deren charakteristische Funktion, so gilt für beliebige Stetigkeitspunkte $x$ und $y$ der Funktion $F(x)$ die Formel*

$$F(y) - F(x) = \frac{1}{2\pi} \lim_{\sigma \to 0} \int \frac{e^{-itx} - e^{-ity}}{it} \varphi(t)\, e^{-t^2\sigma^2}\, dt\,.^{1)} \tag{9}$$

*Ist die Funktion $\frac{\varphi(t)}{t}$ integrierbar, dann können wir den Satz über den Grenzübergang unter dem Integral anwenden und erhalten*

$$F(y) - F(x) = \frac{1}{2\pi} \int \frac{e^{-itx} - e^{-ity}}{it} \varphi(t)\, dt\,. \tag{10}$$

Beweis. Wir setzen zunächst voraus, daß die Dichte $f(x)$ existiert und die charakteristische Funktion $\varphi(t)$ integrierbar ist. Dann gilt nach der bekannten

---

[1]) In der Literatur wird die Umkehrformel oft auch in der zu (9) äquivalenten Form

$$F(y) - F(x) = \frac{1}{2\pi} \lim_{A \to \infty} \int_{-A}^{A} \frac{e^{-itx} - e^{-ity}}{it} \varphi(t)\, dt\,.$$

angegeben.

Umkehrformel für FOURIER-Transformationen

$$f(x) = \frac{1}{2\pi} \int_{-\infty}^{\infty} e^{-itx} \varphi(t) \, dt \,. \tag{11}$$

Die Behauptung des Satzes erhält man in diesem Fall durch Integration beider Seiten der Gleichung in den Grenzen von $x$ bis $y$ und durch Vertauschen der Integrationsreihenfolge auf der rechten Seite (die wegen der absoluten Konvergenz möglich ist)[1]).

Sei jetzt $\varphi(t)$ die charakteristische Funktion von $\xi$ mit einer beliebigen Verteilung $F(x)$. Wir betrachten auf demselben Wahrscheinlichkeitsraum neben $\xi$ die von $\xi$ unabhängige normalverteilte Zufallsgröße $\eta$ mit dem Parameter $(0, \sigma\sqrt{2})$. Uns ist bereits bekannt, daß sie die charakteristische Funktion $e^{-t^2\sigma^2}$ besitzt.

Die charakteristische Funktion $\varphi(t)\, e^{-t^2\sigma^2}$ von $\xi + \eta$ ist integrierbar. Daher gilt die Gleichung

$$F_{\xi+\eta}(y) - F_{\xi+\eta}(x) = \frac{1}{2\pi} \int_{-\infty}^{\infty} \frac{e^{-itx} - e^{-ity}}{it} \varphi(t)\, e^{-t^2\sigma^2} \, dt \,. \tag{12}$$

Wegen $\mathsf{P}(|\eta| > \delta) \to 0$ für $\delta > 0$ und $\sigma \to 0$ gilt nach § 2 $F_{\xi+\eta} \Rightarrow F$ für $\sigma \to 0$ (würden wir eine Folge $\sigma_k \to 0$ betrachten, so entspräche jedem $\sigma_k$ eine Zufallsgröße $\eta_k$, und wir würden offenbar $\xi + \eta_k \underset{p}{\to} \xi$ und damit $F_{\xi+\eta_k} \Rightarrow F$ erhalten).

Das heißt, daß für Stetigkeitspunkte $x$ und $y$ von $F$ gilt $F(y) - F(x) = \lim_{\sigma\to 0} \left(F_{\xi+\eta}(y) - F_{\xi+\eta}(x)\right)$. Daraus folgt mit (12) die Behauptung des Satzes. ◀

Beim Beweis dieses Satzes benutzten wir eine Methode, die man als „Glättung" von Verteilungen bezeichnen kann. Sie wird oft zur Überwindung der technischen Schwierigkeiten benutzt, die sich im Zusammenhang mit der Umkehrformel ergeben.

**Folgerung** (Eindeutigkeitssatz). *Durch die charakteristische Funktion ist die Verteilungsfunktion der entsprechenden Zufallsgröße eindeutig bestimmt.*

Der Beweis folgt aus der Umkehrformel und daraus, daß die Differenzen $F(y) - F(x)$ die Verteilungsfunktion $F(x)$ eindeutig bestimmen.

Wir schlagen dem Leser vor festzustellen, ob $1 + t$, $\frac{1}{1+t}$, $\sin t$, $\cos t$, $\frac{1}{1+t^2}$ charakteristische Funktionen sind. Welche Verteilungen entsprechen den charakteristischen Funktionen $\cos t$, $\frac{1}{1+t^2}$ ?

---

[1]) Man kann Formel (10) aus (11) auch ohne Integration erhalten, wenn man $\frac{F(y) - F(x)}{y - x}$ als Faltung zweier Dichten ansieht nämlich $f(x)$ und der Dichte der Gleichverteilung auf $[-y, -x]$ (siehe dazu das Ende von § 5, Kap. 3). Die charakteristische Funktion dieser Faltung ist gleich

$$\frac{e^{-itx} - e^{-ity}}{(y - x)\, it} \varphi(t) \,.$$

## § 4. Der Stetigkeitssatz.

Wir untersuchen jetzt den Zusammenhang zwischen der schwachen Konvergenz von Verteilungsfunktionen und der punktweisen Konvergenz der dazugehörigen charakteristischen Funktionen. Wir werden sehen, daß diese zwei Konvergenzarten im wesentlichen äquivalent sind.

Es sei $\{\varphi_n(t)\}_{n=1}^{\infty}$ eine Folge von c. F. und $\{F_n\}_{n=1}^{\infty}$ sei die Folge der entsprechenden Verteilungsfunktionen. Wir erinnern daran, daß das Zeichen $\Rightarrow$ die in § 2 definierte schwache Konvergenz von Verteilungen bezeichnet.

**Satz 3** (Stetigkeitssatz). *Für die Konvergenz $F_n \Rightarrow F$ ist notwendig und hinreichend, daß für alle $t$ gilt $\varphi_n(t) \to \varphi(t)$, wobei $\varphi(t)$ die zu $F$ gehörige charakteristische Funktion ist.*

Beweis: Daß aus $F_k \Rightarrow F$ die Konvergenz der charakteristischen Funktionen folgt, wurde bereits bewiesen. Wir beweisen jetzt die Hinlänglichkeit.

Die Funktion $A(x)$ nennen wir finit, wenn sie außerhalb eines endlichen Intervalls Null ist und stetige zweite Ableitung besitzt. Die Fourier-Transformierte einer finiten Funktion

$$a(t) = \int e^{itx} A(x)\, dx$$

ist integrierbar, was man leicht durch partielle Integration feststellt:

$$a(t) = \frac{1}{it}\int e^{itx} A'(x)\, dx = -\frac{1}{t^2}\int e^{itx} A''(x)\, dx\,.$$

Daraus folgt die Gültigkeit der Umkehrformel

$$A(x) = \frac{1}{2\pi}\int e^{-itx} a(t)\, dt\,.$$

Es gilt nun

$$\int A(x)\, dF(x) = \frac{1}{2\pi}\int a(t)\left(\int e^{-itx} dF(x)\right) dt = \frac{1}{2\pi}\int a(t)\,\varphi(-t)\, dt\,. \quad (13)$$

Die Vertauschung der Integrationsreihenfolge, die hierbei vorgenommen wurde, ist wegen der absoluten Konvergenz der Integrale möglich. Die Konvergenz der charakteristischen Funktionen $\varphi_n(t) \to \varphi(t)$ zieht also wegen (13) die Konvergenz

$$\int A\, dF_n = \int a\varphi_n\, dt \to \int a\varphi\, dt = \int A\, dF$$

nach sich, weil die zu integrierende Funktion durch die integrierbare Funktion $|a|$ majorisiert wird.

Sei jetzt $\varepsilon > 0$ und seien $x$ und $y$ Stetigkeitspunkte von $F$. Wir wählen eine finite Funktion $A_\varepsilon$, $0 \leqq A_\varepsilon \leqq 1$, die außerhalb von $[x - \varepsilon, y - \varepsilon]$ Null und auf $[x, y]$ gleich 1 ist. Dann gilt

$$\limsup_{n\to\infty} (F_n(y) - F_n(x)) \leqq \limsup_{n\to\infty} \int A_\varepsilon(u)\, dF_n(u) = \int A_\varepsilon(u)\, dF(u) \leqq$$
$$\leqq F(y + \varepsilon) - F(x - \varepsilon)\,.$$

Da man für $\liminf_{n\to\infty} (F_n(y) - F_n(x))$ auf gleiche Weise eine umgekehrte Ungleichung erhält und $\varepsilon > 0$ beliebig war, folgt

$$\lim_{n\to\infty} (F_n(y) - F_n(x)) = F(y) - F(x) .$$

Es genügt nun, auf Bemerkung 1 zu Satz 1 zu verweisen. ◀

Der Beweis von Satz 3 kann auch noch etwas anders geführt werden. Eine auf einem beliebigen Intervall $[-N, N]$ stetige und beschränkte Funktion $f(x)$ kann nämlich gleichmäßig approximiert werden durch die Summe einer FOURIER-Reihe $S(x) = \sum c_k e^{\pi i k x/N}$. Dadurch haben wir die Möglichkeit, $\int f \, dF_n$ und $\int f \, dF$ mit Hilfe der Integrale $\int S \, dF_n$ und $\int S \, dF$ darzustellen. Die Konvergenz der letzteren

$$\int S \, dF_n = \sum c_k \varphi\left(\frac{k\pi}{N}\right) \to \sum c_p \varphi\left(\frac{k\pi}{N}\right) = \int S \, dF$$

folgt aus der Konvergenz der charakteristischen Funktionen.

Der bewiesene Satz hat einen Nachteil; man muß vorher wissen, daß die Funktion $\varphi(t)$, gegen die die charakteristischen Funktionen $\varphi_n(t)$ konvergieren, eine charakteristische Funktion ist. Das weiß man indessen manchmal nicht (siehe z. B. § 4, Kap. 7). Damit ergibt sich natürlich die Frage, unter welchen Bedingungen die Funktion $\varphi(t)$ eine charakteristische Funktion ist.

Eine Antwort auf diese Frage gibt der folgende Satz.

**Satz 4.** *Sei $\varphi_n(t) = \int e^{itx} \, dF_n(x)$ eine Folge charakteristischer Funktionen und gelte für jedes $t$ die Konvergenz $\varphi_n(t) \to \varphi(t)$ für $n \to \infty$. Dann sind folgende Aussagen äquivalent:*

a) *$\varphi(t)$ ist eine charakteristische Funktion;*

b) *$\varphi(t)$ ist stetig im Punkt $t = 0$;*

c) $\limsup_{n\to\infty} \int_{|x|>N} dF_n(x) \to 0$ *für $N \to \infty$.*

Wenn wir also wissen, daß $\varphi_n(t) \to \varphi(t)$ gilt und eine der drei oben genannten Bedingungen erfüllt ist, dann können wir daraus schließen, daß eine Verteilungsfunktion $F$ existiert, für die $\varphi(t)$ die charakteristische Funktion ist und für die gilt $F_n \Rightarrow F$.

Wir beweisen diesen Satz im Anhang 4.

Grundlegende Anwendungen der Theorie der charakteristischen Funktionen folgen in den Kapiteln 7, 9, 13. Wir beweisen jetzt zur Illustration und zum besseren Verständnis mit Hilfe der charakteristischen Funktionen einen Satz, der dem in § 4, Kap. 5, bewiesenen Satz von POISSON ähnlich ist.

## § 5. Anwendung des Stetigkeitssatzes für den Beweis des Satzes von POISSON

Gegeben seien Serien

$$\xi_{1n}, \xi_{2n}, \ldots, \xi_{nn}, \qquad n = 1, 2, \ldots,$$

unabhängiger ganzzahliger Zufallsgrößen. Wir benutzen folgende Bezeichnungen:

$$S_n = \sum_{k=1}^{n} \xi_{kn}, \qquad \mathsf{P}(\xi_{kn} = 1) = p_{kn}, \qquad \mathsf{P}(\xi_{kn} = 0) = 1 - p_{kn} - q_{kn}.$$

Der unten formulierte Satz ist eine Verallgemeinerung[1]) der Grenzwertsätze aus § 4, Kap. 5.

**Satz 5.** *Für die Gültigkeit der Beziehung*

$$\lim_{n\to\infty} \mathsf{P}(S_n = k) = \frac{\mu^k - e^{-\mu}}{k!}$$

*ist hinreichend, daß für $n \to \infty$ gilt*

$$\max_{k\leq n} p_{kn} \to 0, \qquad \sum_{k=1}^{n} q_{kn} \to 0, \qquad \sum_{k=1}^{n} p_{kn} \to \mu. \tag{14}$$

Zuvor zeigen wir eine einfache Ungleichung, die wir im weiteren benötigen.

*Ist* $|\beta| < \frac{1}{2}$, *dann ist*

$$|\ln(1+\beta) - \beta| \leqq |\beta|^2. \tag{15}$$

In der Tat: Entwickelt man $\ln(1+\beta)$ in eine Reihe, so erhält man

$$|\ln(1+\beta) - \beta| \leqq \sum_{k=2}^{\infty} \frac{|\beta|^2}{k} = \frac{|\beta|^2}{2}(1 + |\beta| + |\beta|^2 + \cdots) = \frac{|\beta|^2}{2(1-|\beta|)} \leqq |\beta|^2. \blacktriangleleft$$

Beweis von Satz 5. Wir erhalten

$$\varphi_{kn}(t) \equiv \varphi_{\xi_{k,n}}(t) = 1 + p_{kn}(e^{it} - 1) + q_{kn}(\gamma_{kn}(t) - 1),$$

wobei $\gamma_{kn}(t)$ die charakteristische Funktion einer Zufallsgröße ist. Wegen der Unabhängigkeit der Größen in einer Zeile erhält man

$$\varphi_{S_n}(t) = \prod_{k=1}^{n} \varphi_{kn}(t).$$

Da nach (14) $\max_{k\leq n} |\varphi_{kn} - 1| = \max 2(p_{kn} + q_{kn}) \to 0$ gelten soll, gilt von einem gewissen $n$ ab $\max_{k\leq n} |\varphi_{kn} - 1| < \frac{1}{2}$, und nach Ungleichung (15) folgt

$$\ln \varphi_{kn}(t) = \ln\big(1 + (\varphi_{kn} - 1)\big) = \varphi_{kn} - 1 + \tau_{kn}, \qquad |\tau_{kn}| \leqq |\varphi_{kn} - 1|^2;$$

$$\ln \varphi_{S_n}(t) = \sum_{k=1}^{n} (\varphi_{kn} - 1) + \sum_{k=1}^{n} \tau_{kn}.$$

---

[1]) Es handelt sich um keine wesentliche Verallgemeinerung, weil Satz 5 leicht auf den in § 4, Kap. 5, behandelten Fall zurückgeführt werden kann, wo $q_{k,n} = \mathsf{P}(\xi_{k,n} \geqq 2) = 0$ ist. Das ersieht man daraus, daß die Wahrscheinlichkeit des Ereignisses $A = \bigcap_k \{\xi_{kn} = 0\} \cup \cup \{\xi_{kn} = 1\}$ gegen 1 konvergiert und $\mathsf{P}(S_n = k) \sim \mathsf{P}(S_n = k \mid A) = \mathsf{P}(S_n^* = k)$ ist, wobei $S_n^*$ durch Zufallsgrößen $\xi_{kn}^*$ bestimmt wird mit

$$\mathsf{P}(\xi_{kn}^* = 1) = \frac{p_{kn}}{1 - q_{kn}}, \qquad \mathsf{P}(\xi_{kn}^* = 0) = \frac{1 - p_{kn} - q_{kn}}{1 - q_{kn}}.$$

Hier gilt aber

$$\sum_{k=1}^{n} (\varphi_{kn} - 1) \to \mu(e^{it} - 1)\,,$$

$$\sum_{k=1}^{n} r_{kn} \leqq \sum_{k=1}^{n} |\varphi_{kn} - 1|^2 = \max_{k \leqq n} |\varphi_{kn} - 1| \sum_{k=1}^{n} |\varphi_{kn} - 1| \to 0\,.$$

Damit folgt

$$\ln \varphi_{S_n}(t) \to \mu(e^{it} - 1)\,, \qquad \varphi_{S_n}(t) \to \exp\{\mu(e^{it} - 1)\}\,.$$

Die Grenzfunktion ist offensichtlich die charakteristische Funktion einer POISSON-Verteilung mit dem Parameter $\mu$. Auf Grund des Stetigkeitssatzes erhalten wir daraus die Behauptung des Satzes. ◀

## § 6. Charakteristische Funktionen mehrdimensionaler Verteilungen. Die mehrdimensionale Normalverteilung

Als charakteristische Funktion eines zufälligen Vektors $\xi = (\xi_1, \xi_2, \ldots, \xi_n)$ (c. F. der Verteilung von $\xi$) bezeichnet man die Funktion

$$\varphi_\xi(t) = \mathsf{M}\, e^{it\xi'} = \mathsf{M}\, e^{i\sum_{k=1}^{n} t_k \xi_k} = \int e^{i\sum_{k=1}^{n} t_k x_k}\, \mathsf{P}_{\xi_1, \ldots, \xi_n}(dx_1, \ldots, dx_n)$$

des Vektors $t = (t_1, \ldots, t_n) \in R^n$ wobei der Spaltenvektor $\xi'$ der zu $\xi$ transponierte Vektor ist. Die c. F. mehrdimensionaler Verteilungen besitzen alle Eigenschaften (mit trivialen Veränderungen in den Formulierungen) die weiter oben in den §§ 1—4 dargelegt wurden.

Es ist klar, daß $\varphi_\xi(0) = 1$ und stets $|\varphi_\xi(t)| \leqq 1$, $\varphi_\xi(-t) = \overline{\varphi_\xi(t)}$ gilt. Ferner ist $\varphi_\xi(t)$ überall stetig. Existiert das Moment $\mathsf{M}\xi_1^{k_1} \cdots \mathsf{M}\xi_n^{k_n}$, so besitzt $\varphi_\xi$ die partielle Ableitung der Ordnung $k_1 + \cdots + k_n$

$$\left.\frac{\partial \varphi_\xi^{k_1 + \cdots + k_n}(t)}{\partial t_1^{k_1} \cdots \partial t_n^{k_n}}\right|_{t=0} = i^{k_1 + \cdots + k_n}\, \mathsf{M}\xi_1^{k_1} \cdots \xi_n^{k_n}\,.$$

Existieren alle Momente einer gewissen Ordnung, so besitzt $\varphi_\xi(t)$ in einer Umgebung von $t = 0$ eine der Darstellung (1) § 1, Kap. 6, analoge Darstellung.

Ist $\varphi_\xi(t)$ bekannt, so kann man offensichtlich die c. F. eines Teilvektors $(\xi_{k_1}, \ldots, \xi_{k_j})$ von $\xi$ gewinnen, indem man alle $t_k$, bis auf $t_{k_1}, \ldots, t_{k_j}$, gleich Null setzt.

Die folgenden Sätze sind einfache Verallgemeinerungen der entsprechenden Aussagen im eindimensionalen Fall.

*Die Umkehrformel. Ist $\Delta$ das durch die Ungleichungen $a_k < x_k < b_k$, $k = 1, \ldots, n$, definierte „Intervall" und ist die Wahrscheinlichkeit $\mathsf{P}(\xi \in \Delta)$ an den Seiten dieses Intervalls stetig, so gilt*

$$\mathsf{P}(\xi \in \Delta) = \lim \frac{1}{(2\pi)^n} \int \cdots \int \left(\prod_{k=1}^{n} \frac{e^{-it_k a_k} - e^{-it_k b_k}}{it_k}\, e^{-\sigma^2 t_k^2}\right) \varphi_\xi(t)\, dt_1 \cdots dt_n\,.$$

Aus dieser Behauptung folgt wieder der Satz über die umkehrbar eindeutige Zuordnung zwischen c. F. und Verteilungsfunktionen.

Die *schwache Konvergenz der Verteilungsgesetze* $\mathsf{P}_n$ im $n$-dimensionalen Raum gegen das Verteilungsgesetz $\mathsf{P}$ wird wie im eindimensionalen Fall definiert: Es gilt $\mathsf{P}_n \Rightarrow \mathsf{P}$, wenn für beliebige stetige beschränkte Funktionen $f(x)$ gilt

$$\int f(x)\ \mathsf{P}_n(\mathrm{d}x) \to \int f(x)\ \mathsf{P}(\mathrm{d}x)\,.$$

Wir bezeichnen mit $\varphi_n(t)$ und $\varphi(t)$ die charakteristischen Funktionen der Verteilungen $\mathsf{P}_n$ bzw. $\mathsf{P}$.

**Stetigkeitssatz 1.** *Für die schwache Konvergenz* $\mathsf{P}_n \Rightarrow \mathsf{P}$ *ist notwendig und hinreichend, daß für alle $t$ und $n \to \infty$ gilt $\varphi_n(t) \to \varphi(t)$.*

Ist nur die Konvergenz der $\varphi_n(t)$ gegen irgendeine Funktion $\varphi(t)$ bekannt, so entsteht die Frage, ob $\varphi(t)$ eine charakteristische Funktion irgendeiner Verteilung ist, oder was dasselbe ist, ob die Folge $\mathsf{P}_n$ schwach gegen eine Verteilung $\mathsf{P}$ konvergiert. Antwort auf diese Fragen gibt die folgende Behauptung. Sei $\Delta_N$ der durch die Ungleichung $\max\limits_k |x_k| < N$ bestimmte Kubus.

**Stetigkeitssatz 2.** *Die Folge charakteristischer Funktionen $\varphi_n(t)$ konvergiere für jedes $t$ gegen die Funktion $\varphi(t)$. Dann sind folgende Aussagen äquivalent:*

a) *$\varphi$ ist eine charakteristische Funktion;*

b) *$\varphi$ ist im Punkt $t = 0$ stetig;*

c) $\limsup\limits_{n\to\infty} \int\limits_{x\notin\Delta_N} \mathrm{d}P_n(x) \to 0$ *für $N \to \infty$.*

Der Beweis aller drei Sätze verläuft wie im eindimensionalen Fall.

Beispiel 6. Wir definierten die mehrdimensionale Normalverteilung als eine Verteilung mit der Dichte (s. Beispiel 6, Kap. 3)

$$f_\xi(x) = \frac{\sqrt{|A|}}{(2\pi)^{n/2}}\, \mathrm{e}^{-\frac{1}{2}Q(x)}\,,$$

wobei $Q(x) = xAx' = \sum\limits_{i,j=1}^{n} a_{ij}x_ix_j$ und $|A|$ die Determinante der positiv definiten Matrix $A = ||a_{ij}||$ ist.

Das ist eine zentrierte Normalverteilung, für die $\mathsf{M}\xi = 0$ ist. Die Verteilung des Vektors $\xi + a$ heißt für jeden konstanten Vektor $a$ ebenfalls Normalverteilung. (Die Dichte von $\xi + a$ erhält man, indem man in $f_\xi(x)$ das Argument $x$ durch $x - a$ ersetzt).

Wir wollen die c. F. von $\xi$ bestimmen. Wir zeigen, daß

$$\varphi_\xi(t) = \mathrm{e}^{-\frac{1}{2}tMt'}\,, \tag{16}$$

wobei $M = A^{-1}$ die zu $A$ inverse Matrix ist, die mit der Matrix $||m_{ij}||$ der zweiten Momente (d. h. der Kovarianzmatrix) der Verteilung von $\xi$ übereinstimmt

$$m_{ij} = \mathsf{M}\xi_i\xi_j\,.$$

Es gilt

$$\varphi_\xi(t) = \frac{\sqrt{|A|}}{(2\pi)^{n/2}} \int\limits_{-\infty}^{\infty}\cdots\int\limits_{-\infty}^{\infty} \mathrm{e}^{itx' - \frac{1}{2}xAx'}\, \mathrm{d}x_1 \cdots \mathrm{d}x_n\,. \tag{17}$$

Wir wählen eine orthogonale Matrix $C$ so aus, daß $CAC' = E$ eine Diagonalmatrix wird, und bezeichnen mit $\mu_1, \dots, \mu_n$ die Werte der Diagonalelemente. Führen wir die Substitution $x = yC$ und $t = vC$ durch, so erhalten wir die Beziehungen

$$|A| = |E| = \prod_{k=1}^{n} \mu_k ,$$

$$itx' - \frac{1}{2} xAx' = ivy' - \frac{1}{2} yEy' = i \sum_{k=1}^{n} v_k y_k - \frac{1}{2} \sum_{k=1}^{n} \mu_k y_k^2 .$$

Aus der Eigenschaft 2 der c. F. eindimensionaler Normalverteilungen folgt die gewünschte Gleichung

$$\varphi_\xi(t) = \frac{\sqrt{|A|}}{(2\pi)^{n/2}} \prod_{k=1}^{n} \int_{-\infty}^{\infty} \mathrm{e}^{iv_k y_k - \frac{1}{2}\mu_k y_k^2} \mathrm{d}y_k =$$

$$= \sqrt{|A|} \prod_{k=1}^{n} \frac{1}{\sqrt{\mu_k}} \mathrm{e}^{-\frac{1}{2}\frac{v_k^2}{\mu_k}} = \mathrm{e}^{-\frac{1}{2} vE^{-1}v'} = \mathrm{e}^{-\frac{1}{2} tC'E^{-1}Ct'} = \mathrm{e}^{-\frac{1}{2} tA^{-1}t'}$$

Andererseits gilt, da alle Momente von $\xi$ existieren, in einer Umgebung von $t = 0$ die Darstellung

$$\varphi_\xi(t) = 1 - \frac{1}{2} tA^{-1}t' + o\left(\sum t_k^2\right) = 1 + it\mathsf{M}\xi' + \frac{i^2}{2} tMt' + o\left(\sum t_k^2\right) .$$

Hieraus folgt $\mathsf{M}\xi = 0$ und $A^{-1} = M$. ◀

Aus der bewiesenen Formel (16) ergibt sich die folgende Eigenschaft der Normalverteilungen: *Die Komponenten eines Vektors* $(\xi_1, \dots, \xi_n)$ *sind genau dann unabhängig, wenn die Korrelationskoeffizienten* $\varrho(\xi_i, \xi_j) = 0$ *für alle* $i \neq j$ *sind.*

Ist $M$ eine Diagonalmatrix, so ist $A = M^{-1}$ ebenfalls diagonal und $f_\xi(x)$ stimmt mit dem Produkt der Dichten der $\xi_j$ überein. Wenn umgekehrt $\xi_1, \dots, \xi_n$ unabhängig sind, so ist $A$ diagonal und folglich auch $M$. ◀

## § 7. Andere Anwendungen der charakteristischen Funktionen. Eigenschaften der Γ-Verteilung

**1.** Mit Hilfe der charakteristischen Funktionen kann man leicht folgende wichtige Eigenschaft der Normalverteilung beweisen: *Die Summe unabhängiger normalverteilter Zufallsgrößen ist wieder normalverteilt.* Sind nämlich $\xi_1$ und $\xi_2$ zwei unabhängige mit den Parametern $(a_1, d_1)$ bzw. $(a_2, d_2)$ normalverteilte Zufallsgrößen. Dann ist die charakteristische Funktion von $\xi_1 + \xi_2$ gleich

$$\varphi_{\xi_1+\xi_2}(t) = \varphi_{\xi_1}(t)\, \varphi_{\xi_2}(t) = \mathrm{e}^{ita_1 - \frac{t^2 d_1^2}{2}} \mathrm{e}^{ita_2 - \frac{t^2 d_2^2}{2}} = \mathrm{e}^{it(a_1+a_2) - \frac{t^2(d_1^2+d_2^2)}{2}} .$$

Die Summe $\xi_1 + \xi_2$ ist also wieder normalverteilt mit den Parametern $(a_1 + a_2, \sqrt{d_1^2 + d_2^2})$.

Die Normalverteilung bleibt auch bei der Addition abhängiger Zufallsgrößen (den Komponenten eines beliebigen normalverteilten Vektors) erhalten. Das folgt direkt aus der Gestalt der charakteristischen Funktion der mehrdimensionalen Normalverteilung, die in § 6 angegeben wurde. Wir brauchen nur zu beachten, daß man die charakteristische Funktion von $\xi_1 + \cdots + \xi_n$ erhält, wenn man in der Gleichung

$$\varphi_{(\xi_1,\ldots,\xi_n)}(t_1, \ldots, t_n) = \mathsf{M} \exp \{it_1\xi_1 + \cdots + it_n\xi_n\}$$

$t_1 = \cdots = t_n = t$ setzt.

Wir betrachten jetzt zwei unabhängige mit den Parametern $\lambda_1$ bzw. $\lambda_2$ POISSON-verteilte Zufallsgrößen $\xi_1$ und $\xi_2$. Die charakteristische Funktion ihrer Summe ist

$$\varphi_{\xi_1+\xi_2}(t) = \exp[\lambda_1(e^{it} - 1)] \exp[\lambda_2(e^{it} - 1)] = \exp[(\lambda_1 + \lambda_2)(e^{it} - 1)].$$

Folglich ist die Zufallsgröße $\xi_1 + \xi_2$ wieder POISSON-verteilt mit dem Parameter $\lambda_1 + \lambda_2$.

Diese Tatsache hängt eng damit zusammen, daß die Normalverteilung und die POISSON-Verteilung, wie wir bereits sahen, als Grenzverteilungen von Summen unabhängiger Zufallsgrößen auftreten.

Konvergiert nämlich $\frac{S_{2n}}{\sqrt{2n}}$ gegen eine Normalverteilung, dann ist klar, daß auch $\frac{S_n}{\sqrt{n}}$ und $\frac{S_{2n} - S_n}{\sqrt{n}}$ gegen eine Normalverteilung konvergieren, so daß die Summe zweier asymptotisch normalverteilter Größen wieder asymptotisch normalverteilt ist.

Die Gleichverteilung behält ihren Charakter bei der Summierung dagegen nicht bei. Sind $\xi_1$ und $\xi_2$ über [0, 1] gleichverteilt und unabhängig, dann sind $F_{\xi_1}$ und $F_{\xi_1+\xi_2}$ wesentlich verschiedene Funktionen (siehe Beispiel 7 in § 5, Kap. 3).

2. In diesem Paragraphen leiten wir noch die charakteristischen Funktionen einiger Verteilungen her, die eng mit der Normalverteilung zusammenhängen und in den Anwendungen oft auftreten.

Wir betrachten die sogenannte PEARSON*sche Gamma-Verteilung* mit der Dichte

$$f(x;\alpha,\lambda) = \begin{cases} \frac{\alpha^\lambda}{\Gamma(\lambda)} x^{\lambda-1} e^{-\alpha x}, & x \geqq 0, \\ 0, & x < 0, \end{cases} \tag{18}$$

die von zwei Parametern $\alpha > 0$ und $\lambda > 0$ abhängt. $\Gamma(\lambda)$ ist dabei die Gammafunktion

$$\Gamma(\lambda) = \int_0^\infty x^{\lambda-1} e^{-x}\,dx, \quad \lambda > 0.$$

Die Gesamtheit der Funktionen (18) ist tatsächlich eine Familie von Dichten, da für ein beliebiges komplexes $\beta$ mit $\operatorname{Re}\beta > 0$ gilt

$$\int_0^\infty x^{\lambda-1}e^{-\beta x}\,dx = \lim_{N\to\infty} \int_0^N x^{\lambda-1}e^{-\beta x}\,dx =$$

$$= \beta^{-\lambda} \lim_{N\to\infty} \left[\int_0^N y^{\lambda-1}e^{-y}\,dy + \int_N^{N\beta} y^{\lambda-1}e^{-y}\,dy\right] = \beta^{-\lambda}\Gamma(\lambda). \tag{19}$$

Die c. F. der Verteilung (18) ist wegen (19) gleich

$$\varphi(t;\alpha,\lambda)=\frac{\alpha^\lambda}{\Gamma(\lambda)}\int\limits_0^\infty x^{\lambda-1}e^{-\alpha x+itx}\,dx=\alpha^\lambda(\alpha-it)^{-\lambda}=\left(1-\frac{it}{\alpha}\right)^{-\lambda}.$$

Zu den $\Gamma$-Verteilungen gehört insbesondere die Verteilung der Zufallsgröße

$$\chi_n^2=\sum_{i=1}^n \xi_i^2,$$

wobei die $\xi_i$ unabhängig und mit den Parametern (0, 1) normalverteilt sind. Dies ist die sogenannte *$\chi^2$-Verteilung mit n Freiheitsgraden*, die in der mathematischen Statistik eine wichtige Rolle spielt.

Wir wollen die Verteilung von $\chi_n^2$ bestimmen. Wegen der Identität

$$\mathsf{P}(\chi_1^2<x)=\mathsf{P}(|\xi_1|<\sqrt{x})=\frac{2}{\sqrt{2\pi}}\int\limits_0^{\sqrt{x}}e^{-u^2/2}\,du$$

erhält man für die Dichte von $\chi_1^2$ die Formel

$$\frac{1}{\sqrt{2\pi}}e^{-x/2}x^{-1/2}=f\left(x;\frac{1}{2},\frac{1}{2}\right).$$

Die c. F. von $\chi_n^2$ ist also gleich

$$\varphi^n\left(t;\frac{1}{2},\frac{1}{2}\right)=(1-2\,it)^{-n/2}=\varphi\left(t;\frac{1}{2},\frac{n}{2}\right)$$

und entspricht der Dichte $f\left(x,\frac{1}{2},\frac{n}{2}\right)$.

Zu den $\Gamma$-Verteilungen gehört auch die Exponentialverteilung mit der Dichte

$$f(x;\alpha,1)=\alpha\,e^{-\alpha x},\quad x\geqq 0$$

und der charakteristischen Funktion

$$\varphi(t;\alpha,1)=\left(1-\frac{it}{\alpha}\right)^{-1}.$$

Wir ermitteln nun den Erwartungswert und die Varianz einer Zufallsgröße $\xi$, die eine $\Gamma$-Verteilung mit den Parametern $(\alpha,\lambda)$ besitzt.

Es gilt

$$\mathsf{M}\xi=-i\varphi'(0;\alpha,\lambda)=\frac{\lambda}{\alpha},\qquad \mathsf{M}\xi^2=-\varphi''(0;\alpha,\lambda)=\frac{\lambda(\lambda+1)}{\alpha^2},$$

$$\mathsf{D}\xi=\frac{\lambda(\lambda+1)}{\alpha^2}-\left(\frac{\lambda}{\alpha}\right)^2=\frac{\lambda}{\alpha^2}.$$

Verteilungen aus der Gamma-Familie und besonders die Exponentialverteilung werden oft mit ausreichender Begründung für die Approximation von Verteilungen in angewandten Aufgaben verschiedener Art verwendet[1]). In Verbindung damit geben wir zwei Beispiele an.

---

[1]) Eine der Ursachen dafür ist die im Beispiel 6, Kap. 3, bewiesene charakteristische Eigenschaft der Exponentialverteilung (keine Alterung). Für verschiedene Anwendungen, z. B. in der Bedienungs- und Zuverlässigkeitstheorie sind Gamma-Verteilungen mit ganzzahligen $\lambda$-Werten, die sogenannten *Erlang-Verteilungen*, wichtig. Offenbar ist eine Erlang-Verteilung $n$-ter Ordnung ($\lambda=n$) gerade die $n$-te Faltungspotenz einer Exponentialverteilung (Anm. d. Red.).

Beispiel 7. Wir betrachten irgendeinen zusammengesetzten Mechanismus. Der Ausfall wenigstens eines von $n$ Elementen oder Blöcken, aus denen sich der Mechanismus zusammensetzt, möge den Ausfall des gesamten Mechanismus bewirken[1]). Die Verteilung der Lebensdauer eines jeden der $n$ Einzelteile kann man gewöhnlich durch eine Exponentialverteilung gut beschreiben. (Die Ursachen dieser Erscheinung kann man mit Hilfe des Satzes von POISSON über seltene Ereignisse verstehen. Siehe auch das Beispiel 5 in § 4, Kap. 2 und das Kap. 13).

Werden die Lebenszeiten $\xi_j$ der Teile als unabhängig angenommen und gilt für das Teil mit der Nummer $j$

$$\mathsf{P}(\xi_j > x) = \mathrm{e}^{-\alpha_j x},$$

so ist die Lebensdauer des gesamten Mechanismus gleich $\eta_n = \min(\xi_1, \ldots, \xi_n)$, und wir erhalten

$$\mathsf{P}(\eta_n > x) = \mathsf{P}\left(\bigcap_{j=1}^{n} \{\xi_j > x\}\right) = \prod_{j=1}^{n} \mathsf{P}(\xi_j > x) = \mathrm{e}^{-x \sum_{i=1}^{n} \alpha_i}.$$

Hieraus folgt insbesondere, daß bei einer mittleren Lebensdauer des $j$-ten Teiles von

$$\mathsf{M}\xi_j = 1/\alpha_j$$

die mittlere Lebensdauer des ganzen Mechanismus

$$\mathsf{M}\eta_n = \left(\sum_{i=1}^{n} \frac{1}{\mathsf{M}\xi_i}\right)^{-1}$$

beträgt.

Beispiel 8. Wir befassen uns jetzt mit der Verteilung der Zufallsgröße

$$\xi_n = \max(\xi_1, \ldots, \xi_n),$$

wobei die $\xi_i$ unabhängig und mit den Parametern $(\alpha, \lambda)$ $\Gamma$-verteilt sind. Wir können zum Beispiel ein gewisses Bedienungssystem betrachten, das $n$ Bedienungsgeräte besitzt. (Das kann ein elektronischer Rechner sein, der irgendeine Aufgabe mit verschiedenen Varianten löst und der aus einer großen Anzahl kleiner Rechner besteht, von denen jede eine Variante untersucht.) Das Bedienungsgerät mit der Nummer $i$ ist die zufällige Zeit $\xi_i$ besetzt. Nach welcher Zeit wird das ganze System frei? Diese Zeit ist offen sichtlich genauso wie die Zufallsgröße $\zeta_n$ verteilt[2]).

Da die $\xi_i$ unabhängig sind, erhalten wir die Beziehung

$$\mathsf{P}(\zeta_n < x) = \mathsf{P}\left(\bigcap_{j=1}^{n} \{\xi_i < x\}\right) = \mathsf{P}^n(\xi_1 < x). \tag{20}$$

Ist $n$ groß, so ist für näherungsweise Berechnungen die Grenzverteilung von $\zeta_n$ für $n \to \infty$ von Interesse (dabei muß man geeignet normieren, denn es gilt $\mathsf{P}(\zeta_n < x) \underset{n\to\infty}{\to} 0$ für jedes feste $x$).

Setzen wir der Einfachheit halber $\alpha = 1$ (der allgemeine Fall reduziert sich auf diesen durch eine Veränderung des Maßstabes), so überzeugen wir uns unter Ausnutzung der L'HOSPITALschen Regel, daß für $x \to \infty$

$$\mathsf{P}(\xi_j > x) = \int_x^{\infty} \frac{1}{\Gamma(y)} y^{\lambda-1} \mathrm{e}^{-y} \, \mathrm{d}y \sim \frac{x^{\lambda-1}}{\Gamma(\lambda)} \mathrm{e}^{-x}$$

[1]) Derartige Mechanismen (Systeme) werden in der Zuverlässigkeitstheorie als Reihenschaltungen bezeichnet (Anm. d. Red.).

[2]) Eine andere Interpretation stammt aus der Zuverlässigkeitstheorie. Ein System besteht aus $n$ Elementen, deren Lebenszeiten $\xi_i$ unabhängig sind. Das System fällt aus, wenn alle Elemente ausfallen (Parallelschaltung). Die Zufallsgröße $\zeta_n$ ist dann die Lebensdauer des gesamten Systems (Anm. d. Red.).

gilt. Setzen wir für $n \to \infty$ $x = x(n) = \ln\left[\frac{n(\ln n)^{\lambda-1}}{\Gamma(\lambda)}\right] + u$, $u = \text{const}$, so erhalten wir die Abschätzung

$$\mathsf{P}(\xi_j > x) \sim \frac{(\ln n)^{\lambda-1}}{\Gamma(\lambda)} \frac{\Gamma(\lambda)}{n(\ln n)^{\lambda-1}} e^{-u} = \frac{e^{-u}}{n}.$$

Aus (20) folgt deshalb für diese $x$ und für $n \to \infty$ die Beziehung

$$\mathsf{P}(\zeta_n < x) = \left(1 - \frac{e^{-u}}{n}(1 + o(1))\right)^n \to e^{-e^{-u}}.$$

Demnach ist die Existenz des folgenden Grenzwertes gesichert:

$$\lim_{n\to\infty} \mathsf{P}\left(\zeta_n - \ln\left[\frac{n(\ln n)^{\lambda-1}}{\Gamma(\lambda)}\right] < u\right) = e^{-e^{-u}}.$$

Mit anderen Worten heißt das, daß man die Zufallsgröße $\zeta_n$ für große $n$ in der Form

$$\zeta_n \doteq \ln\left[\frac{n(\ln n)^{\lambda-1}}{\Gamma(\lambda)}\right] + \zeta^0$$

darstellen kann, wobei $\mathsf{P}(\zeta^0 < u) = e^{-e^{-u}}$ ist.

## § 8. Erzeugende Funktionen. Anwendung auf Verzweigungsprozesse. Das Problem des Aussterbens

1. Ist eine Zufallsgröße ganzzahlig, d. h., ist

$$\mathsf{P}\left(\bigcup_k \{\xi = k\}\right) = 1,$$

dann ist die c. F. $\varphi_\xi(t)$ eine Funktion von $e^{it}$ und ist periodisch mit der Periode $2\pi$. Es genügt in diesem Fall, die c. F. auf dem Intervall $[-\pi, \pi]$ zu kennen. Die *Umkehrformel* kann in diesem Fall einfacher geschrieben werden in der Form

$$\mathsf{P}(\xi = k) = \frac{1}{2\pi} \int_{-\pi}^{\pi} e^{-itk} \varphi_\xi(t)\, dt. \tag{21}$$

Es ist nämlich $\varphi_\xi(t) = \sum e^{itj}\, \mathsf{P}(\xi = j)$ und, da die Integrationsgrenzen in (21) endlich sind, gilt

$$\int_{-\pi}^{\pi} e^{-itk} \varphi(t)\, dt = \sum_j \mathsf{P}(\xi = j) \int_{-\pi}^{\pi} e^{it(j-k)}\, dt.$$

Alle Integrale auf der rechten Seite sind Null bis auf das Integral für $j = k$, das gleich $2\pi$ ist. Damit ist (21) gezeigt. ◀

Es ist für den Leser nützlich, sich zu überlegen, daß (21) nichts anderes als die Formel für die Koeffizienten einer Fourier-Reihe ist. (Es ist $e^{itk} = \cos tk + i \sin tk$.)

Die Tatsache, daß für ganzzahlige $\xi$ die charakteristische Funktion $\varphi_\xi(t)$ nur von $e^{it}$ abhängt, führt zur Einführung eines neuen Argumentes $z = e^{it}$, das auf dem Einheitskreis $|z| = 1$ variiert. Die Funktion

$$\psi_\xi(z) = \mathsf{M} z^\xi = \sum z^k\, \mathsf{P}(\xi = k)$$

heißt *erzeugende Funktion* von $\xi$. Für $\xi \geqq 0$ ist $\psi_\xi(z)$ für alle $|z| \leqq 1$ definiert und in $|z| < 1$ analytisch. Da $\psi_\xi(e^{it}) = \varphi_\xi(t)$ ist, gelten für erzeugende Funktionen alle Eigenschaften der charakteristischen Funktionen lediglich mit den Änderungen, die sich aus der Substitution des Argumentes ergeben.[1])

Sind $\xi$ und $\eta$ unabhängige ganzzahlige Zufallsgrößen, dann ist die Verteilung von $\xi + \eta$ die Faltung der Folgen $\mathsf{P}(\xi = k)$ und $\mathsf{P}(\eta = k)$:

$$\mathsf{P}(\xi + \eta = n) = \sum_{k=-\infty}^{\infty} \mathsf{P}(\xi = k)\, \mathsf{P}(\eta = n - k)$$

(Formel der totalen Wahrscheinlichkeit). Die Faltung dieser Folgen ergibt sich aus dem Produkt der erzeugenden Funktionen

$$\psi_{\xi+\eta}(z) = \psi_\xi(z) \cdot \psi_\eta(z)\,.$$

Die Umkehrformel (21) kann man mit der Substitution $it = \ln z$ in der Form

$$\mathsf{P}(\xi = k) = \frac{1}{2\pi i} \int\limits_{|z|=1} \psi_\xi(z)\, z^{-k-1}\, dz$$

schreiben.

Aus den in § 1 betrachteten Beispielen ist verständlich, daß die erzeugende Funktion einer Zufallsgröße, die BERNOULLI-verteilt bzw. POISSON-verteilt ist, gleich

$$\psi_\xi(t) = 1 + p(z - 1) \qquad \text{bzw.} \qquad \psi_\xi(z) = \exp\{\mu(z - 1)\}$$

ist.

2. Wir wenden uns jetzt Folgen von Zufallsgrößen zu, die sogenannte *Verzweigungsprozesse* beschreiben. Auf ein einfachstes Beispiel eines Verzweigungsprozesses stießen wir schon bei der Beschreibung der Kettenreaktion im Bei-

---

[1]) Ist $\xi$ eine *zufällige natürliche Zahl,* d. h. gilt $\sum_{k=0}^{\infty} p_k = 1$, wobei $p_k = \mathsf{P}(\xi = k)$, $k = 0$ 1, ..., ist, so ist es oft zweckmäßig, anstelle der Momente $\mu_r$ die *Binomial-* bzw. *faktoriellen Momente*

$$B_r = \sum_{k=r}^{\infty} \frac{k(k-1)\cdots(k-r+1)}{r!}\, p_k = M\binom{\xi}{r},$$

$$F_r = \sum_{k=r}^{\infty} k(k-1)\cdots(k-r+1)\, p_k = M r!\binom{\xi}{r}$$

zu benutzen. Existiert $F_r$, so ist $\psi_\xi(z)$ in $z = 1$ $r$-mal differenzierbar und es gilt

$$F_r = \frac{d^r}{dz^r}\, \psi_\xi(z)\big|_{z=1}\,.$$

Zwischen den gewöhnlichen Momenten $\mu_r$ und den faktoriellen Momenten $F_r$ gilt der folgende Zusammenhang:

$$\mu_0 = F_0 = 1\,, \qquad \mu_1 = F_1\,, \qquad \mu_2 = F_2 + F_1$$

und allgemein

$$\mu_r = \sum_{k=0}^{r} S(r, k)\, F_k\,,$$

wobei $S(r, k)$ die sogenannten STIRLINGschen Zahlen 2. Art sind (Anm. d. Red.).

spiel 10, § 4, Kap. 4. Wir untersuchen jetzt ein allgemeineres Schema eines Verzweigungsprozesses. Stellen wir uns Teilchen vor, die andere Teilchen der gleichen Art erzeugen können; das können Neutronen in Kettenreaktionen, Bakterien, die sich nach bestimmten Gesetzen vermehren, und andere „Teilchen" sein. Im Anfangszeitpunkt sei ein Teilchen vorhanden („die Null-Generation"), das im Ergebnis des „Teilungsaktes" mit der Wahrscheinlichkeit $f_k$, $k = 0, 1, 2, \ldots$, in $k$ gleichartige Teilchen übergeht, $\sum_{k=0}^{\infty} f_k = 1$.

Die dabei entstandenen $k \geqq 0$ Teilchen bilden die „erste Generation". Jedes Teilchen dieser Generation verhält sich genauso wie das Ausgangsteilchen, unabhängig von der Vorgeschichte und dem Schicksal der anderen Teilchen. Als Ergebnis erhalten wir die „zweite Generation" usw. Wir bezeichnen mit $\zeta_n$ die Anzahl der Teilchen in der $n$-ten Generation. Für die Beschreibung der Folge $\zeta_n$ führen wir Folgen untereinander unabhängiger, identisch verteilter Zufallsgrößen $\{\xi_j^{(1)}\}_{j=1}^{\infty}$, $\{\xi_j^{(2)}\}_{j=1}^{\infty}, \ldots$ ein, wobei die $\xi_j^{(n)}$ die Verteilung

$$\mathsf{P}\,(\xi_j^{(n)} = k) = f_k\,, \qquad k = 0, 1, \ldots,$$

besitzen. Die Folge $\zeta_n$ kann man dann in der Form

$$\begin{aligned} \zeta_0 &= 1\,, \\ \zeta_1 &= \xi_1^{(1)}\,, \\ \zeta_2 &= \xi_1^{(2)} + \cdots + \xi_{\zeta_1}^{(2)}\,, \\ &\cdot\ \cdot \qquad \cdot\ \cdot \\ \zeta_n &= \xi_1^{(n)} + \cdots + \xi_{\zeta_{n-1}}^{(n)} \end{aligned}$$

darstellen. Folglich ist $\zeta_n$ die Summe einer zufälligen Anzahl zufälliger Summanden. Weil die $\xi_1^{(n)}, \xi_2^{(n)}, \ldots$ nicht von $\zeta_{n-1}$ abhängen, erhalten wir nach der Formel der totalen Wahrscheinlichkeit für die erzeugende Funktion $f_{(n)}(z) = \mathsf{M} z^{\zeta_n}$

$$f_{(n)}(z) = \sum_{k=0}^{\infty} \mathsf{P}\,(\zeta_{n-1} = k)\,\mathsf{M} z^{\xi_1^{(n)}+\cdots+\xi_k^{(n)}} = \sum_{k=0}^{\infty} \mathsf{P}\,(\zeta_{n-1} = k) f^k(z) = f_{(n-1)}(f(z))\,, \tag{22}$$

dabei ist

$$f(z) = f_{(1)}(z) = \mathsf{M} z^{\xi_1^{(n)}} = \sum_{k=1}^{\infty} f_k z^k\,.$$

Es bedeute $f_n(z)$ die $n$-te Iteration der Funktion $f(z)$; d. h., es ist $f_1(z) = f(z)$, $f_2(z) = f(f(z))$, $f_3(z) = f(f_2(z))$ usw. Mittels Induktion schließen wir dann aus der Beziehung (22), daß die erzeugende Funktion von $\zeta_n$ die $n$-te Iteration von $f(z)$ ist

$$\mathsf{M} z^{\zeta_n} = f_n(z)\,.$$

Durch Differentiation im Punkte $z = 1$ kann man hieraus leicht rekursive Beziehungen für die Momente von $\zeta_n$ erhalten.

Wir bestimmen die Wahrscheinlichkeit für das Aussterben des Prozesses. Unter Aussterben werden wir das Ereignis verstehen, das darin besteht, daß von einem gewissen $n$ ab alle $\zeta_n = 0$ sind. (Ist $\zeta_n = 0$, so folgt aus $\mathsf{P}\,(\zeta_{n+1} = 0/\zeta_n = 0) = 1$ offensichtlich $\zeta_{n+1} = \zeta_{n+2} = \cdots = 0$). Es sei $A_k = \{\zeta_k = 0\}$. Das Aussterben entspricht dann dem Ereignis $\bigcup_{k=1}^{\infty} A_k$. Wegen $A_n \subset A_{n+1}$ ist die Wahrscheinlichkeit $q$ des Aussterbens gleich

$$q = \lim_{n \to \infty} \mathsf{P}(A_n) .$$

Nun gilt aber

$$\mathsf{P}(A_n) = f_n(0) \leqq 1 ,$$

und diese Folge ist nicht fallend. Gehen wir in der Gleichung

$$f_{n+1}(0) = f\big(f_n(0)\big) \tag{23}$$

zum Grenzwert für $n \to \infty$ über, so erhalten wir die Relation

$$q = f(q) , \qquad q \leqq 1 .$$

Das ist eine Gleichung für die Aussterbewahrscheinlichkeit. Wir untersuchen die Eigenschaften ihrer Lösungen. $f(z)$ ist eine konvexe $\big(f''(z) \geqq 0\big)$, nichtfallende Funktion im Gebiet $z \geqq 0$, $f'(1) = m$ ist der Mittelwert der Nachkommenschaft eines Teilchens. Wir setzen zunächst voraus, daß $\mathsf{P}\,(\xi_1^{(1)} = 1) < 1$ ist. Ist dann $m \leqq 1$, so gilt $f(z) > z$ für $z < 1$, und folglich ist $q = 1$. Ist $m > 1$, so hat wegen der Konvexität von $f(z)$ die Gleichung $q = f(q)$ genau zwei Lösungen $q_1 < 1$ und $q_2 = 1$. Nehmen wir an, daß $q = q_2 = 1$ ist. Die Folge $\delta_n = 1 - f_n(0)$ konvergiert dann monoton gegen Null und für hinreichend große $n$ gilt die Ungleichung $f(1 - \delta_n) < 1 - \delta_n$. Für diese $n$ ergibt sich also

$$\delta_{n+1} = 1 - f(1 - \delta_n) > \delta_n ,$$

was der Monotonie der $\delta_n$ widerspricht. Also ist $q = q_1 < 1$. Schließlich gilt im Falle $\mathsf{P}\,(\xi_1 = 1) = f_1 = 1$ die Gleichung $f(z) = z$, und es ist offensichtlich $q = 0$. Die gewonnenen Resultate können wir folgendermaßen zusammenfassen: *Die Wahrscheinlichkeit des Aussterbens stimmt mit der kleinsten Wurzel der Gleichung* $q = f(q)$ *überein.*

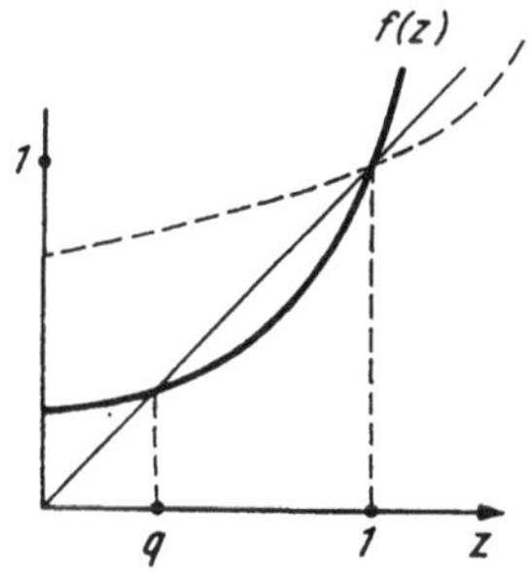


Abb. 8

## KAPITEL 7

# FOLGEN UNABHÄNGIGER ZUFALLSGRÖSSEN, GRENZWERTSÄTZE

### § 1. Das Gesetz der großen Zahlen

**Satz 1.** (Das Gesetz der großen Zahlen in der Form von CHINTSCHIN.) *Es sei* $\{\xi_n\}_{n=1}^{\infty}$ *eine Folge unabhängiger, identisch verteilter Zufallsgrößen, die den Erwartungswert* $\mathsf{M}\xi_n = a$ *besitzen. Sei* $S_n = \xi_1 + \cdots + \xi_n$. *Dann gilt* $\frac{S_n}{n} \xrightarrow[P]{} a$ *für* $n \to \infty$.

Wir weisen darauf hin, daß die Unabhängigkeit der $\xi_k$ und die Behauptung selbst voraussetzen, daß die Zufallsgrößen auf ein und demselben Wahrscheinlichkeitsraum definiert sind.

Seiner physikalischen Natur nach ist das formulierte Gesetz der großen Zahlen ein einfacher Ergodensatz, der grob gesprochen aussagt, daß für Zufallsgrößen das „Raummittel" und das „Zeitmittel" zusammenfallen. In noch stärkerem Maße kann diese Bemerkung auf das starke Gesetz der großen Zahlen bezogen werden, nach dem $\frac{S_n}{n} \to p$ mit Wahrscheinlichkeit 1 gilt.

Beweis von Satz 1. Wir müssen zeigen, daß für beliebige $\varepsilon > 0$

$$\mathsf{P}\left(\left|\frac{S_n}{n} - a\right| > \varepsilon\right) \to 0$$

für $n \to \infty$ gilt. Diese Beziehung ist äquivalent zur schwachen Konvergenz der Verteilung von $\frac{S_n}{n}$ gegen die Einpunktverteilung im Punkt $a$.

Im Beispiel 1 des Kapitels 6 wurde gezeigt, daß die c. F. der Konstanten $a$ gleich $e^{iat}$ ist. Nach dem Stetigkeitssatz genügt es zu zeigen, daß für jedes feste $t$

$$\varphi_{\frac{S_n}{n}}(t) \to e^{iat}$$

gilt. Die c. F. $\varphi(t)$ der Zufallsgröße $\xi_k$ besitzt in einer gewissen Umgebung von 0 die Eigenschaft $|\varphi(t) - 1| < 1/2$. Man kann deshalb für diese $t$ die Funktion

$$l(t) = \ln \varphi(t)$$

definieren. (Es wird der Hauptwert des Logarithmus genommen.) Da der Erwartungswert von $\xi_n$ existiert, existiert auch

$$l'(0) = \frac{\varphi'(0)}{\varphi(0)} = ia\,.$$

Für jedes feste $t$ und hinreichend große $n$ ist der Wert $l(t/n)$ definiert, und es gilt

$$\varphi_{\frac{S_n}{n}}(t) = \varphi^n\left(\frac{t}{n}\right) = e^{l\left(\frac{t}{n}\right)n}.$$

Da $l(0) = 0$ ist, ergibt sich für $n \to \infty$ die Relation

$$e^{l\left(\frac{t}{n}\right)n} = \exp\left\{t\,\frac{l\left(\frac{t}{n}\right) - l(0)}{\frac{t}{n}}\right\} \to e^{l'(0)t} = e^{iat}. \quad ◀$$

## § 2. Der zentrale Grenzwertsatz für identisch verteilte Zufallsgrößen

Es sei wieder $\{\xi_n\}$ eine Folge unabhängiger identisch verteilter Zufallsgrößen. Aber jetzt werden wir außer der Existenz des Erwartungswertes $\mathsf{M}\xi_n = a$ die Existenz der Varianz $\mathsf{D}\xi_n = \sigma^2$ voraussetzen. Wie früher sei $S_n = \xi_1 + \cdots + \xi_n$ und $\Phi(x)$ sei die Verteilungsfunktion der Normalverteilung mit den Parametern (0, 1). Wir führen die Folge der normierten Zufallsgrößen

$$\zeta_n = \frac{S_n - an}{\sigma\sqrt{n}}$$

ein.

**Satz 2.** *Ist* $0 < \sigma^2 < \infty$, *so gilt für* $n \to \infty$ $\mathsf{P}(\zeta_n < x) \to \Phi(x)$ *gleichmäßig in* $x$ $(-\infty < x < \infty)$.

Die Folge $\{\zeta_n\}$ heißt in diesem Fall *asymptotisch normal.*[1])

Beweis. Die gleichmäßige Konvergenz ist hier eine Folgerung aus der schwachen Konvergenz und der Stetigkeit von $\Phi(x)$. Ohne Beschränkung der Allgemeinheit kann man ferner $a = 0$ setzen, weil man andernfalls die Folge $\{\xi_n' = \xi_n - a\}_{n=1}^{\infty}$ betrachten könnte; die Folge $\{\zeta_n\}$ würde sich dabei nicht ändern. Für den Beweis der geforderten Konvergenz reicht es also aus, die Beziehung $\varphi_{\zeta_n}(t) \to e^{-t^2/2}$ für den Fall $a = 0$ nachzuweisen. Es ist

$$\varphi_{\zeta_n}(t) = \varphi^n\left(\frac{t}{\sigma\sqrt{n}}\right) \quad \text{mit} \quad \varphi(t) = \varphi_{\xi_k}(t).$$

Da $\mathsf{M}\xi_k^2 < \infty$ ist, so existiert $\varphi''(t)$ und es gilt

$$\varphi(t) = \varphi(0) + t\varphi'(0) + \frac{t^2}{2}\varphi''(0) + o(t^2) = 1 - \frac{t^2\sigma^2}{2} + o(t^2).$$

---

[1]) Eine Folge zufälliger Größen $\{\xi_n\}$ nennt man *asymptotisch normal* mit den Parametern $A_n$, $B_n$ (wobei $B_n > 0$ für alle $n$ ist), falls für $n \to \infty$ die Beziehung

$$\mathsf{P}\left(\frac{\xi_n - A_n}{B_n} < x\right) \to \Phi(x)$$

gilt. In diesem Sinne ist $\{S_n\}$ asymptotisch normal mit den Parametern $na$, $\sqrt{n}\,\sigma$ (Anm. d. Red.).

Folglich ergibt sich für $n \to \infty$ die Beziehung

$$\ln \varphi_{\zeta_n}(t) = n \ln\left[1 - \frac{\sigma^2}{2}\left(\frac{t}{\sigma\sqrt{n}}\right)^2 + o\left(\frac{t^2}{n}\right)\right] =$$

$$= n\left(-\frac{t^2}{2n} + o\left(\frac{t^2}{n}\right)\right) = -\frac{t^2}{2} + o(1) \to -\frac{t^2}{2}. \quad ◀$$

## § 3. Der zentrale Grenzwertsatz für beliebige Folgen unabhängiger Zufallsgrößen

Wir werden jetzt Bedingungen für die Konvergenz gegen die Normalverteilung herleiten, wenn die Folge $\{\xi_n\}$ aus unabhängigen, aber nicht unbedingt identisch verteilten Zufallsgrößen besteht. Wie auch im vorigen Satz werden wir die Existenz der Erwartungswerte $\mathsf{M}\xi_k = a_k$ und der Varianzen $\mathsf{D}\xi_k = \sigma_k^2$ vorausetzen.

Weiterhin werden wir die folgenden Bezeichnungen benutzen:

$$B_n^2 = \sum_{k=1}^{n} \sigma_k^2; \qquad \zeta_n = \frac{S_n - \sum_{k=1}^{n} a_k}{B_n}.$$

Für die asymptotische Normalität von $\zeta_n$ erweist sich die folgende Bedingung (Lindeberg) als hinreichend:

*Für beliebiges $\tau > 0$ gilt für $n \to \infty$ die Bedingung*

$$L_n(\tau) = \frac{1}{B_n^2} \sum_{k=1}^{n} \mathsf{M}\left((\xi_k - a_k)^2; \quad |\xi_k - a_k| > \tau B_n\right) \to 0. \qquad (\mathrm{L}_0)$$

Würden hier die Erwartungswerte über den ganzen Raum stehen, so würde der aufgeschriebene Ausdruck offensichtlich den Wert 1 besitzen. Die Lindebergsche Bedingung verlangt, daß die Anteile der Varianzen der $\xi_k$ über dem Gebiet, das außerhalb der durch die Standardabweichung $B_n$ der Summe festgelegten Grenze liegt, in der Summe eine verschwindend kleine Größe ergeben.

Bevor wir die Lindebergsche Bedingung weiter untersuchen, bemerken wir, daß man $\zeta_n$ darstellen kann als Summe der Zufallsgrößen

$$\xi_{k,n} = \frac{\xi_k - a_k}{B_n}. \qquad (1)$$

Die Schwierigkeiten beim Beweis des Grenzwertsatzes bleiben die gleichen, wenn wir eine etwas *allgemeinere Aufgabe* betrachten, in der ein *Serienschema* $\{\xi_{k,n}\}_{k=1}^{n}$ unabhängiger Zufallsgrößen gegeben ist. Wir können dabei voraussetzen, daß

$$\mathsf{M}\xi_{k,n} = 0, \qquad \sum_{k=1}^{n} \mathsf{D}\xi_{k,n} = 1 \qquad (2)$$

sowie die LINDEBERGsche Bedingung (L);

$$L_n(\tau) = \sum_{k=1}^{n} \mathsf{M}(\xi_{k,n}^2; |\xi_{k,n}| > \tau) \to 0 , \tag{L}$$

für beliebige $\tau > 0$ und $n \to \infty$ gelten.

Offenbar sind die Bedingungen (2) und (L) für die Folge (1) erfüllt, wenn ($L_0$) erfüllt ist.

In gewissem Maße wird die Bedeutung der LINDEBERGschen Bedingung deutlich durch die folgende Eigenschaft der $\xi_{k,n}$. Die erste besagt, daß die $\mathsf{D}\xi_{k,n}$ gleichmäßig klein sind:

$$\max_{k \leqq n} \mathsf{D}\xi_{k,n} = \max_{k \leqq n} \left(\tau^2 + \mathsf{M}(\xi_{k,n}^2; |\xi_{k,n}| > \tau)\right) = \tau^2 + L_n(\tau) .$$

Da $\tau > 0$ beliebig war, bedeutet das für $n \to \infty$, daß

$$\max_{k \leqq n} \mathsf{D}\xi_{k,n} \to 0 . \tag{3}$$

Daraus folgt eine andere wichtige Eigenschaft, die wir „vernachlässigbare Kleinheit" von $\xi_{k,n}$ (oder kurz Eigenschaft (S)) nennen. Wir sagen die $\xi_{k,n}$ sind *vernachlässigbar klein*, wenn für beliebige $\varepsilon > 0$ und $n \to \infty$ gilt

$$\max_{k \leqq n} \mathsf{P}(|\xi_{k,n}| > \varepsilon) \to 0 . \tag{S}$$

Diese Eigenschaft entspricht der gleichmäßigen Konvergenz in Wahrscheinlichkeit von $\xi_{k,n}$ gegen Null.

Eigenschaft (S) folgt mit Hilfe der TSCHEBYSCHEWschen Ungleichung unmittelbar aus (3).

Führen wir die Funktion

$$G_n(x) = \sum_{k=1}^{n} \mathsf{M}(\xi_{k,n}^2; \xi_{k,n} < x) \tag{4}$$

ein, dann kann man zeigen, daß $G_n$ eine Verteilungsfunktion ist ($G_n$ ist nichtabnehmend, $G_n(0) = 0$, $G_n(\infty) = 1$) und daß die Bedingung (L) in der Form

$$G_n \Rightarrow E \tag{L$_1$}$$

geschrieben werden kann, wobei $E$ die Verteilungsfunktion der Einpunktverteilung im Punkte 0 ist.

**Satz 3.** (Der zentrale Grenzwertsatz.) *Erfüllt die Folge von Zufallsgrößen* $\{\xi_{k,n}\}_{k=1}^{n}$, $n = 1, 2, \ldots$, *die Bedingungen* (2) *und* (L), *so gilt*

$$\mathsf{P}(\zeta_n < x) \to \Phi(x)$$

*gleichmäßig in* $x$.

Zum Beweis des Satzes benötigen wir einige Ungleichungen.

**Lemma 1.** *Für* $\operatorname{Im} \alpha \geqq 0$ *ist*

$$|e^{i\alpha} - 1| \leqq |\alpha| ,$$

$$|e^{i\alpha} - 1 - i\alpha| = \frac{|\alpha|^2}{2} .$$

*Für* $|\alpha| \leqq 1/2$ *gilt*

$$|\ln(1+\alpha) - \alpha| = |\alpha|^2 .$$

Beweis. Die letzte Ungleichung wurde schon in § 5 des letzten Kapitels bewiesen. Die ersten beiden Ungleichungen folgen aus den Beziehungen (wir setzen $t = i\alpha v$)

$$|e^{i\alpha} - 1| = \left|\int_0^{i\alpha} e^t\,dt\right| = \left|\alpha \int_0^1 e^{i\alpha v}\,dv\right| \leqq |\alpha| ,$$

$$|e^{i\alpha} - 1 - i\alpha| = \left|\int_0^{i\alpha} (e^t - 1)\,dt\right| = \left|\alpha \int_0^1 (e^{i\alpha v} - 1)\,dv\right| \leqq |\alpha| \int_1^0 |\alpha v|\,dv = \frac{|\alpha|^2}{2} . \blacktriangleleft$$

Beweis von Satz 3. Es sei $\varphi_{k,n}(t)$ die c. F. von $\xi_{k,n}$. Dann gilt

$$\varphi_{\zeta_n}(t) = \prod_{k=1}^{n} \varphi_{k,n}(t) .$$

Es genügt also $\lim\limits_{n\to\infty} \varphi_{\zeta_n}(t) = e^{-\frac{t^2}{2}}$ zu beweisen. Zunächst bemerken wir, daß wegen $\mathsf{M}\xi_{k,n} = 0$ nach Lemma 1 gilt

$$|\varphi_{k,n}(t) - 1| = |\mathsf{M}(e^{it\xi_{k,n}} - 1 - it\xi_{k,n})| \leqq \frac{t^2}{2}\mathsf{M}\xi_{k,n}^2 = \frac{t^2}{2}\mathsf{D}\xi_{k,n} .$$

Daraus folgt

$$\max_{k\leqq n} |\varphi_{k,n}(t) - 1| \to 0$$

für $n \to \infty$. Darum gilt für hinreichend große $n$ und alle $k \leqq n$ die Ungleichung

$$|\varphi_{k,n}(t) - 1| < \frac{1}{2} ,$$

woraus nach Lemma 1 (für $\alpha = \varphi_{k,n}(t) - 1$) folgt:

$$|\ln \varphi_{k,n}(t) - (\varphi_{k,n}(t) - 1)| < |\varphi_{k,n}(t) - 1|^2 . \tag{5}$$

Wir betrachten jetzt die c. F. der Summe $\zeta_n$. Wegen der Unabhängigkeit der $\xi_{k,n}$ und der Ungleichung (5) gilt

$$\ln \varphi_{\zeta_n}(t) = \sum_{k=1}^{n} \ln \varphi_{k,n}(t) = \sum_{k=1}^{n} (\varphi_{k,n}(t) - 1) + R_n \tag{6}$$

mit

$$|R_n| \leqq \sum_{k=1}^{n} |\varphi_{k,n}(t) - 1|^2 = \max_{k\leqq n} |\varphi_{k,n}(t) - 1| \sum_{k=1}^{n} |\varphi_{k,n}(t) - 1| ; \tag{7}$$

$$\sum_{k=1}^{n} |\varphi_{k,n}(t) - 1| \leqq \sum_{k=1}^{n} \frac{t^2}{2}\mathsf{D}\xi_{k,n} = \frac{t^2}{2} .$$

Damit ist $R_n \to 0$ und der Hauptsummand auf der rechten Seite von (6) ist die Summe

$$\sum_{k=1}^{n} (\varphi_{k,n}(t) - 1) = \sum_{k=1}^{n} \mathsf{M}(e^{it\xi_{k,n}} - 1 - it\xi_{k,n}) =$$

$$= \int \frac{e^{itx} - 1 - itx}{x^2} \sum_{k=1}^{n} x^2\,d\mathsf{P}(\xi_{k,n} < x) = \int \Psi(t, x)\,dG_n(x) \tag{8}$$

mit

$$\Psi(t, x) = \frac{e^{itx} - 1 - itx}{x^2},$$

wobei die Funktion $G_n$ in (4) definiert wurde. Entwickelt man $e^{itx}$ in eine Reihe, so erkennt man, daß $\Psi(t, x)$ für alle $t$ beschränkt und stetig ist und $\Psi(t, 0) = -\frac{t^2}{2}$ gilt.

Damit erhalten wir nach ($L_1$) und der Definition der schwachen Konvergenz

$$\int \Psi(t, x) \, dG_n(x) \to \int \Psi(t, x) \, dE(x) = \Psi(t, 0) = -\frac{t^2}{2}.$$

Damit haben wir gezeigt, daß für jedes $t$ gilt

$$\ln \varphi_{\zeta_n}(t) = -\frac{t^2}{2} + o(1), \qquad \varphi_{\zeta_n}(t) \to e^{-\frac{t^2}{2}}. \blacktriangleleft$$

Bemerkung 1. Die asymptotische Normalität der Zufallsgrößen $\zeta_n = \frac{S_n - a_n}{B_n}$, falls die $\xi_k$ identisch verteilt sind, könnten wir jetzt als Folgerung des eben erst bewiesenen Satzes erhalten. Man muß nur die Gültigkeit der LINDEBERGschen Bedingung prüfen. Da in diesem Fall $B_n = \sigma^2 n$ gilt, erhalten wir für $n \to \infty$ und beliebiges $\tau > 0$ die gewünschte Bedingung

$$L_n(\tau) = \frac{1}{\sigma^2} \mathsf{M}\left((\xi_k - a)^2; |\xi_k - a| > \tau\sigma\sqrt{n}\right) \to 0. \quad \blacktriangleleft$$

Bemerkung 2. Die LINDEBERGsche Bedingung ist für die Konvergenz der Verteilung der $\zeta_n$ gegen die Normalverteilung nicht notwendig. Es genügt dazu, das folgende Beispiel zu betrachten: $\xi_{1,n} = \eta$, $\xi_{2,n} = \cdots = \xi_{n,n} = 0$, wobei $\eta$ normalverteilt ist mit den Parametern (0, 1). Offenbar ist (2) erfüllt, $\mathsf{P}(\zeta_n < x) = \Phi(x)$, aber die Summanden $\xi_{k,n}$ werden nicht vernachlässigbar klein und folglich ist die Bedingung (L) nicht erfüllt.

*Fordert* man dagegen neben der Konvergenz $\mathsf{P}(\zeta_n < x) \to \Phi(x)$ noch, daß die $\xi_{k,n}$ *vernachlässigbar* klein werden, dann ist die LINDEBERGsche Bedingung notwendig.

**Satz 4.** *Erfüllt die Folge unabhängiger Zufallsgrößen* $\{\xi_{k,n}\}_{k=1}^n$ *die Bedingungen* (2), (S) und $\mathsf{P}(\zeta_n < x) \to \Phi(x)$, *so ist die LINDEBERGsche Bedingung erfüllt.*

Beweis. Nach Bedingung (S) gilt

$$\max_{k \leq n} |\varphi_{k,n}(t) - 1| \to 0.$$

Das folgt offenbar aus den Ungleichungen

$$|\varphi_\xi(t) - 1| = |\mathsf{M}(e^{it\xi} - 1)| \leq \mathsf{M}(|e^{it\xi} - 1|; |\xi| > \varepsilon) + \mathsf{M}(|e^{it\xi} - 1|; |\xi| \leq \varepsilon)$$
$$\leq 2\mathsf{P}(|\xi| > \varepsilon) + |t\varepsilon|.$$

Die Beziehungen (5) bis (8) bleiben daher erfüllt. Es bleibt zu zeigen, daß aus der Konvergenz $\ln \varphi_{\zeta_n}(t) \to -\frac{t^2}{2}$ folgt also

$$\int \Psi(t, x)\, dG_n(x) \to -\frac{t^2}{2}\,; \qquad \int \left(\Psi(1, x) + \frac{1}{2}\right) dG_n(x) \to 0\,. \tag{9}$$

Es ist leicht zu sehen, daß die Ungleichung $|\Psi(1, x)| \leqq \frac{1}{2}$, die in Lemma 1 gezeigt wurde, für $x \neq 0$ streng erfüllt wird. Ist also $\tau > 0$, so gilt

$$\sup_{|x|>\tau} |\Psi(1, x)| \leqq \frac{1}{2} - \delta(\tau)\,,$$

wobei $\delta(\tau) > 0$ ist. Das bedeutet, daß für alle $x$ mit $|x| > \tau$ gilt $\operatorname{Re}\left(\Psi(1, x) + \frac{1}{2}\right) \geqq \delta(\tau) > 0$. Setzt man das in (9) ein, so erhält man leicht $G_k \Rightarrow E$. Das ist wiederum äquivalent zu (L). ◀

Man kann für die asymptotische Normalität der Folge $\zeta_n = \dfrac{S_n - \sum_{k=1}^{n} a_k}{B_n}$ auch einige hinreichende Bedingungen herleiten, wie zum Beispiel die Bedingung von LJAPUNOW. Diese Bedingung ist schärfer als die LINDEBERGsche Bedingung; in einer Reihe von Fällen kann man sie aber leichter nachprüfen.

Wir setzen voraus, daß für gewisses $\delta > 0$ die Erwartungswerte $c_k^{2+\delta} = \mathsf{M}\,|\xi_k - a_k|^{2+\delta}$ existieren, und führen die Bezeichnung $C_n^{2+\delta} = \sum_{k=1}^{n} c_k^{2+\delta}$ ein.

**Satz 5.** (A. M. LJAPUNOW) *Aus* $\frac{C_n}{B_n} \to 0$ *für* $n \to \infty$ *folgt* $\mathsf{P}\,(\zeta_n < x) \to \Phi(x)$.

Beweis. Wir prüfen die Gültigkeit der LINDEBERGschen Bedingung nach. Weil für alle der Ungleichung $|x - a_k| > \tau B_n$ genügenden $x$ die Ungleichung $\left[\frac{|x - a_k|}{\tau B_n}\right]^\delta \geqq 1$ gilt, erhalten wir die Abschätzungen

$$\begin{aligned}
&\frac{1}{B_n^2} \sum_{k=1}^{n} \mathsf{M}\big((\xi_k - a_k)^2; |\xi_k - a_k| > \tau B_n\big) \leqq \\
&\qquad \leqq \frac{1}{B_n^2} \sum_{k=1}^{n} \frac{1}{(\tau B_n)^\delta} \mathsf{M}\big(|\xi_k - a_k|^{2+\delta};\quad (|\xi_k - a_k| > \tau B_n)\big) \leqq \\
&\qquad \leqq \frac{1}{\tau^\delta B_n^{2+\delta}} C_n^{2+\delta} = \frac{1}{\tau^\delta}\left(\frac{C_n}{B_n}\right)^{2+\delta} \to 0
\end{aligned}$$

für $n \to \infty$ und für beliebige $\tau > 0$. ◀

Beispiel 1. Es seien $\xi_k$, $k = 1, 2, \ldots$, unabhängige Zufallsgrößen mit den Verteilungen

$$\xi_k = \begin{cases} k^\alpha & \text{mit Wahrscheinlichkeit } 1/2\,, \\ -k^\alpha & \text{mit Wahrscheinlichkeit } 1/2\,. \end{cases}$$

Es ist hier

$$\sigma_k^2 = k^{2\alpha}, \qquad c_k^3 = k^{3\alpha}, \qquad B_n^2 = \sum_{k=1}^{n} k^{2\alpha}, \qquad C_n^3 = \sum_{k=1}^{n} k^{3\alpha}.$$

Für $2\alpha + 1 > 0$ gilt die Beziehung

$$B_n^2 = \sum_{k=1}^{n} k^{2\alpha} = n^{2\alpha+1}\left(\frac{1}{n} + \left(\frac{n-1}{n}\right)^{2\alpha}\frac{1}{n} + \cdots + \left(\frac{1}{n}\right)^{2\alpha}\frac{1}{n}\right) \sim$$

$$\sim n^{2\alpha+1}\int_0^1 x^{2\alpha}\,dx = \frac{n^{2\alpha+1}}{2\alpha+1}.$$

Für $\alpha = -\frac{1}{2}$ erhalten wir $B_n^2 = \sum_{k=1}^{n} k^{-1} \sim \ln n$.

Ist $\alpha < -\frac{1}{2}$, dann ist $B_n$ für $n \to \infty$ beschränkt, und folglich ist die Bedingung, daß die Summanden vernachlässigbar klein sind, nicht erfüllt.

Analog erhalten wir für $\alpha > -\frac{1}{3}$

$$C_n^3 = \sum_{k=1}^{n} k^{3\alpha} = n^{3\alpha+1}\left(\frac{1}{n} + \left(\frac{n-1}{n}\right)^{3\alpha}\frac{1}{n} + \cdots + \left(\frac{1}{n}\right)^{3\alpha}\frac{1}{n}\right) \sim$$

$$\sim n^{3\alpha+1}\int_0^1 x^{3n}\,dx = \frac{n^{3\alpha+1}}{3\alpha+1}.$$

Für $\alpha = -\frac{1}{3}$ ist $C_n^3 \sim \ln n$. Für $\alpha < -\frac{1}{3}$ ist $C_n^3$ beschränkt. Wegen $n^{\alpha+1/3} = o(n^{\alpha+1/2})$ ist $C_n^3 = o(B_n^2)$ für $\alpha \geqq -\frac{1}{2}$ und die Ljapunowsche Bedingung ist erfüllt. Folglich ist die Summe

$$\frac{S_n\sqrt{2\alpha+1}}{n^{\alpha+1/2}}$$

für $\alpha > -\frac{1}{2}$ asymptotisch normalverteilt mit den Parametern (0, 1). Ist jedoch $\xi_k = \pm\frac{1}{\sqrt{k}}$ mit Wahrscheinlichkeit $\frac{1}{2}$, dann ist die Größe $\frac{S_n}{\sqrt{\ln n}}$ asymptotisch normalverteilt. Speziell für große $n$ ist die Größe $|S_n|$ mit Wahrscheinlichkeit $2\Phi(-2) - 1 \approx 0{,}955$ nicht größer als $2\sqrt{\ln n}$. Zum Vergleich kann man bemerken, daß $\sum_{k=1}^{n}\frac{1}{\sqrt{k}}$ wie $\frac{\sqrt{n}}{2}$ wächst und die alternierenden Summen $\sum_{k=1}^{n}\frac{(-1)^k}{\sqrt{k}}$ durch eine Konstante beschränkt sind.

Eine gute Illustration der Wirkungsweise der bewiesenen Sätze ist die Streuung von Artilleriegeschossen. Auf die Flugbahn eines Geschosses wirken viele unabhängige Faktoren, wobei der Einfluß eines jeden gering ist (Abweichung bei Ladungsmenge, Gewicht, Abmessung und bei den Umgebungsbedingungen). — Die Abweichung der Einschlagstelle des Geschosses vom Zielpunkt wird erstaunlich genau durch eine Normalverteilung beschrieben.

Die gleiche Betrachtungsweise kann man auf Meßfehler anwenden, weil auf die Genauigkeit der Messung viele kleine Faktoren einwirken. (Es existiert sogar eine ganze „Fehlertheorie", deren Kern der zentrale Grenzwertsatz ist.)

Insgesamt besitzt der zentrale Grenzwertsatz außerordentlich viele Anwendungen in verschiedensten Bereichen. Das liegt an seiner großen *Allgemeinheit* und seiner *Robustheit* gegenüber Abweichungen von den Voraussetzungen des Satzes und der vergleichsweise *großen Genauigkeit der Annäherung* an die Normalverteilung schon bei kleinen $n$. Die ersten beiden Eigenschaften bedeuten, daß 1. der Satz anwendbar ist bei Zufallsgrößen $\xi_{k,n}$ mit beliebiger Verteilung, wenn nur die Streuungen von $\xi_{k,n}$ existieren und $\xi_{kn}$ vernachlässigbar klein sind, und 2. das Auftreten von „mäßigen" Abhängigkeiten[1]) zwischen den $\xi_{k,n}$ die Normalität der Grenzverteilung nicht ändert (man braucht nur statt (2) $\mathsf{D}\zeta_n = 1$ zu fordern).

Zur Veranschaulichung der Genauigkeit der Approximation durch Normalverteilung betrachten wir das folgende Beispiel. Es seien $F_n(x) = \mathsf{P}\left(\frac{S_n}{\sqrt{n}} < x\right)$ die Verteilungsfunktionen normierter Summen $S_n$, die aus unabhängigen im Intervall $[-\sqrt{3}, \sqrt{3}]$ gleichverteilten Zufallsgrößen $\xi_k$ gebildet werden, insbesondere ist also $\mathsf{D}\xi_n = 1$. Es zeigt sich, daß bereits für $n = 5(!)$ das Maximum der Differenz $|F_n(x) - \varphi(x)|$ auf dem gesamten Wertebereich von $x$ nicht größer als 0,006 ist (das Maximum wird in der Nähe der Punkte $x = \pm 0{,}7$ erreicht).

Ungeachtet der hier angeführten Umstände muß man bei der Anwendung des zentralen Grenzwertsatzes eine gewisse Vorsicht walten lassen. So kann man nicht eine gute Annäherung an die Normalverteilung bei der Abschätzung von Wahrscheinlichkeiten seltener Ereignisse verlangen, z. B. bei der Untersuchung von Wahrscheinlichkeiten großer Abweichungen (diese Frage hat uns schon in § 4, 5, Kap. 5 beschäftigt). Der Satz sichert lediglich daß für große $n$ die Differenz

$$|\Phi(x) - \mathsf{P}(\zeta_n < x)| \tag{10}$$

klein wird. Will man z.B. mit Hilfe des zentralen Grenzwertsatzes einen Wert $x_0$ bestimmen, für den gesichert ist, daß das Ereignis $\{\zeta_n > x_0\}$ im Mittel nicht öfter als einmal in 1000 Fällen auftritt (solche Aufgaben treten z. B. auf, wenn man sich vor dem Einfluß von Meßfehlern schützen will). Ist dann die Differenz (10) nicht größer als 0,02 (das kann man als gute Näherung ansehen), so kann man sich dennoch erheblich irren, weil es sein kann, daß $1 - \Phi(x_0) = 10^{-3}$ ist und $\mathsf{P}(\zeta_n > x_0) \approx 0{,}02$. Das Ereignis $\{\zeta_n > x_0\}$ kommt offenbar häufiger vor, im Mittel einmal in 50 Fällen.

---

[1]) Siehe z. B. IBRAGIMOW, I. A., LINNIK, J. B., Unabhängige und stationär abhängige Größen, Moskau 1965.

Im Zusammenhang damit wird in § 5 eine Aufgabe über die Wahrscheinlichkeit großer Abweichungen betrachtet, in der die Funktion $P(n, x)$ betrachtet wird, für die

$$\frac{\mathsf{P}(\zeta_n > x)}{P(n, x)} \to 1$$

für $n \to \infty$, $x \to \infty$ gilt. Diese Funktion ist i. a. verschieden von $1 - \Phi(x)$. Man muß allerdings sagen, daß die Ausnutzung der Näherung $P(n, x)$ nur unter stärkeren Bedingungen an $\xi_{k,n}$ möglich ist als die des zentralen Grenzwertsatzes.

Wir betrachten in § 4 auch einen lokalen Grenzwertsatz, der eine Annäherung der Dichte von $\zeta_n$ an die Dichte der Normalverteilung angibt und es erlaubt, seltener Wahrscheinlichkeiten anderer Art abzuschätzen, nämlich der Art $\{a < \zeta_n < b\}$, wobei $a$ und $b$ nahe beieinander liegen.

Abschließend formulieren wir hier ohne Beweis folgendes allgemeine Resultat (Cramér, Berry, Esseen) über die Abschätzung der Konvergenzgeschwindigkeit (vgl. Kap. 5) beim zentralen Grenzwertsatz.

**Satz 6.** *Sind die $\xi_k$ unabhängig und identisch verteilt und gilt $\mathsf{M}\xi_k = 0$, $\mathsf{D}\xi_k = 1$, $\mathsf{M}|\xi_k|^3 = m < \infty$, dann ist*

$$\sup_x |\mathsf{P}(\zeta_n < x) - \Phi(x)| = \frac{cm}{\sqrt{n}},$$

*wobei $c$ eine absolute Konstante ist.*

Es wurde gezeigt, daß $c \leq 0{,}9051$ ist (W. M. Solotarjew, 1968)[1]).

Hierbei muß man beachten, daß Satz 6 allgemein gilt, d. h. auch in den vom Standpunkt der Approximation ungünstigsten Fällen. Darum ist die Konvergenzgeschwindigkeit in konkreten Aufgaben in der Regel besser.

## § 4. Ein lokaler Grenzwertsatz

In den vorigen Paragraphen haben wir festgestellt, daß die Verteilung der normierten Summe $S_n = \sum_{j=1}^{n} \xi_j$ identisch verteilter und unabhängiger Zufallsgrößen $\xi_j$ ($\mathsf{M}\xi_j = 0$, $\mathsf{D}\xi_j = \sigma^2 < \infty$) gegen die Normalverteilung konvergiert. Wir nehmen jetzt an, daß die Verteilung von $\zeta_n = \dfrac{S_n}{\sigma\sqrt{n}}$ eine Dichte besitzt. Dann entsteht die Frage: Konvergiert diese Dichte gleichmäßig gegen die Dichte der Normalverteilung? Eine positive Antwort auf diese Frage würde es uns gestatten, die Wahrscheinlichkeit $\mathsf{P}(\zeta_n \in B)$ abzuschätzen, wobei $B$ eine beliebige

---

[1]) P. van Beek hat 1972 die Abschätzung $c \leq 0{,}7975$ bewiesen (Anm. d. Red.).

Borel-Menge[1]) ist. Unter anderem wäre es auch möglich, die Wahrscheinlichkeiten von Ereignissen der Gestalt $\{S_n \in \Delta\}$ abzuschätzen, wobei $\Delta$ ein fixiertes Intervall ist (Aus dem zentralen Grenzwertsatz folgt nur, daß für $n \to \infty$ $\mathsf{P}(S_n \in \Delta) = \mathsf{P}\left(\zeta_n \in \frac{\Delta}{\sigma\sqrt{n}}\right) \to 0$ gilt).

**Satz 6.** *Für ein gewisses $m \geqq 1$ besitze die Verteilung von $S_m$ eine Dichte und die c. F. $\varphi^m(t)$ sei integrierbar. Dann konvergieren die Verteilungsdichten $f_{\zeta_n}(x)$ der Zufallsgrößen $\zeta_n = \frac{S_n}{\sigma\sqrt{n}}$ gleichmäßig bezüglich $x$ gegen die Dichte der Normalverteilung*

$$f_{\zeta_n}(x) \to \frac{1}{\sqrt{2\pi}} e^{-x^2/2}.$$

Beispielsweise genügt die Dichte der Gleichverteilung auf $[-1, 1]$ diesem Satz, da für diese $|\varphi^2(t)| \leqq 1/t^2$ ist (siehe Beispiel 5, § 1, Kap. 6) und infolgedessen $|\varphi^2(t)|$ integrierbar ist. Nach Satz 7 wird sich also die Dichte der Verteilung von $S_n$ im Punkte $n\sigma\sqrt{n}$, $\sigma^2 = \frac{1}{3}$, ebenso wie die Funktion

$$\frac{1}{\sqrt{2\pi}} e^{-u^2/2}$$

verhalten (vgl. dazu die Bemerkung zum Beispiel 7, § 5, Kap. 3).

$\varphi^2(t)$ ist auch in all den Fällen integrierbar, in denen die Dichte von $\xi_k$ eine Funktion von beschränkter Variation ist. (Partielle Integration der c. F.)

Beweis. Aufgrund der Umkehrformel ist für $n \geqq m$

$$f_{\zeta_n}(x) = \frac{1}{2\pi}\int e^{-itx} \varphi^n\left(\frac{t}{\sigma\sqrt{n}}\right) dt. \tag{11}$$

Wie wir wissen, gilt für jedes $t$

$$\varphi^n\left(\frac{t}{\sqrt{n}}\right) \to e^{-t^2/2}. \tag{12}$$

---

[1]) Die schwache Konvergenz der Verteilungen $P_n \Rightarrow \mathsf{P}$ bedeutet die Konvergenz der Wahrscheinlichkeiten $P_n(B) \to \mathsf{P}(B)$ nur für solche Mengen $B$, deren Rand $\partial B$ (das ist die Differenz zwischen der Abschließung von $B$ und dem Komplement zur Abschließung von $R - B$) die Eigenschaft $P(\partial B) = 0$ hat. Daß diese Bedingung wesentlich ist, wird durch folgendes Beispiel gut illustriert. Die $\xi_j$ seien ganzzahlig, $\sigma = 1$ und $B$ sei die Menge aller rationalen Zahlen. Dann gilt für $n = k^2$ ($k$ — ganz)

$$P_n(B) = \mathsf{P}(\zeta_n \in B) = \mathsf{P}\left(\frac{S_n}{\sqrt{n}} \in B\right) = 1$$

und $P_n(B) = 0$ im entgegengesetzten Falle, so daß der Grenzwert $\lim P_n(B)$ nicht existiert. In diesem Beispiel gilt für die Grenznormalverteilung $P$ offenbar $P_n \Rightarrow P$, $P(\partial B) = 1$, da ja $\partial B$ mit der ganzen rellen Achse $R$ übereinstimmt.

Gleichzeitig kann man bemerken, daß für eine beliebige Zufallsgröße $\eta$, die eine Dichte besitzt (unter anderem auch für normalverteilte Zufallsgrößen), wegen der Abzählbarkeit von $B$ die Beziehung $\mathsf{P}(\eta \in B) = 0$ gilt.

Um also die geforderte Gleichung

$$\lim_{n\to\infty} f_{\zeta_n}(x) = \frac{1}{2\pi}\int e^{-itx}\, e^{-t^2/2}\, dt = \frac{1}{\sqrt{2\pi}}\, e^{-x^2/2} \tag{13}$$

zu beweisen, genügt es, sich davon zu überzeugen, daß $\varphi^n\left(\frac{t}{\sigma\sqrt{n}}\right)$ für alle $n$ von einer integrierbaren Funktion majorisiert wird.

Da die Varianz endlich ist, ist $\varphi''(t)$ stetig. Außerdem gilt $\varphi''(0) = -\sigma^2$. Sei $\delta_1 > 0$ so gewählt, daß bei vorgegebenen $\varepsilon > 0$ für $|t| < \delta_1$ die Ungleichung

$$|\varphi''(t) - \varphi''(0)| < \varepsilon$$

erfüllt ist. Dann gilt für $|t| < \delta_1$

$$\varphi(t) = 1 - \frac{t^2\sigma^2}{2} - \frac{t^2}{2}\left(\varphi''(\tilde{t}) - \varphi''(0)\right) = 1 - \frac{t^2\sigma^2}{2}(1 + \Theta_1)\,.$$

Dabei ist $\tilde{t} \in [0, t]$ und $\Theta_1 < \varepsilon$. Unter Berücksichtigung der Ungleichung $|\ln(1-\beta) - \beta| \leqq \beta^2$ erhalten wir

$$\ln\varphi(t) = -\frac{t^2\sigma^2}{2}(1 + \Theta_2)\,, \qquad |\Theta_2| < \varepsilon\,, \tag{14}$$

sobald nur $|t|$ nicht größer als ein gewisses $\delta \in (0, \delta_1)$ ist. Daraus folgt für $\left|\frac{t}{\sigma\sqrt{n}}\right| < \delta_1$.

$$\varphi^n\left(\frac{t}{\sigma\sqrt{n}}\right) = e^{n\,\mathrm{Re}\ln\varphi\left(\frac{t}{\sigma\sqrt{n}}\right)} \leqq e^{-\frac{t^2}{2}(1-\varepsilon)}\,.$$

Im Gebiet $\left|\frac{t}{\sigma\sqrt{n}}\right| > \delta$ gilt die Abschätzung

$$\sup_{|t|>\delta\sigma\sqrt{n}}\left|\varphi\left(\frac{t}{\sigma\sqrt{n}}\right)\right| < 1 - \delta_2 < 1\,,$$

weil $S_n$ eine Dichte besitzt. Deshalb gilt wegen der Integrierbarkeit von $|\varphi^m(u)|$ für $n \to \infty$

$$\left|\int\limits_{|t/\sigma\sqrt{n}|>\delta} e^{-itx}\varphi^n\left(\frac{t}{\sigma\sqrt{n}}\right) dt\right| \leqq (1-\delta_2)^{n-m}\int\limits_{|t/\sigma\sqrt{n}|>\delta}\left|\varphi^m\left(\frac{t}{\sigma\sqrt{n}}\right)\right| dt \leqq$$

$$\leqq (1-\delta_2)^{n-m}\,\sigma\sqrt{n}\int|\varphi^m(u)|\, du \leqq (1-\delta_2)^n\,\sigma\sqrt{n}\,\frac{c}{(1-\delta_2)^m} \to 0\,.$$

Damit ist Gleichung (13) bewiesen.

Benutzt man die Tatsache, daß $\varphi^n\left(\frac{t}{\sigma\sqrt{n}}\right)$ von einer integrierbaren Funktion majorisiert wird, so kann man leicht feststellen, daß die $f_{\zeta_n}(x)$ bezüglich $n$ gleichgradig stetig sind. Das zeigt man mit Hilfe der Darstellung (11) genau so, wie man die Stetigkeit der c. F. beweist. Aus der gleichgradigen Stetigkeit der $f_{\zeta_n}$, der Stetigkeit der Funktion $e^{-x^2/2}$ und der Relation (13) folgt die gleichmäßige Konvergenz der $f_{\zeta_n}(x)$ gegen die Dichte der Normalverteilung. ◀

Aus dem bewiesenen Satz folgt speziell für $n \to \infty$ und $\left|\frac{x}{\sqrt{n}}\right| < c$, wobei $c$ eine fixierte Zahl ist, die Beziehung

$$\mathsf{P}\left(\frac{x}{\sigma\sqrt{n}} < \zeta_n < \frac{x}{\sigma\sqrt{n}} + \frac{1}{\sigma\sqrt{n}}\right) \sim \frac{1}{\sqrt{2\pi}} \frac{1}{\sigma\sqrt{n}} e^{-\frac{x^2}{2\sigma^2 n}}.$$

Der Leser möge diese Relation mit dem lokalen Grenzwertsatz für das Bernoulli-Schema vergleichen (siehe Formel (6) § 2 Kap. 5).

Für die weiteren Betrachtungen benötigen wir eine etwas allgemeinere Problemstellung. Wir wollen voraussetzen, daß die Verteilungen der Zufallsgrößen $\xi_j$ von $n$ abhängen (Serienschema). Dann hängen auch die c. F. $\varphi(t) = \varphi_n(t) = \mathsf{M}\, e^{it\xi_j}$ von $n$ ab.

**Satz 7'.** *Es seien folgende Voraussetzungen erfüllt:*

1. *Die Funktionen $\varphi_n^m(t)$ sind gleichmäßig bezüglich $n$ integrierbar.*
2. *Es gilt* $\sup_n |\varphi_n(t)| < 1 - \delta < 1$ *für alle $t$, $|t| > \varepsilon$.*
3. *Die Funktionen $\varphi_n''(t)$ sind im Punkte $t = 0$ bezüglich $n$ gleichgradig stetig, d. h., für jedes $\varepsilon > 0$ existiert ein $\delta > 0$ derart, daß für $|t| < \delta$ gilt*

$$\sup_n |\varphi_n''(t) - \varphi''(0)| < \varepsilon, \qquad 0 < c_1 < |\varphi''(0)| < c_2$$

*Dann konvergieren die Verteilungsdichten $f_{\zeta_n}(x)$ der Zufallsgrößen $\zeta_n = \frac{S_n}{\sigma\sqrt{n}}$ gleichmäßig bezüglich $x$ gegen die Dichte der Normalverteilung*

$$f_{\zeta_n}(x) \to \frac{1}{\sqrt{2\pi}} e^{-x^2/2}.$$

Die angeführten Bedingungen gestatten es Satz 7' zu beweisen, ohne irgend etwas in den Überlegungen von Satz 7 zu ändern. Die Relation (12), zu deren Erfüllung bei einem Serienschema die Lindebergsche Bedingung erforderlich wäre, folgt aus (14).

Satz 7' zeigt auch, daß der Übergang zum Serienschema im lokalen Grenzwertsatz sogar im Falle identisch verteilter Zufallsgrößen mit der Einführung einer ganzen Reihe neuer Bedingungen verbunden ist.

## § 5. Wahrscheinlichkeiten großer Abweichungen

Sei $\xi_1, \xi_2, \ldots$ eine Folge identisch verteilter unabhängiger Zufallsgrößen, $M\xi_k = 0$ und $D\xi_k = 1$. Wir wollen die Wahrscheinlichkeit $P(S_n \geq x)$ abschätzen, wenn $x$ von $n$ abhängt und $\frac{x}{\sqrt{n}} \to \infty$ für $n \to \infty$ gilt. Aus dem zentralen Grenzwertsatz können wir in diesem Fall nur $\mathsf{P}(S_n \geq x) \to 0$ folgern. Die Aufgabe besteht darin, eine Funktion $P(n, x)$ so zu finden, daß

$$P(S_n \geq x) = P(n, x)\,(1 + o(1))$$

erfüllt ist.

Es sei nochmals darauf hingewiesen, daß wir hier im Gegensatz zur Approximation durch Normalverteilung die Kleinheit des *relativen* und nicht des *absoluten* Fehlers fordern.

Derartige Aufgaben entstehen beispielsweise häufig in der mathematischen Statistik bei der Abschätzung von Verlusten in statistischen Kriterien und in der Zuverlässigkeitstheorie.

In diesem Paragraphen stellen wir die CRAMÉRsche Methode zur Untersuchung der Wahrscheinlichkeiten großer Abweichungen vor. Diese Methode führt das Problem im gewissen Sinne auf den zentralen Grenzwertsatz zurück.

Im weiteren Verlauf werden wir folgende Grundbedingung voraussetzen.

A. (CRAMÉRsche Bedingung). *Es existiert ein solches* $\lambda > 0$, *daß*

$$\int e^{\lambda y}\, dF(y) = \mathsf{M} e^{\lambda\xi} < \infty \tag{15}$$

*ist.*

Es ist nicht schwierig, den Sinn dieser Bedingung zu verstehen. Sie ist der Aussage äquivalent, daß $\mathsf{P}(\xi > y) = 1 - F(y)$ exponential fällt. In der Tat konvergieren oder divergieren das Integral (15) und das Integral

$$\int_0^\infty e^{\lambda y}\, dF(y) = -\int_0^\infty e^{\lambda y}\, d(1 - F(y)) = 1 - F(0) + \lambda \int_0^\infty e^{\lambda y}\,(1 - F(y))\, dy$$

gleichzeitig. Ist also $1 - F(y) \leqq c\, e^{-\mu y}$, so gilt für $\lambda < \mu$ die Relation (15). Umgekehrt folgt aus (15) und der TSCHEBYSCHEWschen Ungleichung

$$\mathsf{P}(\xi > y) \leqq e^{-\lambda y}\, \mathsf{M} e^{\lambda\xi}\,.$$

Wir führen die Bezeichnung $\lambda_+ = \sup\{\lambda\colon \mathsf{M}\, e^{\lambda\xi} < \infty\}$ ein. Ist beispielsweise $\xi$ nach oben beschränkt, so ist $\lambda_+ = \infty$. Dasselbe gilt auch für normalverteiltes $\xi$. Ist aber $\mathsf{P}(\xi > y) = c\, e^{-\mu y}$ und $\mu > 0$, so gilt offensichtlich $\lambda_+ = \mu$.

Bei Erfüllung der Bedingung (15) ist die c. F. $\varphi(t) = \mathsf{M}\, e^{it\xi}$ im Streifen $0 > \operatorname{Im} t > -\lambda_+$ der komplexen Ebene analytisch. Die Funktion

$$\varphi(t) = \int e^{ity}\, dF(y)$$

kann man nämlich in der komplexen Ebene differenzieren, da für die erwähnten $t$ das Integral $\int |y\, e^{ity}|\, dF(y)$ gleichmäßig konvergiert. Ist die Relation (15) auch für gewisse negative $\lambda$ erfüllt, so ist $\varphi(t)$ in einem Streifen analytisch, der die Gerade $\operatorname{Im} t = 0$ enthält.

Wir betrachten jetzt die Funktion

$$\psi(\lambda) = \mathsf{M}\, e^{\lambda\xi} = \varphi(-i\lambda)\,.$$

Offenbar gilt (dabei sind die rechtsseitigen Ableitungen gemeint)

$$\psi'(0) = \mathsf{M}\xi\,, \qquad \psi''(0) = \mathsf{D}\xi\,, \qquad \psi''(\lambda) = \int y^2 e^{\lambda y}\, dF(y) > 0\,.$$

Es ist leicht zu sehen, daß $\dfrac{\psi''(\lambda)}{\psi(\lambda)}$ die Bedeutung des zweiten Momentes einer Zufallsgröße mit der Verteilungsfunktion

$$G(u) = \frac{1}{\psi(\lambda)} \int_{-\infty}^{u} e^{\lambda y}\, dF(y) \tag{16}$$

hat. Die Varianz dieser Größe ist gleich

$$\frac{\psi''}{\psi} - \left(\frac{\psi'}{\psi}\right)^2 = (\ln \psi)''\,.$$

Da die Varianz positiv sein muß, folgt hieraus, daß auf $[0, \lambda_+]$ die Funktionen $\psi$ und $\ln \psi$ konvex sind. Die Funktionen

$$\psi_\alpha(\lambda) = e^{-\alpha\lambda}\,\psi(\lambda) = \mathsf{M}\, e^{\lambda(\xi - \alpha)} \quad \text{und} \quad \ln \psi_\alpha(\lambda) = -\alpha\lambda + \ln \psi(\lambda)$$

sind offenbar ebenfalls konvex. Dabei gilt

$$\psi_\alpha'(0) = \mathsf{M}(\xi - \alpha) = -\alpha\,.$$

Für $\alpha \geqq 0$ und $\psi_\alpha'(\lambda_+) > 0$ (wir setzen $\psi_\alpha'(\lambda_+) = \lim\limits_{\lambda \uparrow \lambda_+} \psi_\alpha'(\lambda)$) existiert deshalb im Halbintervall $[0, \lambda_+)$ ein einziger Punkt $\lambda(\alpha)$, in dem $\psi_\alpha'(\lambda) = 0$ ist und die Funktionen $\psi_\alpha$ und $\ln \psi_\alpha$ ihr Minimum annehmen.

Wegen $\psi'_\alpha(\lambda) = \psi_\alpha(\lambda)\left(-\alpha + \frac{\psi'(\lambda)}{\psi(\lambda)}\right)$ kann man die Existenzbedingungen für den Punkt $\lambda(\alpha)$ auch in der Form

$$0 \leqq \alpha \leqq \alpha_+ \equiv \frac{\psi'(\lambda_+)}{\psi(\lambda_+)}$$

schreiben.

Es ist klar, daß bei genügend kleinen $\alpha > 0$ diese Bedingungen immer erfüllt sind. Sie sind für beliebiges $\alpha \geqq 0$ erfüllt, wenn $\psi'(\lambda_+) = \infty$ ist.

Sei

$$\Lambda(\alpha) = -\inf_\lambda (-\alpha\lambda + \ln \psi(\lambda)) = \alpha\lambda(\alpha) - \ln \psi(\lambda(\alpha))\,. \tag{17}$$

Die Funktion $\Lambda(\alpha)$ wollen wir als *Funktion der Abweichungen* bezeichnen (der Sinn dieser Bezeichnung wird später klar werden). Der Punkt $\lambda(\alpha)$, in dem der Wert $\Lambda(\alpha)$ angenommen wird, genügt der Identität

$$\frac{\psi'(\lambda(\alpha))}{\psi(\lambda(\alpha))} = \alpha\,. \tag{18}$$

Da die Funktion $\ln \psi$ konvex ist, gilt für die Ableitung $\left(\frac{\psi'(\lambda)}{\psi(\lambda)}\right)' = (\ln \psi)'' > 0$, und infolgedessen ist die Funktion $\lambda(\alpha)$ als Umkehrfunktion von $\frac{\psi'}{\psi}$ in $(0, \lambda_+)$ analytisch. Wenn man berücksichtigt, daß $\lambda(0) = 0$, $\Lambda(0) = 0$ und aufgrund von (17) und (18)

$$\Lambda'(\alpha) = \lambda(\alpha) + \alpha\lambda'(\alpha) - \frac{\psi'(\lambda(\alpha))}{\psi(\lambda(\alpha))}\lambda'(\alpha) = \lambda(\alpha)$$

gilt, so erhält man

$$\Lambda(\alpha) = \int_0^\alpha \lambda(u)\, du\,.$$

Wegen $\lambda'(0) = (\mathsf{D}\xi)^{-1} = 1$ folgt hieraus unter anderem

$$\Lambda(0) = \Lambda'(0) = 0\,, \qquad \Lambda''(0) = 1\,.$$

Die auf die Verteilung $F(y)$ angewandte Transformation, deren Ergebnis die durch Formel (16) definierte Verteilung $G(y)$ ist, wird häufig Cramérsche *Transformation* genannt. Die c. F. der Zufallsgröße $\eta$ mit der Verteilung $G(y)$ ist gleich

$$g(u) = \int e^{iuy} \frac{1}{\psi(y)} e^{\lambda y}\, dF(y) = \frac{\varphi(u - i\lambda)}{\varphi(-i\lambda)}\,. \tag{19}$$

Sei $0 < \alpha < \alpha_+$. In den Formeln (16) und (19) wählen wir $\lambda = \lambda(\alpha)$. Dann hat die Zufallsgröße $\eta$ mit der c. F. $g(u)$ die Eigenschaften

$$\mathsf{M}(\eta - \alpha) = \frac{\psi'(\lambda(\alpha))}{\psi(\lambda(\alpha))} - \alpha = 0\,, \qquad \mathsf{D}(\eta - \alpha) = \frac{\psi''(\lambda(\alpha))}{\psi(\lambda(\alpha))} - \alpha^2 = \sigma_\alpha^2 > 0\,. \tag{20}$$

Wir können jetzt folgenden Satz formulieren. Sei $\eta_1, \eta_2, \ldots$ eine Folge unabhängiger Zufallsgrößen, die ebenso wie $\eta - \alpha$ verteilt sind, und sei $H_n = \sum_{j=1}^n \eta_j$.

Wir führen die folgende Bedingung (B) ein:

(B): *$F(x)$ besitzt eine Dichte und die* c. F. *$\varphi(t)$ hat die Eigenschaft, daß für irgendein ganzes $m \geqq 1$* die Funktion *$\varphi^m(u - i\lambda)$ für alle $\lambda \in [0, \lambda_+)$ bezüglich $u$ integrierbar ist*[1]).

**Satz 8.** *Es seien die Bedingungen* (A) *und* (B) *erfüllt und sei außerdem*

$$\limsup_{n\to\infty} \frac{x}{n} < \alpha^+ = \frac{\psi'(\lambda_+)}{\psi(\lambda_+)}\,.$$

[1]) Dafür ist die Integrierbarkeit von $\varphi^m(t)$ hinreichend.

(Wir erinnern daran, daß $\psi(\lambda) = \mathsf{M}\, e^{\lambda\xi}$ und $\lambda_+ = \sup\{\lambda: \psi(\lambda) < \infty\}$ ist.) *Dann gilt*

$$f_{S_n}(x + a) = \exp\{-n\Lambda(\alpha) - a\lambda(\alpha)\} f_{H_n}(a) . \tag{21}$$

*Dabei ist* $\alpha = \frac{x}{n}$, $f_{S_n}$ *und* $f_{H_n}$ *sind die zu* $S_n$ *und* $H_n$ *gehörigen Dichten.*

Dieser Satz gestattet es, Aufgaben über große Abweichungen für $S_n$ auf die Aufgabe über „Normal"abweichungen für $H_n$ zurückzuführen.

Beweis. Nach der Umkehrformel ist die Dichte von $S_n$ im Punkte $x + a$ gleich

$$f_{S_n}(x + a) = \frac{1}{2\pi}\int e^{-it(x+a)}\varphi^n(t)\, dt . \tag{22}$$

Wie wir schon erwähnten, ist hierbei der Integrand für $0 > \operatorname{Im} t > -\lambda_+$ analytisch und einschließlich des Randes $\operatorname{Im} t = 0$ stetig. Da außerdem $|\varphi(t)| \to 0$ für $|\operatorname{Re} t| \to \infty$ gilt, kann man den Integrationsweg $\operatorname{Im} t = 0$ in Formel (22) durch eine beliebige Gerade $\operatorname{Im} t = -\lambda, \lambda \in [0, \lambda_+)$, ersetzen (vgl. Beispiel 3, § 1, Kap. 6, in dem die c. F. der Normalverteilung bestimmt wird). Mit anderen Worten, in (22) können wir $t$ durch $u - i\lambda$ ersetzen und bezüglich $u$ in den Grenzen von $-\infty$ bis $\infty$ integrieren. Das ergibt

$$f_{S_n}(x + a) = e^{-\lambda(x+a)}\psi^n(\lambda) \cdot \frac{1}{2\pi}\int e^{-iua}\gamma^n(u)\, du , \tag{23}$$

wobei

$$\gamma(u) = e^{-iu\frac{x}{n}}\frac{\varphi(u - i\lambda)}{\varphi(-i\lambda)}$$

ist.

Für $\lambda$ wählen wir hier den Wert $\lambda(\alpha)$, $\left(\alpha = \frac{x}{n}\right)$. Dann ist offenbar $\gamma(u)$ die c. F. von $\eta - \alpha$. Da für $\lambda = \lambda(\alpha)$

$$e^{-\lambda x}\psi^n(\lambda) = \exp\{-n\Lambda(\alpha)\}$$

gilt, ergibt sich aus (23) zusammen mit der Umkehrformel die Behauptung des Satzes. ◀

Wenden wir uns nun den Zufallsgrößen $\eta_k$ zu. Es liegt hier offenbar ein Serienschema vor, da die Verteilung von $\eta_k$ von $\alpha$ und damit von $n$ abhängt. Es ist jedoch leicht zu sehen, daß die $\eta_k$ allen Bedingungen des lokalen Grenzwertsatzes 7' genügen, wobei anstelle von $\varphi_n(t)$ die Funktion $\gamma(t)$ zu betrachten ist. In der Tat, die Existenz der Dichte von $\eta$ ist evident, da

$$G'(y) = \frac{1}{\psi(y)} e^{\lambda y} F'(y)$$

ist. Die Forderung der Gleichmäßigkeit bezüglich $\alpha$ (oder bezüglich $\lambda = \lambda(\alpha)$) in den Voraussetzungen 1—3 von Satz 7' für die Funktion $\gamma(t)$ kann man unmittelbar verifizieren. Nehmen wir beispielsweise für die Voraussetzung 2 das Gegenteil an, so existieren $\varepsilon > 0$ und Folgen $\alpha_k$, $u_k$ derart, daß $|u_k| > \varepsilon$ ist und für $k \to \infty$

$$|\gamma(u_k)| = \left|\frac{\varphi(u_k - i\lambda(\alpha_k))}{\varphi(-i\lambda(\alpha_k))}\right| \to 1 \tag{24}$$

gilt. Wegen $\alpha_k \in [0, a]$, $a < \alpha$ kann man, wenn man die Kompaktheit der Strecke ausnutzt, ohne Beschränkung der Allgemeinheit annehmen, daß $\alpha_k \to \alpha_0 \in [0, a]$, $a < \infty$ gilt. Weiter ist wegen $|\varphi'(t)| \leqq \psi'(\lambda(a))$ die Ableitung $\varphi'(t)$ im Gebiet $0 \geqq \operatorname{Im} t \geqq -\lambda(a)$ gleichmäßig beschränkt. Deshalb gilt neben (24) für $k \to \infty$ auch

$$|u_k| > \varepsilon, \qquad \varphi(-i\lambda(\alpha_k)) \to \varphi(-i\lambda(\alpha_0)) > 0, \qquad \left|\frac{\varphi(u_k - i\lambda(\alpha_0))}{\varphi(-i\lambda(\alpha_0))}\right| \to 1 .$$

Das widerspricht der Existenz der Dichte der Verteilung mit der c. F. $\frac{\varphi(u - i\lambda(\alpha_0))}{\varphi(-i\lambda(\alpha_0))}$. ◀

Die Voraussetzungen von Satz 7' sind also erfüllt.

Das bedeutet, daß

$$f_{H_n}(a) = \frac{1}{\sigma_\alpha \sqrt{n}} f_{\zeta_n^*}\left(\frac{a}{\sigma_\alpha \sqrt{n}}\right); \qquad f_{\zeta_n^*}(v) \to \frac{1}{\sqrt{2\pi}} e^{-v^2/2} \tag{25}$$

gleichmäßig bezüglich $v$ gilt, wobei $\zeta_n^* = \frac{H_n}{\sigma_\alpha \sqrt{n}}$ ist. Vergleichen wir das mit Satz 8, so erhalten wir die folgende Behauptung

**Satz 9.** *Die Voraussetzungen von Satz 8 seien erfüllt. Dann gilt*

$$f_{S_n}(x) \sim \frac{1}{\sigma_\alpha \sqrt{2\pi n}} \exp\{-n\Lambda(\alpha)\},$$

*wobei nach wie vor* $\alpha = \frac{x}{n}$ *ist und* $\sigma_\alpha$ *durch die Formel* (20) *bestimmt wird.*

*Für beliebiges* $a > 0$ *mit* $a = o(\sqrt{n})$ *gilt*

$$\mathsf{P}(x \leq S_n \leq x + a) \sim \frac{1}{\sigma_\alpha \sqrt{2\pi n}} \exp\{-n\Lambda(\alpha)\} \frac{1 - e^{-a\lambda(\alpha)}}{\lambda(\alpha)}. \tag{26}$$

*Für* $\frac{x}{\sqrt{n}} \to \infty$ *gilt*

$$\mathsf{P}(S_n \geq x) \sim \frac{1}{\sigma_\alpha \lambda(\alpha) \sqrt{2\pi n}} \exp\{-n\Lambda(\alpha)\}. \tag{27}$$

Die Relation (26) erhält man durch Integration von (21) und (25) bezüglich $a$.

Um (27) zu erhalten, hat man $a = o(\sqrt{n})$ so zu wählen, daß $a\lambda(n) \to \infty$ gilt $\left(\text{oder, was dasselbe ist, } \frac{ax}{n} \to \infty\right)$. Das ist offenbar immer möglich, und damit wird die rechte Seite von (26) asymptotisch äquivalent (27). ◀

In den Relationen (26) und (27) hat man zu berücksichtigen, daß $\sigma_\alpha \to 1$, $\lambda(\alpha) \sim \alpha$ für $\alpha \to 0$ gilt.

Bemerkung 1. Die Relation (27) zeigt, wie genau die von uns im § 7., Kap. 4 erhaltene Ungleichung vom TSCHEBYSCHEWschen Typ

$$\mathsf{P}(\xi \geq x) \leq e^{-\lambda x} \mathsf{M}\, e^{\lambda \xi}$$

ist. Wendet man sie auf die Zufallsgröße $S_n$ an und wählt $\lambda = \lambda(\alpha)$, so erhält man $\mathsf{M}\, e^{\lambda S_n} = \psi(\lambda)^n$,

$$\mathsf{P}(S_n \geq x) \leq \exp n\{-\alpha\lambda(\alpha) + \ln \psi(\lambda(\alpha))\} = \exp\{-n\Lambda(\alpha)\}.$$

Bemerkung 2. Die Sätze 8 und 9 zeigen, daß bei der Beschreibung der Wahrscheinlichkeiten großer Abweichungen die Funktion $\Lambda(\alpha)$ die bestimmende Rolle spielt. Die Relation (27) gestattet es, für die Funktion $\Lambda(\alpha)$ für jedes $\alpha$ mit $0 \leq \alpha < \alpha_+$ die Gleichung

$$\Lambda(\alpha) = -\lim_{n\to\infty} \frac{1}{n} \ln \mathsf{P}\left(\frac{S_n}{n} \geq \alpha\right) \tag{28}$$

aufzuschreiben. Wie man leicht sieht, ist

$$\Lambda(\alpha) = -\lim_{h\to 0} \lim_{n\to\infty} \frac{1}{n} \mathsf{P}\left(\frac{S_n}{n} \in (\alpha - h, \alpha + h)\right). \tag{29}$$

Diese letzte Relation bleibt aber auch ohne irgendwelche einschränkende Voraussetzungen über die Verteilung von $\xi_k$ und $\alpha$ richtig.

Die Gleichungen (28) und (29) erklären in gewissem Maße den Ausdruck „Funktion der Abweichungen“ für $\Lambda(\alpha)$, wobei diese für alle $\alpha$ durch die erste Relation in (17) definiert wird. Man erkennt ebenfalls, daß bei Nichterfüllung der Bedingung (A) für $\Lambda(\alpha) = 0$ für $\alpha > 0$ ist.

Bemerkung 3. Wenden wir uns wieder Satz 9 zu. Für $x \geqq \alpha_0 n, \alpha_0 > 0$ fällt $\mathsf{P}(S_n \geqq x)$ exponential. Ist die Funktion $\psi(\lambda)$ im Punkte $\lambda = 0$ analytisch, so ist auch $\Lambda(\alpha)$ im Punkte $\alpha = 0$ analytisch, und wir können die Entwicklung $\Lambda(\alpha) = \sum \Lambda_k \alpha^k$ verwenden. Hierin ist $\Lambda_k$ vollständig durch $k$ Momente von $\xi_i$ bestimmt. In diesem Falle erhalten wir für $\frac{x}{n} = \alpha \to 0$

$$\exp\{-n\Lambda(\alpha)\} \sim \exp\left\{-n \sum_{k=2}^{s} \Lambda_k \alpha^k\right\},$$

wenn $n\alpha^{s+1} = \frac{x^{s+1}}{n^s} \to 0$ für $n \to \infty$. Ist speziell $x = o(n^{2/3})$, so gilt

$$\mathsf{P}(S_n \geqq x) \sim \left(2\pi \frac{x^2}{n}\right)^{-1/2} \exp\left\{-\frac{x^2}{2n}\right\} \sim 1 - \Phi\left(\frac{x}{\sqrt{n}}\right). \tag{30}$$

Das letzte Ergebnis stimmt mit den früher gemachten Bemerkungen über die Anwendbarkeit des Satzes von Moivre-Laplace im Bereich der großen Abweichungen überein. Wenn aber $\Lambda_3 \neq 0$ ist, so darf man in dem Falle, daß $\Lambda_3 \frac{x^3}{n^2}$ keine kleine Zahl ist, die Approximation durch Normalverteilung nicht benutzen.

Die Funktion der Abweichungen $\Lambda(\alpha)$ kann für einige Verteilungen explizit berechnet werden. Beispielsweise gilt für die (0, 1)-Normalverteilung

$$\lambda_+ = \alpha_+ = \infty, \qquad \lambda(\alpha) = \alpha, \qquad \Lambda(\alpha) = \frac{\alpha^2}{2}.$$

Für die zentrierte Exponentialverteilung mit dem Parameter $\mu$:

$$\mathsf{P}(\xi > x) = e^{-\mu\left(x+\frac{1}{\mu}\right)} \quad \text{für} \quad x \geqq -\frac{1}{\mu}; \qquad \mathsf{P}(\xi > x) = 1 \quad \text{für} \quad x < -\frac{1}{\mu}$$

erhalten wir

$$\lambda_+ = \mu, \quad \alpha_+ = \infty, \quad \psi(\lambda) = e^{-\frac{\lambda}{\mu}} \frac{\mu}{\mu - \lambda}, \quad \lambda(\alpha) = \mu - \frac{\mu}{\alpha\mu + 1} = \frac{\alpha\mu^2}{\alpha\mu + 1}.$$

Bemerkung 4. Für das Bernoulli-Schema hatten wir genau genommen die Funktion der Abweichungen berechnet und im § 2, Kap. 5 benutzt. Im Zusammenhang damit kann man erwähnen, daß die Formel (27) auch für gitterförmige $\xi_k$ ($\xi_k$ hat die Gestalt $kh$, $h > 0$, $k$ — ganz) gültig bleibt, jedoch muß dabei $x$ ein Vielfaches der Gitterkonstanten sein.

Dem Leser ist ohne Überwindung irgendwelcher neuen Schwierigkeiten folgende Verallgemeinerung von Satz 9 zugänglich. Wir erinnern daran, daß wir die Bedingung (B) benötigten, um die Existenz der Dichte zu sichern, um die Umkehrformel anzuwenden (Integrierbarkeit von $\varphi^m$) und um die Abschätzung $|\gamma(u)| < 1 - \delta$ für $|u| > \varepsilon$ (siehe Voraussetzungen von Satz 7') zu haben. Aber all dies kann man auch auf einem etwas anderen Wege erreichen, indem man in $S_n$ einen „glättenden“ Summanden $\xi^*$ mit finiter Dichte (glatt und auf $[0, h]$, $h < \infty$, konzentriert) einführt und voraussetzt, daß folgende Bedingung (C) erfüllt ist (diese Bedingung wird manchmal auch Cramérsche Bedingung genannt):

$$\limsup_{|u| \to \infty} |\varphi(u - i\lambda)| < \varphi(-i\lambda), \ \lambda \in [0, \lambda_+). \tag{C}$$

Die Einführung von $\xi^*$ garantiert die Existenz der Dichte für $S_n + \xi^*$ und macht die Anwendung der Umkehrformel möglich, weil die c. F. von $\xi^*$ integrierbar ist (siehe Beweis des Stetigkeitssatzes für c. F.). Aus der Bedingung (C) folgt auch, daß für $|u| > \varepsilon$ ($\operatorname{Im} u = 0$)

$|\gamma(u)| < 1 - \delta$ ist. Für die Gültigkeit der Bedingung (C) ist hinreichend[1]), daß $F(x)$ eine absolut stetige Komponente enthält (denn die dieser Komponente entsprechende c.F. konvergiert für $u \to \infty$, $\operatorname{Im} u = 0$ gegen 0). Die Bedingung (C) ist sicher nicht erfüllt, wenn $\xi$ diskret ist. Dann nimmt nämlich $|\varphi(t)|$ für $|t| \to \infty$ Werte an, die genügend nahe an Eins liegen (oder gleich Eins sind).

Ist also die Zufallsgröße $\xi^*$ von $\{\xi_k\}$ unabhängig und besitzt sie eine auf $[0, h]$ konzentrierte finite Dichte, so ist ihre c.F. $\varphi^*(t)$ integrierbar, analytisch in der ganzen Ebene und die Dichte von $S_n + \xi^*$ ist gleich

$$f_{S_n+\xi^*}(x + a) = \frac{1}{2\pi} \int e^{-itx} \varphi^n(t)\, \varphi^*(t)\, dt\,.$$

Wiederholt man mit den erforderlichen Veränderungen die gemachten Ausführungen, so erhält man

$$f_{S_n+\xi^*}(x + a) = \exp\{-n\Lambda(\alpha) - a\lambda(\alpha)\}\, f_{H_n+\xi^{**}}(a)\, \varphi^*(-i\lambda(\alpha))\,,$$

wobei $\xi^{**}$ eine finite Dichte besitzt und ihre c. F. ist gleich $\dfrac{\varphi^*(u - i\lambda(\alpha))}{\varphi^*(-i\lambda(\alpha))}$. Jetzt hat man wieder auszunutzen, daß für $a = o(\sqrt{n})$

$$f_{H_n+\xi^{**}}(a) = \frac{1}{\sigma_\alpha \sqrt{2\pi n}}\,(1 + o(1))$$

gleichmäßig bezüglich $a$ ist. Ebenso wie in (26) erhalten wir für $a > 0$, $a = o(\sqrt{n})$

$$\mathsf{P}(x < S_n + \xi^* < x + a) \sim \frac{e^{-n\Lambda(\alpha)}}{\sigma_\alpha \lambda(\alpha) \sqrt{2\pi n}}\,(1 - e^{-a\lambda(\alpha)})\, \varphi^*(-i\lambda(\alpha))\,. \tag{31}$$

Daraus erhält man nun leicht (26) und (27), indem man die Ungleichungen

$$\mathsf{P}(x + h < S_n + \xi^* < x + a) \leqq \mathsf{P}(x \leqq S_n < x + a) \leqq \mathsf{P}(x \leqq S_n + \xi^* < x + a + h)$$

ausnutzt und berücksichtigt, daß $h$ beliebig klein gewählt werden kann. Dabei müssen wir $a \geqq a_0 = \text{const.} > 0$ voraussetzen. $h$ kann so gewählt werden, daß der Wert von $\varphi^*(-i\lambda(\alpha))$ in (31) beliebig nahe an 1 liegt.

Wir haben also folgenden Satz bewiesen.

**Satz 10.** *Unter den Voraussetzungen* (A) *und* (C) *und der zusätzlichen Voraussetzung* $a \geqq a_0 > 0$ *gelten die Relationen* (26) *und* (27).

Zum Abschluß dieses Paragraphen führen wir noch eine Eigenschaft der Funktion der Abweichungen an. Wir bezeichnen mit $\Lambda_\xi(\alpha)$, $\lambda_\xi(\alpha)$ und $\psi_\xi(\lambda)$ die der Zufallsgröße $\xi$ entsprechenden Funktionen $\Lambda$, $\lambda$ und $\psi$. Sind dann $\xi$ und $\eta$ unabhängig, so gilt

$$\begin{aligned}\Lambda_{\xi+\eta}(\alpha) &= -\inf_\lambda\,(-\alpha\lambda + \ln \psi_\xi(\lambda) + \ln \psi_\eta(\lambda)) = \\ &= \sup_\lambda\,(\beta\lambda - \ln \psi_\xi(\lambda) + (\alpha - \beta)\,\lambda - \ln \psi_\eta(\lambda)) \leqq \Lambda_\xi(\beta) + \Lambda_\eta(\alpha - \beta)\,.\end{aligned} \tag{32}$$

Weil aber andererseits die Funktion $\lambda_\xi(\beta)$ monoton wächst, kann man $\beta$ so wählen, daß $\lambda_\xi(\beta) = \lambda_\eta(\alpha - \beta)$ ist. Bei diesem $\beta$ steht in (32) das Gleichheitszeichen, und folglich ist

$$\Lambda_{\xi+\eta}(\alpha) = \inf_\beta\,(\Lambda_\xi(\beta) + \Lambda_\eta(\alpha - \beta))\,.$$

Aus Symmetriegründen finden wir hieraus für identisch verteilte $\xi_k$

$$\Lambda_{\xi_1+\xi_2}(2\alpha) = 2\,\Lambda_{\xi_1}(\alpha)\,, \qquad \Lambda_{S_n}(n\alpha) = n\Lambda_\xi(\alpha)\,.$$

Da in Formel (27) die Ordnung der Konvergenz gegen Unendlich der Folgen $n\lambda^2(\alpha)$ und $n\Lambda(\alpha)$ gleich ist, könnten wir jetzt diese Formel in der Form

$$\mathsf{P}(S_n \geqq x) \sim c(\alpha)\,(\Lambda_{S_n}(x))^{-1/2} \exp\{-\Lambda_{S_n}(x)\}$$

---

[1]) Die Bedingung (C) ist erfüllt, wenn $\limsup_{|u|\to\infty} |\varphi(u)| < 1$ ist ($\operatorname{Im} u = 0$).

schreiben, wobei $c(\alpha)$ zwischen fixierten positiven Grenzen liegt. In dieser Form hat der Satz über große Abweichungen eine sehr allgemeine Gestalt und bleibt auch dann richtig, wenn in den Voraussetzungen von Satz 10 auf die Unabhängigkeit und identische Verteilung der Summanden verzichtet wird.

## § 6. Konvergenz gegen andere stabile Verteilungen

Es ist aus den vorangegangenen Paragraphen ersichtlich, daß die Normalverteilung unter den anderen Verteilungen eine besondere Stellung einnimmt, denn sie tritt als Grenzverteilung für normierte Summen beliebig verteilter Summanden auf. Es entsteht die natürliche Frage, ob andere Grenzverteilungen für Summen unabhängiger Zufallsgrößen existieren.

Aus dem Beweis von Satz 2 für identisch verteilte Zufallsgrößen ist ersichtlich, daß der Charakter der Grenzverteilung von $S_n$ durch das Verhalten der charakteristischen Funktion in einer Umgebung von 0 bestimmt wird.

Wenn $\mathsf{M}\xi = 0$ und $\mathsf{M}\xi^2 = \sigma^2$ existieren, so haben wir die Darstellung

$$\varphi\left(\frac{t}{\sqrt{n}}\right) = 1 - \frac{\varphi''(0)\, t^2}{2n} + o\left(\frac{1}{n}\right).$$

Aber dadurch ist das asymptotische Verhalten von

$$\varphi_{\frac{S_n}{\sqrt{n}}}(t) = \varphi^n\left(\frac{t}{\sqrt{n}}\right)$$

bestimmt, das zur Normalität führt. Wir müssen also bei der Suche nach anderen Grenzverteilungen für die Summen

$$S_n = \xi_1 + \cdots + \xi_n$$

auf die Endlichkeit der Varianz $\mathsf{M}\xi^2$ oder, was dasselbe ist, auf die Existenz von $\varphi''(0)$ verzichten. Wir werden hier nicht alle Verteilungen untersuchen, die diese Eigenschaften besitzen, sondern wir werden uns nur auf die genügend „regelmäßige" Fälle beschränken, in denen die Bedingungen (D) erfüllt ist: für $\alpha < 2$ gilt

$$1 - F(x) = ax^{-\alpha} + o(x^{-\alpha}), \qquad F(-x) = bx^{-\alpha} + o(x^{-\alpha}) \tag{D}$$

für $x \to \infty$. Es wird hierbei vorausgesetzt, daß mindestens eine der Zahlen $a$ oder $b$ positiv ist. Man sieht leicht, daß für solche Verteilungen $\int x^2\, \mathrm{d}F(x) = \infty$ gilt. Den Wert von $\mathsf{M}\xi$ werden wir für $\alpha > 1$ ohne Beschränkung der Allgemeinheit gleich Null setzen.

Eine Antwort auf die gestellte Frage gibt der folgende Satz.

**Satz 11.** *Für $0 < \alpha < 2$ existiert eine solche Folge $A_n$, so daß für $n \to \infty$*

$$\mathsf{P}\left(\frac{S_n}{[\alpha(a+b)n]^{1/\alpha}} - A_n < x\right) \Rightarrow F_{\alpha,\beta}(x) \tag{33}$$

*gilt. Dabei ist $F_{\alpha,\beta}$ ein Verteilungsgesetz, das nur von den Parametern $\alpha$ und $\beta = \frac{a-b}{a+b}$ abhängt. Der Logarithmus der c.F. von $F_{\alpha,\beta}$ ist gleich*

$$\ln \varphi(t) = \int \left(\mathrm{e}^{itx} - 1 - \frac{itx}{1+x^2}\right) |x|^{-\alpha-1} D(x)\, \mathrm{d}x, \tag{34}$$

$$D(x) = \begin{cases} \dfrac{a}{a+b} & \text{für } x > 0, \\[2mm] \dfrac{b}{a+b} & \text{für } x \leqq 0. \end{cases}$$

Die Rolle der Parameter $\alpha$ und $\beta$ wird in der Bemerkung 2 am Ende des Paragraphen erläutert.

Wie wir gesehen haben, treten neben $F_{\alpha,\beta}$, $0 < \alpha < 2$, $-1 \leqq \beta \leqq 1$ auch die Normalverteilung $F_2(x)$ und das ausgeartete Verteilungsgesetz $F_0(x) = 0$ für $x \leqq 0$ und $F_0(x) = 1$ für $x > 0$ als Grenzverteilungen auf. Die Menge aller dieser Gesetze wollen wir mit $\mathcal{L}_0$ bezeichnen. Weiter erkennt man leicht, daß wenn $F$ irgendeine Grenzverteilung ist, so ist die Verteilung, die sich von $F$ durch Veränderung des Maßstabes und durch eine Verschiebung unterscheidet $\left(\text{d. h. das Gesetz } F\left(\frac{x-a_1}{b_1}\right)\right)$ ebenfalls eine Grenzverteilung.

Es erweist sich, daß die durch eine solche Erweiterung von $\mathcal{L}_0$ erhaltene Klasse von Verteilungsgesetzen $\mathcal{L}$ alle Grenzverteilungen für Summen identisch verteilter unabhängiger Größen ausschöpft.

Es ist auch eine andere Charakterisierung der Klasse der Grenzgesetze $\mathcal{L}$ möglich. Wir wollen das *Verteilungsgesetz* $F(x)$ *stabil* nennen, wenn man für beliebige $a_1$, $a_2$, $b_1 > 0$, $b_2 > 0$ solche $a$ und $b > 0$ finden kann, daß

$$F\left(\frac{x-a_1}{b_1}\right) * F\left(\frac{x-a_2}{b_2}\right) = F\left(\frac{x-a}{b}\right)$$

gilt. Mit Hilfe der c. F. kann man die Eigenschaft der Stabilität wie folgt formulieren: für beliebige $b_1 > 0$, $b_2 > 0$ kann man $a$ und $b > 0$ derart angeben, daß

$$\varphi(tb_1)\,\varphi(tb_2) = e^{ita}\,\varphi(tb)$$

gilt. Die Klasse aller stabilen Gesetze bezeichnen wir mit $\mathcal{L}^*$. Wir werden beweisen, *daß die Klasse aller Grenzverteilungen* $\mathcal{L}$ *und die Klasse aller stabilen Gesetze* $\mathcal{L}^*$ *zusammenfallen.*

Die Inklusion $\mathcal{L}^* \subset \mathcal{L}$ folgt aus den Grenzwertsätzen dieses Kapitels, weil man ohne Mühe feststellen kann, daß $F_0$, $F_2$ und $F_{\alpha,\beta}$ stabil sind. (Die Stabilität von $F_{\alpha,\beta}$ läßt sich einfacher unter Zuhilfenahme der später folgenden Bemerkungen 1 und 2 beweisen.)

Die umgekehrte Inklusion $\mathcal{L} \subset \mathcal{L}^*$ ist auch leicht einzusehen. Angenommen, es existieren Folgen $A_n$ und $B_n$ derart, daß

$$\mathsf{P}\left(\frac{S_n}{B_n} - A_n < x\right) \Rightarrow F$$

gilt. Der Einfachheit halber setzen wir (siehe Bemerkung 1) $A_n = 0$, $B_n = n^v$, $v > 0$ voraus. Außerdem konvergiere die c. F. $\varphi_n(t)$ der Zufallsgröße $\frac{S_n}{n^v}$ gegen $\varphi(t)$. Dann gilt für die c. F. der Größe

$$\frac{S_{[An]+[Bn]}}{([An]+[Bn])^v}, \quad A > 0, \quad B > 0\,.$$

$\varphi_{[An]+[Bn]}(t) \to \varphi(t)$, und sie ist gleichzeitig dem Produkt $\varphi_{[An]}(tp_n)\,\varphi_{[Bn]}(tq_n)$ gleich, wobei $p_n = \frac{[An]^v}{([An]+[Bn])^v} \to p = \left(\frac{A}{A+B}\right)^v$, $q_n \to q = \left(\frac{B}{A+B}\right)^v$ gilt. Im Ergebnis erhalten wir die Identität $\varphi(tp)\,\varphi(tq) = \varphi(t)$, was offenbar die Stabilität von $\varphi$ bedeutet.

Es ist interessant zu bemerken, daß die POISSON-Verteilung (wir erinnern daran, daß ihre c. F. $\varphi(t)$ gleich $\exp\{\mu(e^{it}-1)\}$ ist) und die Gamma-Verteilung $\left(\varphi(t) = \left(1 - \frac{it}{\alpha}\right)^{-\lambda}\right.$, siehe § 7, Kap. 6) nicht stabil sind. Jedoch besitzen sie eine andere Eigenschaft, die wir *unbegrenzte Teilbarkeit* nennen wollen. Diese Eigenschaft besteht darin, daß für beliebiges $n$ die Funktion $\varphi^{1/n}(t)$ wiederum c. F. sein muß (d. h., die Größe $\xi$ mit der c. F. $\varphi$ ist darstellbar als Summe unabhängiger $\xi_{k,n}$, $k = 1, \ldots, n$, mit den c. F. $\varphi^{1/n}$). Die Klasse der unbeschränkt teilbaren Gesetze enthält $\mathcal{L}^*$ und spielt dieselbe Rolle wie die Klasse $\mathcal{L}$:

Sie fällt mit der Klasse aller Grenzverteilungen für Summen unabhängiger identisch verteilter Größen *im Serienschema* zusammen.[1])

Beweis von Satz 11. Das allgemeine Beweisschema ist hier ungefähr dasselbe wie beim zentralen Grenzwertsatz. Wir führen die Bezeichnungen

$$B_n = [\alpha n(a + b)]^{1/\alpha}, \qquad \zeta_n = \frac{S_n}{B_n} - A_n$$

ein, wobei $A_n$ später gewählt wird. Die c. F. von $\zeta_n$ ist gleich

$$\varphi_{\zeta_n}(t) = e^{-itA_n} \varphi_\xi^n\left(\frac{t}{B_n}\right).$$

Da $\varphi_\xi(t) \to 1$ für $t \to 0$ gilt, erhalten wir bei jedem festen $t$ für $n \to \infty$

$$\left|\ln \varphi_\xi\left(\frac{t}{B_n}\right) - \left(\varphi_\xi\left(\frac{t}{B_n}\right) - 1\right)\right| < \left|\varphi_\xi\left(\frac{t}{B_n}\right) - 1\right|^2,$$

$$\ln \varphi_{\zeta_n}(t) = -itA_n + n\left(\varphi_\xi\left(\frac{t}{B_n}\right) - 1\right) + R_n. \tag{35}$$

Der Betrag des letzten Summanden $R_n$ ist nicht größer als $n\left|\varphi_\xi\left(\frac{t}{B_n}\right) - 1\right|^2$ und strebt für $n \to \infty$ gegen 0. In der Tat, folgt aus den Ungleichungen

$$|e^{i\tau} - 1| \leqq |\tau|, \quad |e^{i\tau} - 1| \leqq 2$$

für $p < 1$ die Abschätzung

$$|e^{i\tau} - 1| < 2|\tau|^p.$$

Da für $p < \alpha$ $m = \mathsf{M}|\xi|^p < \infty$ ist, gilt für $2p > \alpha$

$$|\varphi_\xi(\tau) - 1| \leqq \mathsf{M}|e^{i\tau\xi} - 1| \leqq 2\mathsf{M}|\tau\xi|^p,$$

$$n\left|\varphi_\xi\left(\frac{t}{B_n}\right) - 1\right|^2 \leqq n\left|\frac{t}{B_n}\right|^{2p} 4m^2 \leqq \text{const.}\, n^{1-\frac{2p}{\alpha}} \to 0.$$

Wir betrachten jetzt den zweiten Summanden auf der rechten Seite von (35). Diesen können wir in der Form

$$n\int (e^{itx} - 1)\, dF(xB_n) = \int\left(e^{itx} - 1 - \frac{itx}{1 + x^2}\right)\frac{1 + x^2}{x^2}\, dG_n(x) + itn\int \frac{x}{1 + x^2}\, dF(xB_n) \tag{36}$$

schreiben, wobei[2])

$$G_n(v) = \int_{-\infty}^{v} \frac{nx^2}{1 + x^2}\, dF(xB_n)$$

[1]) Ausführlich wird diese Problematik in den Büchern von B. W. Gnedenko, A. N. Kolmogorow „Grenzwertsätze für Summen unabhängiger Zufallsgrößen", Akademie-Verlag, Berlin 1959, oder M. Loève „Probability theory", D. van Nostrand Comp., New York 1960, behandelt.

[2]) Ist $\alpha > 1$ und folglich $\mathsf{M}\xi = 0$, so ist es bequemer anstelle des rechten Teils von (36)

$$\int (e^{itx} - 1 - itx)\frac{1 + x^2}{x^2}\, dG_n(x)$$

zu schreiben. Im allgemeinen Falle addieren und subtrahieren wir $\int \frac{x}{1 + x^2}\, dF(xB_n)$, weil dieses Integral immer existiert.

ist. Weiter betrachten wir die Funktion

$$G(v) = \int_{-\infty}^{v} \frac{|x|^{1-\alpha} D(x)}{1+x^2} \, dx \, .$$

Dabei ist $D(x)$ in (34) definiert. Durch partielle Integration erhalten wir für $v > 0$ $\left(\text{es ist } d\left(\frac{x^2}{1+x^2}\right) = \frac{2x\,dx}{(1+x^2)^2}\right)$

$$G_n(v) - G(0) = n \int_0^v \frac{x^2}{1+x^2} \, dF(xB_n) = -n \frac{x^2}{1+x^2} (1 - F(xB_n)) \Big|_0^v +$$

$$+ 2n \int_0^v (1 - F(xB_n)) \frac{x\,dx}{(1+x^2)^2} \, . \tag{37}$$

Aufgrund von (D) erhalten wir

$$\lim_{n\to\infty} (G_n(v) - G_n(0)) = -\frac{v^2}{1+v^2} \lim_{n\to\infty} na\,(vB_n)^{-\alpha} + 2 \int_0^v \lim_{n\to\infty} na(xB_n)^{-\alpha} \frac{x}{(1+x^2)^2} \, dx =$$

$$= -\frac{v^{2-\alpha}}{1+v^2} \cdot \frac{a}{\alpha(a+b)} + 2 \frac{a}{\alpha(a+b)} \int_0^v \frac{x^{1-\alpha}}{(1+x^2)^2} \, dx \, .$$

Die Zulässigkeit des Grenzübergangs unter dem Integral (einschließlich des Falles $v = \infty$) ist hier ohne Mühe zu überprüfen, und wir überlassen das dem Leser[1]).

Führt man die „umgekehrte“ partielle Integration durch, so erhält man

$$G_n(0) - G_n(v) = \frac{a}{a+b} \int_0^v \frac{x^2}{1+x^2} x^{-\alpha-1} \, dx = G(v) - G(0) \, .$$

Völlig analog zeigen wir, daß für $v < 0$

$$G_n(0) - G_n(v) = n \int_v^0 \frac{x^2}{1+x^2} \, dF(xB_n) \to \frac{b}{a+b} \int_v^0 \frac{x^2}{1+x^2} |x|^{-\alpha-1} \, dx = G(0) - G(v)$$

gilt. Die Folge $\frac{G_n(v)}{G_n(\infty)}$ ist also eine Folge von Verteilungsfunktionen, und es gilt

$$G_n(\infty) \to G(\infty) \, , \quad \frac{G_n(v)}{G_n(\infty)} \Rightarrow \frac{G(v)}{G(\infty)} \, . \tag{38}$$

Wenden wir uns nun wieder (36) zu. Das erste Integral auf der rechten Seite von (36) ist gleich

$$\int f(x) \, dG_n(x) = G_n(\infty) \int f(x) \, d \frac{G_n(x)}{G_n(\infty)} \, .$$

Dabei ist

$$f(x) = \left(e^{itx} - 1 - \frac{itx}{1+x^2}\right) \frac{1+x^2}{x^2}$$

---

[1]) Läßt man im rechten Teil von (37) $\int_0^{v_n}$ weg, wobei $v_n$ dergestalt ist, daß $B_n v_n \to \infty$ und $v_n \sqrt{n} \to 0$, so gilt $n \int_0^{v_n} \to 0$, während der Integrand in $\int_{v_n}^{\infty}$ von einer integrierbaren Funktion majorisiert wird. o

für jedes $t$ eine stetige und beschränkte Funktion von $x$. Die Beschränktheit und Stetigkeit für $x \neq 0$ ist evident. Unter Verwendung der Reihenentwicklung von $e^{itx}$ erhalten wir, daß sich $f(x)$ in der Umgebung des Punktes $x = 0$ wie

$$\frac{1}{x^2}\left(itx - \frac{t^2x^2}{2} + 0(x^3)\right)(1 + x^2) - itx = -\frac{t^2}{2} + 0(x)$$

verhält.

Aus (38) und den Eigenschaften der schwachen Konvergenz schließen wir

$$\int f(x)\, dG_n(x) \to \int f(x)\, dG(x) = \int \left(e^{itx} - 1 - \frac{itx}{1 + x^2}\right) |x|^{-\alpha-1} D(x)\, dx .$$

Setzt man nun

$$A_n = n \int \frac{x}{1 + x^2}\, dF(xB_n) ,$$

so erhält man, daß

$$\lim_{n\to\infty} \ln \varphi_{\zeta_n}(t) = \int \left(e^{itx} - 1 - \frac{itx}{1 + x^2}\right) |x|^{-\alpha-1} D(x)\, dx \equiv \psi(t) \tag{39}$$

existiert. Es ist leicht zu sehen, daß für $t \to 0$ $\psi(t) \to 0$ gilt und deshalb $\psi$ im Punkte $x = 0$ stetig ist (Vergleiche den Beweis der Stetigkeit von c. F.). Nach dem Stetigkeitssatz (Satz 4, § 4, Kap. 6) bedeutet das, daß $\varphi = e^{\psi}$ eine c. F. ist. Damit ist (33) bewiesen.

Die Tatsache, daß $F_{\alpha,\beta}$ nur von $\alpha$ und $\beta$ abhängt, wird unmittelbar überprüft. In der Tat, sei

$$\int_0^\infty \left(e^{itx} - 1 - \frac{itx}{1 + x^2}\right) |x|^{-\alpha-1}\, dx = u + iv \qquad (u, v \text{ — reell}) .$$

Dann ist

$$\int_{-\infty}^0 \left(e^{itx} - 1 - \frac{itx}{1 + x^2}\right) |x|^{-\alpha-1}\, dx = u - iv ,$$

und wir erhalten (siehe (34))

$$\ln \varphi(t) = \frac{a}{a + b}(u + iv) + \frac{b}{a + b}(u - iv) = u + i\beta v . \quad ◀$$

Die Zahlen $u$ und $v$ in diesen Formeln kann man explizit angeben.

Bemerkung 1. Die Formulierung des Satzes kann man ein wenig vereinfachen, wenn man die Fälle $\alpha < 1$, $\alpha = 1$, und $\alpha > 1$ getrennt betrachtet.

Im ersten Falle ist leicht zu zeigen, daß für das letzte Integral in (36)

$$nit \int \frac{x}{1 + x^2}\, dF(xB_n) = it \int \frac{1}{x}\, dG_n(x) \to it \int \frac{1}{x}\, dG(x)$$

gilt. (Man hat ähnlich wie bei (37) partiell zu integrieren.) Gleichzeitig kann man feststellen, daß für $\alpha < 1$ ein Teil des Integrals (39), nämlich

$$\int \frac{itx}{1 + x^2} |x|^{-\alpha-1} D(x)\, dx = it \int \frac{1}{x}\, dG(x)$$

existiert. Deshalb kann man für $\alpha < 1$ $A_n = 0$ setzen und die Behauptung des Satzes so formulieren:

$$\mathsf{P}\left(\frac{S_n}{B_n} < x\right) \Rightarrow F^*_{\alpha,\beta} . \tag{40}$$

*Dabei ist $F^*_{\alpha,\beta}$ ein stabiles Gesetz, für das der Logarithmus der c. F. gleich*

$$\ln \varphi^*(t) = \int (e^{itx} - 1) |x|^{-\alpha-1} D(x)\, dx = |t|^\alpha \int (e^{iy} - 1) |y|^{-\alpha-1} D(y \operatorname{sign} t)\, dy \tag{41}$$

ist. Die letzte Gleichheit ist das Ergebnis der Substitution $tx = y$.

Für $\alpha > 1$ *ist* $M\xi = 0$, und wir können, wie schon in der Fußnote auf Seite 139 erwähnt wurde, $A_n = 0$ setzen. Der Logarithmus der c. F. der Verteilung $F^*_{\alpha,\beta}$ in (40) wird dabei durch die Gleichheit

$$\ln \varphi^*(t) = \int (e^{itx} - 1 - itx)\,|x|^{-\alpha-1}\, D(x)\, dx \tag{42}$$

beschrieben.

Diesen Ausdruck kann man durch partielle Integration auf eine (41) ähnliche Gestalt bringen.

Im Falle $\alpha = 1$ gelingt es nicht, die Folge $A_n$ zu beseitigen, wir können aber das asymptotische Verhalten von $A_n$ angeben und zeigen, daß

$$A_n = \beta \ln n + o(\ln n)$$

ist. Der Einfachheit halber nehmen wir $a + b = 1$ an. Dann ist für $\alpha = 1$, $B_n = n$

$$A_n = n \int_{-\infty}^{+\infty} \frac{x}{1 + x^2}\, dF(xn)\,.$$

Wir betrachten zunächst $\int_0^\infty$. Es ist klar, daß bei genügend kleinem $\varepsilon > 0$ der Wert von $n \int_0^\varepsilon \frac{x}{1 + x^2}\, dF(xn)$ nahe bei $n \int_0^\varepsilon x\, dF(xn)$ liegt. Man kann außerdem annehmen, daß für ein gewisses $c > 0$

$$1 - F(x) < \min(1, cx^{-1})\,, \quad x > 0$$

gilt. Durch partielle Integration ergibt sich dann

$$n \int_0^\varepsilon x\, dF(xn) = -n\varepsilon(1 - F(\varepsilon n)) + n \int_0^\varepsilon (1 - F(xn))\, dx\,.$$

Hierbei gilt

$$n\varepsilon(1 - F(\varepsilon n)) \to a\,,$$

$$n \int_0^\varepsilon = n \int_0^{c/n} + n \int_{c/n}^{\ln n/n} + n \int_{\ln n/n}^{\varepsilon}\,.$$

Wir erhalten

$$n \int_0^{c/n} \leqq c,\quad n \int_{c/n}^{\ln n/n} < n \int_{c/n}^{\ln n/n} c(nx)^{-1}\, dx = c \ln x \Big|_{c/n}^{\ln n/n} =$$

$$= c[\ln \ln n - \ln n - \ln c + \ln n] = c[\ln \ln n - \ln c]\,.$$

Im letzten Integral gilt für $n \to \infty$ für das Argument $xn > \ln n \to \infty$, so daß gilt

$$n \int_{\ln n/n}^{\varepsilon} \sim n \int_{\ln n/n}^{\varepsilon} a(xn)^{-1}\, dx = a \ln x \Big|_{\ln n/n}^{\varepsilon} = a[\ln \varepsilon - \ln \ln n + \ln n]\,.$$

Wir haben also

$$n \int_0^\varepsilon \frac{x}{1 + x^2}\, dF(xn) \sim a \ln n \ (= o(\ln n) \text{ für } a = 0)\,.$$

Der restliche Teil des Integrals ist

$$n \int_\varepsilon^\infty \frac{x}{1 + x^2}\, dF(xn) = \frac{n}{1 + \varepsilon^2}(1 - F(\varepsilon n)) + n \int_\varepsilon^\infty (1 - F(xn))\, d\left(\frac{x}{1 + x^2}\right) <$$

$$< \frac{c}{1 + \varepsilon^2} + \int_\varepsilon^\infty \frac{c}{x} \left| d\left(\frac{x}{1 + x^2}\right)\right| < \infty\,.$$

Berechnen wir analog $\int\limits_{-\infty}^{0}$, so erhalten wir

$$A_n = (a - b) \ln n + o(\ln n)\,. \quad ◀$$

Bemerkung 2. Die Stabilität der in Bemerkung 1 beschriebenen Gesetze $F^*_{\alpha,\beta}$ ist sehr leicht zu überprüfen, da aufgrund von (41) und (42)

$$\ln \varphi^*(tb) = b^\alpha \ln \varphi^*(t)$$

ist. Da sich $F_{\alpha,\beta}$ und $F^*_{\alpha,\beta}$ nur durch eine Argumentverschiebung unterscheiden, folgt hieraus die Stabilität von $F_{\alpha,\beta}$.

Um im weiteren unwesentliche Bemerkungen und Erklärungen zu vermeiden, werden wir zwischen $F_{\alpha,\beta}$ und $F^*_{\alpha,\beta}$ nicht unterscheiden und unter $F_{\alpha,\beta}$ Verteilungen mit den der Form nach einfacheren c. F. (41), (42) verstehen.

Bezüglich der Rolle der Parameter $\alpha$ und $\beta$ bemerken wir folgendes.

Der Parameter $\alpha$ charakterisiert die Konvergenzgeschwindigkeit gegen Null von $F_{\alpha,\beta}(-x)$ und $1 - F_{\alpha,\beta}(x)$ für $x \to \infty$. Es erweist sich, daß $F_{\alpha,\beta}$ die Eigenschaft (D) bis auf einen konstanten Faktor beibehält.

Der Parameter $\beta$, der Werte aus $[-1,1]$ annimmt, ist ein Maß für die Asymmetrie der Verteilung $F_{\alpha,\beta}$. Ist beispielsweise $\beta = 1$ $(a > 0,\ b = 0)$, so ist für $\alpha < 1$ $F_{\alpha,1}(x)$ eine Verteilung, die vollständig auf der rechten Halbachse konzentriert ist. Das erkennt man daraus, daß $F_{\alpha,1}(x)$ in diesem Falle als Grenzverteilung für die normierten Summen der Zufallsgrößen $\xi_k \geqq 0$ $(F(x) = 0$ für $x < 0)$ betrachtet werden kann. Da dabei für alle $n$ die Verteilungen der normierten Summen auf der rechten Halbachse konzentriert sind, ist auch die Grenzverteilung dort konzentriert. Analog ergibt sich, daß für $\beta = -1$ $(a = 0,\ b > 0)$ $\alpha < 1$ $F_{\alpha,-1}(x)$ vollständig auf der linken Halbachse konzentriert ist.

Für $\beta = 0$ ist die c. F. von $F_{\alpha,0}$ reellwertig und die Verteilung $F_{\alpha,0}$ selbst symmetrisch (siehe Eigenschaften der c. F.).

Wie wir erwähnten, können die c. F. von $F_{\alpha,\beta}$ in expliziter Form angegeben werden. Was aber die Verteilungsfunktionen $F_{\alpha,\beta}$ selbst anbelangt, so sind in expliziter Form nur wenige Gesetze bekannt. Eines von ihnen ist die Cauchy-Verteilung $F_{1,0}$ mit der Dichte $\dfrac{2}{\pi^2 + 4x^2}$. Durch Stauchen um das $\pi/2$fache kann man diese Dichte auf die Form $\dfrac{1}{\pi(1+x^2)}$ bringen.

Zum Abschluß betrachten wir ein Beispiel. In § 8, Kap. 9, werden wir sehen, daß in dem von uns im Beispiel 8, Kap. 4, betrachteten fairen Spiel die Zeit $\eta(z)$, in der ein Spieler mit dem Anfangskapital $z$ sein Kapital verliert, für $n \to \infty$ der Relation

$$\mathsf{P}(\eta(z) = n) \sim z \sqrt{\frac{2}{\pi n}}$$

genügt. Speziell gilt für $z = 1$

$$\mathsf{P}(\eta(1) = n) \sim \sqrt{\frac{2}{n}}\,. \tag{43}$$

Man erkennt leicht (siehe dazu auch Kap. 9), daß $\eta(z)$ ebenso verteilt ist, wie die Summe $\eta_1 + \eta_2 + \cdots + \eta_z$, wobei die $\eta_j$ unabhängig und ebenso wie $\eta(1)$ verteilt sind. Bei der Untersuchung der Verteilung von $\eta(z)$ für große $z$ können wir also wegen (43) den Satz 11 (für $a = \sqrt{2/\pi}$, $b = 0$, $\alpha = 1/2$) anwenden. Nach diesem Satz ist (siehe auch Bemerkung 1)

$$\lim_{z\to\infty} P\left(\frac{2\pi\eta(z)}{z^2} < x\right) = F^*_{1/2,1}(x)$$

ein stabiles Verteilungsgesetz mit den Parametern $\alpha = 1/2$ und $\beta = 1$.

KAPITEL 8

# ELEMENTE DER ERNEUERUNGSTHEORIE

## § 1. Der Erneuerungsprozeß

Sei $(\xi_j)_{j=1}^{\infty}$, $\xi_j > 0$ eine Folge unabhängiger, identisch verteilter Zufallsgrößen auf dem Wahrscheinlichkeitsraum $\langle \Omega, \mathfrak{F}, \mathsf{P} \rangle$. Als einen *Erneuerungsprozeß* bezeichnen wir die Gesamtheit der Zufallsgrößen $\eta(t)$, die vom Parameter $t$ abhängen und durch die Gleichung

$$\eta(t) = \min \{k : S_k \geqq t\} \tag{1}$$

definiert sind, wobei

$$S_k = \sum_{j=1}^{k} \xi_j, \; S_0 = 0$$

ist[1]).

Die Größen $\eta(t)$ sind ebenfalls Zufallsgrößen auf dem Wahrscheinlichkeitsraum $\langle \Omega, \mathfrak{F}, \mathsf{P} \rangle$. Sie sind noch nicht vollständig definiert. Wir wissen nicht, welchen Wert $\eta(t)$ für die Werte $\omega \in \Omega$ annimmt, für die das Niveau $t$ durch die Partialsummen niemals erreicht wird. In diesem Fall setzt man sinnvollerweise

$$\eta(t) = \infty; \text{ wenn } S_k < t \text{ für alle } k \text{ gilt}. \tag{2}$$

Auf Grund der Definition (1) kann man $\eta(t)$ als eine zufällige Funktion betrachten, die sich folgendermaßen beschreiben läßt. Trägt man auf die Zahlenachse die zufälligen Punkte

$$S_0 = 0, \; S_1, S_2, \ldots$$

auf, so ist $\eta(0) = 0$, $\eta(t) = 1$ im halboffenen Intervall $(0, S_0]$; $\eta(t) = 2$ im halboffenen Intervall $(S_1, S_2]$ usw.

Oft bezeichnet man auch die Folge $\{S_k\}_{k=0}^{\infty}$ selbst als einen Erneuerungsprozeß. Wir werden die Folge $\{S_k\}_{k=0}^{\infty}$ auch *zufällige Irrfahrt* nennen.

Die Bezeichnung „Erneuerungsprozeß" ist damit verbunden, daß die Funktion $\eta(t)$ und die Folge $\{S_k\}_{k=0}^{\infty}$ oft für die Beschreibung verschiedener technischer Anlagen, die ersetzbare Elemente besitzen, benutzt werden. Ist z. B. $\xi_j$ die Zeit der störungsfreien Arbeit des Gerätes, nach der es defekt wird (ausfällt) und eine Ersetzung oder Reparatur, d. h. eine „Erneuerung", notwendig wird, dann bezeichnet $S_k$ den Zeitpunkt der $k$-ten „Erneuerung" des Geräts, und $\eta(t)$ ist gleich der Anzahl der „Erneuerungen", die bis zum Zeitpunkt $t$ vorgenommen wurden.

Erneuerungsprozesse werden oft in den eigentlichen wahrscheinlichkeitstheoretischen Untersuchungen angewandt, z. B. bei der Behandlung von Pro-

---

[1]) In der Literatur ist es auch üblich, die Erneuerung im Punkt Null nicht mitzuzählen, d. h., man setzt $\eta(t) = 0$ für $t \leqq S_1$. (Anm. d. Red.)

zessen, in denen sogenannte Regenerationspunkte auftreten, d. h. Zeitpunkte, nach denen die Entwicklung des Prozesses sozusagen von vorn beginnt. Auf solche Beispiele der Anwendung von Erneuerungsprozessen stoßen wir weiter unten.

In einigen weiteren Betrachtungen benötigen wir eine etwas allgemeinere Aufgabenstellung, bei der auf die Positivität der $\xi_i$ verzichtet wird. In diesem Fall werden wir nur voraussetzen, daß

$$\mathsf{M}\xi_j = a > 0$$

ist.

In diesem allgemeinen Fall behalten die Definitionen (1), (2) ihre Gültigkeit.

Es ist leicht einzusehen, daß $\eta(t)$ für jedes $t$ eine MARKOWsche zufällige Größe ist (vgl. S. 60). Die Funktion

$$H(t) = \mathsf{M}\eta(t)$$

heißt *Erneuerungsfunktion.* Sie gibt offenbar die mittlere Anzahl der Schritte der zufälligen Irrfahrt $\{S_j\}$ bis zum ersten Erreichen des Niveaus $t$ an[1]). Für das o. g. Ersatzproblem gibt $H(t) - 1$ die mittlere Anzahl der Ersatzgeräte an, die benötigt werden, um die ununterbrochene Arbeit der Anlage in dem Intervall $[0, t)$ zu sichern.

Da für jedes $t$ nach dem Gesetz der großen Zahlen

$$\mathsf{P}\big(\eta(t) > n\big) = \mathsf{P}(S_n < t) \to 0$$

für $n \to \infty$ gilt, ist $\eta(t)$ eine echte Zufallsgröße. Im weiteren benötigen wir die folgende Behauptung, bei deren Beweis wie insbesondere die WALDsche Identität benutzen.

Satz 1. *Für beliebiges* $t \geqq 0$ *gilt* $H(t) = \mathsf{M}\eta(t) < \infty$. *Außerdem existiert für ein beliebiges* $\varepsilon > 0$ *ein* $N$, *so daß für alle* $t$

$$\mathsf{M}\eta(t) \leqq \frac{t + N}{a - \varepsilon} \tag{3}$$

*gilt.*

Beweis. Der Beweis zerfällt in zwei Etappen. Wir beweisen zuerst die Ungleichung

$$\mathsf{M}\eta(t) \leqq \frac{1}{a} \cdot \mathsf{M}S_{\eta(t)} \,. \tag{4}$$

Dazu betrachten wir die Größe $\eta_M(t) = \min\big(\eta(t), M\big)$. Offensichtlich ist $\eta_M(t)$ wie auch $\eta(t)$ unabhängig von der Zukunft.

[1]) Für $\xi_i > 0$ kann man $\eta(t)$ in der Gestalt

$$\eta(t) = \sum_{j=0}^{\infty} I_{\{S_j < t\}}$$

darstellen, wobei $I_A$ die Indikatorfunktion des Ereignisses $A$ ist. In diesem Fall gilt die Beziehung

$$H(t) = \mathsf{M}\eta(t) = \sum_{j=0}^{\infty} \mathsf{P}(S_j < t) \,.$$

Es gilt

$$\{\eta_M(t) \leqq k\} = \{\eta(t) \leqq k\} \quad \text{für } k < M$$

und

$$\{\eta_M(t) \leqq k\} = \Omega \qquad \text{für } k \geqq M\,.$$

Da $\eta_M(t) \leqq M$ ist, folgt nach der WALDschen Identität

$$\mathsf{M}\eta_M(t) = \frac{1}{a}\cdot \mathsf{M}S_{\eta_M(t)} = \frac{1}{a}\cdot [\mathsf{M}(S_{\eta(\eta)};\ \eta(t) < M) + \mathsf{M}(S_M;\ \eta(t) \geqq M)]$$

$$= \frac{1}{a}\,[\mathsf{M}S_{\eta(t)} + \mathsf{M}(S_M - S_{\eta(t)};\ \eta(t) \geqq M)]\,.$$

Aus der Gültigkeit der Ungleichung $S_M - S_{\eta(t)} \leqq 0$ auf der Menge $\{\eta(t) \geqq M\}$ erhalten wir die Abschätzung

$$\mathsf{M}\eta_M(t) \leqq \frac{1}{a}\cdot MS_{\eta(t)}\,.$$

Hieraus folgt (4), da die rechte Seite hier nicht von $M$ abhängt und

$$\mathsf{M}\eta(t) = \lim_{M\to\infty} \mathsf{M}(\eta(t);\ \eta(t) \leqq M) \leqq \lim_{M\to\infty} \mathsf{M}\eta_M(t)\,.$$

Wir zeigen nun die Endlichkeit von $\mathsf{M}\eta(t)$ und die Gültigkeit der Gleichung (3). Ist $\xi_j \leqq N$ mit Wahrscheinlichkeit 1, so folgt die Behauptung sofort aus (4), weil in diesem Falle $S_{\eta(t)} \leqq t + N$ gilt. Sei jetzt $\xi_j$ nach oben unbeschränkt. Wir führen die Zufallsgröße $\xi_j^* = \min\,(\xi_j, N)$ ein, wobei wir $N$ so wählen, daß für gegebenes $\varepsilon > 0$

$$a^* = \mathsf{M}\xi^* > a - \varepsilon > 0$$

erfüllt ist. Es ist klar, daß die neue zufällige Irrfahrt (die durch die Größe $\xi_j^*$ erzeugt wird), eine größere Anzahl $\eta^*(t) \geqq \eta(t)$ von Schritten zur Erreichung des Niveaus $t$ benötigt. Andererseits ist $\xi_j^* \leqq N$, und wir erhalten

$$\mathsf{M}\eta(t) \leqq \mathsf{M}\eta^*(t) \leqq \frac{t+N}{a^*} < \frac{t+N}{a-\varepsilon}\,. \quad ◀$$

Wir führen die Zufallsgrößen

$$\chi(t) = S_{\eta(t)} - t \geqq 0\,,$$

$$\gamma(t) = t - S_{\eta(t)-1} > 0$$

ein und nennen sie *Exzeß* bzw. *Defekt* des Niveaus $t$ in der Irrfahrt $\{S_j\}$. Für den Fall $\xi_j > 0$ kann $\chi(t)$ als die *restliche Lebensdauer* des zur Zeit $t$ arbeitenden Geräts gedeutet werden; $\gamma(t)$ ist dann das *Alter* des zur Zeit $t$ arbeitenden Geräts.

Man kann nicht folgern, daß die Summe $\chi(t) + \gamma(t)$ genauso verteilt ist wie die Größen $\xi_j$, denn diese Summe ist gleich dem Wert eines $\xi$ mit dem zufälligen Index $\eta(t)$. Insbesondere werden wir in § 2 zeigen, daß für große $t$ $\mathsf{M}\chi(t) > \mathsf{M}\xi_j$ gilt. Mit diesem Umstand ist das scheinbare Paradoxon im folgenden Beispiel verbunden (Paradoxon der Wartezeit). Ein an einer Autobushaltestelle, an der Autobusse in Abständen

$$\xi_1 > 0,\ \xi_2 > 0, \ldots \quad (\mathsf{M}\xi_j = a)$$

ankommen, eintreffender Fahrgast, wird auf die Ankunft des nächstfolgenden Busses die Zeit $\chi$ warten, deren Mittelwert $\mathsf{M}\chi$ größer als $a$ sein kann. (Der Fahrgast kennt den Fahrplan nicht.)

Wenn $\xi_j$ die Exponentialverteilung

$$\mathsf{P}(\xi_j > x) = \mathrm{e}^{-\alpha x}, \quad \alpha > 0 \tag{5}$$

besitzt, so hängt, wie wir in § 2, Kap. 4 zeigten, die restliche Arbeitszeit des Gerätes nicht davon ab, wie lange es schon ununterbrochen arbeitete. In diesem Fall gilt für beliebige $x > 0$,

$$t > 0, \quad \mathsf{M}(\chi(t) > x) = \mathrm{e}^{-\alpha x} = \mathsf{P}(\xi_j > x).$$

Dies läßt sich leicht „von neuen" beweisen, wenn man die Formel der totalen Wahrscheinlichkeit benutzt:

$$\begin{aligned}\mathsf{P}(\chi(t) > x) &= \mathsf{P}(\xi_1 > t + x) + \sum_{j=1}^{\infty} \int_0^t \mathsf{P}(\chi(t) > x;\ \eta(t) = j + 1,\ S_j \in \mathrm{d}v) \\ &= \mathsf{P}(\xi_1 > t + x) + \sum_{j=1}^{\infty} \int_0^t \mathrm{d}\mathsf{P}(S_j < v) \cdot \mathsf{P}(\xi_{j+1} > t - v + x) \\ &= \int_0^t \mathrm{e}^{-\alpha(t-v+x)}\, \mathrm{d}H(v) = \mathrm{e}^{-\alpha x} \cdot \mathrm{e}^{-\alpha t} \cdot \int_0^t \mathrm{e}^{\alpha v}\, \mathrm{d}H(v).\end{aligned} \tag{6}$$

Weil $\mathsf{P}(\chi(t) > 0) = 1$ ist, so folgt hieraus die Gültigkeit der Gleichungen

$$\int_0^t \mathrm{e}^{\alpha v}\, \mathrm{d}H(v) = \mathrm{e}^{\alpha t}; \quad \mathsf{P}(\chi(t) > x) = \mathrm{e}^{-\alpha x}; \tag{7}$$

$$H(t) = \alpha \cdot t + 1 = \frac{t}{\mathsf{M}\xi_i} + 1 \text{ für } t > 0.$$

Ein Erneuerungsprozeß mit exponentiell verteilten $\xi_j$ wird auch als Poissonscher *Prozeß* bezeichnet. Diese Bezeichnung ist damit verknüpft, daß $\eta(t) - 1$ in diesem Fall eine Poisson-Verteilung[1]) mit dem Parameter $\alpha t$, $t > 0$ besitzt.

---

[1]) Dem Leser sind wenigstens zwei Beweismethoden dieser Tatsache zugänglich:

1. $S_k$ besitzt eine Gamma-Verteilung mit der Dichte $f(x, \alpha, k)$ (siehe § 7, Kap. 6). Unter Verwendung des Aussehens von $f(x, \alpha, k)$ erhalten wir sofort

$$\begin{aligned}\mathsf{P}(\eta(t) - 1 = k) &= \mathsf{P}(S_k < t,\ S_k + \xi_{k+1} \geqq t) \\ &= \int_0^t \mathsf{P}(S_k \in du)\ \mathsf{P}d(\xi_{k+1} \geqq t - u) \\ &= \int_0^t f(u, \alpha, k)\, \mathrm{e}^{-\alpha(t-u)}\, du = \frac{(\alpha \cdot t)^k}{k!} \cdot \mathrm{e}^{-\alpha t}.\end{aligned}$$

2. Man muß $[0, t]$ in Intervalle der kleinen Länge $\Delta$ zerlegen und $\eta(t)$ in Form der Summe $\sum_{k=1}^{n} \eta_k$ darstellen, wobei $n = \frac{t}{\Delta}$ und $\eta_k$ die Zahl der Erneuerungen im Intervall $((k - 1)\Delta, k \cdot \Delta)$ ist. Die Behauptung ergibt sich durch Anwendung des Poissonschen Grenzwertsatzes, da kraft der Eigenschaften von $\chi(t)$ die Größen $\eta_k$ unabhängig sind, und es gilt

$$\mathsf{P}(\eta_k = 0) = \mathrm{e}^{-\alpha\Delta} \approx 1 - \alpha \cdot \Delta, \qquad \mathsf{P}(\eta_k = 1) \approx \alpha \cdot \Delta.$$

Der POISSON-Prozeß besitzt auch eine Reihe anderer bemerkenswerter Eigenschaften, deren Klärung wir bis Kap. 13 aufschieben werden.

Wir werden jetzt zwei Behauptungen beweisen. Die erste von ihnen zeigt, daß die Gleichung $H(t) = \frac{t}{\mathsf{M}\xi_1} + 1$ im gewissen Sinne nicht nur für den POISSON-Prozeß charakteristisch ist.

**Satz 2.** (*Integrales Erneuerungstheorem*). *Ist* $\mathsf{M}\xi_1 = a > 0$, *so gilt*

$$\lim_{t\to\infty} \frac{H(t)}{t} = \frac{1}{a}.$$

Der Sinn dieser Behauptung ist sehr einfach: Die mittlere Anzahl der Sprünge bis zum Erreichen der weit entfernten Schranke $t$ ist annähernd gleich der Größe $t$ geteilt durch die mittlere Geschwindigkeit der Bewegung eines beobachteten Teilchens zur Schranke.

Der Beweis des Satzes folgt sofort aus Ungleichung (3) des Satzes 1 und der WALDschen Identität, aus der

$$\mathsf{M}\eta(t) = \frac{t + \mathsf{M}\chi(t)}{\alpha} \geqq \frac{t}{a}$$

folgt. ◀

Die folgende Behauptung beschreibt ebenfalls eine Eigenschaft von $\eta(t)$; wir formulieren sie für beliebige MARKOWsche Größen.

**Satz 3.** *Ist $\nu$ eine MARKOWsche Größe, so sind die $\sigma$-Algebra, die von den Zufallsgrößen $\nu$, $\xi_1, \ldots, \xi_\nu$ erzeugt wird und die $\sigma$-Algebra $\sigma(\xi_{\nu+1}, \ldots)$, die von der Folge $(\xi_{\nu+1}, \ldots)$ erzeugt wird, unabhängig. Das bedeutet insbesondere, daß die Folge $\{\xi_{\nu+1}, \xi_{\nu+2}, \ldots\}$ genauso verteilt ist wie $\{\xi_1, \xi_2, \ldots\}$.*

Die Elemente der Folge $\{\xi_{\nu+j}\}$ sind also, trotz des Auftretens eines zufälligen Index, genauso verteilt, wie die der ursprünglichen Folge $\{\xi_j\}$.

Beweis: Für die gegebenen BOREL-Mengen $B_1, B_2, \ldots, C_1, \ldots, C_k$ bezeichnen wir

$$A = \{\nu \in N,\ \xi_1 \in B_1, \ldots, \xi_\nu \in B_\nu\},$$

$$D_\nu = \{\xi_{\nu+1} \in C_1, \ldots, \xi_{\nu+k} \in C_k\},$$

wobei $N$ eine gegebene Menge ganzer Zahlen ist. Nach Satz 4, § 5, Kap. 3 genügt es zu zeigen, daß $\mathsf{P}(D_\nu/A) = \mathsf{P}(D_0)$ oder, was dasselbe ist, $\mathsf{P}(D_\nu A) = \mathsf{P}(D_0) \cdot \mathsf{P}(A)$ gilt. Mit der Formel der totalen Wahrscheinlichkeit erhalten wir

$$\mathsf{P}(D_\nu A) = \sum_{j\in N} \mathsf{P}(D_\nu A\ \{\nu \in j\}) = \sum_{j\in N} \mathsf{P}(D_j A\ \{\nu = j\}).$$

Das Ereignis $A\ \{\nu = j\}$ liegt aber in $\sigma\{\xi_1, \ldots, \xi_j\}$, während $D_j \in \sigma\{\xi_{j+1}, \ldots, \xi_{j+k}\}$. Deshalb sind die Ereignisse $D_j$ und $A\{\nu = j\}$ unabhängig, also gilt

$$\mathsf{P}(D_j A\{\nu = j\}) = \mathsf{P}(D_j) \cdot \mathsf{P}(A\{\nu = j\}); \qquad \mathsf{P}(D_j) = \mathsf{P}(D_0).$$

Hieraus folgt offensichtlich die Gleichung

$$\mathsf{P}(D_0A) = \mathsf{P}(D_0) \cdot \mathsf{P}(A) . \quad \blacktriangleleft$$

## § 2. Das Gesetz der großen Zahlen und der zentrale Grenzwertsatz für den Prozeß $\eta(t)$

In diesem Paragraphen werden wir voraussetzen, daß

$$\xi_j \geqq 0 .$$

**Satz 4.** *Ist* $0 < \mathsf{M}\xi_1 = a < \infty$, *so gilt für* $t \to \infty$

$$\frac{\eta(t)}{t} \underset{P}{\rightarrow} \frac{1}{a} .$$

B e w e i s. Die grundlegende Beziehung, die wir hier verwenden werden, ist die Gleichung

$$\{\eta(t) > k\} = \{S_k < t\} . \tag{8}$$

Nehmen wir der Einfachheit halber an, daß $N = \dfrac{t}{a} = t \cdot \varepsilon$ eine ganze Zahl ist, so erhalten wir aus $\mathsf{P}\left(\dfrac{\eta(t)}{t} - \dfrac{1}{a} > \varepsilon\right) = \mathsf{P}\left(\eta(t) > \dfrac{t}{a} + \varepsilon \cdot t\right)$ die Gleichung

$$\mathsf{P}\left(\frac{\eta(t)}{t} - \frac{1}{a} > \varepsilon\right) = \mathsf{P}\left(S_N < \frac{N}{\dfrac{1}{a} + \varepsilon}\right) = \mathsf{P}\left(\frac{S_N}{N} < a - \varepsilon_1\right) ,$$

wobei $\varepsilon_1 = a \cdot \left(1 - \dfrac{1}{1 + a \cdot \varepsilon}\right) > 0$ ist. Nach dem Gesetz der großen Zahlen bedeutet das, daß die abgeschätzte Wahrscheinlichkeit für $t \to 0$ gegen 0 konvergiert.

In analoger Weise schätzt man die Wahrscheinlichkeit

$$\mathsf{P}\left(\frac{\eta(t)}{t} - \frac{1}{a} < -\varepsilon\right)$$

ab. ◀

**Satz 5.** *Ist* $\mathsf{M}\xi_1 = a$, $\mathsf{D}\xi_1 = \sigma^2 < \infty$, *so gilt für* $t \to \infty$

$$\mathsf{P}\left(\frac{\eta(t) - \dfrac{t}{a}}{\sqrt{\dfrac{t \cdot \sigma^2}{a^3}}} < x\right) \to \Phi(x) ,$$

*wobei* $\Phi(x)$ *die Verteilungsfunktion der Normalverteilung mit den Parametern* (0, 1) *ist.*

Beweis. Aus (8) folgt die Beziehung

$$\mathsf{P}(\eta(t) < k) = \mathsf{P}\left(\frac{S_k - ak}{\sigma \cdot \sqrt{k}} < \frac{t - ak}{\sigma \cdot \sqrt{k}}\right). \tag{9}$$

Nach dem zentralen Grenzwertsatz gilt

$$\mathsf{P}\left(\frac{S_k - ak}{\sigma \cdot \sqrt{k}} < v\right) \to \Phi(v) \quad \text{für} \quad k \to \infty .$$

Für $t \to \infty$ möge sich jetzt $k$ so verändern, daß

$$\frac{t - ak}{\sigma \cdot \sqrt{k}} = v$$

erfüllt ist. Wird $v$ festgehalten, so können wir diese Gleichung nach $k$ auflösen:

$$k = \frac{t}{a} + \frac{v\sigma\left(v\sigma \pm 2\sqrt{a\,t}\sqrt{1 + \frac{v^2\sigma^2}{4\,at}}\right)}{2a^2} = \frac{t}{a} \pm \frac{v \cdot \sigma}{a^2} \cdot \sqrt{at}\left(1 + O\left(\frac{1}{\sqrt{t}}\right)\right).$$

Setzen wir den gefundenen Wert für $k$ in (9) ein, so erhalten wir

$$\mathsf{P}(\eta(t) > k) = \mathsf{P}\left(\frac{\eta(t) - \frac{t}{a}}{\frac{\sigma \cdot \sqrt{t}}{a^{3/2}}} > \pm v + O\left(\frac{1}{\sqrt{t}}\right)\right) \to \Phi(v) . \tag{10}$$

Hier müssen wir offenbar das Minuszeichen wählen, weil nur in diesem Fall auf beiden Seiten der erhaltenen Beziehung eine in $v$ wachsende Funktion stehen wird.

Weil $\Phi(v)$ stetig ist, gilt neben (10) die Beziehung

$$\mathsf{P}\left(\frac{\eta(t) - \frac{t}{a}}{\frac{\sigma \cdot \sqrt{t}}{a^{3/2}}} > - v\right) \to \Phi(v) = 1 - \Phi(- v)$$

oder

$$\mathsf{P}\left(\frac{\eta(t) - \frac{t}{a}}{\frac{\sigma \cdot \sqrt{t}}{a^{3/2}}} \leqq v\right) \to \Phi(v) . \quad \blacktriangleleft$$

Im folgenden Kapitel wird ein verschärftes Gesetz der großen Zahlen bewiesen werden, nämlich die Gültigkeit von

$$\frac{S_k}{k} \to a \qquad \text{f. ü.}$$

Unter Benutzung dieser Tatsache kann der Leser, ebenso wie bei Satz 4 feststellen, daß $\frac{\eta(t)}{t} \to \frac{1}{a}$ für $t \to \infty$ mit Wahrscheinlichkeit 1 gilt.

## § 3. Die Grenzverteilungen des Defekts und des Exzesses. Stationäre Erneuerungsprozesse. Das lokale Erneuerungstheorem

Wir betrachten einen Erneuerungsprozeß mit positiven Größen $\xi_j$. Interpretiert man $\xi_j$ als Arbeitszeit des $j$-ten Gerätes, so ist die Größe $\chi(t) = S_{\eta(t)} - t$, wie wir schon bemerkten, gleich der restlichen Lebensdauer des zur Zeit $t$ arbeitenden Gerätes, d. h. der Zeit von $t$ bis zur nächsten Erneuerung. Welche Verteilung hat $\chi(t)$ für große $t$? Es zeigt sich, daß unter breiten Voraussetzungen eine eindeutig bestimmte Grenzverteilung von $\chi(t)$

$$\lim_{t\to\infty} \mathsf{P}(\chi(t) < x) = Q(x) \tag{11}$$

existiert.

Für große $t$ hängt also die Verteilung von $\chi(t)$ nicht mehr von $t$ ab. Das ist die sogenannte *stationäre Verteilung der restlichen Lebensdauer* $\chi(t)$.

Mit ihrer Hilfe kann man den *stationären Erneuerungsprozeß* konstruieren. Dazu betrachten wir die Folge der Zufallsgrößen $\{\xi_j^*\}$, wobei die $\xi_j^*$ unabhängig sind, und es ist

$$\mathsf{P}(\xi_1^* < x) = Q(x), \quad \mathsf{P}(\xi_j^* < x) = \mathsf{P}(\xi_j < x)$$

für $j \geqq 2$. Hier ist im Unterschied zur Ausgangsfolge das erste Element der Folge $\{\xi_j^*\}$ nicht so verteilt wie die übrigen. Wir definieren die Größen $S_k^*$, $\eta^*(t)$, $\chi^*(t)$ genauso wie $S_k$, $\eta(t)$, $\chi(t)$, jedoch für die Folge $\{\xi_j^*\}$ (z.B. ist $S_k^* = \sum_{j=1}^{k} \xi_j^*$). Dann erhalten wir aus der Konstruktion der Verteilung von $\xi_1^*$ unmittelbar, daß die Verteilung der restlichen Lebensdauer $\chi^*(t)$ nicht von $t$ abhängt. Tatsächlich kann man sich die Punkte $\{S_k^*\}$ als Erneuerungspunkte des durch die Folge $\{\xi_j\}$ erzeugten Prozesses denken, dessen Beginn in den Punkt $(-N)$ verschoben wurde, wobei $N$ groß ist. Da man infolge von (11) damit rechnen kann, daß die Verteilungen von $\chi(N)$ und $\chi(N + t)$ übereinstimmen, ist die Verteilung der Größe $\chi^*(t)$, die man mit $\chi(N + t)$ identifizieren kann, von $t$ unabhängig und stimmt mit der Verteilung von $\xi_1^*$ überein. Den formalen Beweis dieser Tatsache lassen wir aus, da er nicht weiter verwendet wird. Der Leser kann ihn jedoch unter Benutzung der expliziten Form der Verteilung $Q(x)$ aus (11), die wir weiter unten herleiten, selbständig durchführen.

Aus der Unabhängigkeit der Verteilung von $\chi^*(t)$ von $t$ folgt, daß die Verteilung von $\eta^*(t + u) - \eta^*(t)$ mit der Verteilung $\eta^*(u)$ zusammenfällt und folglich von $t$ nicht abhängt. Diese Eigenschaft nennen wir *Stationarität des Erneuerungsprozesses*. Sie besagt, daß die Anzahl der Erneuerungen in einem Zeitintervall der Länge $u$ nicht vom Zeitpunkt des Beginns der Zählung abhängt und folglich nur von $u$ abhängt.

Da für den Poissonschen Prozeß ($\mathsf{P}(\xi_j > x) = e^{-\alpha x}$) die Verteilung von $\chi(t)$ für jedes $t$ mit der Verteilung von $\xi_j$ übereinstimmt, ist er *stationär*.

Die Sätze über die Grenzverteilungen von $\chi(t)$ und $\gamma(t)$ sind nicht nur vom Standpunkt der Anwendungen von Interesse. Wir benötigen sie auch für eine ganze Reihe anderer Aufgaben. Wir betrachten jetzt den einfachsten Fall, wenn die Größen $\xi_j > 0$ *ganzzahlig* sind. In diesem Fall kann man die „Zeit" $t$ als diskret ansehen. Wir bezeichnen sie mit dem Buchstaben $n$.

**Satz 6.** *Ist der größte gemeinsame Teiler (g. g. T.) der möglichen Werte von $\xi_1$ gleich 1, so existieren für die zufällige Irrfahrt $\{S_k\}$ die Grenzwerte*

$$\lim_{n\to\infty} \mathsf{P}(\gamma(n) = k + 1) = \lim_{n\to\infty} \mathsf{P}(\chi(n) = k) = \frac{P_k}{a}, \qquad k = 0, 1, \ldots, \tag{12}$$

*wobei $a = \mathsf{M}\xi_1$, $P_k = \mathsf{P}(\xi_1 > k)$. Der Fall $a = \infty$ ist hier nicht ausgeschlossen.*

Die Behauptung des Satzes besagt, daß in der Formel (11) für ganzzahlige $x$ $Q(x) = \frac{1}{a} \sum_{k=0}^{x-1} P_k$ gilt.

Bemerkung 1. Wir bezeichnen durch $\chi$ die zufällige Größe mit der Verteilung (12):

$$\mathsf{P}(\chi = k) = \frac{P_k}{a}$$

und setzen

$$p_k = \mathsf{P}(\xi_1 = k), \text{ so daß } P_k = \sum_{j=k+1}^{\infty} p_j .$$

Dann erhalten wir durch Vertauschung der Reihenfolge der Summation:

$$\mathsf{M}\chi = \frac{1}{a} \cdot \sum_{k=0}^{\infty} k \cdot (p_{k+1} + p_{k+2} + \cdots) = \frac{1}{a} \cdot \sum_{j=1}^{\infty} p_j(1 + \cdots + (j-1))$$

$$= \frac{1}{a} \cdot \sum_{j=1}^{\infty} p_j \cdot \frac{j \cdot (j-1)}{2} = \frac{\mathsf{M}\xi_1^2}{2a} - \frac{1}{2}.$$

Das heißt insbesondere, daß der Mittelwert $\mathsf{M}\chi(n)$ der restlichen Lebensdauer für große $n$ größer als $\mathsf{M}\xi_1 = a$ wird, wenn für die Verteilung von $\xi_1$ die Ungleichung $\mathsf{M}\xi_1^2 > 2a^2 + a$ gilt.

Bemerkung 2. Das diskrete Analogon der Exponentialverteilung hat das Aussehen

$$p_k = p^{k-1} \cdot (1 - p), \ k = 1, 2, \ldots,$$

wobei $0 \leq p < 1$. Diese Verteilung behält alle Eigenschaften der Exponentialverteilung bei, aber für diskrete Argumente. Insbesondere fällt für sie die Verteilung von $\chi(n)$ mit der Verteilung von $\xi_1$ zusammen (vgl. mit (7)).

Bemerkung 3. Unter Verwendung des Satzes 6 und der Gleichung

$$\{\gamma(n) > k, \ \chi(n) = j\} = \{\chi(n - k) = k + j\}$$

kann der Leser auch beweisen, daß

$$\lim_{n\to\infty} \mathsf{P}(\gamma(n) = k, \ \chi(n) = j) = \frac{p_{k+j}}{a}$$

gilt.

Für den Beweis von Satz 6 benötigen wir das folgende

**Lemma 1.** *Ist der g.g.T. der Zahlen $a_1 > 0, \ldots, a_\tau > 0$ gleich 1, so existiert ein $N$ derart, daß sich beliebige natürliche Zahlen $k \geqq N$ in der Form*

$$k = x_1 \cdot a_1 + \cdots + x_\tau \cdot a_\tau$$

*darstellen lassen, wobei die Zahlen $x_i \geqq 0$ ganz sind.*

Beweis. Wir betrachten die Funktion $L(x) = \sum_{i=1}^{\tau} x_i \cdot a_i$, wobei $x = (x_1, \ldots, x_\tau)$ ein Vektor mit ganzzahligen Koordinaten ist. Sei $d > 0$ die kleinste natürliche Zahl, für die ein Vektor $x^0$ existiert, so daß

$$d = L(x^0)$$

gilt. Wir werden zeigen, daß jede natürliche Zahl, die sich als ein $L(x)$ darstellen läßt, durch $d$ teilbar ist. Wäre das nicht der Fall, so existierten $x$, $k$ und $0<\alpha<d$, für die $L(x) = kd + \alpha$ ist. Da aber die Funktion $L(x)$ linear ist, gilt

$$L(x - k \cdot x^0) = k \cdot d + \alpha - k \cdot d = \alpha < d ,$$

was der Minimalität von $d$ in der Menge der positiven ganzen Werte von $L(x)$ widerspricht.

Alle Zahlen $a_1, \ldots, a_\tau$ sind auch Werte der Funktion $L(x)$ und darum alle durch $d$ teilbar. Weil nach Voraussetzung der größte Teiler dieser Zahlen gleich Eins ist, muß $d = 1$ sein.

Sei $k$ eine beliebige natürliche Zahl. Bezeichnen wir dann durch $\Theta < A$ den Rest bei der Division von $k$ durch $A = a_1 + \cdots + a_\tau$, so können wir schreiben

$$\begin{aligned} k &= t \cdot (a_1 + \cdots + a_\tau) + \Theta = t \cdot (a_1 + \cdots + a_\tau) + \Theta \cdot L(x^0) \\ &= a_1 \cdot (t + \Theta x_1^0) + a_2 \cdot (t + \Theta x_2^0) + \cdots + a_\tau \cdot (t + \Theta \cdot x_\tau^0) . \end{aligned}$$

Hier ist $t + \Theta x_i^0 > 0$, $i = 1, \ldots, \tau$ für hinreichend großes $k$. ◀

Wir benötigen ferner die folgende Behauptung über die majorisierte Konvergenz, die ein Spezialfall des entsprechenden Satzes für Integrale ist (Satz von Lebesgue, Anhang 3).

**Lemma 2.** *Besitzen die Folgen $\{a_{n,k}\}_{k=0}^{\infty}$, $n = 1, 2, \ldots$, die Eigenschaften:*

$$|a_{n,k}| < a_k', \quad \sum_k a_k' < \infty$$

*und für jedes $k$ $a_{n,k} \to a_k$ für $n \to \infty$,* wobei $n$ die Elemente einer Folge $\{n_j^n\}$ durchläuft, *so gilt*

$$\lim_{\substack{n \to \infty \\ n \in \{n_j\}}} \sum_{k=0}^{\infty} a_{n,k} = \sum_{k=0}^{\infty} a_k . \tag{13}$$

Der Beweis dieser Behauptung ist offensichtlich, wenn man für gegebenes $\varepsilon > 0$ die Summe $\sum_{k=0}^{\infty} a_{n,k}$ in zwei Teile $\sum_{k=0}^{L}$ und $\sum_{k=L+1}^{\infty}$ zerlegt, wobei $L$ so gewählt wird, daß

$$\left| \sum_{k=L+1}^{\infty} a_{n,k} \right| \leqq \sum_{k=L+1}^{\infty} a_k' < \varepsilon$$

gilt. Weil der Grenzwert der ersten Summe gleich $\sum_{k=0}^{L} a_k$ ist, folgt daraus die Beziehung (13). ◀

**Beweis des Satzes 6.** Wir bezeichnen

$$p_j(n) = \mathsf{P}(\chi(n) = j), \quad \bar{p}_0 = \limsup_{n\to\infty} p_0(n),$$

und es sei $\{n_i\}$ eine Folge, für die $p_0(n_i) \to \bar{p}_0$. Dann gilt $p_0(n_i - k) \to \bar{p}_0$ für alle $k$ mit $p_k > 0$. Das folgt aus der Formel der totalen Wahrscheinlichkeit

$$p_0(n) = \sum_{k=0}^{n} \mathsf{P}(\xi_1 = k) \cdot p_0(n-k) = \sum_{k=0}^{n} p_k \cdot p_0(n-k), \tag{14}$$

aus der im umgekehrten Fall $\bar{p}_0 < \bar{p}_0$ folgen würde.

Aus der Existenz eines $k_0$ und einer Folge $\{n_i'\} \subseteq \{n_i\}$ derart, daß $p_{k_0} > 0$, $p_0(n_i' - k_0) \leqq \bar{p}_0 - \varepsilon$, $\varepsilon > 0$ gilt, folgt nämlich mit (14) die Abschätzung

$$p_0(n_i') \leqq \sum_{k=0}^{N} p_k \cdot p_0(n_i' - k) + P_N .$$

Bei Anwendung der Operation $\limsup_{i\to\infty}$ erhalten wir

$$\bar{p}_0 \leqq \sum_{k \neq k_0}^{N} p_k \cdot \bar{p}_0 + p_{k_0} \cdot (\bar{p}_0 - \varepsilon) + P_N \leqq p_0(1 - P_N) + P_N - p_{k_0} \cdot \varepsilon .$$

Weil $N$ willkürlich gewählt ist, kann man die Größe $P_N$ beliebig klein machen, und folglich ist

$$\bar{p}_0 \leqq \bar{p}_0 - p_{k_0} \cdot \varepsilon .$$

Wir erhalten einen Widerspruch.

Also folgt aus $p_0(n_i) \to \bar{p}_0$ und $p_k > 0$ die Gültigkeit von $p_0(n_i - k) \to \bar{p}_0$. Wenden wir diese Eigenschaft wiederholt an, so erhalten wir für $p_{k_1} > 0$, $p_{k_2} > 0, \ldots p_{k_\tau} > 0$ die Gültigkeit von

$$p_0(n_i - x_1 k_1 \cdots - x_\tau k_\tau) \to \bar{p}_0$$

für beliebige ganzzahlige $x_j \geqq 0$, $j = 1, \ldots, \tau$. Andererseits bedeutet die Tatsache, daß der g.g.T. der möglichen Werte von $\xi_1$ gleich 1 ist, daß eine endliche Folge von Zahlen $k_1, \ldots, k_\tau$ existiert, für die $p_{k_j} > 0$, $j = 1, \ldots, \tau$ und g.g.T. $(k_1, \ldots, k_\tau) = 1$ ist. Aus Lemma 1 folgt, daß $p_0(n_i - k) \to \bar{p}_0$ für beliebiges $k \geqq N$ bei hinreichend großem $N$.

Wir zeigen jetzt, daß $\bar{p}_0 = \dfrac{1}{a}$ ist. Dazu bemerken wir, daß

$$\{\gamma(n) = j\} = \{\chi(n-j) = 0, \quad \xi_{\eta(n-j)+1} \geqq j\}$$

ist und folglich nach Satz 3

$$q_j(n) = \mathsf{P}(\gamma(n) = j) = p_0(n-j)\, P_{j-1}$$

gilt. Außerdem ist

$$\sum_{j=1}^{n} q_j(n) = \sum_{j=1}^{n} p_0(n-j) \cdot P_{j-1} = 1 .$$

Weil

$$p_0(n-j) \leqq 1 , \qquad \sum_{j=0}^{\infty} P_j = \mathsf{M}\xi_1 = a$$

ist, können wir für $a < \infty$ und $n \in \{n_j - N\}$ das Lemma 2 anwenden und erhalten

$$\lim_{n \in \{n_j - N\}} \sum_{j=1}^{n} p_0(n-j) \cdot P_{j-1} = \sum_{j=0}^{\infty} \bar{p}_0 \cdot P_j = 1 , \qquad \bar{p}_0 = \frac{1}{a} .$$

Ganz analog überzeugen wir uns davon, daß

$$\underline{p}_0 = \liminf_{n \to \infty} p_0(n) = \frac{1}{a}$$

gilt. Daraus folgt

$$p_0(n) \to \frac{1}{a} , \qquad q_j(n) = p_0(n-j) \cdot P_{j-1} \to \frac{P_{j-1}}{a} .$$

Für $a = \infty$ erhalten wir für beliebiges $L$

$$1 = \lim_{n \in \{n_j - N\}} \sum_{j=0}^{n} p_0(n-j) \cdot P_j \geqq \sum_{j=0}^{L} \bar{p}_0 \cdot P_j ; \qquad \bar{p}_0 \leqq \left( \sum_{j=0}^{L} P_j \right)^{-1}$$

Hieraus folgt, daß $\bar{p}_0 = 0$ ist.

Die Behauptung des Satzes für die Verteilung von $\gamma(n)$ ist vollständig bewiesen.

Die Behauptung für $\chi(n)$ folgt aus der Gleichung

$$p_j(n) = \mathsf{P}(\chi(n) = j) = \mathsf{P}\left( \bigcup_{k=1}^{n} \{\chi(n-k) = 0,\ \xi_{\eta(n-k)+1} = k + j\} \right)$$

$$= \sum_{k=1}^{n} p_0(n-k) \cdot p_{k+j} \to \frac{P_j}{a} . \quad ◀$$

Wenn der g. g. T. der möglichen Werte von $\xi_1$ größer als 1 ist, so ist die Behauptung des Satzes offensichtlich falsch. Es genügt, die Folge $\xi_j \equiv 2$ zu betrachten. Für sie ist $\chi(2n) = 0$, $\chi(2n + 1) = 1$.

**Folgerung** (Das lokale Erneuerungstheorem). *Unter den Voraussetzungen des Satzes* 6 *gilt*

$$\lim_{n \to \infty} \big(H(n) - H(n-1)\big) = \frac{1}{a} .$$

Tatsächlich ist $H(n) - H(n-1)$ der Erwartungswert der Aufenthaltszeit der Irrfahrt $\{S_k\}$ im Zustand $n$. Aber diese Aufenthaltszeit ist gleich 1 mit der Wahrscheinlichkeit $\mathsf{P}(\chi(n) = 0)$ und gleich 0 mit der Wahrscheinlichkeit $1 - \mathsf{P}(\chi(n) = 0)$. Darum gilt $H(n) - H(n-1) = \mathsf{P}(\chi(n) = 0) \to \frac{1}{a}$. ◀

Wir bemerken, daß im Satz 6 nicht nur die Existenz der Grenzverteilungen von $\gamma(n)$ und $\chi(n)$ bewiesen wurde, sondern auch ihre explizierte Gestalt in Abhängigkeit von der Verteilung der $\xi_j$ hergeleitet wurde. Nimmt aber $\xi_j$ auch negative Werte an, so wird die Herleitung der Verteilungen von $\gamma(n)$ und $\chi(n)$ wesentlich komplizierter[1]). Eine gewisse Vorstellung darüber erhält der Leser in Kapitel 10.

---

[1]) Im gewissen Sinne kann man die Aufgaben über die Verteilungen von $\gamma(n)$ und $\chi(n)$ auf den Fall nichtnegativer Größen reduzieren. Tatsächlich stimmt die Verteilung von $\chi(n)$ mit der Verteilung der Größen $\chi^*(n)$, die aus der Folge $\{\xi_j^* \geqq 0\}$ erzeugt wurden, wobei $\xi_j^*$ genauso wie $\chi(0)$ verteilt ist, überein. Das folgt daraus, daß die Werte der Summen $S_n$ in den „Regenerationszeitpunkten", d. h. in Punkten, in denen sie zum ersten Mal ein bereits erreichtes Niveau wieder erreichen (überschreiten), eine Folge $\{S_k^*\}$ mit unabhängigen Zuwächsen $\xi_k^*$ bilden, wobei die Verteilung der $\xi_k^*$ mit der von $\chi(0)$ übereinstimmt. Die Verteilung von $\chi(0)$ ist mit den Methoden des Kapitels 10 bestimmbar.

KAPITEL 9

# FOLGEN UNABHÄNGIGER ZUFALLSGRÖSSEN. EIGENSCHAFTEN DER GESAMTEN TRAJEKTORIE $(0, S_1, S_2, \ldots)$

## § 1. Null-Eins-Gesetze. Ober- und Unterfolgen

Der erste Grenzwertsatz, den wir für die Verteilung von Summen identisch verteilter unabhängiger Zufallsgrößen bewiesen haben, war das Gesetz der großen Zahlen: $\frac{S_n}{n} \underset{p}{\to} \mathsf{M}\xi$. Man kann die Frage stellen: Liegt die gesamte Trajektorie $\frac{S_n}{n}, \frac{S_{n+1}}{n+1}, \ldots$ von einem gewissen $n$ ab mit einer wenig von 1 verschiedenen Wahrscheinlichkeit nahe an $\mathsf{M}\xi$, oder anders ausgedrückt, ist für beliebiges $\varepsilon > 0$

$$\lim_{n\to\infty} \mathsf{P}\left(\sup_{k\geqq n}\left|\frac{S_k}{k} - \mathsf{M}\xi\right| < \varepsilon\right) = 1\,? \tag{1}$$

Offenbar ist das die Frage nach fast sicherer Konvergenz oder der Konvergenz mit Wahrscheinlichkeit 1. Wir haben bereits gezeigt, daß man im allgemeinen aus der Konvergenz in Wahrscheinlichkeit (in unserem Fall das Gesetz der großen Zahlen) nicht auf die Konvergenz mit Wahrscheinlichkeit 1 schließen kann. Trotzdem gilt im betrachteten Fall die Beziehung (1), die man das *starke Gesetz der großen Zahlen* nennt.

Die Beziehung (1), die in diesem Kapitel bewiesen wird, ist ein Spezialfall der sogenannten „Null-Eins-Gesetze". Als erstes zeigen wir das *Null-Eins-Gesetz von* BOREL. Wir betrachten dazu einen festen Wahrscheinlichkeitsraum $\langle \Omega, \mathfrak{F}, \mathsf{P}\rangle$.

**Satz 1.** *Sei $\{A_n\}_{n=1}^{\infty}$ eine Folge unabhängiger Ereignisse aus $\mathfrak{F}$ und sei $A$ das Ereignis, das darin besteht, daß unendlich viele Ereignisse $A_k$ eintreten, d. h.*

$$A = \bigcap_{n=1}^{\infty} \bigcup_{k=n}^{\infty} A_k$$

*($A$ besteht aus solchen $\omega$, die zu unendlich vielen $A_k$ gehören). Dann ist $\mathsf{P}(A) = 1$ oder 0 in Abhängigkeit davon, ob $\sum_{k=1}^{\infty} \mathsf{P}(A_k) = \infty$ oder $\sum_{k=1}^{\infty} \mathsf{P}(A_k) < \infty$ ist.*

Beweis. Aus den Eigenschaften der Wahrscheinlichkeitsmaße folgt

$$\mathsf{P}(A) = \lim_{n\to\infty} \mathsf{P}\left(\bigcup_{k=n}^{\infty} A_n\right) \leq \lim_{n\to\infty} \sum_{k=n}^{\infty} \mathsf{P}(A_k) = 0\,,$$

wenn

$$\sum_{k=1}^{\infty} \mathsf{P}(A_k) < \infty$$

ist. Wir bemerken, daß wir hier die Unabhängigkeit der $A_n$ nicht benutzt haben.

Ist aber $\sum_{k=1}^{\infty} \mathsf{P}(A_k) = \infty$, dann gilt wegen der Unabhängigkeit der $A_n$

$$\mathsf{P}(A) = \lim_{n\to\infty} \mathsf{P}\left(\bigcup_{k=n}^{\infty} A_k\right) = \lim_{n\to\infty} \mathsf{P}\left(\Omega - \bigcap_{k=n}^{\infty} \bar{A}_k\right) = 1 - \lim_{n\to\infty} \mathsf{P}\left(\bigcap_{k=n}^{\infty} \bar{A}_k\right) =$$

$$= 1 - \lim_{n\to\infty} \lim_{m\to\infty} \mathsf{P}\left(\bigcap_{k=n}^{m} \bar{A}_k\right) = 1 - \lim_{n\to\infty} \prod_{k=n}^{\infty} (1 - \mathsf{P}(A_k)) .$$

Unter Berücksichtigung der Ungleichung $\ln(1 - x) \leqq -x$ erhalten wir

$$\prod_{k=n}^{\infty} (1 - \mathsf{P}(A_k)) \leqq e^{-\sum_{k=n}^{\infty} \mathsf{P}(A_k)} .$$

Daraus folgt

$$\prod_{k=n}^{\infty} (1 - \mathsf{P}(A_k)) \leqq e^{-\infty} = 0 . \blacktriangleleft$$

Wir setzen voraus, daß auf $\langle \Omega, \mathfrak{F}, \mathsf{P} \rangle$ eine Folge unabhängiger Zufallsgrößen $\{\xi_k\}_{n=1}^{\infty}$ gegeben ist. Sei wie früher $\sigma(\xi_1, \ldots, \xi_n)$ die von den ersten $n$ Zufallsgrößen $\xi_1, \ldots, \xi_n$ erzeugte $\sigma$-Algebra und $\sigma(\xi_n, \ldots)$ die von den Zufallsgrößen $\xi_n, \xi_{n+1}, \xi_{n+2}, \ldots$ erzeugte $\sigma$-Algebra. Das Ereignis $A$ heißt ein *terminales Ereignis* (*Restereignis*), falls für beliebiges $n > 0$ gilt $A \in \sigma(\xi_n, \ldots)$.

Zum Beispiel ist das Ereignis $A = \bigcap_{n=1}^{\infty} \bigcup_{k=n}^{\infty} \{\xi_k > N\}$, das darin besteht, daß unendlich oft das Ereignis $\{\xi_k > N\}$ eintritt, offenbar ein terminales Ereignis.

**Satz 2.** („Null-Eins"-Gesetz von KOLMOGOROW). *Ist $A$ ein terminales Ereignis, so gilt* $\mathsf{P}(A) = 0$ *oder* $\mathsf{P}(A) = 1$.

Beweis. Da $A$ ein terminales Ereignis ist, gilt $A \in \sigma(\xi_{n+1}, \ldots)$, $n \geqq 0$. Deshalb hängt bei beliebigem $n$ das Ereignis $A$ nicht von der $\sigma$-Algebra $\sigma(\xi_1, \ldots, \xi_n)$ ab und folglich (siehe Satz 4, Kap. 3) auch nicht von der $\sigma$-Algebra $\sigma(\xi_1, \ldots)$. Wegen $A \in \sigma(\xi_1, \ldots)$ hängt $A$ nicht von sich selbst ab, d. h. es ist

$$\mathsf{P}(A) = \mathsf{P}(AA) = \mathsf{P}(A)\,\mathsf{P}(A) .$$

Das ist aber nur möglich, wenn $\mathsf{P}(A) = 0$ oder 1 ist. $\blacktriangleleft$

Wir führen die Bezeichnung $S = \sup\{0, S_1, S_2, \ldots\}$ ein, wobei $S_n = \sum_{k=1}^{n} \xi_k$ ist. Als Anwendungsbeispiel des bewiesenen Satzes formulieren wir die

**Folgerung.** *Sind die $\xi_k$, $k = 1, 2, \ldots$, unabhängig, dann gilt entweder* $\mathsf{P}(S = \infty) = 1$ *oder* $\mathsf{P}(S < \infty) = 1$.

Der Beweis folgt aus der Tatsache, daß das Ereignis $\{S = \infty\}$ ein terminales Ereignis ist. In der Tat ist für beliebiges $n$

$$\{S = \infty\} = \{\sup (S_{n-1}, S_n, \ldots) = \infty\} =$$
$$= \{\sup (0, S_n - S_{n-1}, \ldots) = \infty\} \in \sigma(\xi_n, \ldots) \; . \blacktriangleleft$$

Andere Beispiele von terminalen Ereignissen erhalten wir, wenn wir für die Folge der unabhängigen Größen $\xi_1, \xi_2, \ldots$ das Ereignis $\left\{\left|\sum_{k=1}^{\infty} \xi_k\right| < \infty\right\}$ betrachten. Der Leser kann sich mit Hilfe des Kriteriums von Borel ohne Mühe davon überzeugen, daß z. B. mit Wahrscheinlichkeit 1 die Reihe $\sum_{k=1}^{\infty} \frac{\xi_k}{k}$ divergiert, wenn die $\xi_k$ identisch verteilt sind und $\mathsf{M}\,|\xi_k|$ nicht existiert. Ist aber $\mathsf{M}\xi_k = 0$ und $\mathsf{D}\xi_k = 1$, so konvergiert diese Reihe mit Wahrscheinlichkeit 1 wie, nebenbei bemerkt, auch die Reihen $\sum_{k=1}^{\infty} \frac{\xi_k}{k^\alpha}$ für $\alpha > \frac{1}{2}$ $\left(\text{es genügt, die Varianz der Summen } \sum_{k=2^n+1}^{2^{n+1}} \frac{\xi_k}{k^\alpha} \text{ zu berechnen}\right)$.

Man kann diese Behauptung ergänzen: Sind die $\xi_k$ identisch verteilt, so gilt $\mathsf{P}\left(\sum \frac{\xi_k}{k} \text{ konvergiert}\right) = 1$ dann und nur dann, wenn $\mathsf{M}\xi_k$ existiert und gleich 0 ist. Der Beweis erfolgt mit Hilfe der „abgeschnittenen" Zufallsgrößen

$$\xi_n^* = \begin{cases} \xi_k, & \text{falls } |\xi_k| \leqq k \\ 0, & \text{sonst} \end{cases}$$

Wenn wir die Potenzreihe $\sum_{k=0}^{\infty} z^k \xi_k$ betrachten, wobei die $\xi_k$ unabhängig sind, dann stellen wir fest, daß der Konvergenzradius dieser Reihe

$$\varrho = \limsup_{k \to \infty} |\xi_k|^{-\frac{1}{k}}$$

bei beliebigem $n$ eine bezüglich der $\sigma$-Algebra $\sigma(\xi_n, \ldots)$ meßbare Zufallsgröße ist ($\{\varrho < x\} \in \sigma(\xi_n, \ldots)$, $-\infty \leqq x \leqq \infty$). Solche Zufallsgrößen heißen auch *terminale Zufallsgrößen*. Da wegen des Gesagten $F_\varrho(x) = \mathsf{P}\,(\varrho < x) = 0$ oder 1 ist, folgt hieraus, daß $\varrho$ wie auch jede beliebige andere terminale Zufallsgröße mit Wahrscheinlichkeit 1 gleich einer Konstanten ist.

Unter der Voraussetzung, daß die Elemente der Folge $\{\xi_k\}_{k=1}^{\infty}$ nicht nur unabhängig sondern auch identisch verteilt sind, wurde das Null-Eins-Gesetz von Kolmogorow von Savage und Hewitt auf eine größere Klasse von Ereignissen ausgedehnt.

Es sei $\omega = (x_1, x_2, \ldots)$ ein Element des Wahrscheinlichkeitsraumes $\langle R^\infty, \sigma(\xi_1, \ldots) \mathsf{P}\rangle$, der der Folge $\xi = (\xi_1, \xi_2, \ldots)$ entspricht ($R^\infty$ ist ein abzählbares direktes Produkt der Geraden $R^1$ und $\sigma(\xi, \ldots)$ wird von den Ereignissen $\prod_{k=1}^{N} B_k \subset \sigma(\xi_1, \ldots, \xi_n)$ erzeugt, wobei die $B_k \in \sigma(\xi_k)$ die Borel-Mengen auf der Geraden sind). Das Ereignis $A \in \sigma(\xi, \ldots)$ heißt *permutierbar*, wenn aus

$$(x_1, x_2, \ldots, x_{n-1}, x_n, x_{n+1}, \ldots) \in A$$

folgt $(x_n, x_2, \ldots, x_{n-1}, x_1, x_{n+1}, \ldots) \in A$. Offenbar kann diese Zugehörigkeitsbedingung automatisch auf beliebige Permutationen von endlich vielen Koordinaten ausgedehnt werden. Die terminalen Ereignisse können als Beispiel von permutierbaren Ereignissen dienen.

**Satz 3.** (Null-Eins-Gesetz für permutierbare Ereignisse.) *Sind die $\xi_k$ unabhängig und identisch verteilt und ist $A$ ein permutierbares Ereignis, dann gilt entweder* $\mathsf{P}(A) = 0$ *oder* $\mathsf{P}(A) = 1$.

Beweis. Für ein beliebiges $A \in \sigma(\xi_1, \ldots)$ findet man auf Grund des Approximationssatzes (§ 5, Kap. 3) eine solche Folge $A_n \in \sigma(\xi_1, \ldots)$, daß für $n \to \infty$

$$\mathsf{P}\,(\bar{A}_n A \cup \bar{A} A_n) \to 0 \tag{2}$$

gilt. Wir führen die Transformation

$$T_n\omega = T_n(x_1, x_2, \ldots) = (x_{n+1}, \ldots, x_{2n}, x_1, \ldots, x_n, x_{2n+1}, \ldots)$$

ein und bezeichnen mit $B_n = T_n A_n$. Ist $A$ vertauschbar, so gilt $T_n A = A$ und für beliebiges $B \in \sigma(\xi_1, \ldots)$ ist $\mathsf{P}(T_n B) = \mathsf{P}(B)$. Deshalb ist $\mathsf{P}(B_n A) = \mathsf{P}(T_n A_n A) = \mathsf{P}(A_n A)$ und folglich approximieren auch die $B_n$ das Ereignis $A$. Mit $A_n$ und $B_n$ genügen offenbar auch die Mengen $C_n = A_n B_n$ der Beziehung (2). Auf Grund der Unabhängigkeit der $A_n$ und $B_n$ bedeutet das

$$\mathsf{P}(A) = \lim_{n\to\infty} \mathsf{P}(A_n B_n) = \lim_{n\to\infty} \mathsf{P}^2(A_n) = \mathsf{P}^2(A)\,. \blacktriangleleft$$

Aus diesem Satz geht folgende interessante Tatsache hervor. Die Folge $\{a_n\}_{n=1}^{\infty}$ nennen wir eine *Oberfolge* für die Folge der Zufallsgrößen $\{\eta_n\}_{n=1}^{\infty}$, wenn die Ereignisse $\{\eta_n > a_n\}$ mit Wahrscheinlichkeit 1 endlich oft eintreten. Die Folge $\{a_n\}$ heißt eine *Unterfolge*, wenn mit Wahrscheinlichkeit 1 unendlich viele Ereignisse $\{\eta_n > a_n\}$ eintreten.

**Folgerung.** *Sind die $\xi_k$ unabhängig und identisch verteilt, so ist jede beliebige Folge $\{a_n\}$ entweder Ober- oder Unterfolge für die Folge der Summen*

$$\{S_n\}_{n=1}^{\infty}, \; S_n = \sum_{k=1}^{n} \xi_k\,.$$

Mit anderen Worten, es ist nicht möglich, eine „dazwischenliegende“ Folge $\{a_n\}$ zu wählen, daß die Wahrscheinlichkeit des Ereignisses $A = \{$es ist unendlich oft $S_n > a_n\}$ z. B. gleich 1/2 wäre.

Zum Beweis der Folgerung genügt es zu bemerken, daß das Ereignis $A$ permutierbar ist, weil ein Vertauschen von $\xi_1$ und $\xi_n$ in der Realisierung $(\xi_1, \xi_2, \ldots)$ nur auf das Verhalten der ersten $n$ Summen $S_1, \ldots, S_n$ Einfluß hat.

Ein analoges Resultat gilt natürlich auch für die Folge der Zufallsgrößen $\{\xi_n\}_{n=1}^{\infty}$ selbst, jedoch kann man es im Gegensatz zur angeführten Folgerung einfacher erhalten, weil das Ereignis $B = \{$es ist unendlich oft $\xi_n > a_n\}$ ein terminales Ereignis ist.

Bezüglich der Eigenschaften von Ober- und Unterfolgen für die Summen $\{S_n\}$ sei hier noch folgendes bemerkt. Ist $\mathsf{P}\,(\xi_k = c) \neq 1$ und $\{a_n\}$ eine Oberfolge

(Unterfolge) für $\{S_n\}$, so ist bei beliebigen $k \geqq 0$ und $t$ die Folge $\{b_n = a_{n+k} - t\}_{n=1}^{\infty}$ ebenfalls eine Oberfolge (Unterfolge). Für genügend große $k \geqq k(t)$ folgt das aus[1])

$$0 = \mathsf{P}(A) = \sum_{j=-\infty}^{\infty} \mathsf{P}(S_k \in [j, j+1))\, \mathsf{P}(A/S_k \in [j, j+1)) \geqq$$
$$\geqq \sum \mathsf{P}(S_k \in [j, j+1))\, \mathsf{P}\,(\text{es ist unendlich oft } S_n + j > a_{n+k})\,.$$

Für $k \leqq k(t)$ hat man vom Gegenteil ausgehend den bewiesenen Teil der Behauptung auf die Unterfunktionen anzuwenden. ◀

Aus der angeführten Bemerkung folgt speziell, daß für die Folge der Summen identisch verteilter unabhängiger Zufallsgrößen, die mit Wahrscheinlichkeit 1 von Null verschieden sind, $\limsup_{n\to\infty} S_n$ und $\liminf_{n\to\infty} S_n$ nicht gleichzeitig endlich sein können. In der Tat ist das Ereignis

$$B = \left\{\limsup_{n\to\infty} S_n \in (a, b)\right\}$$

permutierbar und deshalb auf Grund des Null-Eins-Gesetzes $\mathsf{P}(B) = 0$ oder $\mathsf{P}(B) = 1$. Aus $\mathsf{P}(B) = 1$ folgt aber, daß neben der Folge $(b, b, \ldots)$ auch die Folge $(a, a, \ldots)$ eine Oberfolge für $\{S_n\}$ ist. Das würde bedeuten

$$\mathsf{P}\left(\limsup_{n\to\infty} S_n \leqq a\right) = 1$$

im Widerspruch zu unserer Annahme $\mathsf{P}(B) = 1$.

Aus dem Satz 3 kann der Leser auch erkennen, daß für beliebige Folgen $\{a_n\}$ und $\{b_n\}$ die Zufallsgrößen

$$\limsup \frac{S_n - a_n}{b_n} \quad \text{und} \quad \liminf \frac{S_n - a_n}{b_n}$$

mit Wahrscheinlichkeit 1 konstant sind.

## § 2. Das starke Gesetz der großen Zahlen

Benutzt man die Terminologie des vorigen Paragraphen, so erkennt man leicht, daß das starke Gesetz der großen Zahlen (1) besagt, daß bei beliebigem $\varepsilon > 0$ die Folge $\{\varepsilon n\}_{n=1}^{\infty}$ eine Oberfolge für die beiden Folgen $\{S_n\}$ und $\{-S_n\}$ ist, sobald $\mathsf{M}\xi_1 = 0$ ist.

Vorbereitend formulieren wir in Form eines Lemmas folgende einfache Behauptung.

**Lemma 1.** *Es ist* $\mathsf{M}|\xi| < \infty$ *dann und nur dann, wenn*

$$\sum_{j=1}^{\infty} \mathsf{P}(|\xi| > j) < \infty$$

*ist.*

---

[1]) Bei Nutzung des bedingten Erwartungswertes könnte man exakter schreiben: $\mathsf{P}(A) = \mathsf{M}\,\mathsf{P}(A/S_k) = \int \mathsf{P}\,(\text{Es ist unendlich oft } S_n + t > a_{n+k})\, dF_{S_k}(t)$, wobei $F_{S_k}$ die Verteilungsfunktion von $S_k$ ist.

Der Beweis folgt offenbar aus der Gleichung (vgl. Fußnote S. 52)

$$\mathsf{M}|\xi| = \int_0^\infty \mathsf{P}(|\xi| > x)\,dx$$

und den Ungleichungen

$$\sum_{j=1}^{\infty} \mathsf{P}(|\xi| > j) \leqq \int_0^\infty \mathsf{P}(|\xi| > x)\,dx \leqq 1 + \sum_{j=1}^{\infty} \mathsf{P}(|\xi| > j)\,. \quad ◀$$

Das starke Gesetz der großen Zahlen erhalten wir als Folgerung eines Satzes der auch an sich von Interesse ist.

**Satz 4.** *Sind die $\xi_j$ identisch verteilt und unabhängig, und ist* $\mathsf{M}\xi_1 > 0$, *so ist die Zufallsgröße* $Z = \inf_{k \geqq 0} S_k$ *eigentlich (mit Wahrscheinlichkeit 1 endlich).*

Beweis. Sei $\eta_1 = \eta(1)$ (Bezeichnungen siehe Kapitel 8) die Nummer der ersten Summe $S_k$, die das Niveau 1 erreichte. Wir betrachten die Folge $\{\xi_k^* = \xi_{\eta_1+k}\}$. Sie ist aufgrund von Satz 3 Kap. 8 ebenso wie $\{\xi_k\}$ verteilt und hängt nicht von $\eta_1, \xi_1, \ldots, \xi_{\eta_1}$ ab. Für diese Folge konstruieren wir den Index $k = \eta_2$, bei dem die Summe $S_k^* = \sum_{j=1}^{k} \xi_j^*$ erstmalig das Niveau 1 erreicht. Es ist klar, daß die Zufallsgrößen $\eta_1$ und $\eta_2$ identisch verteilt und unabhängig sind. Danach wird für die Folge $\{\xi_k^{**} = \xi_{\eta_1+\eta_2+k}\}$ die Zufallsgröße $\eta_3$ konstruiert und so fortgefahren.

Im Ergebnis erhalten wir eine Folge Markowscher Momente $\eta_1, \eta_2, \ldots$, die die mit der Erreichung des Niveaus 1 zusammenhängenden „Regenerationsmomente" der Ausgangsfolge $\{\xi_j\}$ bestimmen.

Wir führen jetzt die Bezeichnungen

$$Z_1 = \inf_{k<\eta_1} S_k\,, \qquad Z_2 = \inf_{k<\eta_2} S_k^*\,, \ldots$$

ein. Offenbar sind die $Z_j$ identisch verteilt und es ist

$$Z = \inf\{Z_1, S_{\eta_1} + Z_2, S_{\eta_1+\eta_2} + Z_3, \ldots\}\,,$$

wobei nach Definition $S_{\eta_1} > 1$, $S_{\eta_1+\eta_2} > 2$ usw. ist. Deshalb gilt

$$\{Z < -N\} = \bigcup_{k=0}^{\infty} \{Z_{k+1} + S_{\eta_1+\cdots+\eta_k} < -N\} \subset \bigcup_{k=1}^{\infty} \{Z_k + k < -N\}\,,$$

$$\mathsf{P}(Z < -N) \leqq \sum_{k=1}^{\infty} \mathsf{P}(Z_k + k < -N) = \sum_{j=N+1}^{\infty} \mathsf{P}(Z_1 < -j)\,.$$

Ist $\mathsf{M}|Z_1| < \infty$, so konvergiert dieser Ausdruck für $N \to \infty$ gegen 0 (siehe Lemma 1). Die Endlichkeit von $\mathsf{M}|Z_1|$, von der wir uns noch zu überzeugen haben, folgt aus der Endlichkeit von $\mathsf{M}\eta_1 = \mathsf{M}\eta(1)$ (siehe Satz 1, Kap. 8) und den Ungleichungen

$$\mathsf{M}|Z_1| \leqq \mathsf{M} \sum_{j=1}^{\eta_1} |\xi_j| = \mathsf{M}\eta_1 \mathsf{M}|\xi_1| < \infty\,. \quad ◀$$

Es seien wieder die $\xi_1, \xi_2, \ldots$ unabhängig und identisch verteilt.

**Satz 5** (Starkes Gesetz der großen Zahlen von KOLMOGOROW). *Die Existenz des Erwartungswertes* $\mathsf{M}\xi_k = a$ *ist notwendig und hinreichend dafür, daß* $\frac{S_n}{n} \underset{\text{f.s.}}{\to} a$ *gilt.*

Beweis. Hinlänglichkeit. Ohne Beschränkung der Allgemeinheit setzen wir $\mathsf{M}\xi_k = 0$ voraus. Aus Satz 4 folgt dann, daß für beliebiges $\varepsilon > 0$ die Zufallsgröße $Z^{(\varepsilon)} = \inf_{k>0} (S_k + \varepsilon k)$ eigentlich ist ($S_k + \varepsilon^k$ sind Summen der Zufallsgröße $\xi_k + \varepsilon$, $\mathsf{M}(\xi_k + \varepsilon) > 0$). Deshalb gilt für $n \to \infty$

$$\mathsf{P}\left(\inf_{k\geqq n} \frac{S_k}{k} < -2\varepsilon\right) \leqq \mathsf{P}\left(\bigcup_{k\geqq n} \{S_k + \varepsilon k \leqq -\varepsilon n\}\right) \leqq \mathsf{P}\,(Z^{(\varepsilon)} < -\varepsilon n) \to 0\,.$$

Analog erhalten wir

$$\mathsf{P}\left(\sup_{k\geqq n} \frac{S_k}{k} > 2\varepsilon\right) \to 0 \quad \text{für} \quad n \to \infty\,.$$

Weil $\mathsf{P}\left(\sup_{k\geqq n} \left|\frac{S_k}{k}\right| > 2\varepsilon\right)$ nicht größer als die Summe der beiden soeben betrachteten Wahrscheinlichkeiten ist, gilt $\frac{S_n}{n} \underset{\text{f.s.}}{\to} 0$.

Notwendigkeit. Wir bemerken zunächst, daß $\frac{\xi_n}{n} = \frac{S_n}{n} - \frac{n-1}{n}\frac{S_{n-1}}{n-1}$ fast sicher gegen 0 konvergiert, d. h., das Ereignis $\left\{\left|\frac{\xi_k}{n}\right| > 1\right\}$ tritt mit Wahrscheinlichkeit 1 endlich oft ein. Nach dem „Null-Eins-Kriterium" von BOREL gilt dann $\sum_{n=1}^{\infty} \mathsf{P}\left(\left|\frac{\xi_n}{n}\right| > 1\right) < \infty$ oder, was dasselbe ist, $\sum \mathsf{P}(|\xi_1| > n) < \infty$.

Folglich gilt nach Lemma 1 $\mathsf{M}\xi_1 < \infty$. ◀

Die Bedingung $\mathsf{M}\xi_k = 0$ ist also notwendig und hinreichend dafür, daß die Folge $\{\varepsilon n\}_{n=1}^{\infty}$ eine Oberfolge für die beiden Folgen $\{S_n\}$ und $\{-S_n\}$ ist. Im folgenden Kapitel werden wir als Folgerungen notwendige und hinreichende Bedingungen dafür erhalten, daß $\{\varepsilon n\}$ eine Oberfolge für jede der Trajektorien $\{S_n\}$ und $\{-S_n\}$ im einzelnen ist. Es ist klar, daß zum Beispiel für die Folge $\{S_n\}$ diese Bedingung schwächer als die Bedingung $\mathsf{M}\xi_k = 0$ ist.

Bemerkung. Wir haben gesehen, daß als Grundlage für den angeführten Beweis die WALDsche Identität diente. Die Aussage dieser Identität können wir jetzt etwas verschärfen, wenn wir das bewiesene Gesetz der großen Zahlen ausnutzen. Und zwar gilt folgende Aussage.

*Ist* $a = \mathsf{M}\xi \neq 0$, *so ist für ein Markowsches Moment* $\nu$ *die Gültigkeit der Waldschen Identität*

$$\mathsf{M}S_\nu = a\mathsf{M}\nu$$

*auch ohne die Bedingung* $\mathsf{M}\nu < \infty$ *richtig.*

Mit anderen Worten, die Identität ist auch für $\mathsf{M}\nu = \infty$ richtig oder, was dasselbe ist, aus der Endlichkeit von $\mathsf{M}S_\nu$ folgt die Endlichkeit von $\mathsf{M}\nu$. Die letzte Behauptung ist für $a = 0$ nicht richtig. Das kann man sich leicht am Beispiel des in § 2 Kap. 4 betrachteten fairen Spiels klarmachen.

Zum Beweis der angeführten Behauptung genügt es, sich davon zu überzeugen, daß für $a > 0$ aus $\mathsf{M}\nu = \infty$ die Gleichung $\mathsf{M}S_\nu = \infty$ folgt.

Wir bemerken zunächst, daß für ein beliebiges MARKOWsches Moment $\mathsf{M}S_\nu \geqq 0$ gilt. Nehmen wir $\mathsf{M}S_\nu < 0$ an, so konstruieren wir wie im Beweis von Satz 4 eine Folge solcher unabhängiger Stoppzeiten $\nu_1, \nu_2, \ldots$, so daß $S_{\nu_1}, S_{\nu_1} - S_{\nu_2}, \ldots$ unabhängig und ebenso wie $S_\nu$ verteilt sind. Nach dem starken Gesetz der großen Zahlen bedeutet das, daß von einem gewissen $N$ an alle $S_{\nu_k}$ mit Wahrscheinlichkeit 1 negativ sind. Das widerspricht aber offenbar dem auf $S_n$, $n = 1, 2, \ldots$, angewandten starken Gesetz der großen Zahlen, da $\mathsf{M}\xi_1 = a > 0$ ist.

Weiter erkennt man leicht, daß neben $\nu$ auch $\nu_N = \min(N, \nu)$ eine MARKOWsche Zufallsgröße ist. Es gilt

$$\mathsf{M}S_\nu = \mathsf{M}\{S_\nu; \nu \leqq N\} + \mathsf{M}\{S_\nu; \nu > N\},$$
$$= \mathsf{M}S_{\nu_N} + \mathsf{M}\{S_\nu - S_N; \nu > N\} = \mathsf{M}\nu_N \cdot a + \mathsf{M}S^*_{\nu^*},$$

wobei $S_k^* = \xi_{N+1} + \cdots + \xi_{N+k}$, $S_0^* = 0$ und $\nu^* = \max(0, \nu - N)$ eine MARKOWsche Zufallsgröße bezüglich der Folge $\{\xi_{N+1}, \xi_{N+2}, \ldots \chi\}$ ist. Aufgrund des Gesagten erhalten wir

$$\mathsf{M}S_\nu \geqq \mathsf{M}\nu_N \cdot a .$$

Da für $N \to \infty$ $\mathsf{M}\nu_N \geq \mathsf{M}\{\nu; \nu \leqq N\} \to \infty$ gilt, ist unsere Behauptung bewiesen.| ◀

Zur Illustration des starken Gesetzes der großen Zahlen betrachten wir das folgende Beispiel.

Beispiel 1. Sei $\omega = (\varepsilon_1, \varepsilon_2, \ldots)$ eine Folge unabhängiger Zufallsgrößen, die die Werte 1 und 0 mit den Wahrscheinlichkeiten $p$ und $q = 1 - p$ annehmen. Jeder solchen Folge $\omega$ ordnen wir eine Zahl $\xi = \xi(\omega) = \sum_{k=1}^{\infty} \frac{\varepsilon_k}{2^k}$ so zu, daß $\omega$ deren Dualdarstellung ist. Es ist klar, daß die möglichen Werte von $\xi$ das Intervall $[0, 1]$ ausfüllen. Wir zeigen, daß für $p = q = 1/2$ die Zufallsgröße $\xi$ in $[0, 1]$ gleichverteilt ist, für $p \neq 1/2$ ist die Verteilung von $\xi$ singulär. In der Tat, ist $x = \sum_{k=1}^{\infty} \delta_k 2^{-k}$, wobei $\delta_k$ die Werte 0 und 1 annehmen kann, so gilt

$$\{\xi < x\} = \{\varepsilon_1 < \delta_1\} \cup \{\varepsilon_1 = \delta_1, \varepsilon_2 < \delta_2\} \cup \{\varepsilon_1 = \delta_1, \varepsilon_2 = \delta_2, \varepsilon_3 < \delta_3\} \cup \cdots$$

Da die in dieser Vereinigung vorkommenden Ereignisse disjunkt sind, gilt für $p = 1/2$

$$\mathsf{P}(\xi < x) = \sum_{k=0}^{\infty} \mathsf{P}(\varepsilon_1 = \delta_1, \ldots, \varepsilon_k = \delta_k, \varepsilon_{k+1} < \delta_{k+1}) =$$
$$= \sum_{k=0}^{\infty} 2^{-k}\, \mathsf{P}(\varepsilon_{k+1} < \delta_{k+1}) = \sum_{k=0}^{\infty} 2^{-k-1} \delta_{k+1} = x .$$

Das bedeutet, daß die Zufallsgröße $\xi$ in $[0, 1]$ gleichverteilt ist, d. h., für jede BOREL-meßbare Menge $B \subset [0, 1]$ ist die Wahrscheinlichkeit $\mathsf{P}(\xi \in B)$ gleich mes $B$, wobei mes $B$ das LEBESGUEsche Maß von $B$ bezeichnet. Sei $\sigma_n = \sum_{k=1}^{n} \delta_k$ und $s_n = \sum_{k=1}^{n} \varepsilon_k$. Dann ist die Menge $\left\{x \colon \lim_{n\to\infty} \frac{\sigma_n}{n} = p\right\}$ BOREL-meßbar, und infolgedessen gilt

$$\operatorname{mes}\left\{x \colon \lim_{n\to\infty} \frac{\sigma_n}{n} = \frac{1}{2}\right\} = \mathsf{P}\left(\lim_{n\to\infty} \frac{s_n}{n} = \frac{1}{2}\right).$$

Da nach dem starken Gesetz der großen Zahlen die rechte Seite hier gleich 1 ist, gilt

$$\operatorname{mes}\left\{x\colon \lim_{n\to\infty} \frac{\sigma_n}{n} = \frac{1}{2}\right\} = 1 .$$

Mit anderen Worten, für fast alle $x \in [0, 1]$ ist der Anteil der Einsen in der Dualdarstellung von $x$ gleich 1/2.

Sei jetzt $p \neq 1/2$. Dann ist $\mathsf{P}\left(\lim_{n\to\infty} \frac{s_n}{n} = p\right) = 1$, obwohl aufgrund des Vorhergehenden

$$\operatorname{mes}\left\{x\colon \lim_{n\to\infty} \frac{\sigma_n}{n} = p\right\} = 0$$

ist. Der „Träger" des Wahrscheinlichkeitsmaßes auf [0, 1] ist also eine Menge vom LEBESGUEschen Maße 0. Andererseits ist die Verteilung der Zufallsgröße $\xi$ für $p \neq 1/2$ stetig. Für dualrationales $x$ folgt das aus

$$\{\xi = x\} = \bigcap_{k=1}^{\infty} \{\xi_k = \delta_k\} .$$

Ist $x$ dualrational, d. h. sind für ein gewisses $r < \infty$ alle $\delta_k$ gleich 0 oder 1 für $k \geqq r$, so folgt die Stetigkeit aus der Inklusion

$$\{\xi = x\} \subset \bigcap_{k=r}^{\infty} \{\varepsilon_k = 0\} \cup \bigcap_{k=r}^{\infty} \{\varepsilon_k = 1\} ,$$

weil die Wahrscheinlichkeiten dieser Ereignisse offenbar 0 sind. Damit ist die Singularität von $F_\xi(x)$ für $p \neq 1/2$ bewiesen. ◀

Wir schlagen dem Leser vor, eine graphische Darstellung der Verteilungsfunktion von $\xi$ anzufertigen.

## § 3. Das starke Gesetz der großen Zahlen für beliebige unabhängige Summanden. Die KOLMOGOROWsche Ungleichung

Die Bestimmung von notwendigen und hinreichenden Bedingungen für die Konvergenz

$$\frac{S_n}{n} \xrightarrow[\text{f.s.}]{} a$$

im Falle nicht identisch verteilter Summanden $\xi_1, \xi_2, \ldots$ ist eine schwierige Aufgabe. Wir wollen uns hier auf den Beweis folgenden Satzes beschränken.

**Satz 6** (KOLMOGOROWsches Kriterium für die fast sichere Konvergenz). *Es seien die $\xi_k$, $k = 1, 2, \ldots$, unabhängig, $\mathsf{M}\xi_k = 0$ und außerdem*

$$\sum_{k=1}^{\infty} \frac{\mathsf{D}\xi_k}{k^2} < \infty .$$

*Dann gilt*

$$\frac{S_n}{n} \underset{\text{f.s.}}{\to} 0 .$$

Wie wir sehen, wird hier die Existenz der Varianz $\mathsf{D}\xi_k$ gefordert. Der Beweis von Satz 6 beruht auf einer Verschärfung der TSCHEBYSCHEWschen Ungleichung, die auch an sich von Interesse ist.

Sei $\tilde{S}_n = \max\{|S_1|, \ldots, |S_n|\}$.

**Satz 7** (KOLMOGOROWsche Ungleichung). *Ist* $\mathsf{M}\xi_k = 0$, *so gilt für jedes* $x > 0$

$$\mathsf{P}(\tilde{S}_n \geqq x) \leqq \frac{\mathsf{D}S_n}{x^2} .$$

Beweis. Sei

$$\eta(x) = \min\{k : |S_k| \geqq x\}$$

und $\eta(x) = \infty$, wenn alle $|S_k| < x$ sind.

Die Größe $\eta(x)$ ist offensichtlich gleich der Nummer der ersten Summe $S_k$, deren Betrag das Niveau $x$ erreicht. Es ist ebenfalls klar, daß $\eta(x)$ nicht von der Zukunft abhängt ($\{\eta(x) \leqq k\}$ und $\sigma(\xi_{k+1}, \ldots)$ sind unabhängig; $\eta(x)$ kann auch eine uneigentliche Zufallsgröße sein). Wir erhalten

$$\begin{aligned} \mathsf{M}S_n^2 &\geqq \sum_{k=1}^{n} \mathsf{M}(S_n^2; \eta(x) = k) = \\ &= \sum_{k=1}^{n} \mathsf{M}([S_k + (S_n - S_k)]^2; \eta(x) = k) \geqq \\ &\geqq \sum_{k=1}^{n} \mathsf{M}(S_k^2; \eta(x) = k) + 2 \sum_{k=1}^{n} \mathsf{M}\big(S_k(S_n - S_k); \eta(x) = k\big) . \end{aligned}$$

Im letzten Summanden ist

$$\begin{aligned} \mathsf{M}\big(S_k(S_n - S_k); \eta(x) = k\big) &= \mathsf{M}[S_k I\,\{\eta(x) = k\}\,(S_n - S_k)] = \\ &= \mathsf{M}\big(S_k I\,(\eta(x) = k)\big)\,\mathsf{M}(S_n - S_k) = 0 , \end{aligned}$$

weil die Indikatorfunktion $I\{\eta(x) = k\}$ meßbar bezüglich $\sigma(\xi_1, \ldots, \xi_k)$ ist. Berücksichtigt man, daß auf der $\omega$-Menge $\{\eta(x) = k\}$ $S_k^2 \geqq x^2$ ist, so erhält man

$$\mathsf{M}S_n^2 \geqq \sum_{k=1}^{n} x^2\, \mathsf{P}(\eta(x) = k) = x^2\, \mathsf{P}(\tilde{S}_n \geqq x) . \quad \blacktriangleleft$$

Beweis von Satz 6. Wir haben bei beliebigem $\varepsilon > 0$ zu zeigen, daß für $n \to \infty$

$$\mathsf{P}\left(\sup_{k \geqq n} \left|\frac{S_k}{k}\right| > \varepsilon\right) \to 0$$

gilt.

Sei $A_n$ das folgende Ereignis

$$A_n = \left\{\max_{2^{n-1} \leqq k < 2^n} \left|\frac{S_k}{k}\right| > \varepsilon\right\}.$$

Dann genügt es zu zeigen, daß für $m \to \infty$

$$\mathsf{P}\left(\bigcup_{n=m}^{\infty} A_n\right) \to 0$$

gilt. Nach der KOLMOGOROWschen Ungleichung ist

$$\mathsf{P}(A_n) \leqq \mathsf{P}\left(\max_{2^{n-1} \leqq k < 2^n} |S_k| > \varepsilon 2^{n-1}\right) \leqq \mathsf{P}\,(|\tilde{S}_{2^n}| > \varepsilon\, 2^{n-1}) \leqq 4\,\frac{\mathsf{D}S_{2^n}}{\varepsilon^2\, 2^{2n}}\,.$$

Sei $\mathsf{D}\xi_k = \sigma_k^2$. Aus der vorhergehenden Ungleichung folgt dann

$$\sum_{k=1}^{\infty} \mathsf{P}(A_k) \leqq 4\varepsilon^{-2} \sum_{k=1}^{\infty} 2^{-2k} \sum_{j=1}^{2^k} \sigma_j^2 \leqq 4\varepsilon^{-2} \sum_{j=1}^{\infty} \sigma_j^2 \sum_{\{k:2^k \geqq j\}} 2^{-2k}\,.$$

Die letzte Summe ist offenbar nicht größer als das Doppelte ihres ersten Summanden. Deshalb gilt

$$\sum_{k=1}^{\infty} \mathsf{P}(A_k) \leqq 4\varepsilon^{-2} \sum_{j=1}^{\infty} \sigma_j^2 \frac{2}{j^2} < \infty\,,$$

$$\mathsf{P}\left(\bigcup_{k=m}^{\infty} A_k\right) \leqq \sum_{k=m}^{\infty} \mathsf{P}(A_k) \to 0 \quad \text{für} \quad m \to \infty\,. \blacktriangleleft$$

Beispiel 2. Seien die $\xi_k$, $k = 1, 2, \ldots$, unabhängige Zufallsgrößen, die mit der Wahrscheinlichkeit 1/2 die Werte $\xi_k = \pm k^\alpha$ annehmen. Wie wir im Beispiel 1 § 3, Kap. 7, gesehen haben, sind die Summen $S_n$ dieser Zufallsgrößen bei entsprechender Normierung für $\alpha \geqq -1/2$ asymptotisch normal. Genügen sie aber dem starken Gesetz der großen Zahlen? Wegen $\mathsf{D}\xi_k = \sigma_k^2 = k^{2\alpha}$ konvergiert die Reihe

$$\sum \frac{\mathsf{D}\xi_k}{k^2} = \sum k^{2(\alpha-1)}$$

für $\alpha < 1/2$. Ist also $\alpha < 1/2$, so gilt $\dfrac{S_n}{n} \underset{\text{f.s.}}{\to} 0$. Wir bemerken nun folgendes: Obwohl die Bedingung $\alpha < 1/2$ nur eine hinreichende Bedingung ist, so bestimmt sie doch exakt die Anwendungsgrenzen des starken Gesetzes der großen Zahlen. In der Tat ist für $\alpha = 1/2$ $B_n^2 = \mathsf{D}S_n \sim \dfrac{n^2}{2}$ und infolgedessen ist die Zufallsgröße $\dfrac{S_n}{n}$ asymptotisch normal mit den Parametern $(0, 1/\sqrt{2})$ (Beispiel 1 § 3, Kap. 7). Für $\alpha \geqq 1/2$ genügen also die $S_n$ dem starken Gesetz der großen Zahlen nicht, obwohl sie dem zentralen Grenzwertsatz genügen. Diese Tatsache läßt sich offenbar durch die grundlegend verschiedenen Normierungen in diesen beiden Grenzwertsätzen erklären.

# KAPITEL 10

# FAKTORISIERUNGSIDENTITÄTEN

In diesem Kapitel leiten wir eine Reihe bemerkenswerter und sehr nützlicher Beziehungen her, die Zusammenhänge zwischen den verschiedenen Charakteristika von zufälligen Irrfahrten, sowie Zusammenhänge zwischen dabei auftretenden Problemen und einfachsten Randwertaufgaben der Funktionentheorie betreffen.

## § 1. Faktorisierungsidentitäten und erste Folgerungen daraus

Sei $\langle \Omega, \mathfrak{F}, \mathsf{P} \rangle$ ein Wahrscheinlichkeitsraum und $\{\xi_k\}_{k=1}^{\infty}$ eine Folge unabhängiger identisch verteilter Zufallsgrößen auf $\langle \Omega, \mathfrak{F}, \mathsf{P} \rangle$. Sei wie früher $S_n = \sum_{k=1}^{n} \xi_k$ und $S_0 = 0$.

Auf diesem Wahrscheinlichkeitsraum definieren wir die Zufallsgröße

$$\eta_+^0 = \min \{k \geqq 1 : S_k \geqq 0\} .$$

Das ist die Zeit des *erstmaligen Überschreitens des Nullniveaus von unten.* Für die Elementarereignisse $\omega$, für die für alle $k \geqq 1$ gilt $S_k < 0$, setzen wir $\eta_+^0 = \infty$. (Die Definition von $\eta_+^0$ unterscheidet sich also von der Definition der Größe $\eta(x) = \min \{k \geqq 0 : S_k = x\}$ an der Stelle $x = 0$ (siehe Kap. 8), aus der $\eta(0) = 0$ folgt.) Genauso wie $\eta(0)$ ist auch $\eta_+^0$ eine MARKOWsche Zeit.

Die Zufallsgröße

$$\chi_+^0 = S_{\eta_+^0}$$

heißt die *erste nichtnegative Summe.* Sie ist nur auf der Menge $\{\eta_+^0 < \infty\}$ definiert.

Völlig analoge Eigenschaften hat auch *die Zeit des ersten Überschreitens des Nullniveaus von oben*

$$\eta_-^0 = \min \{k \geqq 1 : S_k \leqq 0\}$$

und die *erste nichtpositive Summe* $\chi_-^0 = S_{\eta_-^0}$.

Die Untersuchung der Eigenschaften der eingeführten Zufallsgrößen ist von großem selbständigen Interesse. Zum Beispiel ist $\eta_+^0$ eine Stoppzeit (vgl. Kap. 4, § 4) und die Kenntnis ihres Verhaltens ist sehr wichtig bei der Untersuchung von Stoppzeiten in vielen schwierigeren Aufgaben (siehe z. B. Aufgaben der Erneuerungstheorie in Kap. 8 und das in § 4, Kap. 4 beschriebene

Problem der statistischen Qualitätskontrolle). Außerdem benötigen wir $\eta_+^0$ und $\chi_+^0$ zur Beschreibung des Verhaltens der Extrema

$$\zeta = \sup (S_1, S_2, \ldots) \quad \text{und} \quad \gamma = \inf (S_1, S_2, \ldots),$$

die eine wichtige Rolle in Aufgaben der mathematischen Statistik, der Bedienungstheorie (siehe § 4) und anderer Gebiete spielen.

Wir setzen

$$\varphi(\lambda) = \varphi_{\xi_1}(\lambda) = \mathsf{M}e^{i\lambda\xi_1}.$$

**Satz 1** (Faktorisierungsidentität). *Für die c. F. der gemeinsamen Verteilungen der eingeführten Zufallsgrößen gilt für* $|z| < 1$ *und* $\operatorname{Im} \lambda = 0$ *die Identität*

$$1 - z\varphi(\lambda) = [1 - \mathsf{M}(e^{i\lambda\chi_+^0} z^{\eta_+^0}; \eta_+^0 < \infty)]\, D^{-1}(z)\, [1 - \mathsf{M}(e^{i\lambda\chi_-^0} z^{\eta_-^0}; \eta_-^0 < \infty)],$$

*mit*

$$D(z) = 1 - \mathsf{M}(z^{\eta_+^0}; \chi_+^0 = 0, \eta_+^0 < \infty) = 1 - \mathsf{M}(z^{\eta_-^0}; \chi_-^0 = 0; \eta_-^0 < \infty).$$

Beweis. Wir setzen $\zeta_n = \max \{S_1, \ldots, S_n\}$. Auf der Menge $\{\eta_+^0 = k\}$ gilt

$$S_n = S_{\eta_+^0} + S_n - S_{\eta_+^0} = \chi_0^+ + S_n - S_k.$$

Deshalb ist

$$\varphi^n(\lambda) = \mathsf{M}\, e^{i\lambda S_n} = \sum_{k=1}^{n} \mathsf{M}(e^{i\lambda S_n}; \eta_+^0 = k) + \mathsf{M}(e^{i\lambda S_n}; \zeta_n < 0) =$$

$$= \sum_{k=1}^{n} \mathsf{M}\big(e^{i\lambda(S_n - S_k)}\, e^{i\lambda S_k}\, I(\eta_+^0 = k)\big) + M_n \tag{1}$$

mit der Bezeichnung

$$M_n = \mathsf{M}(e^{i\lambda S_n}; \zeta_n < 0).$$

Für jedes fixierte $k$ sind die Zufallsgrößen $S_n - S_k$ und $S_k I\,(\eta_+^0 = k) = \chi_+^0 I\,(\eta_+^0 = k)$ unabhängig. Dabei ist $I(A)$ die Indikatorfunktion des Ereignisses $A$. Folglich gilt

$$\varphi^n(\lambda) = \sum_{k=1}^{n} \varphi^{n-k}(\lambda)\, \mathsf{M}(e^{i\lambda\chi_+^0}; \eta_+^0 = k) + M_n.$$

Wir multiplizieren jetzt beide Seiten dieser Gleichung mit $z^n$, $n = 0, 1, \ldots$, und summieren über $n$. Dabei wird bei $n = 0$

$$\sum_{k=1}^{n} = 0, \qquad M_n = 1$$

vereinbart.

Für die Faltung zweier Folgen $c_n = \sum_1^n a_k b_{n-k}$ gilt

$$\sum_0^\infty c_n z^n = \sum_1^\infty a_n z^n \cdot \sum_0^\infty b_n z^n,$$

wenn nur die darin auftretenden Reihen absolut konvergieren.

Für $\operatorname{Im}\lambda = 0$ ist $|\varphi(\lambda)| \leqq 1$, so daß für $|z| < 1$ und $\operatorname{Im}\lambda = 0$ gilt

$$\sum_{n=0}^{\infty} z^n \varphi^n(\lambda) = \frac{1}{1 - z\varphi(\lambda)} = \sum_{n=0}^{\infty} z^n \sum_{k=1}^{n} \varphi^{n-k}(\lambda)\, \mathsf{M}(e^{i\lambda\chi_+^0}; \eta_+^0 = k) + \sum_{n=0}^{\infty} z^n M_n =$$

$$= \sum_{k=1}^{\infty} z^k \mathsf{M}(e^{i\lambda\chi_+^0}; \eta_+^0 = k) \cdot \sum_{n=0}^{\infty} z^n \varphi^n(\lambda) + \sum_{n=0}^{\infty} z^n M_n =$$

$$= \frac{1}{1 - z\varphi(\lambda)} \mathsf{M}(e^{i\lambda\chi_+^0} z^{\eta_+^0}; \eta_+^0 < \infty) + \sum_{n=0}^{\infty} z^n M_n ,$$

oder auch

$$1 - z\varphi(\lambda) = \frac{1 - \mathsf{M}(e^{i\lambda\chi_+^0} z^{\eta_+^0}; \eta_+^0 < \infty)}{\sum_{n=0}^{\infty} z^n \mathsf{M}(e^{i\lambda S_n}; \zeta_n < 0)} = \frac{A_{z+}(\lambda)}{A_{z-}(\lambda)} . \tag{2}$$

Dabei sind $A_{z\pm}(\lambda)$ Zähler und Nenner des für $1 - z\varphi(\lambda)$ erhaltenen Bruches.

Es ist leicht zu verstehen, daß wir für

$$\gamma_n = \min(S_1, \dots, S_n)$$

mit denselben Überlegungen zur Gleichheit

$$1 - z\varphi(\lambda) = \frac{1 - \mathsf{M}(e^{i\lambda\chi_-^0} z^{\eta_-^0}; \eta_-^0 < \infty)}{\sum_{n=0}^{\infty} z^n \mathsf{M}(e^{i\lambda S_n}; \gamma_n > 0)} = \frac{B_{z-}(\lambda)}{B_{z+}(\lambda)} \tag{3}$$

gelangen. Die Funktionen $A_{z+}(\lambda)$ und $B_{z+}(\lambda)$ sind für $|z| < 1$ im Gebiet $\operatorname{Im}\lambda > 0$ analytisch, stetig einschließlich des Randes $\operatorname{Im}\lambda = 0$ und beschränkt für $\operatorname{Im}\lambda = 0$, da beide Funktionen gleichmäßig konvergente Reihen von Funktionen sind, die alle angegebenen Eigenschaften besitzen. Zum Beispiel ist

$$\mathsf{M}(e^{i\lambda\chi_+^0} z^{\eta_+^0}; \eta_+^0 < \infty) = \sum_{n=1}^{\infty} z^n \mathsf{M}(e^{i\lambda\chi_+^0}; \eta_+^0 = n) ,$$

wobei $\mathsf{M}(e^{i\lambda\chi_+^0}; \eta_+^0 = n)$ ein Teil der c. F. einer nichtnegativen Zufallsgröße ist (siehe Eigenschaft 6 der c. F.).

Die Funktionen $A_{z-}(\lambda)$ und $B_{z-}(\lambda)$ haben aus denselben Gründen analoge Eigenschaften in der Halbebene $\operatorname{Im}\lambda \leqq 0$. Vergleicht man (2) und (3), so erhält man für $\operatorname{Im}\lambda = 0$

$$A_{z+}(\lambda)\, B_{z+}(\lambda) = A_{z-}(\lambda)\, B_{z-}(\lambda) .$$

Man kann also die Funktion $A_{z-}(\lambda)\, B_{z-}(\lambda)$ $\big(A_{z+}(\lambda)\, B_{z+}(\lambda)\big)$ über den Rand $\operatorname{Im}\lambda = 0$ aus der unteren (oberen) Halbebene zu einer ganzen Funktion fortsetzen. Da diese Funktion beschränkt ist, muß sie auf Grund bekannter Sätze notwendigerweise konstant sein. Weiter gilt $e^{i\lambda x} \to 0$ für $\operatorname{Im}\lambda \to -\infty$ und $x < 0$ und deshalb gilt

$$B_{z-}(-i\infty) = 1 - \mathsf{M}(z^{\eta_-^0}; \chi_-^0 = 0, \eta_-^0 < \infty) , \qquad A_{z-}(-i\infty) = 1 ,$$

$$A_{z-}(\lambda)\, B_{z-}(\lambda) = A_{z-}(-i\infty)\, B_{z-}(-i\infty) = D(z) =$$

$$= 1 - \mathsf{M}(z^{\eta_-^0}; \chi_-^0 = 0, \eta_-^0 < \infty) .$$

Setzt man den aus dieser Gleichung gefundenen Wert $A_{z^-}(\lambda) = \frac{D(z)}{B_{z^-}(\lambda)}$ in (2) ein, so erhält man die Behauptung des Satzes. Die zweite Relation für $D(z)$ bekommen wir aus $D(z) = A_{z^+}(i\infty)\, B_{z^+}(i\infty)$. ◀

Beim Beweis von Satz 1 benutzten wir in Formel (1) eine Entwicklung von $\mathsf{M}\, e^{i\lambda S_n}$ in Summanden, die den disjunkten Ereignissen $\left\{\bigcup_{k=1}^{n} \{\eta_+^0 = k\}\right\} = \{\zeta_n \geqq 0\}$ und $\{\zeta_n < 0\}$ entsprachen. Das Beweisschema bleibt aber vollständig erhalten, wenn man die Zerlegung von $\Omega$ in die Ereignisse $\{\zeta_n > 0\}$ und $\{\zeta_n \leqq 0\}$ betrachtet. Um das zu tun, führen wir die Zufallsgrößen

$$\eta_+ = \min\{k\colon S_k > 0\} \qquad (\eta_+ = \infty,\ \text{für}\ \zeta \leqq 0)\,,$$
$$\chi_+ = S_{\eta_+}\,,$$
$$\eta_- = \min\{k\colon S_k < 0\} \qquad (\eta_- = \infty,\ \text{für}\ \gamma \geqq 0)\,,$$
$$\chi_- = S_{\eta_-}$$

ein. $\eta_+(\eta_-)$ heißt die *Zeit des Auftretens der ersten positiven* (*negativen*) *Summe* $\chi_+(\chi_-)$. Dann gilt neben (2) und (3) die Darstellung

$$1 - z\varphi(\lambda) = \frac{1 - \mathsf{M}(e^{i\lambda\chi_+} z^{\eta_+};\ \eta_+ < \infty)}{\sum_{n=0}^{\infty} z^n \mathsf{M}(e^{i\lambda S_n};\ \zeta_n \leqq 0)} = \frac{1 - \mathsf{M}(e^{i\lambda\chi_-} z^{\eta_-};\ \eta_- - \infty)}{\sum_{n=0}^{\infty} z^n \mathsf{M}(e^{i\lambda S_n};\ \gamma_n \geqq 0)}\,. \tag{4}$$

Vergleicht man diese Beziehungen mit (2) und (3), so kann man mit gleichen Überlegungen die folgende Behauptung beweisen:

**Satz 2.**

$$\left.\begin{aligned} 1 - \mathsf{M}(e^{i\lambda\chi_+^0} z^{\eta_+^0};\ \eta_+^0 < \infty) &= D(z)\,[1 - \mathsf{M}(e^{i\lambda\chi_+} z^{\eta_+};\ \eta_+ < \infty)]\,,\\ 1 - \mathsf{M}(e^{i\lambda\chi_-^0} z^{\eta_-^0};\ \eta_-^0 < \infty) &= D(z)\,[1 - \mathsf{M}(e^{i\lambda\chi_-} z^{\eta_-};\ \eta_- < \infty)]\,.\end{aligned}\right\} \tag{5}$$

*Hierin genügt die in Satz 1 definierte Funktion $D(z)$ auch den Beziehungen*

$$D^{-1}(z) = \sum_{n=0}^{\infty} z^n \mathsf{P}(S_n = 0, \zeta_n \leqq 0) = \sum_{n=0}^{\infty} z^n \mathsf{P}(S = 0, \gamma_n \geqq 0)\,. \tag{6}$$

Offenbar kann man aus Satz 2 einige andere Varianten der Faktorisierungsidentität erhalten. Beispielsweise ist

$$1 - z\varphi(\lambda) = [1 - \mathsf{M}(e^{i\lambda\chi_+} z^{\eta_+};\ \eta_+ < \infty)]\,[1 - \mathsf{M}(e^{i\lambda\chi_-^0} z^{\eta_-^0};\ \eta_-^0 < \infty)]\,. \tag{7}$$

Aus den Darstellungen (6) von $D(z)$ folgt speziell

$$\mathsf{P}(S_n = 0, \zeta_n \leqq 0) = \mathsf{P}(S_n = 0, \gamma_n \geqq 0)$$

und $D(z) \equiv 1$, wenn für $\mathsf{P}(S_n = 0) = 0$ alle $n \geqq 1$ gilt.

B e w e i s von Satz 2. Wir beweisen beispielsweise die erste Relation aus (5). Vergleicht man (3) und (4), so erhält man wie früher

$$[1 - \mathsf{M}(e^{i\lambda\chi_+} z^{\eta_+};\ \eta_+ < \infty)]\, B_{z^+}(\lambda) = 1\,, \tag{8}$$

weil das betrachtete Produkt im Punkte $i\infty$ gleich 1 ist. Deshalb erhalten wir wegen (3) die Formel (7), und man hat nur noch (7) mit der Identität aus Satz 1 zu vergleichen.

Den Ausdruck (6) für $D(z)$ erhält man, wenn man sich daran erinnert, daß auf der rechten Seite von (8)

$$\left[\sum_{n=0}^{\infty} z^n \mathsf{M}\,(e^{i\lambda S_n}; \zeta_n \leqq 0)\right][1 - \mathsf{M}(e^{i\lambda\chi_-^0} z^{\eta_-^0}; \eta_-^0 < \infty)]$$

stehen muß. Da dieses Produkt ebenfalls gleich 1 ist, erhält man eine der geforderten Gleichungen, wenn man $\lambda = -i\infty$ setzt. Die zweite Gleichung beweist man analog. ◀

Bemerkung. Es ist wichtig darauf hinzuweisen, daß die Sätze 1 und 2 neben dem Existenzbeweis der Identität auch das Mittel liefern, um die c. F. gemeinsamer Verteilungen der Zufallsgrößen $\chi$ und $\eta$ zu finden. Es geht dabei um das Gleichsetzen einer beliebigen Darstellung der Funktion $1 - z\varphi(\lambda)$ für $\operatorname{Im}\lambda = 0$ in der Form $\frac{C_{z^+}(\lambda)}{C_{z^-}(\lambda)}$ oder $\frac{C_{z^-}(\lambda)}{C_{z^+}(\lambda)}$ mit den Darstellungen in den Sätzen 1 und 2. Dabei sind die Funktionen $C_{z\pm}(\lambda)$ in den Gebieten $\operatorname{Im}\lambda \gtrless 0$ analytisch, stetig einschließlich des Randes $\operatorname{Im}\lambda = 0$ und beschränkt für $\operatorname{Im}\lambda \gtreqless 0$. Ist zum Beispiel

$$1 - z\varphi(\lambda) = \frac{C_{z_+}(\lambda)\,C(z)}{C_{z^-}(\lambda)}$$

und $C_{z^+}(i\infty) = C_{z^-}(-i\infty) = 1$, so kann man, wie wir sahen, $1 - \mathsf{M}(e^{i\lambda\chi_+} z^{\eta_+}; \eta_+ < \infty)$ mit $C_{z^+}(\lambda)$, $C_{z^-}^{-1}(\lambda)$ mit $1 - \mathsf{M}(e^{i\lambda\chi_-} z^{\eta_-}; \eta_- < \infty)$ und $C(z)$ mit $D(z)$ gleichsetzen.

Gelingt es im allgemeinen Falle eine für $\operatorname{Im}\lambda = 0$ gegebene Funktion $C_z(\lambda)$ in einer der beiden Formen $\frac{C_{z^+}(\lambda)}{C_{z^-}(\lambda)}$ oder $\frac{C_{z^-}(\lambda)}{C_{z^+}(\lambda)}$ darzustellen, wobei $C_{z\pm}(\lambda)$ die oben angegebenen Eigenschaften haben, so sagt man, $C_z(\lambda)$ lasse eine *Faktorisierung* zu. Die Funktion $C_{z^+}(\lambda)$ $(C_{z^-}(\lambda))$ heißt *positive* (*negative*) *Faktorisierungskomponente*. Das Problem der Faktorisierung stellt eine Variante des sogenannten CAUCHY-RIEMANNschen Problems bei Randwertaufgaben der Funktionentheorie dar.

Wir leiten nun einige Folgerungen aus den Sätzen 1 und 2 her.

**Folgerung 1.** *Für $z \to 1$ gilt*

$$1 - \varphi(\lambda) = [1 - \mathsf{M}(e^{i\lambda\chi_+}; \eta_+ < \infty)]\,[1 - \mathsf{M}(e^{i\lambda\chi_-^0}; \eta_-^0 < \infty)]\,.$$

Analog kann man offenbar auch andere Identitäten angeben, die den aus den Sätzen 1 und 2 ableitbaren Identitäten entsprechen.

**Folgerung 2.** *Existiert* $\mathsf{M}\xi_k = a < 0$, *so ist* $\mathsf{P}(\eta_-^0 < \infty) = 1$. *Weiterhin existiert* $\mathsf{M}\,\chi_-^0$, *und es gilt* $\mathsf{P}(\zeta \leqq 0) = \frac{a}{\mathsf{M}\chi_-^0} > 0\,.$

Beweis. Da auf Grund des Gesetzes der großen Zahlen für $n \to \infty$ $\mathsf{P}(\eta_-^0 > n) < \mathsf{P}(S_n > 0) \to 0$ gilt, folgt daraus die erste Beziehung. In unserem Falle ist also $\mathsf{M}(e^{i\lambda\chi_-^0}; \eta_-^0 < \infty) = \mathsf{M}\, e^{i\lambda\chi_-^0}$. Die Existenz von $\mathsf{M}\chi_-^0$ folgt aus der WALDschen Identität $\mathsf{M}\chi_-^0 = a\mathsf{M}\eta_-^0$ und aus Satz 1, Kap. 8, wonach $\mathsf{M}\eta_-^0 < \infty$ gilt.

Schließlich erhalten wir nach Division der Identität aus Folgerung 1 durch $\lambda$ und Grenzübergang für $\lambda \to 0$

$$a = \big(1 - \mathsf{P}(\eta_+ < \infty)\big)\, \mathsf{M}\chi_-^0 = \mathsf{P}(\zeta \leqq 0)\, \mathsf{M}\chi_-^0 \,. \blacktriangleleft$$

Es ist interessant, daß man als Folgerung der bewiesenen Behauptung das *starke Gesetz der großen Zahlen* erhalten kann. In der Tat, da das Ereignis $\{\zeta < \infty\}$ ein terminales Ereignis und $\mathsf{P}(\zeta < \infty) \geqq \mathsf{P}(\zeta \leqq 0)$ ist, geht für $a < 0$ aus Folgerung 2 $\mathsf{P}(\zeta < \infty) = 1$ hervor. Das heißt, daß die Behauptung von Satz 4 des Kap. 9 richtig ist, aus der wir das Gesetz der großen Zahlen abgeleitet haben.

Später werden wir auf der Grundlage der Faktorisierungsidentitäten eine gewisse Verallgemeinerung dieses Gesetzes erhalten.

Um trivialen Schwierigkeiten aus dem Wege zu gehen, wird von jetzt ab in diesem Kapitel vorausgesetzt, daß $\xi_k$ mit positiver Wahrscheinlichkeit sowohl positive als auch negative Werte annimmt.

**Folgerung 3.** *Ist* $a = \mathsf{M}\xi_k = 0$, *so gilt* $\mathsf{P}(\eta_+ = \infty) = \mathsf{P}(\eta_-^0 = \infty) = 0$ *und deshalb*

$$1 - \varphi(\lambda) = (1 - \mathsf{M}e^{i\lambda\chi_+})\,(1 - \mathsf{M}e^{i\lambda\chi_-^0})\,.$$

Beweis. Wir betrachten die Folge $\tilde{\xi}_k = \xi_k - \varepsilon$, $\varepsilon > 0$. Bezeichnet man mit $\tilde{\zeta}$, $\tilde{\chi}_-^0$ und $\tilde{a}$ die entsprechenden Charakteristika der eingeführten Folge, so erhält man

$$\mathsf{P}\,(\zeta \leqq 0) < \mathsf{P}\,(\tilde{\zeta} \leqq 0) = \frac{\tilde{a}}{\mathsf{M}\tilde{\chi}_-^0} = -\frac{\varepsilon}{\mathsf{M}\tilde{\chi}_-^0}$$

mit

$$\mathsf{M}\tilde{\chi}_-^0 \leqq \mathsf{M}(\tilde{\xi}_1; \tilde{\xi}_1 \leqq 0) \leqq \mathsf{M}(\xi_1 - \varepsilon; \xi_1 \leqq \varepsilon) \leqq \mathsf{M}(\xi_1; \xi_1 \leqq 0) < 0\,.$$

Die Wahrscheinlichkeit $\mathsf{P}(\zeta \leqq 0)$ kann also beliebig klein gemacht werden. Deshalb ist $\mathsf{P}(\zeta \leqq 0) = \mathsf{P}(\eta_+ = \infty) = 0$. Analog zeigt man $\mathsf{P}(\gamma \geqq 0) = 0$ und folglich ist.

$$\mathsf{P}(\eta_-^0 = \infty) \leqq \mathsf{P}(\eta_- = \infty) = \mathsf{P}(\gamma \geqq 0) = 0\,. \blacktriangleleft$$

## § 2. Faktorisierungsidentitäten. Eigenschaften der Trajektorie $(0, S_1, S_2, \ldots)$

Wir leiten jetzt eine weitere Darstellung der Faktorisierungskomponenten der Funktion $1 - z\varphi(\lambda)$ her.

**Satz 3.** *Für* $|z| < 1$, $\operatorname{Im}\lambda = 0$ *besitzt die Funktion* $1 - z\varphi(\lambda)$ *die Faktorisierung*

$$1 - z\varphi(\lambda) = \frac{C_{z^+}(\lambda)\, C(z)}{C_{z^-}(\lambda)}\,, \qquad C_{z^+}(i\infty) = C_{z^-}(-i\infty) = 1\,. \tag{9}$$

*Dabei ist*

$$\left.\begin{aligned} C_{z^+}(\lambda) &= \exp\left\{-\sum_{k=1}^{\infty}\frac{z^k}{k}\,\mathsf{M}(e^{i\lambda S_k};\, S_k > 0)\right\},\\ C_{z^-}(\lambda) &= \exp\left\{\sum_{k=1}^{\infty}\frac{z^k}{k}\,\mathsf{M}(e^{i\lambda S_k};\, S_k < 0)\right\},\\ C(z) &= \exp\left\{-\sum_{k=1}^{\infty}\frac{z^k}{k}\,\mathsf{P}(S_k = 0)\right\}. \end{aligned}\right\} \qquad (10)$$

Beweis. Wegen $|z| < 1$ existiert im Sinne des Hauptwertes $\ln(1 - z\varphi(\lambda))$. Die folgenden Gleichungen ergeben die benötigte Zerlegung

$$1 - z\varphi(\lambda) = e^{\ln(1 - z\varphi(\lambda))} = \exp\left\{-\sum_{k=1}^{\infty}\frac{z^k\varphi^k(\lambda)}{k}\right\} =$$

$$= \exp\left\{-\sum_{k=1}^{\infty}\frac{z^k}{k}\,\mathsf{M}e^{i\lambda S_k}\right\} = \exp\left\{-\sum_{k=1}^{\infty}\frac{z^k}{k}\,\mathsf{M}(e^{i\lambda S_k};\, S_k > 0)\right\} \times$$

$$\times \exp\left\{-\sum_{k=1}^{\infty}\frac{z^k}{k}\,\mathsf{P}(S_k = 0)\right\}\exp\left\{-\sum_{k=1}^{\infty}\frac{z^k}{k}\,\mathsf{M}(e^{i\lambda S_k};\, S_k < 0)\right\}.$$

Die geforderten Eigenschaften der Komponente $C_{z^+}(\lambda)\,(C_{z^-}(\lambda))$ (Analytizität für $\operatorname{Im}\lambda > 0$ ($\operatorname{Im}\lambda < 0$), Stetigkeit einschließlich des Randes $\operatorname{Im}\lambda = 0$ und Beschränktheit zeigt man ebenso wie für die Komponente $A_{z^+}(A_{z^-})$ im Beweis von Satz 1. ◀

Da in den Formeln (9) und (10) offenbar $C_{z^+}(i\infty) = C_{z^-}(-i\infty) = 1$ ist, erhalten wir auf Grund der zu den Sätzen 1 und 2 gemachten Bemerkung sofort die

**Folgerung 4.**

$$1 - \mathsf{M}(e^{i\lambda\chi_+}z^{\eta_+};\, \eta_+ < \infty) = \exp\left\{-\sum_{k=1}^{\infty}\frac{z^k}{k}\,\mathsf{M}(e^{i\lambda S_k};\, S_k > 0)\right\};$$

$$D(z) = \exp\left\{-\sum_{k=1}^{\infty}\frac{z^k}{k}\,\mathsf{P}(S_k = 0)\right\};$$

$$1 - \mathsf{M}(e^{i\lambda\chi_-}z^{\eta_-};\, \eta_- < \infty) = \exp\left\{-\sum_{k=1}^{\infty}\frac{z^k}{k}\,\mathsf{M}(e^{i\lambda S_k};\, S_k < 0)\right\}.$$

**Folgerung 5.**

1. *Es gilt immer*

$$\sum \frac{\mathsf{P}(S_k = 0)}{k} < \infty\,.$$

2. *Die drei folgenden Bedingungen sind äquivalent*

a) $\mathsf{P}(\zeta < \infty) = 1$,

b) $\mathsf{P}(\zeta \leqq 0) = \mathsf{P}(\eta_+ = \infty) > 0$,

c) $\displaystyle\sum_{k=1}^{\infty}\frac{\mathsf{P}(S_k > 0)}{k} < \infty$ *oder* $\displaystyle\sum_{k=1}^{\infty}\frac{\mathsf{P}(S_k \geqq 0)}{k} < \infty$.

Beweis. Um die erste Behauptung zu erhalten, läßt man in der zweiten Gleichung der Folgerung 4 $z$ gegen 1 konvergieren und erinnert sich daran, daß $D(1) = 1 - \mathsf{P}(\chi_+^0 = 0, \eta_+^0 < \infty) > \mathsf{P}(\xi_1 > 0) > 0$ ist. Die Äquivalenz von b) und c) folgt aus der Gleichung

$$1 - \mathsf{P}(\eta_+ < \infty) = \mathsf{P}(\zeta \leqq 0) = \exp\left\{- \sum_{k=1}^{\infty} \frac{\mathsf{P}(S_k > 0)}{k}\right\},$$

die man erhält, wenn in der ersten Identität der Folgerung 4 $\lambda = 0$ und $z = 1$ gesetzt wird.

Wir beweisen jetzt die Äquivalenz von a) und b). Aus $\mathsf{P}(\zeta \leqq 0) > 0$ folgt $\mathsf{P}(\zeta < \infty) > 0$, und deshalb ist $\mathsf{P}(\zeta < \infty) = 1$, weil $\{\zeta < \infty\}$ ein terminales Ereignis ist. Umgekehrt, sei nun $\zeta$ eine eigentliche Zufallsgröße. Wir wählen $b > 0$ und $N$ derart, daß $\mathsf{P}(\zeta \leqq N) > 0$, $\mathsf{P}(\xi_1 < -b) > 0$ und $k = N/b$ ganzzahlig sind. Dann gilt

$$\{\zeta \leqq 0\} \supset \{\xi_1 < -b, \ldots, \xi_k < -b\,, \quad \sup_{j \geqq 1} (-bk + \xi_{k+1} + \cdots + \xi_{k+j}) \leqq 0\}\,.$$

Da die Folge $\xi_{k+1}, \xi_{k+2}, \ldots$ ebenso wie die Folge $\xi_1, \xi_2, \ldots$ verteilt ist, gilt

$$\mathsf{P}(\zeta \leqq 0) \geqq \mathsf{P}^k(\xi_1 < -b) \cdot \mathsf{P}(\zeta \leqq bk) > 0\,. \blacktriangleleft$$

**Folgerung 6.**

1. $\mathsf{P}(\zeta < \infty, \gamma > -\infty) = 1\,.$
2. *Existiert* $\mathsf{M}\xi_1 = a < 0$, *so gilt*

$$\mathsf{P}(\zeta < \infty, \gamma = -\infty) = 1\,.$$

$$\left(\sum_{k=1}^{\infty} \frac{\mathsf{P}(S_k > 0)}{k} < \infty, \quad \sum_{k=1}^{\infty} \frac{\mathsf{P}(S_k < 0)}{k} = \infty\right).$$

3. *Existiert* $\mathsf{M}\xi_1 = a = 0$, *so gilt*

$$\mathsf{P}(\zeta = \infty, \gamma = -\infty) = 1\,.$$

$$\left(\sum_{k=1}^{\infty} \frac{\mathsf{P}(S_k > 0)}{k} = \infty, \quad \sum_{k=1}^{\infty} \frac{\mathsf{P}(S_k < 0)}{k} = \infty\right).$$

Den Fall $a > 0$ betrachten wir hier nicht, da er „symmetrisch" zum Fall $a < 0$ ist.

Beweis. Da wenigstens eine der Reihen $\sum_{k=1}^{\infty} \frac{\mathsf{P}(S_k < 0)}{k}$ oder $\sum_{k=1}^{\infty} \frac{\mathsf{P}(S_k \geqq 0)}{k}$ divergiert, folgt daraus die erste Behauptung. Deshalb ist nach Folgerung 5 entweder $\mathsf{P}(\gamma = -\infty) = 1$ oder $\mathsf{P}(\zeta = \infty) = 1$.

Die zweite und dritte Behauptung gehen unmittelbar aus den Folgerungen 2, 3 und 5 hervor.

Die oben erwähnte Verallgemeinerung des starken Gesetzes der großen Zahlen lautet wie folgt.

**Satz 4** (Einseitiges Gesetz der großen Zahlen. *Die Konvergenz der Reihe* $\sum_{k=1}^{\infty} \frac{\mathsf{P}(S_k > \varepsilon k)}{k}$ *für jedes* $\varepsilon > 0$ *ist notwendig und hinreichend dafür, daß*

$$\mathsf{P}\left(\limsup_{n\to\infty} \frac{S_n}{n} \leqq 0\right) = 1 \tag{11}$$

*ist.*

Da $\limsup_{n\to\infty} \frac{S_n}{n} \leqq \alpha$ ein terminales Ereignis ist und $S_n' = S_n - \alpha n$ wiederum eine Folge von Summen unabhängiger identisch verteilter Zufallsgrößen darstellt, erhalten wir unmittelbar aus diesem Satz die

**Folgerung 7.** *Mit Wahrscheinlichkeit* 1 *gilt*

$$\limsup \frac{S_n}{n} = \alpha$$

*mit*

$$\alpha = \inf\left\{b : \sum \frac{\mathsf{P}(S_k > bk)}{k} < \infty\right\}.$$

Beweis von Satz 4. *Hinlänglichkeit.* Ist die Bedingung des Satzes erfüllt, so gilt nach Folgerung 5 $\mathsf{P}\left(\sup_k \{S_k - \varepsilon k\} < \infty\right) = 1$. Folglich ist $\{\varepsilon n\}$ eine Oberfolge für $\{S_n\}$, und es gilt

$$\mathsf{P}\left(\limsup_{n\to\infty} \frac{S_k}{k} \leqq \varepsilon\right) = 1 .$$

Da aber $\varepsilon$ beliebig ist, gilt

$$\mathsf{P}\left(\limsup_{k\to\infty} \frac{S_n}{k} \leqq 0\right) = 1 .$$

Umgekehrt folgt aus Gleichung (11), daß für jedes $\varepsilon > 0$ von einer gewissen Stelle ab $\frac{S_n}{n} < \varepsilon$ mit Wahrscheinlichkeit 1 ist. Das bedeutet aber, daß mit Wahrscheinlichkeit 1 $\sup_k (S_k - \varepsilon k) < \infty$ ist, und folglich konvergiert die Reihe $\sum_{k=1}^{\infty} \frac{\mathsf{P}(S_k > \varepsilon k)}{k}$.

Um aus diesem Satz das starke Gesetz der großen Zahlen zu erhalten, genügt es, Punkt 2 der Folgerung 6 anzuwenden.

Zum Abschluß dieses Paragraphen machen wir noch eine Bemerkung.

Bemerkung. Im Beweis der Folgerungen 2 und 5 trat die Gleichheit

$$\mathsf{P}(\zeta \leqq 0) = \mathsf{P}(\eta_+ = \infty)$$

auf. Ein genaueres Ergebnis ist die Beziehung

$$\mathsf{P}(\zeta < 0) = \mathsf{P}(\eta_+^0 = \infty) ,$$

die wir jetzt als Übungsaufgabe beweisen werden. Zunächst gilt

$$\{\eta_+^0 = \infty\} = \bigcap_{n=1}^{\infty} \{S_n < 0\} = \{\zeta < 0\} + \bigcap_{n=1}^{\infty} \{S_n < 0,\ \zeta = 0\}\,.$$

Das letzte Ereignis bezeichnen wir mit $A$. Wir haben uns davon zu überzeugen, daß die Wahrscheinlichkeit von $A$ gleich Null ist. Das gilt aber wegen

$$A \subset B_0 = \left\{\limsup_{n\to\infty} S_n = 0\right\}$$

und $\mathsf{P}(B_0) = 0$ (siehe § 1 Kap. 9).

## § 3. Die Verteilung von $S = \max(0, \zeta)$

In verschiedenartigen Anwendungen (einer von diesen ist der nächste Paragraph gewidmet) ist die Verteilung der Zufallsgröße

$$S = \max(0, \zeta)$$

von Interesse (verständlicherweise für den Fall $\mathsf{P}(\zeta < \infty) = 1$).

Wir werden hier feststellen, wie die Verteilung von $S$ mit den Verteilungen von $\chi_+$ und $\eta_+$ sowie mit den Faktorisierungskomponenten der Funktion $1 - z\varphi(\lambda)$ zusammenhängt. $\eta_+$ ist eine Markowsche Zufallsgröße. Wie man leicht feststellt (siehe Satz 3, Kap. 8), ist für solche Zufallsgrößen die Folge $\xi_1^* = \xi_{\eta_++1}, \xi_2^* = \xi_{\eta_++2}, \ldots$ auf der Menge $\{\omega: \eta_+ < \infty\}$ (und unter der Bedingung $\{\eta_+ < \infty\}$) ebenso wie, $\xi_1, \xi_2, \ldots$ verteilt und hängt nicht von $(\eta_+, \xi_1, \ldots, \xi_{\eta_+})$ ab. In der Tat gilt

$$\begin{aligned}\mathsf{P}(\xi_1^* \in B_1, \ldots, \xi_k^* \in B_k/\eta_+ = j,\ \xi_1 \in A_1, \ldots, \xi_{\eta_+} \in A_{\eta_+}) = \\ = \mathsf{P}(\xi_{j+1} \in B_1, \ldots, \xi_{j+k} \in B_k/\xi_1 \in A_1, \ldots, \xi_j \in A_j;\ \eta_+ = j) = \\ = \mathsf{P}(\xi_1 \in B_1\,, \ldots, \xi_k \in B_k)\,.\end{aligned}$$

Betrachten wir die neue Folge $\{\xi_k^*\}_{k=1}^{\infty}$, so stellen wir erneut fest, daß für sie das Niveau 0 ($\chi_+$ für die ursprüngliche Folge) nur mit der Wahrscheinlichkeit $p = \mathsf{P}(\eta_+ < \infty)$ überschritten wird und die Verteilung von $\zeta^* = \sup_k (\xi_1^* + \cdots + \xi_k^*)$ mit der Verteilung von $\zeta$ übereinstimmt.

Man kann also

$$S = S(\omega) = \begin{cases} 0 \text{ auf } \{\omega: \eta_+ = \infty\}\,, \\ S_{\eta_+} + S^* = \chi_+ + S^* \text{ auf } \{\omega: \eta_+ < \infty\} \end{cases}$$

schreiben, wenn $S^* = \max(0, \zeta)$ bedeutet. Da $S^*$, wie schon erwähnt, nicht von $\chi_+$ und $\eta_+$ abhängt und die Verteilung von $S^*$ mit der Verteilung von $S$ übereinstimmt, erhalten wir

$$\begin{aligned}\mathsf{M}e^{i\lambda S} &= (1 - p) + \mathsf{M}(e^{i\lambda(\chi_+ + S^*)};\ \eta_+ < \infty) = \\ &= (1 - p) + \mathsf{M}e^{i\lambda S}\,\mathsf{M}(e^{i\lambda\chi_+};\ \eta_+ < \infty)\,.\end{aligned}$$

Daraus folgt der

**Satz 5.** *Sei* $\sum \frac{\mathsf{P}(S_k > 0)}{k} < \infty$, *oder, was dasselbe ist, sei* $p = \mathsf{P}(\eta_+ < \infty) < 1$. *Dann gilt*

$$\mathsf{M}e^{i\lambda S} = \frac{1 - p}{1 - \mathsf{M}(e^{i\lambda\chi_+}; \eta_+ < \infty)}.$$

Völlig analog kann man auch die Beziehung

$$\mathsf{M}e^{i\lambda S} = \frac{1 - p_0}{1 - \mathsf{M}(e^{i\lambda\chi_+^0}; \eta_+^0 < \infty)}, \tag{12}$$

wobei $p_0 = \mathsf{P}(\eta_+^0 < \infty) < 1$ ist, erhalten.

Die Faktorisierungsidentitäten kann man in diesem Falle in der Form

$$1 - \varphi(\lambda) = \frac{(1 - p)\, D(1)\, (1 - \mathsf{M}e^{i\lambda\chi_-})}{\mathsf{M}e^{i\lambda S}} = \frac{(1 - p_0)\,(1 - \mathsf{M}e^{i\lambda\chi_-})}{\mathsf{M}e^{i\lambda S}}$$

aufschreiben.

Völlig analog erhält man die c. F. des Zeitpunktes $\theta = \min\{k: S_k = S\}$, bei dem erstmalig das Maximum $S = S_\theta$ erreicht wird. Dazu hat man die Relation

$$\theta = \begin{cases} 0 \text{ auf } \{\omega: \eta_+ = \infty\} \\ \eta_+ + \theta^* \text{ auf } \{\omega: \eta_+ < \infty\} \end{cases}$$

zu benutzen, in der $\theta^*$ nicht von $\eta_+$ abhängt und auf $\{\eta_+ < \infty\}$ ebenso wie $\theta$ verteilt ist. Wir erhalten zunächst

$$\mathsf{M}z^\theta = (1 - p) + \mathsf{M}z^\theta \mathsf{M}\,(z^{\eta_+}; \eta_+ < \infty)$$

und endgültig

$$\mathsf{M}z^\theta = \frac{1 - p}{1 - \mathsf{M}(z^{\eta_+}; \eta_+ < \infty)}.$$

Setzt man in der Faktorisierungsidentität $\lambda = 0$, so erhält man

$$1 - z = [1 - \mathsf{M}(z^{\eta_+}; \eta_+ < \infty)]\,[1 - \mathsf{M}z^{\eta_-^0}] = \frac{(1 - p)\,(1 - \mathsf{M}z^{\lambda_-^0})}{\mathsf{M}z}.$$

## § 4. Bedienungssysteme

In diesem Paragraphen werden wir zeigen, daß die Untersuchung von Bedienungssystemen mit Warteschlangen (Wartesystemen) auf die Untersuchung der Verteilung der in § 4 betrachteten Zufallsgröße $S$ führt.

Man stelle sich vor, in einem Bedienungssystem kommen in gewissen zufälligen Zeitabständen $\tau_1, \tau_2, \ldots$ „Kunden" an, die zu bedienen sind. Das können beispielsweise Telefonanrufe, auf einem Flughafen ankommende Flugzeuge, Kunden von Dienstleistungskombinaten, Nachrichten, die auf einer elektronischen Anlage zu verarbeitende Informationen enthalten, u. ä. sein. Sei $\beta_k$, $k = 1, 2, \ldots$, die für den $k$-ten Kunden benötigte Bedienungszeit (der erste

Kunde kam zum Zeitpunkt 0 an, der zweite zum Zeitpunkt $\tau_1$ usw.). Wird zum Ankunftszeitpunkt des $k$-ten Kunden gerade ein vor ihm angekommener Kunde bedient, dann reiht er sich in eine „Warteschlange“ ein, in der er auf seine Bedienung wartet. Letztere beginnt unmittelbar nach der Bedienung aller vor ihm angekommenen Kunden. Das Problem besteht im Bestimmen der Verteilung der Wartezeit $w_n$ des $n$-ten Kunden bis zum Beginn seiner Bedienung.

Der Einfachheit halber setzen wir $w_1 = 0$ voraus und bestimmen wie $w_{n+1}$ und $w_n$ zusammenhängen. Der $(n + 1)$-te Kunde kam um $\tau_n$ später als der $n$-te Kunde und muß zusätzlich (im Vergleich zum $n$-ten Kunden) die Bedienungszeit $\beta_n$ für den $n$-ten Kunden warten. Deshalb gilt

$$w_{n+1} = w_n - \tau_n + \beta_n\,,$$

wenn nur $w_n - \tau_n + \beta_n \geqq 0$ ist. Ist aber $w_n - \tau_n + \beta_n < 0$, dann ist offenbar $w_{n+1} = 0$. Bezeichnen wir mit $\xi_{n+1} = \beta_n - \tau_n$, so gilt

$$w_{n+1} - \max\,(w_n + \xi_{n+1}\,, 0), \quad n \geqq 1; \quad w_1 = 0\,.$$

Wir zeigen nun, daß die Folge

$$w_n = S_n - \min\,(S_1, \ldots, S_n) = S_n - \gamma_n$$

Lösung dieser Gleichungen ist. Dabei ist wie früher $S_n = \sum_{k=1}^{n} \xi_k$. Wegen $S_1 - \gamma_1 = 0$ genügt es, die Rekursionsbeziehung

$$S_{n+1} = \gamma_{n+1} = \max\,(0, S_n + \xi_{n+1} - \gamma_n) \tag{13}$$

zu verifizieren.

Für $S_{n+1} > \gamma_n$ ist $\gamma_{n+1} = \gamma_n$, und auf beiden Seiten von (13) steht. $S_{n+1} - \gamma_n$. Für $S_{n+1} \leqq \gamma_n$ ist $S_{n+1} = \gamma_{n+1}$, und auf beiden Seiten von (13) steht 0. Damit ist die Relation $w_n = S_n - \gamma_n$ bewiesen.

Wir setzen nun die $\xi_k$ als unabhängig und identisch verteilt voraus. Dann ist offenbar die Differenz

$$S_n - \gamma_n = \max\,(S_n - S_1, \ldots, S_n - S_n) = \max\,(0, \xi_n, \xi_n + \xi_{n-1}, \ldots, \xi_n + \cdots + \xi_2)$$

ebenso wie $\bar{S}_{n-1} = \max\,(0, S_1, \ldots, S_{n-1}) = \max\,(0, \zeta_{n-1})$ verteilt. Deshalb stimmt die Verteilung von $w_n$ mit der Verteilung von $\max\,(0, \zeta_{n-1})$ überein. Da für $n \to \infty$ $\zeta_n$ monoton gegen $\zeta$ konvergiert, existiert immer

$$\lim_{n\to\infty} \mathsf{P}(w_n < x) = \mathsf{P}(\max\,(0, \zeta) < x) = \mathsf{P}(S < x)\,.$$

Diese Verteilung heißt *stationäre Wartezeitverteilung*. Wie wir schon wissen, ist sie für $\mathsf{M}\xi_2 = \mathsf{M}\beta_1 - \mathsf{M}\tau_1 < 0$ eigentlich. Für $\mathsf{M}\beta_1 > \mathsf{M}\tau_1$ oder $\mathsf{M}\beta_1 = \mathsf{M}\tau_1$, $\beta_1 \not\equiv \tau_1$ streben die Wartezeiten $w_n$ gegen $\infty$.

## § 5. Faktorisierungsidentitäten von Verteilungen, die mit der Exponentialfunktion zusammenhängen

Wir werden jetzt eine Reihe von Beispielen betrachten, in denen Faktorisierungsidentitäten zur Bestimmung der Verteilungen von $\chi_+$, $\eta_+$, $S$ u. a. benutzt werden.

1. Wir setzen zunächst für $x > 0$

$$\mathsf{P}(\xi_1 > x) = be^{-\alpha x}$$

mit gewissen $\alpha > 0$ und $1 > b > 0$ voraus. Für $x \leqq 0$ kann die Verteilung von $\xi_1$ beliebig sein. Dieser Fall ist deshalb bemerkenswert, weil $\chi_+$ exponentialverteilt ist und diese Verteilung nicht von $\eta_+$ abhängt. In der Tat gilt

$$\mathsf{P}(\chi_+ > x;\ \eta_+ = n) = \int_{-\infty}^{0} \mathsf{P}(\eta_+ = n, S_{n-1} \in \mathrm{d}z, \chi_+ > x) =$$

$$= \int_{-\infty}^{0} \mathsf{P}(\zeta_{n-1} \leqq 0, S_{n-1} \in \mathrm{d}z, \xi_n > x - z) =$$

$$= \int_{-\infty}^{0} \mathsf{P}(\xi_n > x - z)\, \mathsf{P}(\zeta_{n-1} \leqq 0, S_{n-1} \in \mathrm{d}z) =$$

$$= e^{-\alpha x} \int_{-\infty}^{0} be^{\alpha z}\, \mathrm{d}\mathsf{P}(\zeta_{n-1} \leqq 0, S_{n-1} < z) \equiv p_n e^{-\alpha x}.$$

Daraus folgt

$$p_n = \mathsf{P}(\eta_+ = n), \qquad \mathsf{P}(\chi_+ > x/\eta_+ = n) = e^{-\alpha x},$$

$$\mathsf{P}(\chi_+ > x; \eta_+ < \infty) = pe^{-\alpha x}$$

mit $p = p_1 + p_2 + \ldots$ Deshalb gilt

$$\mathsf{M}(e^{i\lambda\chi_-}; \eta_+ < \infty) = \int_0^\infty e^{i\lambda x}\, \mathrm{d}(p - pe^{-\alpha x}) = p \int_0^\infty \alpha e^{i\lambda x - \alpha x}\, \mathrm{d}x = -\frac{p\alpha}{i\lambda - \alpha}.$$

Ist $S < \infty$ mit Wahrscheinlichkeit 1 (d. h. ist $p < 1$), so gilt

$$\mathsf{M}e^{i\lambda S} = \frac{1 - p}{1 + \dfrac{p\alpha}{i\lambda - \alpha}} = (1 - p) + p\,\frac{-\alpha(1 - p)}{i\lambda - \alpha(1 - p)}.$$

Die letzte Gleichung bedeutet

$$\mathsf{P}(S = 0) = 1 - p, \quad \mathsf{P}(S > x) = pe^{-\alpha(1-p)x} \quad \text{für} \quad x \geqq 0.$$

In den erhaltenen Relationen ist nur noch die Zahl $p$ unbekannt (wir wissen nur, daß $1 - p = \dfrac{a}{\mathsf{M}\chi_-^0}$ ist, sobald $a = \mathsf{M}\xi_1 < 0$ existiert (siehe Folgerung 2)). Der Leser möge sich mit Hilfe der Identität

$$1 - \varphi(\lambda) = \left(1 - \frac{p\alpha}{i\lambda - \alpha}\right)[1 - \mathsf{M}(e^{i\lambda\chi_-^0}; \eta_-^0 < \infty)] \tag{14}$$

von der Gültigkeit der Gleichung $\alpha(1 - p) = \mu(1)$ überzeugen. Dabei ist $\mu(1) > 0$ die einzige positive Wurzel der Gleichung $\psi(\mu) = 1$, wobei $\psi(\mu) = \varphi(-i\mu) = \mathsf{M}e^{\mu\xi_1}$ ist $(\psi'(0) < 0$ $\psi(\mu) > 0$, $\psi(\mu) \to \infty$ für $\mu \to \alpha$. Für $\lambda = -i\mu(1)$ muß die rechte Seite der Identität (14) verschwinden).

Wir bemerken noch, daß es im betrachteten Falle unter Verwendung der Unabhängigkeit von $\chi_+$ und $\eta_+$ nicht schwierig ist, auch die Verteilung von $\eta_+$ zu bestimmen.

2. Sei jetzt für $x > 0$

$$\mathsf{P}(\xi_1 < -x) = b e^{-\alpha x}, \quad \alpha > 0, \quad 1 > b > 0,$$

und $S$ mit Wahrscheinlichkeit 1 endlich. In diesem Falle haben analoge Schlußfolgerungen bezüglich der Zufallsgrößen $\chi_-$ und $\eta_-$ Gültigkeit. Der Unterschied besteht lediglich darin, daß jetzt $\mathsf{P}(\eta_- < \infty) = 1$ ist und deshalb

$$\mathsf{P}(\chi_- < -x) = e^{-\alpha x}, \quad \mathsf{M}\chi_- = -\frac{1}{\alpha}, \qquad \mathsf{M}\, e^{i\lambda\chi_-} = \frac{\alpha}{i\lambda + \alpha}$$

gilt. Daraus erhalten wir speziell (siehe (12))

$$1 - p_0 = \mathsf{P}(\eta_+^0 = \infty) = \frac{a}{\mathsf{M}\chi_-} = -a\alpha;$$

$$\mathsf{M}\, e^{i\lambda S} = \frac{1 - p_0}{1 - \varphi(\lambda)}\left[1 - \mathsf{M}\, e^{i\lambda\chi_-}\right] = -\frac{a\alpha i\lambda}{(i\lambda + \alpha)\left(1 - \varphi(\lambda)\right)}.$$

Abschließend sei folgendes bemerkt. Ist wenigstens eine der Zufallsgrößen $\tau_1$ oder $\beta_1$ exponentialverteilt, so gestatten es die erhaltenen Relationen, die stationäre Wartezeitverteilung von Bedienungssystemen mit Warteschlange (siehe § 4) zu bestimmen. (Diese Voraussetzung ist in praktisch auftretenden Fällen häufig ausreichend begründet. Außerdem wird vorausgesetzt, daß jede der Folgen $\{\tau_j\}$ und $\{\beta_j\}$ aus unabhängigen und identisch verteilten Zufallsgrößen besteht). In der Tat, ist zum Beispiel $\mathsf{P}(\beta_1 < x) = e^{-\alpha x}$, so gilt für $\xi_1 = \beta_1 - \tau_1$ und $x < 0$

$$\mathsf{P}(\xi_1 > x) = \mathsf{P}(\beta_1 - \tau_1 > x) = \int_0^\infty \mathsf{P}(\beta > x + y)\, dF_\tau(y) =$$

$$= e^{-\alpha x} \int_0^\infty e^{-\alpha y}\, dF_\tau(y) = e^{-\alpha x}\, \mathsf{M}\, e^{-\alpha\tau_1}.$$

Damit haben wir aber die Bedingungen von Punkt 1 dieses Paragraphen. Eine analoge Situation ergibt sich, wenn $\tau_1$ exponentialverteilt ist.

## § 6. Symmetrische und stetig verteilte Zufallsgrößen

Wir werden die Verteilung von $\xi_k$ *symmetrisch* nennen, wenn sie mit der Verteilung von $-\xi_k$ übereinstimmt. Die Verteilung von $\xi_k$ nennen wir *stetig*, wenn die Verteilungsfunktion von $\xi_k$ stetig ist. Für solche Zufallsgrößen sind die Verteilungen von $S_n$ für alle $n$ ebenfalls symmetrisch und stetig, und es ist

$$\mathsf{P}(S_n > 0) = \mathsf{P}(S_n < 0) = 1/2, \quad \mathsf{P}(S_n = 0) = 0.$$

Folglich gilt hier $\mathsf{D}(z) \equiv 1$, $\mathsf{P}(\chi_+ = 0) = 0$ und mit Wahrscheinlichkeit 1 ist $\eta_+ = \eta_+^0$, $\chi_+ = \chi_+^0$.

Auf Grund von Folgerung 5 ist $\zeta = \infty$, $\gamma = -\infty$ mit Wahrscheinlichkeit 1 und $\eta_+$ ist eine eigentliche Zufallsgröße. Nach Folgerung 4 ist

$$1 - \mathsf{M} z^{\eta_+} = \exp\left\{-\sum_{k=1}^{\infty} \frac{z^k}{2k}\right\} = \exp\left\{\frac{1}{2}\ln(1-z)\right\} = \sqrt{1-z},$$

$$\mathsf{M} z^{\eta_+} = 1 - \sqrt{1-z}.$$

Entwickelt man $\sqrt{1-z}$ in eine Reihe, so erhält man daraus

$$\mathsf{P}(\eta_+ = n) = \frac{(2n)!}{(2n-1)(n!)^2 2^{2n}}.$$

Für große $n$ gilt dann nach der STIRLINGschen Formel

$$\mathsf{P}(\eta_+ = n) \sim \frac{1}{2\sqrt{\pi} n^{3/2}}; \qquad \mathsf{P}(\zeta_n < 0) = \sum_{k=n+1}^{\infty} \mathsf{P}(\eta_+ = k) \sim \frac{1}{\sqrt{\pi n}}.$$

Analoge Formeln haben auch für $\eta_-$ und $\gamma_n$ Gültigkeit

## § 7. Die Identität von POLLACZEK-SPITZER

Bis jetzt erhielten wir verschiedene Faktorisierungsidentitäten als Beziehungen zwischen den Zählern in den Darstellungen (2), (3) und (4). Wir wenden uns jetzt den Nennern zu. Dabei werden wir noch eine Identität erhalten, die eine wichtige Rolle bei der Untersuchung der Verteilung von

$$\overline{S}_n = \max(0, \zeta_n) = \max(0, S_1, \ldots, S_n)$$

spielt. Es ist die sogenannte *Identität von* POLLACZEK-SPITZER, die die c. F. von $\overline{S}_n$, $n = 1, 2, \ldots$, mit den c. F. von $\max(0, S_n)$, $n = 1, 2, \ldots$, verknüpft.

**Satz 6.** *Für* $|z| < 1$, $\operatorname{Im}\lambda \geqq 0$ *gilt*

$$\sum_{n=0}^{\infty} z^n \mathsf{M} e^{i\lambda \overline{S}_n} = \exp\left\{\sum_{k=1}^{\infty} \frac{z^k}{k} \mathsf{M} e^{i\lambda \max(0, S_k)}\right\}.$$

Benutzt man die Bezeichnungen des Satzes 3, so kann man die rechte Seite dieser Identität in der Form $\dfrac{C_{z+}(0)}{(1-z)C_{z+}(\lambda)}$ schreiben.

Beweis. Aus den Sätzen 1—3 und der Relation (2) folgt

$$\sum_{n=0}^{\infty} z^n \mathsf{M}(e^{i\lambda S_n}; \zeta_n < 0) = [1 - \mathsf{M}(e^{i\lambda\chi_-} z^{\eta_-}; \eta_- < \infty)]^{-1} = C_{z-}(\lambda),$$

wobei $\mathsf{M}(e^{i\lambda S_0}; \zeta_0 < 0) = 1$ angenommen wurde. Wir setzen $S_k^* = S_{n-k} - S_n$ und $\theta_n^* = \min\{k: S_k^* = \overline{S}_n^* = \max(0, S_1^*, \ldots, S_n^*)\}$ ($\theta_n^*$ ist der erste Moment des Erreichens des Maximums in der Folge $0, S_1^*, S_2^*, \ldots, S_n^*$). Dann kann man das Ereignis $\{S_n \in dx, \zeta_n < 0\}$ in der Form $\{S_n^* \in -dx, \theta_n^* = n\}$ schreiben. Daraus folgt

$$\mathsf{M}(e^{i\lambda S_n}; \zeta_n < 0) = \mathsf{M}(e^{-i\lambda S_n^*}; \theta_n^* = n)$$

und

$$\sum_{n=0}^{\infty} z^n \mathsf{M}(e^{i\lambda S_n^*}; \quad \theta_n^* = n) = C_{z-}(-\lambda)\,. \tag{15}$$

Nun ist aber die Folge $S_1^*, \ldots, S_n^*$ ebenso verteilt wie die Summen $\xi_1^*, \xi_1^* + \xi_2^*, \ldots, \xi_1^* + \cdots + \xi_n^*$, wobei $\xi_k^* = -\xi_k$ ist. Setzt man $\theta_n = \min\{k\colon S_k = \bar{S}_n\}$, so kann man die Identität (15) in äquivalenter Weise in der Form

$$\sum_{n=0}^{\infty} z^n \mathsf{M}(e^{i\lambda S_n}; \quad \theta_n = n) = C_{z-}^*(-\lambda)$$

schreiben. Dabei ist $C_{z-}^*(\lambda)$ die negative Faktorisierungskomponente der Funktion $1 - z\varphi^*(\lambda) = 1 - z\varphi(-\lambda)$, die der Zufallsgröße $-\xi_k$ entspricht. Da

$$1 - z\varphi(-\lambda) = D(z)\,\frac{C_{z+}(-\lambda)}{C_{z-}(-\lambda)}$$

ist und die Funktion $\dfrac{1}{C_{z+}(-\lambda)}$ alle Eigenschaften der negativen Faktorisierungskomponente $C_{z-}^*(\lambda)$ der Funktion $1 - z\varphi^*(\lambda)$ hat und die Funktion $\dfrac{1}{C_{z-}(-\lambda)}$ alle Eigenschaften der positiven Komponente besitzt, erhalten wir $C_{z-}^*(\lambda) = C_{z+}^{-1}(-\lambda)$ und

$$\sum_{n=0}^{\infty} z^n \mathsf{M}(e^{i\lambda S_n}; \quad \theta_n = n) = \frac{1}{C_{z+}(\lambda)}\,.$$

Jetzt hat man

$$\mathsf{M}\, e^{i\lambda \bar{S}_n} = \sum_{k=0}^{n} \mathsf{M}(e^{i\lambda \bar{S}_n}; \ \theta_n = k) = \sum_{k=0}^{n} \mathsf{M}(e^{i\lambda S_k}; \ \theta_k = k\,,$$

$$S_{k+1} - S_k \leqq 0, \ldots, S_n - S_k \leqq 0) = \sum_{k=0}^{n} \mathsf{M}(e^{i\lambda S_k}; \ \theta_k = k)\ \mathsf{P}(\bar{S}_{n-k} = 0)$$

zu berücksichtigen. Da auf der rechten Seite die Faltung zweier Folgen steht, ist

$$\sum_{n=0}^{\infty} z^n\, \mathsf{M}\, e^{i\lambda \bar{S}_n} = \sum_{n=0}^{\infty} z^n \mathsf{P}(\bar{S}_n = 0) \cdot \frac{1}{C_{z+}(\lambda)}\,.$$

Für $\lambda = 0$ ergibt sich

$$\frac{1}{1-z} = \sum_{n=0}^{\infty} z^n \mathsf{P}(\bar{S}_n = 0) \cdot \frac{1}{C_{z+}(0)}$$

und damit

$$\sum_{n=0}^{\infty} z^n \mathsf{M}\, e^{i\lambda \bar{S}_n} = \frac{C_{z+}(0)}{(1-z)C_{z+}(\lambda)} = \exp\left\{-\ln(1-z) + \sum_{k=1}^{\infty} \frac{z^k}{k} \mathsf{M}(e^{i\lambda S_k}; \ S_k > 0) - \right.$$

$$\left. - \sum_{k=1}^{\infty} \frac{z^k}{k} \mathsf{P}(S_k > 0)\right\} = \exp\left\{\sum_{k=1}^{\infty} \frac{z^k}{k} \mathsf{M}(e^{i\lambda S_k}; \ S_k > 0) + \right.$$

$$\left. + \sum_{k=1}^{\infty} \frac{z^k}{k} \mathsf{P}(S_k \leqq 0)\right\} = \exp\left\{\sum_{k=1}^{\infty} \frac{z_k}{k} \mathsf{M}(e^{i\lambda \max(0,\, S_k)})\right\}.$$

Damit ist der Satz bewiesen. ◀

## § 8. Explizite Formeln für diskrete von oben stetige Irrfahrten

Die Irrfahrt eines Teilchens werden wir *diskret und von oben stetig* nennen, wenn sie von einer Folge von Summen 0, $S_1$, $S_2$, ... erzeugt wird, wobei die $\xi_k$ ganzzahlig sind und $\max_\omega \xi_k(\omega) = 1$ ist. Offensichtlich kann in diesem Falle die Folge $\{S_n\}$ kein ganzzahliges Niveau $x > 0$ „überspringen": ist $S_n > x$, so kann man immer ein solches $k \leqq n$ finden, daß $S_k = x$ ist. Die uns interessierende Aufgabe besteht nach wie vor in der Bestimmung der Verteilung des Maximums $\overline{S_n} = \max(0, S_1, ..., S_n)$, deren Kenntnis, wie schon erwähnt, in vielen Aufgaben der mathematischen Statistik, der Bedienungstheorie u. a. von Bedeutung ist. Wir bemerken, daß das Auffinden der Verteilung von $\overline{S}_n$ mit dem Auffinden der Verteilung von

$$\eta(x) = \min\{k : S_n \geqq x\}, \quad \eta(0) = 0$$

äquivalent ist, da

$$\{\overline{S}_n < x\} = \{\eta(x) > n\} \tag{16}$$

gilt. Hier setzen wir $\eta(x) = \infty$, wenn $\overline{S} < x$ ist.

Die Identität des § 7 gibt uns eine zweifache Transformation der Verteilung von $\overline{S}_n$. Die Untersuchungen dieser Identität zeigen, daß die Verteilung von $\overline{S}_n$ (oder von $\eta(x)$) sich in der Regel nicht in expliziter Form durch die Verteilung von $\xi_k$ ausdrücken läßt. Aber für die in der Überschrift dieses Punktes angegebenen Irrfahrten erweist es sich, daß bemerkenswerte „duale" Beziehungen Gültigkeit haben, die wir jetzt mit Hilfe der Identität von Pollaczek-Spitzer beweisen werden.

**Satz 7.** *Sind die $\xi_k$ ganzzahlig, so ist die Bedingung* $\mathsf{P}(\xi_k \geqq 2) = 0$ *notwendig und hinreichend dafür, daß*

$$n\,\mathsf{P}(\eta(x) = n) = x\,\mathsf{P}(S_n = x), \quad x \geqq 1 \tag{17}$$

*ist.*

Mit Hilfe der Waldschen Identität kann man sogar leicht feststellen, daß die Irrfahrt $\{S_n\}$, falls $\mathsf{M}\xi_1 = a > 0$ existiert, genau dann von oben stetig ist, wenn

$$\mathsf{M}\eta(x) = \frac{x}{a}$$

gilt.

Beweis. Wir führen folgende Bezeichnungen an:

$$p_x = \mathsf{P}(\eta(x)) = \infty) = \mathsf{P}(\overline{S} < x), \quad p_{x,n} = \mathsf{P}(\eta(x) = n),$$

$$q_{x,n} = \mathsf{P}(\eta(x) > n) = \sum_{k=n+1}^{\infty} p_{x,k} + p_x.$$

Da für jedes $0 \leqq y \leqq x$

$$\{\eta(x) = n\} \subset \bigcup_{k=0}^{n} \{\eta(y) = k\}$$

gilt, erhalten wir unter Verwendung der Stetigkeit von oben nach der Formel der totalen Wahrscheinlichkeit

$$p_{x,n} = \sum_{k=0}^{n} p_{y,k}\, p_{x-y,n-k},$$

wobei $p_{0,0} = 1$ und $p_{y,0} = 0$ für $y > 0$ ist. Folglich ist für $|z| \leqq 1$ nach der Faltungsregel

$$p_x(z) = \mathsf{M}(z^{\eta(x)}; \eta(x) < \infty) = \sum_{k=0}^{\infty} p_{x,n} z^n = p_y(z)\, p_{x-y}(z).$$

Setzen wir $y = 1$, $p_1(z) = p(z)$, so erhalten wir

$$p_x(z) = p(z)\, p_{x-1}(z) = p^x(z), \quad x \geqq 0.$$

Hieraus kann man leicht die erzeugende Funktion der Folge $q_{x,n}$ bestimmen

$$q_x(z) = \sum_{n=0}^{\infty} z^n \left(p_x + \sum_{k=n+1}^{\infty} p_{x,k}\right) = \frac{p_x}{1-z} + \sum_{n=1}^{\infty} p_{x,n} \sum_{k=0}^{n-1} z^k = \frac{p_x}{1-z} + \sum_{n=0}^{\infty} p_{x,n} \frac{1-z^n}{1-z} =$$

$$= \frac{p_x}{1-z} + \frac{p_x(1) - p_x(z)}{1-z} = \frac{1-p_x(z)}{1-z}.$$

Wir bemerken, daß hier die Zahl $p_x(1) = \mathsf{P}(\eta(x) < \infty) = \mathsf{P}(S \geqq x)$ auch kleiner als 1 sein kann. Unter Benutzung von (16) ergibt sich

$$\mathsf{P}(\bar{S}_n = x) = \mathsf{P}(\eta(x+1) > n) - \mathsf{P}(\eta(x) > n),$$

$$\sum_{n=0}^{\infty} z^n \mathsf{P}(\bar{S}_n = x) = \frac{(1 - p^{x+1}(z)) - (1 - p^x(z))}{1-z} = \frac{p^x(z)\,(1 - p(z))}{1-z}.$$

Berücksichtigen wir die absolute Konvergenz der unten angegebenen Reihen, dann erhalten wir schließlich für $|v| < 1$, $|z| < 1$

$$\sum_{n=0}^{\infty} z^n \mathsf{M} v^{\bar{S}_n} = \sum_{x=0}^{\infty} v^x \sum_{n=0}^{\infty} z^n \mathsf{P}(\bar{S}_n = x) = \frac{1 - p(z)}{(1-z)\,(1 - vp(z))}.$$

Aus der Formel von Pollaczek-Spitzer folgt die Beziehung

$$\sum_{n=1}^{\infty} \frac{z^n}{n} \mathsf{M} v^{\max(0, S_n)} = \ln \frac{1-p(z)}{1-z} - \ln(1 - vp(z)) = \ln \frac{1-p(z)}{1-z} + \sum_{x=1}^{\infty} \frac{(vp(z))^x}{x}.$$

Durch Koeffizientenvergleich bei $v^x$, $x \geqq 1$, erhalten wir

$$\sum_{n=1}^{\infty} \frac{z^x}{n} \mathsf{P}(S_n = x) = \frac{p^x(z)}{x}, \quad x \geqq 1. \tag{18}$$

Berücksichtigt man $p^x(z) = p_x(z)$ und vergleicht in (18) die Koeffizienten von $z^n$, $n \geqq 1$, so erhält man

$$\frac{1}{n} \mathsf{P}(S_n = x) = \frac{1}{x} \mathsf{P}(\eta_x = n), \quad x \geqq 1,\ n \geqq 1.$$

Damit ist die Hinlänglichkeit der Behauptung des Satzes bewiesen.

Wir schlagen dem Leser vor zu überprüfen, daß auch die Gleichung

$$f_x(z) = p^x(z)\, f_0(z)$$

gilt, in der

$$f_x(z) = \sum_{n=0}^{\infty} z^n \mathsf{P}(S_n = x)$$

ist, und daß $p(z)$ für $|z| \leqq 1$ im Gebiet $|p| \leqq 1$ die einzige Wurzel der Gleichung $z\mathsf{M}p^{-\xi_1} = 1$ ist.

Wir beweisen jetzt die Notwendigkeit der Bedingung $\mathsf{P}(\xi_k \geqq 2) = 0$. Bezeichnen wir die Wahrscheinlichkeiten $\mathsf{P}(\xi_1 = k)$ mit $f_k$, so ist auf Grund von (17)

$$x f_x = p_{x,1} = \sum_{k=x}^{\infty} f_k.$$

Setzen wir $f(v) = \sum_{x=1}^{\infty} v^x f_x$, so erhalten wir hieraus

$$\sum_{x=1}^{\infty} x v^x f_x = v f'(v) = \sum_{x=1}^{\infty} v^x \sum_{k=x}^{\infty} f_k = \sum_{k=1}^{\infty} f_k \frac{v(v^k - 1)}{v-1} = \frac{v(1 - f(v))}{1-v}.$$

Für $f(v)$ gilt also die Gleichung

$$f'(v) = \frac{1 - f(v)}{1-v},$$

die nach der Substitution $y = 1 - f$ auf die Gleichung $y' = -\frac{y}{1-v}$ führt, aus der $\ln y = \ln(1-v) + c$, $f(v) = 1 - y = 1 - c(1-v)$ folgt. Das bedeutet aber für $k \geq 2$ $f_k = 0$. ◀

Wir können zum Beispiel mit Hilfe der erhaltenen Formeln die Verteilung der Zeit finden, in der ein Spieler in einem Spiel mit einem unendlich reichen Gegner (Gesamtkapital gleich $\infty$) sein Kapital verliert (Beispiel 8 § 2). Kap. 4. Ist das Anfangskapital des ersten Spielers gleich $z$, so erhalten wir für die Zeit $\eta(z)$, in der er sein Kapital verliert,

$$\mathsf{P}(\eta(z) = n) = \frac{z}{n}\,\mathsf{P}(S_n = z)\,.$$

Dabei ist $S_n = \sum_{j=1}^{n} \xi_j$, $\mathsf{P}(\xi_j = 1) = q$, $\mathsf{P}(\xi_j = -1) = p$ ($p$ ist die Gewinnwahrscheinlichkeit des ersten Spielers in einer Partie). Folglich ergibt sich für gleichzeitig gerade bzw. ungerade $n$ und $z$

$$\mathsf{P}(\eta(z) = n) = \frac{z}{n}\binom{n}{\frac{n-z}{2}} q^{\frac{n+z}{2}} p^{\frac{n-z}{2}} \tag{19}$$

und $\mathsf{P}(\eta(z) = n) = 0$ im entgegengesetzten Falle.

Interessant ist die Frage, wie schnell fällt mit steigenden $n$ die Wahrscheinlichkeit $\mathsf{P}(\eta(z) > n))$, in dem Falle, daß der Spieler mit Wahrscheinlichkeit 1 sein Kapital verliert, d. h. wenn $\mathsf{P}(\eta(z) < \infty) = 1$ ist. Wie wir schon wissen, ist das dann und nur dann der Fall, wenn $p \leq q$ ist. Diese Behauptung wird auch aus den Betrachtungen von § 3, Kap. 11 folgen.

Wendet man die STIRLINGsche Formel ebenso wie im lokalen Grenzwertsatz für das BERNOULLIsche Schema an, so ist es nicht schwierig aus (19) herzuleiten, daß für jedes fixierte $z$ für $n \to \infty$ ($n$ und $z$ beide gerade bzw. ungerade) und $p \leq q$

$$\mathsf{P}(\eta(z) = n) \sim \frac{z}{n^{3/2}}\sqrt{\frac{2}{\pi}}\,(4pq)^{\frac{n}{2}}\left(\frac{p}{q}\right)^{\frac{z}{2}};$$

$$\mathsf{P}(\eta(z) \geq n) \sim \frac{z}{n^{3/2}\,(q-p)^2}\sqrt{\frac{2}{\pi}}\,(4pq)^{\frac{n}{2}}\left(\frac{q}{p}\right)^{\frac{z}{2}} \quad \text{für } p < q$$

und

$$\mathsf{P}(\eta(z) \geq n) \sim z\sqrt{\frac{2}{\pi n}} \quad \text{für} \quad p = q$$

gilt.

KAPITEL 11

# FOLGEN ABHÄNGIGER VERSUCHE. DISKRETE MARKOWSCHE KETTEN

## § 1. Definitionen und Beispiele. Klassifikation der Zustände

Bis jetzt untersuchten wir Folgen unabhängiger Versuche. Wir werden nun die einfachste Variante einer Folge abhängiger Versuche betrachten.

Es sei $G$ ein gewisses Experiment, bei dem die Menge der möglichen Ausgänge (Raum der Elementarereignisse) $\{E_1, E_2, \ldots\}$ endlich oder abzählbar ist. Wir setzen voraus, daß wir das Experiment $G$ unbeschränkt oft wiederholen. Mit $X_n$ bezeichnen wir die Nummer des Ausgangs des $n$-ten Experimentes (es ist also $X_n = j$, wenn der Ausgang des $n$-ten Experimentes $E_j$ ist).

Im allgemeinen können die Wahrscheinlichkeiten der verschiedenen Werte $E_{X_n}$ davon abhängen, welche Ereignisse in den vorherigen $n-1$ Versuchen eintraten. Wenn aber diese Wahrscheinlichkeit bei einem fixierten Ergebnis $E_{X_{n-1}}$ im $(n-1)$-ten Versuch nicht von den Ergebnissen der restlichen $n-2$ Versuche abhängt, dann bildet diese Versuchsfolge eine MARKOW*sche Kette*.

Um eine exakte Definition einer MARKOWschen Kette zu geben, betrachten wir eine Folge ganzzahliger Zufallsgrößen $\{X_n\}_{n=0}^{\infty}$. Tritt im $n$-ten Versuch das Ereignis $E_j$ ein, so setzen wir $X_n = j$.

Die eingeführte Folge bildet eine MARKOW*sche Kette*, wenn

$$\begin{aligned} \mathsf{P}(X_n = j/X_0 = k_0, X_1 = k_1, \ldots, X_{n-2} = k_{n-2}, X_{n-1} = i) = \\ = \mathsf{P}(X_n = j/X_{n-1} = i) \equiv p_{ij}^{(n)} \end{aligned} \tag{1}$$

ist.

Eine MARKOWsche Kette kann man sich also als mathematisches Modell einer zufälligen Bewegung eines gewissen Systems mit möglichen Zuständen $\{E_1, E_2, \ldots\}$ vorstellen. Es wird eine gewisse „Anfangsverteilung" der Größe $X_0$ vorgegeben:

$$\mathsf{P}(X_0 = j) = p_j^0, \quad \sum p_j^0 = 1\,.$$

Danach ändert das System seinen Zustand in ganzzahligen Zeitpunkten, wobei die Wahrscheinlichkeit zum Zeitpunkt $n$ den Zustand $E_j$ zu erreichen bei Bekanntsein der gesamten Vorgeschichte des Systems nur davon abhängt, in welchem Zustand das System zum Zeitpunkt $n-1$ war.

Diese Eigenschaft kann man auch kurz folgendermaßen charakterisieren: Bei fixiertem Zustand in der Gegenwart hängt die Zukunft nicht von der Vergangenheit ab. Beispielsweise stellt der von uns im § 5, Kap. 6 beschriebene Verzweigungsprozeß $\{\zeta_n\}$, wobei $\zeta_n$ die Menge der Teilchen in der $n$-ten Generation ist, eine MARKOWsche Kette mit den möglichen Zuständen $\{0, 1, 2, \ldots\}$ dar.

In der Sprache der bedingten Erwartungswerte und der bedingten Wahrscheinlichkeiten (siehe § 8, Kap. 4) kann man die MARKOW*sche Eigenschaft* (so werden wir die Eigenschaft (1) nennen) auch in der Form

$$\mathsf{P}(X_n = j/X_0, \ldots, X_{n-1}) = \mathsf{P}(X_n = j/X_{n-1})$$

schreiben. Diese Definition kann man leicht auf MARKOWsche Ketten verallgemeinern, deren Zustandsraum eine beliebige meßbare Teilmenge der reellen Achse $R^1$ oder des $R^n$ ist.

Eine MARKOWsche Kette heißt *homogen*, wenn die Wahrscheinlichkeiten $p_{ij}^{(n)}$ nicht von $n$ abhängen.

Die Frage nach der Existenz einer Folge $\{X_n\}_{n=0}^{\infty}$, die eine MARKOWsche Kette mit vorgegebenen Übergangswahrscheinlichkeiten $p_{ij}^{(n)}$ $\left(p_{ij}^{(n)} \geqq 0, \sum_j p_{ij}^{(n)} = 1\right)$ und vorgegebener „Anfangsverteilung" $\{p_k^0\}$ bildet, wird ebenso wie im unabhängigen Falle mit Hilfe des KOLMOGOROWschen Satzes (siehe Anhang 2) und der Vorgabe von verträglichen endlichdimensionalen Verteilungen durch die Gleichungen

$$\mathsf{P}(X_0 = k_0, X_1 = k_1, \ldots, X_n = k_n) = p_{k_0}^0 p_{k_0 k_1}^{(1)} p_{k_1 k_2}^{(2)} \cdots p_{k_{n-1} k_n}^{(n)},$$

beantwortet, die, wie man leicht sieht, der MARKOWschen Eigenschaft (1) genügen.

Wir betrachten einige Beispiele.

Beispiel 1. *Irrfahrten mit Absorption und Reflexion.* Sei $a > 1$ eine ganze Zahl. Wir betrachten die Irrfahrt eines Teilchens entlang der ganzen Punkte zwischen 0 und $a$. Ist $0 < k < a$, so gelangt das Teilchen aus dem Punkte $k$ mit den Wahrscheinlichkeiten 1/2 zu den Punkten $k - 1$ oder $k + 1$. Ist $k$ gleich 0 oder $a$, so bleibt das Teilchen mit der Wahrscheinlichkeit 1 im Punkt $k$. Das ist eine sogenannte Irrfahrt mit *Absorption* (die Punkte 0 und $a$ bezeichnet man als absorbierende Wände). Ist $X_n$ diejenige Zufallsgröße, die zum Zeitpunkt $n$ gleich der Koordinate des Teilchens ist, so bildet die Folge $\{X_n\}$ eine MARKOWsche Kette, da die bedingte Verteilung der Zufallsgröße $X_n$ nur vom Wert von $X_{n-1}$ abhängt. Es ist leicht einzusehen, daß diese Kette homogen ist.

Durch eine solche Irrfahrt kann man ein faires Spiel (siehe Beispiel 8, Kap. 4) in dem Falle beschreiben, wenn das Gesamtkapital beider Spieler gleich $a$ ist. Die Zufallsgröße $X_n$ bezeichnet in diesem Fall das Kapital des ersten Spielers nach der $n$-ten Partie. Das Eintreffen im Punkt $a$ bedeutet dann, daß der zweite Spieler sein Kapital verspielt hat.

Gelangt aber das Teilchen mit der Wahrscheinlichkeit 1 vom Punkt 0 zum Punkt 1 und mit der Wahrscheinlichkeit 1 vom Punkt $a$ zum Punkte $a - 1$, so erhalten wir eine Irrfahrt mit *Reflexion.* Es ist klar, daß auch in diesem Falle die Teilchenpositionen $X_n$, $n \geqq 0$, eine homogene MARKOWsche Kette bilden.

Beispiel 2. Sei $\{\xi_k\}_{k=0}^{\infty}$ eine Folge unabhängiger ganzzahliger Zufallsgrößen und $d > 0$ eine ganze Zahl. Die Zufallsgrößen $X_n = \sum_{k=0}^{n} \xi_k \pmod{d}$, die man durch Addition modulo $d$ der $\xi_k$ erhält (es ist $X_n = \sum_{k=0}^{n} \xi_k - jd$, wobei $j$ so gewählt wird, daß $0 \leqq X_n < d$ ist), bilden eine MARKOWsche Kette. In der Tat ist $X_n = X_{n-1} + \xi_n \pmod{d}$, und deshalb hängt die bezüglich der $X_1, X_2, \ldots, X_{n-1}$ gebildete bedingte Verteilung von $X_n$ nur vom Wert von $X_{n-1}$ ab.

Sind außerdem die $\{\xi_k\}$ identisch verteilt, so ist diese Kette homogen.

Es versteht sich von selbst, daß alles Gesagte auch im Falle $d = \infty$, d. h. für die übliche Addition, Gültigkeit behält. Nur ist in diesem Falle die Menge der möglichen Systemzustände unendlich.

Aus der Definition der homogenen MARKOWschen Kette folgt, daß für sie die Übergangswahrscheinlichkeiten $p_{ij}^{(n)}$ vom Zustand $E_i$ in den Zustand $E_j$ im $n$-ten Schritt nicht von $n$ abhängen. Wir bezeichnen diese Wahrscheinlichkeiten mit $p_{ij}$. Sie bilden eine Matrix $P = ||p_{ij}||$ mit den Eigenschaften:

$$p_{ij} \geqq 0, \qquad \sum_j p_{ij} = 1 .$$

Die zweite Eigenschaft folgt aus der Tatsache, daß das System mit Wahrscheinlichkeit 1 aus dem Zustand $E_i$ in einen der Zustände $E_1, E_2, \ldots$ gelangt.

Matrizen mit den beiden angegebenen Eigenschaften nennt man *stochastisch.*

Die Matrix $P$ beschreibt vollständig die Zustandsänderung des Systems in einem Schritt. Wir betrachten nun die Zustandsänderung des Systems in $k$ Schritten. Dazu führen wir die Bezeichnung $p_{ij}(k) = \mathsf{P}(X_k = j/X_0 = i)$ ein. Für $k > 1$ gilt nach der Formel der totalen Wahrscheinlichkeit

$$p_{ij}(k) = \sum_s \mathsf{P}(X_{k-1} = s/X_0 = i)\, p_{sj} = \sum_s p_{is}(k-1)\, p_{sj} .$$

Summiert wird hierbei über alle Zustände. Bezeichnet man mit $P(k) = ||p_{ij}(k)||$ die von den Wahrscheinlichkeiten $p_{ij}(k)$ gebildete Matrix, so bedeutet die oben angegebene Gleichung die Gültigkeit von

$$P(k) = P(k-1)\, P$$

oder, was dasselbe ist,

$$P(k) = P^k .$$

Damit bestimmt die Matrix $P$ eindeutig die Übergangswahrscheinlichkeiten für eine beliebige Zahl von Schritten. (Man muß noch hinzufügen, daß für eine homogene Kette

$$\mathsf{P}(X_{n+k} = j/X_n = i) = \mathsf{P}(X_k = j/X_0 = i) = p_{ij}(k)$$

gilt.) Aus dem Gesagten ist ersichtlich, daß die „Verteilung" der Kette vollständig durch die Angabe der Matrix $P$ und der Anfangsverteilung $p_k^0 = \mathsf{P}(X_0 = k)$ bestimmt ist.

Wir schlagen dem Leser vor, als Übungsaufgabe zu verifizieren, daß für beliebiges $k \geqq 1$ und beliebige Mengen $B_1, \ldots, B_{n-k}$

$$\mathsf{P}(X_n = j/X_{n-k} = i;\ X_{n-k-1} \in B_1, \ldots, X_0 \in B_{n-k}) = p_{ij}(k)$$

gilt. Um diese Relation zu beweisen, hat man sie zunächst für $k = 1$ zu verifizieren und bedient sich dann der Induktion.

Eine Folge unabhängiger ganzzahliger identisch verteilter Zufallsgrößen $X_n$ bildet offenbar eine MARKOWsche Kette, für die $p_{ij} = p_j = \mathsf{P}(X_n = j)$ ist. Hier ist $P(k) = P^k = P$.

*Klassifizierung der Zustände*[1]).

K 1. Ein Zustand $E_i$ heißt *unwesentlich*, wenn ein solcher Zustand $E_j$ und eine ganze Zahl $t_0 > 0$ existieren, daß $p_{ij}(t_0) > 0$ und $p_{ji}(t) = 0$ für beliebiges ganzes $t$ gilt.

Im entgegengesetzten Falle heißt der Zustand $E_i$ *wesentlich*.

K 2. Die wesentlichen Zustände $E_i$ und $E_j$ heißen *kommutierend*, wenn solche ganzen Zahlen $t > 0$ und $s > 0$ existieren, daß $p_{ij}(t) > 0$ und $p_{ji}(s) > 0$ ist.

Beispiel 3. Ein System möge sich in einem der vier möglichen Zustände $\{E_1, E_2, E_3, E_4\}$ befinden und die Matrix der Übergangswahrscheinlichkeiten sei gleich

$$P = \begin{pmatrix} 0 & 1/2 & 1/2 & 0 \\ 1/2 & 0 & 0 & 1/2 \\ 0 & 0 & 1/2 & 1/2 \\ 0 & 0 & 1/2 & 1/2 \end{pmatrix}$$

(in Abb. 9 sind die Ereignisse durch Punkte und die Übergänge von Zustand zu Zustand durch Pfeile dargestellt. Die Zahlen an den Pfeilen sind die entsprechenden Wahrscheinlichkeiten).

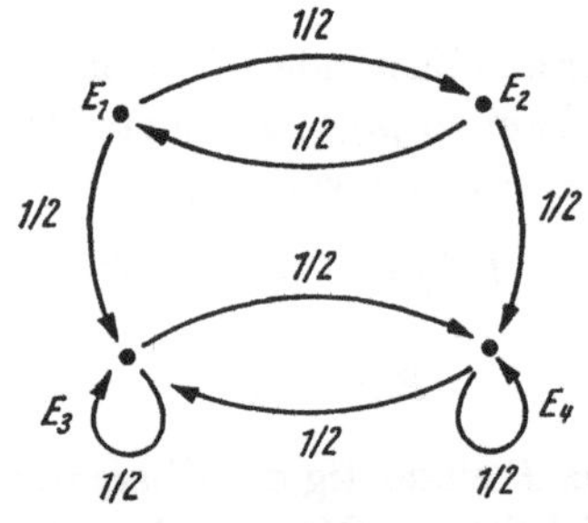


Abb. 9

In dieser Kette sind die Zustände $E_1$ und $E_2$ unwesentlich, während $E_3$ und $E_4$ wesentliche kommutierende Zustände sind.

In Beispiel 1, das eine Irrfahrt mit Absorption beschreibt, sind die Zustände $1, 2, \ldots, a - 1$ unwesentlich. Die Zustände 0 und $a$ sind wesentlich aber nicht kommutierend (natürlicherweise nennt man sie *absorbierend*). Bei einer Irrfahrt mit Reflexion sind alle Zustände wesentlich und kommutierend.

---

[1]) Hier und im § 2 folgen wir im wesentlichen der Arbeit von A. N. KOLMOGOROW „Markowsche Ketten mit einer abzählbaren Anzahl möglicher Zustände", Bull. der Moskauer Staatl. Univ., 1 (1937) Nr. 3 (Russ.).

Es sei $\{X_n\}_{n=0}^{\infty}$ eine homogene MARKOWsche Kette. $S^0$ bezeichne die Klasse aller unwesentlichen Zustände. Sei jetzt $E_i$ irgendein wesentlicher Zustand. Mit $S_{E_i}$ bezeichnen wir die Klasse von Zuständen, die $E_i$ und alle mit ihm kommutierenden Zustände enthält. Ist $E_j \in S_{E_i}$, so ist $E_j$ wesentlich, kommutiert mit $E_i$ und $E_i \in S_{E_j}$. Folglich ist $S_{E_i} = S_{E_j}$. Damit zerfällt die Menge der wesentlichen Zustände in disjunkte Klassen kommutierender Zustände, die wir mit $S^1, S^2, \ldots$ bezeichnen.

Besteht die Klasse $S_{E_i}$ nur aus dem Zustand $E_i$, so heißt dieser Zustand *absorbierend*.

Gelangt das System einmal in einen wesentlichen Zustand $E_i$, so verläßt es offenbar die Klasse $S_{E_i}$ nicht mehr.

Eine nur aus einer Klasse wesentlicher kommutierender Zustände bestehende MARKOWsche Kette heißt *irreduzibel*. Enthält die Kette mehr als eine Klasse, so heißt sie *reduzibel*.

Numeriert man die Zustände in der Reihenfolge, daß zunächst alle Zustände aus $S^0$ kommen, danach alle aus $S^1$ usw., so hat die Matrix der Übergangswahrscheinlichkeiten die Gestalt (siehe Abb. 10):

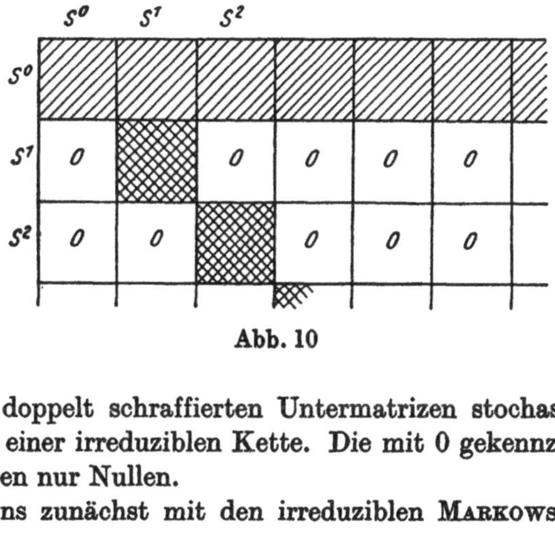


Abb. 10

Hierin sind die doppelt schraffierten Untermatrizen stochastisch. Jede von ihnen entspricht einer irreduziblen Kette. Die mit 0 gekennzeichneten Untermatrizen enthalten nur Nullen.

Wir werden uns zunächst mit den irreduziblen MARKOWschen Ketten beschäftigen.

Wir führen folgende Bezeichnungen ein:

$$f_j(n) = \mathsf{P}(X_n = j,\ X_{n-1} \neq j, \ldots, X_1 \neq j / X_0 = j), \qquad F_j = \sum_{n=1}^{\infty} f_j(n)\,.$$

$f_j(n)$ ist die Wahrscheinlichkeit dafür, daß das System ausgehend vom $j$-ten Zustand diesen erstmalig nach $n$ Schritten wieder erreicht. Die Wahrscheinlichkeit dafür, daß das System ausgehend vom $j$-ten Zustand diesen irgendwann wieder erreicht, ist gleich $F_j$.

Sei $E_j$ ein beliebiger aber fester Zustand. Wir nehmen an, daß die Bewegung des Systems im Zustand $E_j$ beginnt, d. h., es ist $\mathsf{P}(X_0 = j) = 1$. Sei $\xi_1$ die zufällige Anzahl der Schritte, die das System benötigt bis es zum erstenmal wieder in den Zustand $E_j$ gelangt. Analog definieren wir die Größen $\xi_k$, $k \geqq 2$, als Abstand zwischen dem $k-1$-ten und dem $k$-ten Wiederkehrpunkt in den Zustand $E_j$. Infolge der MARKOWschen Eigenschaft und der Homogenität von $\{X_n\}$ sind die Zufallsgrößen $\xi_k$, $k \geqq 1$, unabhängig und identisch verteilt, es ist insbesondere $\mathsf{P}(\xi_k = n) = f_j(n)$. Die Größen $\xi_k$ bilden einen diskreten Erneuerungsprozeß. Bezeichnet man mit $H_j(n)$ die zugehörige Erneuerungsfunktion, so gilt

$$H_j(n) = \sum_{k=1}^{n} p_{jj}(k) + 1\,.$$

Diese Beziehung folgt daraus, daß $p_{jj}(k) = \mathsf{M} I\,\{X_k = j\}$ und $H_j(n) = 1 + \mathsf{M} \sum_{k=1}^{n} I\{X_k = j\}$ gilt, wobei $I(A)$ wie immer die Indikatorfunktion des Ereignisses $A$ bezeichnet. Führt man die Bezeichnung $P_j = \sum_{n=1}^{\infty} p_{jj}(n)$ ein, so kann man $P_j$ als mittlere Anzahl der Wiederkehrpunkte in den Zustand $E_j$ deuten, falls der Anfangszustand ebenfalls $E_j$ war.

Offenbar sind die $\xi_k$ genau dann eigentliche Zufallsgrößen, wenn $F_j = 1$ gilt. Mit $a_j$ bezeichnen wir den Erwartungswert

$$\mathsf{M}\xi_k = \sum_{j=1}^{\infty} n f_j(n)\,, \qquad k \geqq 1\,.$$

Wir führen folgende Definitionen ein.

K3. Der Zustand $E_j$ heißt *rekurrent*, falls $F_j = 1$ ist und *transient*, falls $F_j < 1$ ist.[1])

K4. Der Zustand $E_j$ heißt *null-rekurrent*, falls $F_j = 1$ und $a_j = \infty$ sind. Der Zustand $E_j$ heißt *positiv-rekurrent*, falls $a_j < \infty$ ist.

K5. Der Zustand $E_j$ heißt *periodisch* mit der Periode $d_j$, wenn eine Rückkehr in den Zustand $E_j$ mit positiver Wahrscheinlichkeit nur nach einer Schrittzahl möglich ist, die ein Vielfaches von $d_j > 1$ darstellt und $d_j$ die größte Zahl ist, die diese Eigenschaft hat.

Mit anderen Worten, $d_j$ ist der größte gemeinsame Teiler (g. g. T.) der Zahlenmenge $\{n\colon p_{jj}(n) > 0\}$ (oder $\{n\colon f_i(n) > 0\}$).

Wir bemerken, daß man aus dieser Menge immer eine endliche Untermenge $\{n_1, n_2, \ldots, n_k\}$ so auswählen kann, daß $d_j$ der größte gemeinsame Teiler dieser Zahlen ist.

---

[1]) Ist der Zustand $E_j$ unwesentlich, so ist er auch transient. In der Tat, ist $E_j$ unwesentlich, so existiert ein $E_i$ und eine natürliche Zahl $N > 0$, so daß

$$p_{ji}(N) > 0\,, \qquad \text{aber} \qquad p_{ij}(k) = 0 \qquad \text{für alle } k\,.$$

Es ist

$$1 - F_j \geqq \mathsf{P}\left\{\bigcup_{n=1}^{\infty} \{X_n = i\} \,/\, X(0) = j\right\} \geqq p_{ji}(N) > 0\,.$$

Für endliche Ketten gilt auch die Umkehrung. Für den Fall unendlich vieler Zustände wird im § 3 ein Gegenbeispiel angegeben (Anm. d. Red.).

Es ist ebenfalls klar, daß $p_{jj}(n) = f_j(n) = 0$ gilt, sobald $n \not\equiv 0 \pmod{d_j}$ ist.

Beispiel 4. Wir betrachten die folgendermaßen gegebene Irrfahrt eines Teilchens entlang der ganzen Punkte der reellen Gerade: Das Teilchen bewegt sich mit der Wahrscheinlichkeit 1/2 um eine Einheit nach rechts oder bleibt mit derselben Wahrscheinlichkeit am gleichen Ort. Für jedes $j$ gilt $f_j(1) = 1/2$ und $f_j(n) = 0$, falls $n > 1$ ist. Deshalb ist $F_j < 1$ und damit sind alle Zustände transient. Es ist leicht zu sehen, daß $p_{jj}(n) = 1/2^n \to 0$ für $n \to \infty$.

Wenn sich aber der Punkt mit der Wahrscheinlichkeit 1/2 nach rechts und mit derselben Wahrscheinlichkeit nach links bewegt, so erhalten wir eine Kette mit der Periode 2, da man in ein beliebig fixiertes $j$ nur nach einer geraden Anzahl von Schritten zurückkommen kann.

## § 2. Notwendige und hinreichende Bedingungen für die Rekurrenz von Zuständen. Der Satz über die Gleichartigkeit der Zustände einer irreduziblen Kette. Die Struktur einer Kette im periodischen Fall

Wir erinnern daran, daß wir die Funktion

$$a(z) = \sum_{n=0}^{\infty} a_n z^n$$

die erzeugende Funktion der Folge $\{a_n\}_{n=0}^{\infty}$ nennen. Dabei ist $z$ eine komplexe Zahl. Ist die Folge $\{a_n\}$ beschränkt, so konvergiert die Reihe für $|z| < 1$.

**Satz 1.** *Der Zustand $E_j$ ist dann und nur dann rekurrent, wenn $P_j = \sum_{n=1}^{\infty} p_{jj}(n) = \infty$ ist. Für transiente $E_j$ ist*

$$F_j = \frac{P_j}{1 + P_j}. \tag{2}$$

Beweis. Nach der Formel der totalen Wahrscheinlichkeit gilt

$$p_{jj}(n) = f_j(1)\, p_{jj}(n-1) + f_j(2)\, p_{jj}(n-2) + \cdots + f_j(n-1)\, p_{jj}(1) + f_j(n) \cdot 1 .$$

Wir führen die erzeugenden Funktionen der Folgen $\{p_{jj}(n)\}$ und $\{f_j(n)\}$ ein:

$$P_j(z) = \sum_{n=1}^{\infty} p_{jj}(n)\, z^n , \qquad F_j(z) = \sum_{n=1}^{\infty} f_j(n)\, z^n .$$

Beide Reihen konvergieren innerhalb des Einheitskreises und sind dort analytische Funktionen. Die oben angeführte Formel für $p_{jj}(n)$ führt nach Multiplikation beider Seiten mit $z^n$ und Summation über $n$ zur Gleichung

$$P_j(z) = z f_j(1) \left(1 + P_j(z)\right) + z^2 f_j(2) \left(1 + P_j(z)\right) + \cdots = \left(1 + P_j(z)\right) F_j(z) .$$

Damit ist

$$F_j(z) = \frac{P_j(z)}{1 + P_j(z)}, \qquad P_j(z) = \frac{F_j(z)}{1 - F_j(z)} .$$

Sei $P_j = \infty$. Dann gilt $P_j(z) \to \infty$ für $z \uparrow 1$ und folglich $F_j(z) \to 1$. Aus $F_j(z) < F_j$ für reelle $z < 1$ erhalten wir $F_j = 1$.

Sei jetzt $F_j = 1$. Dann gilt $F_j(z) \to 1$ für $z \uparrow 1$ und deshalb $P_j(z) \to \infty$. Also ist $P_j = \infty$. Ist $P_j < \infty$, so erhalten wir für $z = 1$ die Gleichung (2). ◀

**Satz 2** (Solidaritätstheorem). *In einer irreduziblen* MARKOW*schen Kette sind alle Zustände vom gleichen Typ: Ist wenigstens ein Zustand transient, so sind alle Zustände transient; ist wenigstens ein Zustand null-rekurrent, so sind alle Zustände null-rekurrent; ist wenigstens ein Zustand positiv-rekurrent, so sind alle Zustände positiv-rekurrent; ist wenigstens ein Zustand periodisch mit der Periode d, so sind alle Zustände periodisch mit Periode d.*

Auf Grund der Definitionen K3–K5 und des Satzes 2 kann in einer irreduziblen Kette nur einer der 6 möglichen Typen von Zuständen auftreten. Diese werden bestimmt durch

1. die Klassifikation nach den Eigenschaften der Wahrscheinlichkeiten $f_j(n)$ (transient, null-rekurrent, positiv-rekurrent),
2. die Klassifikation nach arithmetischen Eigenschaften von $f_j(n)$ oder $p_{jj}(n)$ (periodisch oder aperiodisch).

Beweis. $E_k$ und $E_l$ seien zwei verschiedene Zustände. Es existieren solche Zahlen $N$ und $M$, daß

$$p_{kj}(N) > 0, \; p_{jk}(M) > 0$$

ist. Aus der Formel der totalen Wahrscheinlichkeit

$$p_{kk}(N + M + n) = \sum_{l,s} p_{kl}(N)\, p_{ls}(n)\, p_{sk}(M)$$

folgt die Ungleichung

$$p_{kk}(N + M + n) \geqq p_{kj}(N)\, p_{jj}(n)\, p_{jk}(M) = \alpha\beta p_{jj}(n)\,.$$

Hierin ist $n > 0$ eine beliebige ganze Zahl, $\alpha = p_{kj}(N) > 0$ und $\beta = p_{jk}(M) > 0$. Ebenso erhält man die Ungleichung

$$p_{jj}(N + M + n) \geqq \alpha\beta p_{kk}(n)\,.$$

Folglich ist

$$\frac{1}{\alpha\beta} p_{kk}(n + M + N) \geqq p_{jj}(n) \geqq \alpha\beta p_{kk}(n - M - N)\,. \tag{3}$$

Aus diesen Ungleichungen ersieht man, daß $p_{kk}(n)$ und $p_{jj}(n)$ gleiche asymptotische Eigenschaften haben.

Für beliebige $i, j$ gilt also

$$\sum_{n=1}^{\infty} p_{ii}(n) < \infty \quad \text{genau dann, wenn} \quad \sum_{n=1}^{\infty} p_{jj}(n) < \infty\,,$$

$$\lim_{N\to\infty} \frac{1}{N} \sum_{n=1}^{N} p_{ii}(n) = \infty \quad \text{genau dann, wenn} \quad \lim_{N\to\infty} \frac{1}{N} \sum_{n=1}^{N} p_{jj}(n) = 0\,.$$

Aus der ersten Beziehung folgt, daß alle Zustände entweder transient oder rekurrent sind.

Nach dem integralen Erneuerungstheorem (Satz 2, Kap. 8) gilt für jedes $j$

$$\lim_{N\to\infty} \frac{1}{N} \sum_{n=1}^{\infty} p_{jj}(n) = \frac{1}{a_j}.$$

Also sind die Erwartungswerte $a_i$, $a_j$ gleichzeitig endlich oder unendlich, d. h., alle Zustände sind entweder transient, oder positiv-rekurrent oder null-rekurrent.

Sei nun $E_k$ ein periodischer Zustand mit der Periode $d_k$. Ist $p_{kk}(n) > 0$, so ist $d_k$ ein Teiler von $n$. Diese Tatsache werden wir mit dem Symbol $d_k/n$ bezeichnen. Wegen

$$p_{kk}(M + N) \geqq \alpha\beta > 0\,, \quad \text{gilt } d_k/(M + N)\,.$$

Wir zeigen, daß der Zustand $E_j$ ebenfalls periodisch mit der Periode $d_j = d_k$ ist. Ist nämlich $p_{jj}(n) > 0$ für ein gewisses $n$, so gilt auf Grund von (3)

$$p_{kk}(n + M + N) > 0\,.$$

Deshalb gilt $d_k/(n + M + N)$ und aus $d_k/(M + N)$ erhalten wir $d_k/n$ und damit $d_k \leqq d_j$. Analog kann man $d_j \leqq d_k$ zeigen. Folglich ist $d_j = d_k$. ◀

Sind die Zustände einer irreduziblen MARKOWschen Kette periodisch mit der Periode $d > 1$, so heißt die Kette *periodisch*.

Wir zeigen jetzt, daß die Untersuchung periodischer Ketten im wesentlichen auf die Untersuchung nichtperiodischer Ketten zurückgeführt werden kann. Dazu benötigen wir den

**Satz 3.** *Ist eine irreduzible MARKOWsche Kette periodisch mit der Periode $d$, so kann man die Menge ihrer Zustände in $d$ Unterklassen $\Psi_0, \Psi_1, \ldots, \Psi_{d-1}$ so zerlegen, daß mit Wahrscheinlichkeit 1 das System bei einem Schritt aus der Klasse $\Psi_k$ in die Klasse $\Psi_{k+1}$, aus der Klasse $\Psi_{d-1}$ in die Klasse $\Psi_0$ übergeht.*

Beweis. Wir wählen irgendeinen Zustand, zum Beispiel $E_1$ aus. Mit Hilfe dieses Zustandes konstruieren wir folgendermaßen die Unterklassen $\Psi_0, \ldots, \Psi_{d-1}$: $E_i \in \Psi_\alpha$; $0 \leqq \alpha \leqq d - 1$, wenn es eine solche ganze Zahl $k > 0$ gibt, daß $p_{1i}(kd + \alpha) > 0$ ist.

Wir zeigen, daß kein Zustand gleichzeitig zwei Unterklassen angehören kann. Dazu genügt es, folgende Behauptung zu zeigen: Gilt $E_i \in \Psi_\alpha$ und ist $p_{1i}(s) > 0$ für ein gewisses $s$, so ist $s \equiv \alpha \pmod{d}$.

In der Tat, existiert eine Zahl $t_1 > 0$, für die $p_{i1}(t_1) > 0$ ist. Auf Grund der Definition von $\Psi_\alpha$ ist dann $p_{11}(kd + \alpha + t_1) > 0$. Außerdem ist $p_{11}(s + t_1) > 0$. Damit gilt $d/(kd + \alpha + t_1)$ und $d/(s + t_1)$, was $\alpha \equiv s \pmod{d}$ zur Folge hat.

Da man aus dem Zustand $E_1$ mit positiver Wahrscheinlichkeit in einen beliebigen Zustand $E_i$ gelangen kann, enthält $\bigcup_\alpha \Psi_\alpha$ die gesamte Menge der Zustände.

Wir zeigen jetzt, daß das System bei einem Schritt mit Wahrscheinlichkeit 1 aus $\Psi_\alpha$ in $\Psi_{\alpha+1}$ übergeht ($\alpha + 1$ ist im Sinne modulo $d$ zu verstehen).

Für $E_i \in \Psi_\alpha$ muß dazu

$$\sum_{E_j \in \Psi_{\alpha+1}} p_{ij} = 1$$

gelten. Es genügt also zu zeigen, daß für $E_i \in \Psi_\alpha$, $E_j \notin \Psi_{\alpha+1}$ gilt $p_{ij} = 0$. Nimmt man das Gegenteil an und berücksichtigt die Ungleichung $p_{ii}(kd + \alpha) > 0$, so erhält man $p_{ij}(kd + \alpha + 1) > 0$ und folglich $E_j \in \Psi_{\alpha+1}$ im Widerspruch zu der Annahme $E_j \notin \Psi_{\alpha+1}$. ◀

Aus dem bewiesenen Satz erkennt man, daß die Matrix einer periodischen Kette die Gestalt (Abb. 11)

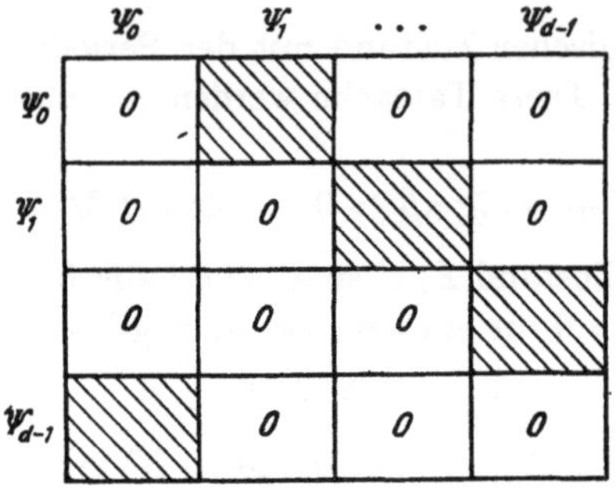


Abb. 11

hat, wobei nur die Elemente der schraffierten Kästchen von Null verschieden sind.

Aus einer periodischen MARKOWschen Kette mit der Periode $d$ kann man $d$ neue MARKOWsche Ketten bilden. Als Zustände der Kette $\alpha$ dienen dann die Zustände der Unterklasse $\Psi_\alpha$. Die Übergangswahrscheinlichkeiten werden durch die Gleichungen

$$p_{ij}^{\alpha} = p_{ij}(d)$$

gegeben. Auf Grund des soeben bewiesenen Satzes ist $\sum_{E_j \in \Psi_\alpha} p_{ij}^{\alpha} = 1$. Die neue Kette, auf die im gewissen Sinne das Studium der Ausgangskette führt, besitzt keine Unterklassen mehr.

## § 3. Sätze über zufällige Irrfahrten auf einem Gitter

1. *Zufällige Irrfahrt auf den ganzen Punkten einer Geraden.* Wir stellen uns vor, daß sich ein Teilchen entlang der ganzen Punkte einer Geraden bewegt. Die Ortsveränderung aus einem Punkt in einen anderen geht in gleichen Zeitabständen vor sich. Bei einem Schritt bewegt sich das Teilchen aus dem Punkt $k$ mit positiver Wahrscheinlichkeit $p$ in den Punkt $k + 1$ und mit positiver Wahrscheinlichkeit $q = 1 - p$ in den Punkt $k - 1$. Wie schon erwähnt wurde, entspricht dieser Bewegung des Teilchens (zufällige Irrfahrt) die MARKOWsche Kette

$$X_n = X_{n-1} + \xi_n = X_0 + S_n,$$

wobei $\xi_n$ die Werte 1 und $-1$ mit den Wahrscheinlichkeiten $p$ und $q$ annimmt und $S_n = \sum_{k=1}^{n} \xi_k$ ist. Als Zustände dienen hier die ganzen Punkte der Geraden.

Es ist leicht zu sehen, daß man in einen beliebigen Punkt mit positiver Wahrscheinlichkeit nur nach einer geraden Anzahl von Schritten zurückgelangen kann. Dabei ist $f_0(2) = 2pq > 0$. Folglich ist $\{X_n\}$ eine periodische Kette mit der Periode 2.

Wir untersuchen jetzt, wann eine zufällige Irrfahrt eine rekurrente Kette bildet. Es gilt der folgende

**Satz 4.** *Die beschriebene zufällige Irrfahrt bildet dann und nur dann eine rekurrente* MARKOW*sche Kette, wenn* $p = q = 1/2$ *ist.*

Beweis. Wegen $0 < p < 1$ stellt die Irrfahrt eine irreduzible MARKOWsche Kette dar (vgl. Fußnote). Deshalb genügt es auf Grund von Satz 2, den Typ eines einzigen Punktes, beispielsweise von Null, zu untersuchen.

Wir benutzen den Satz 1. Dazu muß man die Konvergenzeigenschaften der Reihe $\sum_{n=1}^{\infty} p_{00}(n)$ untersuchen. Da die Kette periodisch mit der Periode 2 ist, gilt $p_{00}(2k+1) = 0$. Es bleibt also $\sum_{1}^{\infty} p_{00}(2k)$ zu betrachten. Die Summe $S_n$ ist die Koordinate des umherirrenden Teilchens nach $n$ Schritten ($X_0 = 0$). Deshalb ist $p_{00}(2k) = \mathsf{P}(S_{2k} = 0)$. Für die Gültigkeit von $S_{2k} = 0$ ist notwendig, daß $k$ der zu summierenden Zufallsgrößen gleich 1 und die restlichen $k$ Zufallsgrößen gleich $-1$ sind ($k$ Schritte nach rechts und $k$ Schritte nach links). Deshalb ist nach Satz 3, Kap. 5

$$\mathsf{P}\,(S_{2k} = 0) \sim \frac{1}{\sqrt{\pi k}}\, e^{-2kH(1/2)} = \frac{1}{\sqrt{\pi k}}\,(4pq)^k .$$

Wir untersuchen das Verhalten der Funktion $\varphi(p) = 4pq = 4p\,(1-p)$ auf dem Intervall $[0, 1]$. Im Punkt $p = 1/2$ erreicht die Funktion $\varphi(p)$ das einzige Extremum, und es ist $\varphi(1/2) = 1$. In allen anderen Punkten des Intervalls $[0, 1]$ ist $\varphi(p) < 1$. Es ist also $4pq < 1$ für $p \neq 1/2$, was die Konvergenz der Reihe $\sum_{k=1}^{\infty} p_{00}(2k)$ nach sich zieht. Damit ist für $p \neq 1/2$ die Kette transient. Ist

---

[1]) Offenbar gilt

$$p_{ij}(n) = 0, \quad \text{falls} \quad |j - i| > n$$

oder falls

$$m = \frac{n + |j - i|}{2}$$

keine natürliche Zahl ist. Anderenfalls ist

$$p_{ij}(n) = \begin{cases} \binom{n}{m} p^m q^{n-m} & \text{für} \quad j \geqq i \\ \binom{n}{m} p^{n-m} q^m & \text{für} \quad j \leqq i . \end{cases}$$

Also sind für beliebige $0 < p < 1, 0 < q < 1$ alle Zustände wesentlich (Anm. d. Red.).

aber $p = 1/2$, so ist $p_{00}(2k) \sim \frac{1}{\sqrt{\pi k}}$ und die Reihe $\sum_{k=1}^{\infty} p_{00}(2k)$ divergiert, woraus seinerseits folgt, daß alle Zustände der Kette rekurrent sind. ◀

Der bewiesene Satz gestattet es auch, folgende Bemerkung zu machen. Ist $p \neq 1/2$, so ist die mittlere Anzahl der Wiederkehrpunkte in den Zustand 0 endlich, weil sie gleich $\sum_{k=1}^{\infty} p_{00}(2k)$ ist. Das bedeutet, daß von einem gewissen Schritt an, das Teilchen nie wieder zu 0 zurückkehrt[1]). Das Teilchen wird in Abhängigkeit davon, ob $p > 1/2$ oder $p < 1/2$ ist, nach rechts oder links „abgetrieben". Diese Tatsache kann man auch leicht aus dem starken Gesetz der großen Zahlen erhalten.

Bei $p = 1/2$ ist die mittlere Anzahl der Wiederkehrpunkte in den Zustand 0 unendlich; das Teilchen wird nicht „abgetrieben". Es ist interessant zu bemerken, daß dabei die mittlere Anzahl der Wiederkehrpunkte nicht proportional der Schrittzahl wächst. In der Tat, die mittlere Anzahl der Wiederkehrpunkte bei den ersten $2n$ Schritten ist $\sum_{k=1}^{n} p_{00}(2k)$. Aus dem Beweis des Satzes 4 ist uns die Relation $p_{00}(2k) \sim \frac{1}{\sqrt{\pi k}}$ bekannt. Deshalb ist

$$\sum_{k=1}^{n} p_{00}(2k) \sim \sum_{k=1}^{n} \frac{1}{\sqrt{\pi k}} \sim \frac{2\sqrt{n}}{\sqrt{\pi}}.$$

Folglich verringert sich in dem von uns im Beispiel 7 Kap. 4 betrachteten fairen Spiel der Anteil der „unentschiedenen" Resultate mit der Vergrößerung der Schrittzahl sehr schnell, und die Abweichungen wachsen sowohl der Größe als auch der Dauer nach.

2. *Symmetrische zufällige Irrfahrten im $R^k$, $k \geqq 2$.* Wir betrachten folgendes Modell einer zufälligen Irrfahrt im $k$-dimensionalen euklidischen Raum $R^k$. Befindet sich das Teilchen im Punkte $(m_1, \ldots, m_k)$, so kann es mit der Wahrscheinlichkeit $1/2^k$ zu einer beliebigen der $2^k$ Ecken des Kubus $|x_i - m_i| = 1$, d. h. zu den Punkten mit den Koordinaten $(m_1 \pm 1, \ldots, m_k \pm 1)$ gelangen. Eine solche Irrfahrt nennt man natürlicherweise symmetrisch. Bezeichnet $X_n$ die Lage des Teilchens nach dem $n$-ten Sprung, so erhalten wir wie früher eine Folge $k$-dimensionaler zufälliger Vektoren, die eine irreduzible homogene MARKOWsche Kette bilden. Wir zeigen, daß alle Zustände dieser Kette für eine Irrfahrt in der Ebene, ebenso wie im eindimensionalen Falle, rekurrent sind.

Im dreidimensionalen Falle sind die Zustände allerdings nicht mehr rekurrent. Wir beweisen also den folgenden

---

[1]) Diese Behauptung folgt sofort aus dem Null-Eins-Kriterium von BOREL (Satz 1 Kap. 9). Da die Summe $\sum_{k=1}^{\infty} \mathsf{P}(A_{2k})$ konvergiert, treten mit Wahrscheinlichkeit Eins nur endlich viele Ereignisse $A_{2k} = \{X_{2k} = 0\}$ ein. Diese Richtung des BORELschen Kriteriums gilt ohne Unabhängigkeitsvoraussetzungen (Anm. d. Red.).

**Satz 5.** *Eine symmetrische zufällige Irrfahrt ist im ein- und zweidimensionalen Raum rekurrent, und im drei- und höherdimensionalen Raum transient.*

Diesbezüglich bemerkte W. FELLER sehr treffend, daß das Sprichwort „Alle Wege führen nach Rom" nur für eine zweidimensionale Fläche richtig ist. Die von uns formulierte Behauptung lehnt sich an den bekannten Satz von PÓLYA an, daß bei $k \geqq 2$ eine symmetrische Irrfahrt im $R^k$ transient ist, wenn sich das Teilchen bei einem Schritt um $\pm 1$ entlang einer Koordinatenachse bewegen kann ($\xi_j$ nimmt $2k$ Werte mit der Wahrscheinlichkeit $1/2^k$ an). Wir wenden uns dem Beweis von Satz 5 zu.

Sei $k = 2$. Es ist leicht zu sehen, daß unsere Irrfahrt $X_n$ als Summe zweier unabhängiger Komponenten

$$X_n = (X_n^1, 0) + (0, X_n^2), \qquad (X_0^1, X_0^2) = X_0$$

dargestellt werden kann, wobei $X_n^i$, $i = 1, 2$, skalare (eindimensionale) Folgen sind, die symmetrische unabhängige zufällige Irrfahrten entlang von Geraden beschreiben. Dies ist klar, weil die zweidimensionale Folge die Darstellung

$$X_{n+1} = X_n + \xi_n \tag{4}$$

besitzt, wobei $\xi_n$ jeden der 4 Werte $(\pm 1{,}0) + (0, \pm 1) = (\pm 1, \pm 1)$ mit der Wahrscheinlichkeit 1/4 annimmt.

Mit Hilfe der Darstellung (4) können wir das asymptotische Verhalten der Übergangswahrscheinlichkeiten $p_{ij}(n)$ untersuchen. Der Zustand $X_0$ möge mit dem Koordinatenursprung (0, 0) zusammenfallen. Dann wird

$$p_{00}(2n) = \mathsf{P}(X_{2n} = (0, 0)/X_0 = (0, 0)) =$$
$$= \mathsf{P}(X_{2n}^1 = 0/X_0^1 = 0)\ \mathsf{P}(X_{2n}^2 = 0/X_0^2 = 0) \sim \left(\frac{1}{\sqrt{\pi n}}\right)^2 = \frac{1}{\pi n}.$$

Daraus folgt die Divergenz der Reihe $\sum_{n=0}^{\infty} p_{00}(n)$ und deshalb sind alle Zustände unserer Kette rekurrent.

Im Falle $k = 3$ hat man analog vorzugehen, indem man die Folge $X_n$ als Summe dreier unabhängiger Komponenten

$$X_n = (X_n^1, 0, 0) + (0, X_n^2, 0) + (0, 0, X_n^3)$$

darstellt, wobei wie früher $X_n^i$ symmetrische zufällige Irrfahrten entlang einer Geraden sind. Setzt man $X_0 = (0, 0, 0)$, so erhält man

$$p_{00}(2n) = \left(\mathsf{P}(X_{2n}^1 = 0/X_0^1 = 0)\right)^3 \sim \frac{1}{(\pi n)^{3/2}}.$$

Diesmal konvergiert die Reihe $\sum_{n=1}^{\infty} p_{00}(n)$ und die Zustände der Kette sind transient. Im Gegensatz zu den Fällen der Geraden und der Ebene kann hier ein den Koordinatenursprung verlassendes Teilchen mit positiver Wahrscheinlichkeit nie mehr dorthin zurückkehren.

Es ist klar, daß dieses Bild auch für eine Irrfahrt in einem beliebigen $k$-dimensionalen Raum für $k \geqq 3$ erhalten bleibt, da für $\sum_{n=1}^{\infty} (\pi n)^{-k/2} < \infty$ $k \geqq 3$ ist. ◀

## § 4. Ergodensätze

Wir betrachten die folgenden zwei Bedingungen:

(A) Die Kette ist irreduzibel und aperiodisch;

(B) Es existiert ein Zustand $E_0$, der positiv-rekurrent ist, d. h. daß die mittlere Wiederkehrzeit $a_0 = \sum_{n=1}^{\infty} n f_0(n) < \infty$ ist.

**Satz 6** (Ergodensatz). *Die Bedingungen* (A) *und* (B) *sind notwendig und hinreichend dafür, daß bei beliebigen i und j von i unabhängige positive Grenzwerte*

$$\lim_{n\to\infty} p_{ij}(n) = p_j > 0\,, \qquad i, j = 1, 2, \ldots, \tag{5}$$

*existieren. Dabei ist* $p_j = a_j^{-1}$, $a_j = \sum_{n=1}^{\infty} n f_j(n)$, $j = 1, 2, \ldots$.

*Die Folge* $\{p_i\}$ *ist eindeutig bestimmt in der Klasse der absolut konvergenten Reihen, die sich als Lösung des Gleichungssystems*

$$\sum_{j=1}^{\infty} p_i = 1\,, \qquad \sum_{k=1}^{\infty} p_k p_{kj} = p_j\,, \qquad j = 1, 2, \ldots, \tag{5a}$$

*ergeben.*

Eine Kette, die die Eigenschaft (5) besitzt, wird *ergodisch* genannt.

Die Zahl $p_j$ gibt, falls sie existiert, die Wahrscheinlichkeit dafür an, daß man nach einem großen Zeitintervall das System im Zustand $E_j$ antrifft. Dabei stellt sich heraus, daß diese Wahrscheinlichkeit nicht von dem Anfangszustand abhängt. Das System „vergißt", wo die Bewegung begann. Die Verteilung $\{p_j\}$ heißt *stationäre* oder *Finalverteilung*.

Die Verteilung $\{p_j\}$ hat die folgende *Invarianzeigenschaft*. Nimmt man sie als Anfangsverteilung der MARKOWschen Kette $\{X_n\}$ mit der Übergangsmatrix $(p_{ij})$, d. h., setzt man $\mathsf{P}(X_0 = j) = p_j$ für alle $j$, so erhält man durch wiederholte Anwendung von (5a) die Gleichung

$$\mathsf{P}(X_n = j) = \sum_i p_i p_{ij}(n) = p_j \qquad \text{für alle } j \text{ und } n \geqq 1\,.$$

Hieraus erhält man leicht, daß die MARKOWsche Kette $\{X_n\}$ mit der Anfangsverteilung $\{p_j\}$ ein *stationärer zufälliger Prozeß* ist (vgl. Kap. 13):

Für beliebige ganzzahlige $n_1, \ldots, n_k$ und $h > 0$ stimmen die Verteilungsgesetze der Vektoren $(X_{n_1}, \ldots, X_{n_k})$ und $(X_{n_1+h}, \ldots, X_{n_k+h})$ überein.

Beweis: Wir nehmen an, daß $\mathsf{P}(X_0 = 0) = 1$ ist. Mit $\xi_1, \xi_2, \ldots$ bezeichnen wir die Abstände zwischen den aufeinanderfolgenden Wiederkehrpunkten des Zustandes $E_0$. Wir wissen bereits, daß die Größen $\xi_k$ unabhängig und identisch verteilt sind, d. h. einen Erneuerungsprozeß darstellen.

Es ist $\mathsf{P}(\xi_k = n) = f_0(n)$. Nach unseren Annahmen ist $\xi_k$ eine eigentliche Zufallsgröße mit endlichem Erwartungswert. Der g. g. T. der möglichen Werte von $\xi_k$ ist gleich 1. Da

$$p_{00}(n) = \mathsf{P}(\chi(n) = 0)$$

gilt, wobei $\chi(n)$ der Exzeß des Niveaus $n$ für den Erneuerungsprozeß $\{S_k\}$, $S_k = \sum_{i=1}^{k} \xi_i$, ist, existiert nach Satz 6, Kap. 8 der Limes

$$\lim_{n\to\infty} p_{00}(n) = \lim_{n\to\infty} \mathsf{P}(\chi(n) = 0) = \frac{1}{\mathsf{M}\xi_1} = \frac{1}{a_0} > 0 . \tag{6}$$

Wir zeigen jetzt die Existenz von $\lim_{n\to\infty} p_{0j}(n)$ für $j \neq 0$. Ist $\gamma(n)$ der Defekt des Niveaus $n$ für die Irrfahrt $\{S_k\}$, dann gilt nach der Formel der totalen Wahrscheinlichkeit

$$p_{0j}(n) = \sum_{k=1}^{n} \mathsf{P}(\gamma(n) = k)\ \mathsf{P}(X_n = j/X_0 = 0, \gamma(n) = k) .$$

Wir bemerken, daß die zweiten Faktoren in dieser Formel wegen der Markowschen Eigenschaft nicht von $n$ abhängen.

$$\begin{aligned}\mathsf{P}(X_n = j/X_0 = 0, \gamma(n) = k) &= \mathsf{P}(X_n = j/X_0 = 0, X_{n-1} \neq 0, \dots,\\ X_{n-k+1} \neq 0, X_{n-k} = 0) &= \mathsf{P}(X_k = j/X_0 = 0, X_1 \neq 0, \dots,\\ X_{k-1} \neq 0) &= P(k, j) .\end{aligned}$$

Nach Satz 6, Kap. 8 konvergieren die ersten Faktoren für $n \to \infty$ gegen $\frac{P_{k-1}}{\mathsf{M}\xi_1}$ (wobei $P_k = \mathsf{P}(\xi_1 > k)$ ist) und wegen der Ungleichung

$$\mathsf{P}(\gamma(n) = k) = \mathsf{P}(\chi(n-k) = 0)\ P_{k-1} \leqq P_{k-1}$$

werden sie durch die konvergente Folge $P_{k-1}$ majorisiert. Darum existiert nach dem Satz über die majorisierte Konvergenz (siehe Lemma 2, Kap. 8) der Limes[1])

$$\lim_{n\to\infty} p_{0j}(n) = \sum_{k=1}^{\infty} \frac{P_{k-1}}{\mathsf{M}\xi_1} P(k, j) \equiv p_j ,$$

wobei

$$p_{0j}(n) \leqq \sum_{k=1}^{n} P_{k-1} P(k, j) \leqq \sum_{k=1}^{\infty} P_{k-1} P(k, j) = p_j \mathsf{M}\xi_1 \tag{7}$$

gilt. Um zu zeigen, daß bei beliebigem $i$

$$\lim_{n\to\infty} p_{ij}(n) = p_j > 0$$

gilt, zeigen wir zunächst, daß das System aus dem Zustand $E_i$ mit Wahrscheinlichkeit 1 irgendwann einmal in den Zustand $E_0$ kommt.

---

[1]) In Bezeichnungen von Lemma 2, Kap. 8 gilt

$$a_{n,k} = \begin{cases} 0 , & k > n \\ \mathsf{P}(\gamma(n) = k)\ P(k, j) , & k \leqq n \end{cases}$$

$a'_k = P_{k-1}$, $\quad a_k = \frac{P_{k-1}}{\mathsf{M}\xi_1} P(k, j)$ (Anm. d. Red.).

Mit anderen Worten: Ist $f_{i0}(n)$ die Wahrscheinlichkeit dafür, daß sich das System von $E_i$ nach $n$ Schritten das erste Mal in $E_0$ befindet, dann gilt

$$\sum_{n=1}^{\infty} f_{i0}(n) = 1 .$$

Der Zustand $E_i$ ist ebenfalls positiv-rekurrent. Wir bezeichnen mit $A_k$ das Ereignis – zwischen dem $k$-ten und dem $(k+1)$-ten Wiederkehrpunkt von $E_i$ gelangt das System wenigstens einmal in den Zustand $E_0$.

Wegen der MARKOWschen Eigenschaft sind die Ereignisse $A_k$, $k \geqq 0$ unabhängig und haben wegen der Homogenität der betrachteten MARKOWschen Kette die gleiche Wahrscheinlichkeit $p = \mathsf{P}(A_k)$. Da $E_i$ rekurrent ist, ist $E_i$ auch wesentlich (vgl. Fußnote auf S. 192). Also ist

$$\mathsf{P}\left(\bigcup_k A_k\right) = \mathsf{P}(E_0 \text{ ist aus } E_i \text{ erreichbar}) > 0 .$$

Folglich ist $p > 0$.

Nach dem Kriterium von BOREL treten mit Wahrscheinlichkeit 1 unendlich viele $A_k$ auf, und somit gilt erst recht $\mathsf{P}\left(\bigcup_k A_k\right) = 1$.

Nach der Formel der totalen Wahrscheinlichkeit erhalten wir

$$p_{ij}(n) = \sum_{k=1}^{n} f_{i0}(k)\, p_{0j}(n-k) .$$

Nutzen wir den Satz über die majorisierte Konvergenz aus (wir benutzen dabei die Ungleichung (7)), dann erhalten wir

$$\lim_{n\to\infty} p_{ij}(n) = \sum_{k=1}^{\infty} f_{i0}(k)\, p_j = p_j$$

Da der Zustand $E_j$ ebenso wie $E_0$ positiv-rekurrent ist, gilt nach Satz 2, Kap. 8

$$p_j = \lim_{n\to\infty} p_{jj}(n) = \frac{1}{a_j} > 0 .$$

Wir zeigen jetzt die *Notwendigkeit*. Die Notwendigkeit der Bedingung (A) ist offensichtlich, weil für jedes $i$ und $j$ gilt $p_{ij}(n) > 0$, falls nur $n$ hinreichend groß ist. Die Notwendigkeit der Bedingung (B) folgt aus der Gültigkeit der Gleichung (6) für $E_0$.

Wir müssen noch den zweiten Teil des Satzes beweisen. Wegen

$$\sum_{j=1}^{\infty} p_{0j}(n) = 1 \tag{8}$$

gilt $\sum_{j=1}^{\infty} p_j \leqq 1$. Wegen (7) können wir auf (8) und auf die Gleichung

$$p_{0j}(n+1) = \sum_{k=1}^{\infty} p_{0k}(n)\, p_{kj}$$

den Satz über die majorisierende Konvergenz anwenden, aus dem wir

$$\sum p_j = 1 , \qquad p_j = \sum_{k=1}^{\infty} p_k p_{kj} \tag{9}$$

erhalten. Wir müssen noch zeigen, daß die erhaltene Lösung eindeutig ist. Sei $\{q_i\}$ eine Zahlenfolge, die ebenfalls (9) erfüllt und für die die Reihe $\sum |q_j|$ konvergiert. Dann erhält man durch Vertauschung der Summationsreihenfolge

$$q_j = \sum_k q_k p_{kj} = \sum_k p_{kj} \left(\sum_l p_{lk} q_l\right) =$$
$$= \sum_l q_l \sum_k p_{lk} p_{kj} = \sum_l q_l p_{lj}(2) = \sum_l p_{lj}(2) \left(\sum_s p_{sl} q_s\right) =$$
$$= \sum_s q_s p_{sj}(3) = \cdots = \sum_k q_k p_{kj}(n)$$

für beliebige $n$. Wegen $\sum q_k = 1$ erhält man durch Grenzübergang für $n \to \infty$ (es ist $|q_k p_{kj}(n)| \leqq |q_k|$)

$$q_j = \sum_k q_k p_j = p_j \,. \quad ◀$$

Ist die MARKOWsche Kette periodisch mit der Periode $d$ und ist für jedes Paar von Zuständen $E_i$ und $E_j$ aus ein und derselben Unterklasse $t \neq kd$, so gilt $p_{ij}(t) = 0$ (siehe Satz 3). Ist aber $t = kd$, so folgt aus dem soeben bewiesenen Satz und aus Satz 3, daß $\lim_{n\to\infty} p_{ij}(kd) = p_j > 0$ existiert und nicht von $i$ abhängt.

Beispiel 5. In § 4, Kap. 10 sahen wir, daß die Wartezeiten in einem Bedienungssystem den Beziehungen

$$w_{n+1} = \max (w_n + \xi_{n+1}, 0)\,, \qquad w_1 = 0\,,$$

genügen, wobei $\xi_n$ unabhängige, identisch verteilte Zufallsgrößen sind. Sind die Größen $\xi_k$ ganzzahlig, so ist $\{w_n\}$ eine homogene MARKOWsche Kette mit dem Zustandsraum $\{0, 1, \ldots\}$. Die Folge $w_n$ kann man auch als *eine zufällige Irrfahrt mit einer undurchlässigen Wand* im Punkte 0 interpretieren. Ist $\mathsf{M}\xi_n < 0$, so folgt aus Satz 1 in Kapitel 8, daß die Rückkehrzeit in den Punkt Null einen endlichen Erwartungswert besitzt. Darum kann der Ergodensatz angewendet werden, und wir können ohne Benutzung der Ergebnisse aus § 4, Kap. 10 schlußfolgern, daß eine (stationäre) Grenzverteilung für $w_n$ für $n \to \infty$ existiert (oder, wenn wir das in § 4, Kap. 10 gesagte beachten, können wir auf die Endlichkeit von $\sup_{k\geqq 0} S_k$, $S_k = \sum_{j=1}^{k} \xi_j$, schließen, was der Inhalt von Satz 4, Kap. 9 ist).

**Satz 7.** *Besitzt die MARKOWsche Kette endlich viele Zustände und ist die Bedingung* (A) *erfüllt, dann existieren Konstanten $c > 0$ und $q < 1$ derart, daß die Rückkehrzeit $\xi$ in einen beliebigen festen Zustand der Gleichung*

$$\mathsf{P}(\xi > n) < cq^n \tag{10}$$

*genügt.*

Diese Ungleichungen besagen offensichtlich, daß die Bedingung (B) *für eine endliche Kette* stets erfüllt ist und für sie *folglich der Ergodensatz genau dann gilt, wenn Bedingung* (A) *erfüllt ist.*

Beweis. Wir betrachten einen Zustand $E_0$ und setzen

$$\tau_j(n) = \mathsf{P}(X_k \neq 0,\ k = 1, 2, \ldots, n / X_0 = j)\,.$$

Besitzt die Kette $m$ Zustände, dann ist $\tau_j(m) < 1$ für beliebige $j$. $\tau_j(n)$ ist nämlich nicht wachsend für beliebige wachsende $n$. Sei $N$ die kleinste Zahl, für die $\tau_j(N) < 1$ ist. Das bedeutet, daß ein Kettchen von Zuständen $E_j, E_{j_1}, \ldots, E_{j_N}$ existiert, für das $E_{j_N} = E_0$ ist und die Wahrscheinlichkeit $p_{jj_1} \cdots p_{j_{N-1}} p_{j_N}$ positiv ist. Nun ist aber leicht zu sehen, daß $N \leqq m$ ist, weil andernfalls das Kettchen mindestens zwei gleiche Zustände enthalten müßte und man durch die entsprechende Verkürzung des Kettchens seine Wahrscheinlichkeit vergrößern könnte. Es ist also $\tau_j(m) < 1$ und

$$\tau(m) = \max_j \tau_j(m) < 1 .$$

Darüber hinaus gilt

$$\tau_j(n_1 + n_2) \leqq \tau_j(n_1)\,\tau(n_2) \leqq \tau(n_1)\,\tau(n_2) .$$

Bleibt zu bemerken, daß für die Rückkehrzeit $\xi$ von $E_0$ nach $E_0$ gilt

$$\mathsf{P}(\xi > nm) = \tau_0(nm) \leqq \tau(m)^n .$$

Daraus folgt die Behauptung des Satzes. ◀

**Bemerkung.** Aus der Gültigkeit der Bedingung (10) folgt eine *exponentielle* Konvergenzgeschwindigkeit der Differenz $|p_{ij}(n) - p_j|$ gegen Null. Davon kann man sich überzeugen, indem man die Analytizität der Funktion $F_0(z) = \sum_{n=1}^{\infty} f_0(n)\, z^n$ im Bereich $|z| < q^{-1}$, $q^{-1} > 1$, und die Gleichung

$$P_0(z) = \sum_n p_{00}(n)\, z^n = \frac{1}{1 - F_0(z)} - 1 \tag{11}$$

ausnutzt (siehe Satz 1; wir nehmen an, daß $\xi$ in der Bedingung (10) sich auf den Zustand $E_0$ bezieht und $f_0(n) = \mathsf{P}(\xi = n)$ ist.) Da $F_0'(1) = \mathsf{M}\xi = \frac{1}{p_0}$ ist, gilt $F_0(z) = 1 + \frac{z-1}{p_0} + \cdots$ und aus (11) kann man auf die Analytizität der Funktion

$$P_0(z) - \frac{zp_0}{1 - z} = \sum_{n=1}^{\infty} (p_{00}(n) - p_0)\, z^n$$

im Bereich $|z| \leqq 1 + \varepsilon$, $\varepsilon > 0$ schließen, was offenbar bedeutet, daß

$$|p_{00}(n) - p_0| < c(1 + \varepsilon)^{-n}, \qquad c = \text{const.},$$

gilt.

Wir betrachten jetzt zwei Beispiele für endliche MARKOWsche Ketten.

Beispiel 6. Wir nehmen an, daß das Verhalten zweier Schachspieler $A$ und $B$ in einem Schachturnier folgendermaßen beschrieben wird: Unabhängig vom Ergebnis der vorherigen Partien gewinnt der Schachspieler $A$ jede Partie mit der Wahrscheinlichkeit $p$, verliert mit der Wahrscheinlichkeit $q$ und spielt mit der Wahrscheinlichkeit $r = 1 - p - q$ Remis. Der Schachspieler $B$ ist weniger ausgeglichen. Er gewinnt die Partie mit den Wahrscheinlichkeiten $p + \varepsilon$, $p$ und $p - \varepsilon$, je nachdem ob er in der vorherigen Partie gewann, Remis spielte oder verlor. Analog sieht die Wahrscheinlichkeit einer Niederlage aus, sie ist in diesen drei Fällen entsprechend gleich $q - \varepsilon$, $q$, $q + \varepsilon$. Welcher der Spieler $A$ oder $B$ erzielt in einem langen Turnier mehr Punkte?

Um diese Frage zu beantworten, muß man offenbar für jeden der Schachspieler die stationären Wahrscheinlichkeiten $p_1$, $p_2$, $p_3$ des Gelangens in die Zustände $E_1$, $E_2$ und $E_3$, die wir entsprechend mit Sieg, Remis und Niederlage identifizieren, berechnen[1]).

Die Markowsche Kette mit den Zuständen $E_1$, $E_2$, $E_3$, die den Turnierverlauf für den Spieler $A$ beschreibt, hat die Matrix der Übergangswahrscheinlichkeiten

$$P_A = \begin{pmatrix} p & r & q \\ p & r & q \\ p & r & q \end{pmatrix}.$$

Offenbar ist hier $p_1 = p$, $p_2 = r$, $p_3 = q$.

Für den Spieler $B$ ist die Matrix der Übergangswahrscheinlichkeiten gleich

$$P_B = \begin{pmatrix} p+\varepsilon & r & q-\varepsilon \\ p & r & q \\ p-\varepsilon & r & q+\varepsilon \end{pmatrix}.$$

Die Gleichungen für die stationären Wahrscheinlichkeiten haben in diesem Falle die Gestalt

$$p_1(p+\varepsilon) + p_2 p + p_3(p-\varepsilon) = p_1 ,$$
$$p_1 r + p_2 r + p_3 r = p_2 ,$$
$$p_1 + p_2 + p_3 = 1 .$$

Als Lösung erhält man

$$p_2 = r , \qquad p_1 = p + \varepsilon \frac{p-q}{1-2\varepsilon} .$$

Folglich wird der Anteil der Unentschieden bei einer großen Zahl von Partien bei beiden Spielern $A$ und $B$ übereinstimmen. Der Anteil der Siege ist bei $B$ größer als bei $A$, wenn $\varepsilon > 0$, $p > q$ oder $\varepsilon < 0$, $p < q$ ist. Ist $p = q$, so sind die stationären Verteilungen für die Partieergebnisse bei den Spielern $A$ und $B$ gleich.

Beispiel 7. Wir betrachten die Addition modulo $d$ unabhängiger ganzzahliger Zufallsgrößen $\xi_1, \xi_2, \ldots$ bei einem bestimmten $d > 1$ (siehe Beispiel 2). Wir setzen ($[x]$ bedeutet den ganzen Teil von $x$) $X_0 = 0$, $X_1 = \xi_1 - \left[\frac{\xi_1}{d}\right] d$, $X_2 = X_1 + \xi_2 - \left[\frac{X_1 + \xi_2}{d}\right] d$ usw., so daß $X_n$ der Rest bei der Division der Summe $X_{n-1} + \xi_n$ durch $d$ ist. Eine solche Addition bezeichnet man manchmal als Addition auf einem Kreis (die Punkte 0 und $d$ stimmen überein). Ohne Einschränkung der Allgemeinheit können wir offenbar voraussetzen, daß $\xi_k$ nur die

---

[1]) Vgl. dazu das Gesetz der großen Zahlen für Markowsche Ketten, Satz 8 am Ende des Paragraphen (Anm. d. Red.).

Werte 0, 1, ..., $d-1$ annimmt. Ist $\mathsf{P}(\xi_k = j) = q_j$, so wird

$$p_{ij} = \mathsf{P}(X_n = j/X_{n-1} = i) = \begin{cases} q_{j-i}, & \text{für} \quad j \geqq i, \\ q_{d+j-i}, & \text{für} \quad j < i. \end{cases}$$

Angenommen, die Menge der Indizes $k$ mit $q_k > 0$ habe den g. g. T. 1. Dann ist klar, daß die Kette $\{X_n\}$ eine Klasse wesentlicher Zustände ohne Unterklassen darstellt, und es existieren die Grenzwerte

$$\lim_{n\to\infty} p_{ij}(n) = p_j,$$

die dem Gleichungssystem $\sum_i p_i p_{ij} = p_j$, $\sum p_j = 1$, $j = 0, \ldots, d-1$, genügen. Wir bemerken jetzt, daß die stochastische Matrix der Übergangswahrscheinlichkeiten in unserem Fall die Eigenschaften

$$\sum_i p_{ij} = \sum_j p_{ij} = 1$$

hat. Solche Matrizen nennt man *doppelt stochastisch*. Für sie ist die stationäre Verteilung stets die Gleichverteilung auf der Menge der möglichen Zustände, da $p_j = 1/d$ dem Gleichungssystem für die Finalwahrscheinlichkeiten genügen. Damit führt die Addition von beliebigen Zufallsgrößen auf einem Kreis zu einer gleichmäßigen Grenzverteilung für die Summe. Dabei ist die Konvergenzgeschwindigkeit von $p_{ij}(k)$ gegen die stationäre Verteilung exponential.

Wie man leicht sieht, ist bei Addition mod $d$ die Faltung zweier Gleichverteilungen wiederum eine Gleichverteilung. In diesem Sinne ist die Gleichverteilung stabil. Mehr noch, die Faltung einer beliebigen Verteilung mit einer Gleichverteilung ist ebenfalls eine Gleichverteilung. In der Tat, ist $\eta$ gleichverteilt und hängt nicht von $\xi_1$ ab, so gilt (Addition und Subtraktion werden modulo $d$ durchgeführt)

$$\mathsf{P}(\xi_1 + \eta = k) = \sum_{j=0}^{d-1} p_j \mathsf{P}(\eta = k - j) = \sum_{j=0}^{d-1} p_j \frac{1}{d} = \frac{1}{d}.$$

Wenn also ein bestimmtes Signal, das $d$ mögliche Werte annimmt (zum Beispiel Buchstaben), übertragen und dabei von einem „zufälligen" (gleichverteilten) Rauschen überlagert wird, so hat das empfangene Signal ebenfalls eine Gleichverteilung und wird demzufolge keine Information über das zu übertragende Signal enthalten.

Das betrachtete Beispiel verdient auch als einfachste Veranschaulichung von Gesetzen Beachtung, die bei der „Summation" von Zufallsgrößen wirken, deren Werte nicht mehr auf der Zahlengeraden, sondern in einer bestimmten Gruppe liegen. (Die Menge der Zahlen 0, 1, ..., $d-1$ mit der Operation Addition modulo $d$ bildet eine endliche Abelsche Gruppe.) Es erweist sich, daß die von uns im Beispiel festgestellte Erscheinung auch für eine bedeutend größere Klasse von Gruppen erhalten bleibt — die Finalwahrscheinlichkeiten $p_j$ bilden eine Gleichverteilung.

Am Schluß dieses Paragraphen führen wir zwei Behauptungen an über das Grenzverhalten der Anzahl $m_j(n)$ der Wiederkehrpunkte in einen fixierten Zustand $E_j$ in der Zeit $n$. Diese Behauptungen sind einfache Folgerungen aus den Sätzen 4 und 5 von Kapitel 8, weil die Größe $m_j(n)$ mit den Werten des Erneuerungsprozesses $\eta(n)$ im Punkte $n$ zusammenfällt, der durch die unabhängigen, identisch verteilten Zufallsgrößen $\xi_1, \xi_2, \ldots$, erzeugt wird, wobei $\xi_1$ die Wiederkehrzeit des Systems in den Zustand $E_j$ ist.

Es gilt

**Satz 8.** *Ist* $\mathsf{M}\xi_1 = a_j < \infty$, *dann gilt für* $n \to \infty$

$$\frac{m_j(n)}{n} \underset{P}{\to} \frac{1}{a_j}. \tag{12}$$

*Ist die Kette ergodisch, so folgt daraus*

$$\frac{m_j(n)}{n} \to p_j .$$

*Ist* $\mathsf{D}\xi_1 = \sigma_j^2 < \infty$, *so gilt*

$$\mathsf{P}\left(\frac{m_j(n) - \frac{n}{a_j}}{\sqrt{\frac{m\sigma_j^2}{a_j^3}}} < x / X_0 = j\right) \to \Phi(x)\,, \tag{13}$$

*wobei* $\Phi(x)$ *wie früher die Verteilungsfunktion der Normalverteilung mit den Parametern* (0, 1) *ist.*

Wir empfehlen dem Leser als Übung zu beweisen, daß im Fall

$$\mathsf{P}\left(\bigcup_{n=1}^{\infty} \{X_n = j\} \,/\, X_0 = k\right) = 1 \tag{14}$$

die Beziehung (13) (wie auch (12)) auch dann richtig ist, wenn der Anfangszustand $X_0 = j$ durch $X_0 = k$ ersetzt wird.

Im Beweis von Satz 6 bemerkten wir, daß Gleichung (14) für rekurrente irreduzible Ketten immer erfüllt ist.

Faßt man den Inhalt dieses Paragraphen zusammen, so kann man sagen, daß die Untersuchung von Folgen abhängiger Versuche, die mit Markowschen Ketten mit diskretem Zustandsraum zusammenhängen, im allgemeinen mit Hilfe der Resultate für Folgen unabhängiger Zufallsgrößen geführt werden kann. Die Untersuchung anderer Arten abhängiger Versuche erfordert in der Regel ein anderes Herangehen.

## § 5. Das Verhalten der Übergangswahrscheinlichkeiten für reduzible Ketten

Wir betrachten jetzt eine endliche Markowsche Kette vom allgemeinen Typ. Die Menge ihrer Zustände besteht aus einer Klasse unwesentlicher Zustände und einigen Klassen $S^1, \ldots, S^l$ wesentlicher Zustände. Um das asymptotische Verhalten von $p_{ij}(n)$ für solche Ketten zu klären, genügt es den Fall zu betrachten, wenn die wesentlichen Zustände eine Klasse ohne Unterklassen bilden. Die Matrix der Wahrscheinlichkeiten $p_{ij}(n)$ hat in diesem Falle die Gestalt (siehe Abb. 12):

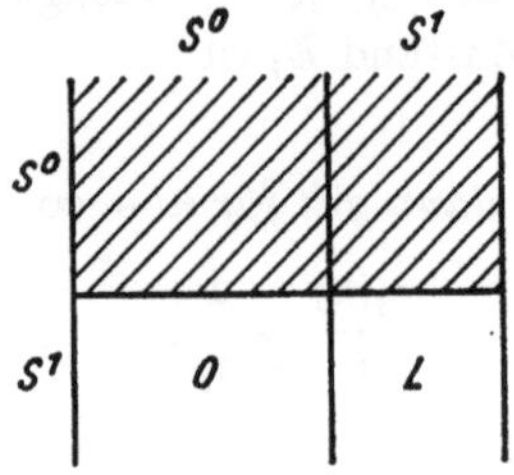


Abb. 12

Auf Grund des Ergodensatzes existieren für die Elemente der Untermatrix $L$ positive Grenzwerte $p_j$. Es bleibt also zu klären, wie sich die Elemente des schraffierten Teils der Matrix verhalten.

**Satz 9.** *Sei $E_i \in S^0$. Dann gilt*

$$\lim_{t\to\infty} p_{ij}(t) = 0\,, \qquad \text{für } E_j \in S^0\,,$$
$$\lim_{t\to\infty} p_{ij}(t) = p_j > 0\,, \quad \text{für } E_j \in S^1\,.$$

Beweis. Sei $E_j \in S^0$. Wir führen die Bezeichnung

$$A_j(t) = \max_{E_i\in S^0} p_{ij}(t)$$

ein. Für jeden wesentlichen Zustand $E_r$ existiert ein solches ganzes $t_r$, daß $p_{ir}(t_r) > 0$ ist. Da die Übergangswahrscheinlichkeiten nach $S^1$ von einer gewissen Zeit ab alle positiv sind, existiert ein solches $s$, daß für $E_i \in S^0$ und für alle $E_l \in S^1$ $p_{il}(s) > 0$ ist. Deshalb gelten für genügend große $t$ die Beziehungen

$$p_{ij}(t) = \sum_{E_k\in S^0} p_{ik}(s)\, p_{kj}(t-s) \leqq A_j(t-s) \sum_{E_k\in S^0} p_{ik}(s)\,,$$

wobei $h(i) = \sum_{E_k\in S^0} p_{ik}(s) = 1 - \sum_{E_k\in S^1} p_{ik}(s) < 1$ ist. Ist $h = \max_{E_i\in S^0} h(i)$, so folgt aus der erhaltenen Ungleichung

$$A_j(t) \leqq hA_j\,(t-s) \leqq \cdots \leqq h^{\left[\frac{t}{s}\right]}\,.$$

Also ist $\lim_{t\to\infty} p_{ij}(t) \leqq \lim_{t\to\infty} A_j(t) = 0$.

Sei jetzt $E_i \in S^0$ und $E_j \in S^1$. Es gelten die Gleichungen

$$p_{ij}(t+s) = \sum_k p_{ik}(t)\, p_{kj}(s) = \sum_{E_k\in S^0} p_{ik}(t)\, p_{kj}(s) + \sum_{E_k\in S^1} p_{ik}(t)\, p_{kj}(s)\,.$$

Lassen wir $t$ und $s$ gegen $\infty$ streben, so sehen wir, daß die erste Summe im letzten Ausdruck von der Ordnung $o(1)$ ist. In der zweiten Summe ist

$$\sum_{E\in S^1} p_{ik}(t) = 1 + o(1)\,; \qquad p_{kj}(s) = p_j + o(1)\,.$$

Also gilt für $t, s \to \infty$

$$p_{ij}(t+s) = p_j \sum_{E_k \in S^1} p_{ik}(t) + o(1) = p_j + o(1)$$

für $t, s \to \infty$. ◀

Mit Hilfe des bewiesenen Satzes ist es nicht schwierig, sich davon zu überzeugen, daß die Existenz von $\lim\limits_{n\to\infty} p_{ij}(n) = p_j \geqq 0$ notwendig und hinreichend dafür ist, daß die Kette aus zwei Klassen $S^0$ und $S^1$ besteht und $S^1$ keine Unterklassen enthält.

KAPITEL 12

# INFORMATION UND ENTROPIE[1])

## § 1. Definitionen. Eigenschaften der Information und Entropie

Wir nehmen an, daß ein bestimmtes Experiment durchgeführt wird. Dabei möge das Ereignis $A$ mit der Wahrscheinlichkeit 0,99 eintreten. Dann ist es natürlich anzunehmen, daß das Eintreten des Ereignisses $A$ wenig Information enthält. Das Eintreten des Ereignisses $\bar{A}$ aber enthält eine bedeutende Information, weil es von uns nicht erwartet wurde. Möge zum Beispiel das Ereignis $A$ darin bestehen, daß ein Flugzeug wohlbehalten landete. Dann enthält die Nachricht darüber, daß das Ereignis $\bar{A}$ eintrat (gewöhnlich hat es eine geringe Wahrscheinlichkeit), für die die Fluggäste erwartenden Menschen (die den Ausgang des Experiments erwarten) eine überaus wesentliche Information.

Es ist folgendes quantitatives Maß der Information üblich. Seien $A$ und $B$ Ereignisse eines gewissen Wahrscheinlichkeitsraumes $\langle \Omega, \mathfrak{F}, \mathsf{P} \rangle$. Die *Informationsmenge* $I\,(A/B)$, *die im Ereignis* (in der Nachricht) $B$ *über* $A$ *enthalten ist*, wird definiert durch die Zahl

$$I(A/B) = \log \frac{\mathsf{P}(A/B)}{\mathsf{P}(A)}\,.$$

Das Eintreten des Ereignisses $B = A$ kann man als Nachricht darüber interpretieren, daß $A$ eintrat. Dann ist $I(A/A)$ per Definition die *Informationsmenge* $I(A)$, *die in der Nachricht* $A$ *enthalten ist*

$$I(A/A) = I(A) = -\log \mathsf{P}(A)\,.$$

Aus dieser Definition ist ersichtlich, daß $I(A)$ um so kleiner ist, je größer die Wahrscheinlichkeit des Ereignisses $A$ ist. In der Regel wird bei der Definition der Information der Logarithmus zur Basis 2 benutzt, so daß eine Informationseinheit zum Beispiel die Nachricht darüber ist, daß in einer Familie ein Junge (oder ein Mädchen) geboren wurde. (Es wird vorausgesetzt, daß diese Ereignisse gleichwahrscheinlich sind, und für $p = 1/2$ ist $-\log_2 p = 1$.) Im weiteren hat man in diesem Paragraphen unter $\log x$ immer $\log_2 x$ zu verstehen.

---

[1]) Die Begriffe Informationsmenge und Entropie wurden von C. E. SHANNON 1948 eingeführt. Für gewisse Spezialfälle wurde der Begriff Informationsmenge auch in früheren Arbeiten (zum Beispiel R. HARTLEY, 1928) betrachtet. Die Darlegung im § 2 dieses Kapitels fundiert auf der Arbeit von A. J. CHINTSCHIN „Der Begriff der Entropie in der Wahrscheinlichkeitsrechnung" Uspechi matem. nauk 8, 3 (1953) (deutsche Übersetzung in „Arbeiten zur Informationstheorie" I, DVW, Berlin 1957. Weitere Arbeiten auf diesem Gebiet wurden in den Heften II—V ins Deutsche übertragen).

Sind die Ereignisse $A$ und $B$ unabhängig, so ist $I(A/B) = 0$. Das bedeutet, daß das Ereignis $B$ über $A$ überhaupt keine Information enthält und umgekehrt. Man muß bemerken, daß immer $I(A/B) = I(B/A)$ ist.

Sind die Ereignisse $A$ und $B$ unabhängig, so gilt offenbar

$$I(AB) = I(A) + I(B) . \tag{1}$$

Wir betrachten ein Beispiel. Auf zufällige Art und Weise möge auf ein Feld eines Schachbretts eine Figur gesetzt werden. In diesem Fall ist die Information darüber, daß sich die Figur auf dem Feld mit der Nummer $k$ (Ereignis $A$) befindet, gleich $I(A) = \log 64 = 6$. Das Ereignis $B_1$ bestehe darin, daß sich die Figur in der $i$-ten Zeile befindet und $B_2$ bedeute, daß sich die Figur in der $j$-ten Spalte befindet. Die Nachricht $A$ kann man übertragen, indem man zuerst $B_1$ und danach $B_2$ überträgt. Es ist

$$I(B_1) = \log 8 = 3 = I(B_2)$$

und deshalb

$$I(B_1) + I(B_2) = 6 = I(A) .$$

Bei der „partiellen“ Übertragung der Nachricht $A$ ist es erforderlich, dieselbe Informationsmenge wie bei der einmaligen Übertragung, nämlich 6, zu übertragen. Man kann auch andere Beispiele anführen, die die Natürlichkeit der eingeführten numerischen Charakteristik des Begriffes der Informationsmenge erkennen lassen.

Sei $G$ ein bestimmtes Experiment mit den Ausgängen $E_1, \ldots, E_N$, die mit den Wahrscheinlichkeiten $p_1, \ldots, p_N$ eintreten.

*Die Information, die wir als Resultat des Versuches $G$ erhalten*, ist eine Zufallsgröße $J_G = J_G(\omega)$, deren Wert auf der Menge $E_j$ gleich $-\log p_j$, $j = 1, \ldots, N$, ist.

Wenn also in dem dem Experiment $G$ entsprechenden Wahrscheinlichkeitsraum $\langle \Omega, \mathfrak{F}, \mathsf{P} \rangle$ die Menge $\Omega$ mit der Menge $(E_1, \ldots, E_N)$ zusammenfällt, ist $J_G(\omega) = I(\omega)$.

Der Erwartungswert dieser Information $\mathsf{M}J_G = -\sum p_j \log p_j$ heißt *Entropie* des Experiments. Wir werden sie mit

$$H_p = H(G) = -\sum_{j=1}^{N} p_j \log p_j$$

bezeichnen, wobei $\boldsymbol{p} = (p_1, \ldots, p_N)$ ist. Für $p_j = 0$ setzen wir aus Stetigkeitsgründen das Produkt $p_j \log p_j$ gleich 0.

Die Entropie eines Experiments ist im gewissen Sinne ein Maß seiner Unbestimmtheit. Das Experiment habe zum Beispiel zwei Ausgänge $A$ und $B$ mit den Wahrscheinlichkeiten $p$ und $q = 1 - p$. Die Entropie eines solchen Experiments ist gleich

$$H_p = -p \log p - (1 - p) \log (1 - p) = f(p) .$$

Diese Funktion ist in Abb. 13 graphisch dargestellt.

Das einzige Maximum von $f(p)$ wird im Punkte $p = 1/2$ angenommen und ist gleich $\log 2 = 1$. Das ist ein Schema mit maximaler Unbestimmtheit. Wird $p$ kleiner, so verringert sich zusammen mit $H_p$ auch die Unbestimmtheit. Für

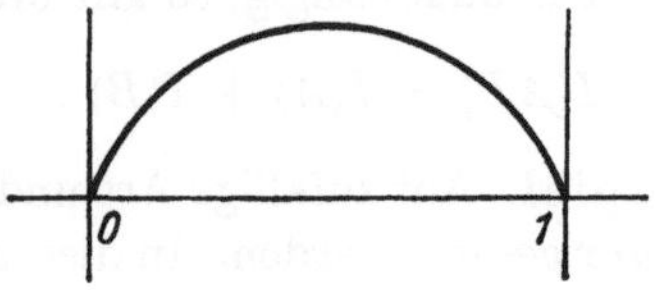


Abb. 13

$p = (0, 1)$ oder $(1, 0)$ ist $H_p = 0$. Diese Eigenschaften erkennt man auch leicht im allgemeinen Falle.

*Eigenschaften der Entropie*

1. $H(G) = 0$ *gilt dann und nur dann, wenn ein solches* $j$, $1 \leqq j \leqq N$, *existiert, daß*

$$p_j = \mathsf{P}(E_j) = 1$$

*ist.*

2. $H(G)$ *ist maximal, wenn* $p_j = 1/N$ *für alle* $j$ *ist.*

Beweis. Da die zweite Ableitung der Funktion $\varphi(x) = x \log x$ auf $[0, 1]$ positiv ist, ist $\varphi(x)$ konvex.

Folglich gilt für beliebige $q_i \geqq 0$ mit $\sum_{i=1}^{N} q_i = 1$ und beliebige $x_i \geqq 0$ die Ungleichung

$$\varphi\left(\sum_{i=1}^{N} q_i x_i\right) \leqq \sum_{i=1}^{N} q_i \varphi(x_i) .$$

Für $q_i = \frac{1}{N}$, $x_i = p_i$ erhalten wir

$$\left(\frac{1}{N} \sum p_i\right) \log \left(\frac{1}{N} \sum p_i\right) \leqq \sum \frac{1}{N} p_i \log p_i$$

oder, wenn wir $u = \left(\frac{1}{N}, \ldots, \frac{1}{N}\right)$ setzen

$$-\log \frac{1}{N} = \log N = H_u \geqq -\sum p_i \log p_i = H_p .$$

Ist die Entropie gleich ihrem maximalen Wert $H_G = \log N$, so bemerken wir, daß $J_G(\omega) = \log N$ mit Wahrscheinlichkeit 1 ist, d. h. die Information $J_G$ wird konstant.

3. Seien $G_1$ und $G_2$ zwei unabhängige Experimente. Die Ausgänge und die entsprechenden Wahrscheinlichkeiten der Ausgänge in diesen Experimenten schreiben wir wie folgt auf

$$G_1 = \begin{pmatrix} E_1, & \ldots, & E_N \\ p_1, & \ldots, & p_N \end{pmatrix}, \qquad G_2 = \begin{pmatrix} A_1, & \ldots, & A_M \\ q_1, & \ldots, & q_M \end{pmatrix}.$$

Wenn wir die Ausgänge dieser beiden Experimente kombinieren, erhalten wir ein neues Experiment

$$G = G_1 \times G_2 = \begin{pmatrix} E_1A_1, & E_1A_2, & \dots, & E_NA_M \\ p_1q_1, & p_1q_2, & \dots, & p_Nq_M \end{pmatrix}.$$

Die Information $J_G$, die wir als Resultat dieses Experiments erhalten, ist eine Zufallsgröße, die die Werte $-\log p_i q_j$ mit den Wahrscheinlichkeiten $p_i q_j$, $i = 1, \dots, N$; $j = 1, \dots, M$, annimmt. Das ist offenbar auch die Verteilung der Summe $J_{G_1} + J_{G_2}$ der unabhängigen Größen, die den Informationen der Experimente $G_1$ bzw. $G_2$ gleich sind. Folglich ist die *von einer Folge unabhängiger Experimente erhaltene Information gleich der Summe der Informationen dieser Experimente*. Da dabei offenbar

$$\mathsf{M}J_G = \mathsf{M}J_{G_1} + \mathsf{M}J_{G_2}$$

gilt, erhalten wir, daß *für unabhängige $G_1$, $G_2$ die Entropie $H(G)$ gleich der Summe*

$$H(G) = H(G_1) + H(G_2)$$

*der Entropien der Experimente $G_1$ und $G_2$ ist.*

4. Sind die Experimente $G_1$ und $G_2$ *abhängig*, so sieht das Experiment $G$ wie folgt aus:

$$G = \begin{pmatrix} E_1A_1, & E_1A_2, & \dots, & E_NA_M \\ q_{11}, & q_{12}, & \dots, & q_{NM} \end{pmatrix},$$

wobei $q_{ij} = p_i p_{ij}$ ist und $p_{ij}$ die bedingte Wahrscheinlichkeit des Ereignisses $A_j$ unter der Bedingung $E_i$ darstellt, so daß

$$\sum_{j=1}^{M} q_{ij} = p_i = \mathsf{P}(E_i), \qquad i = 1, \dots, N;$$

$$\sum_{i=1}^{N} q_{ij} = q_j = \mathsf{P}(A_j), \qquad j = 1, \dots, M$$

gilt. Im allgemeinen gilt in diesem Falle die Gleichung $J_G = J_{G_1} + J_{G_2}$ nicht mehr. Wir führen die Zufallsgröße $J_2^*$ ein, die auf der Menge $E_iA_j$ gleich $-\log p_{ij}$ ist. Dann ist offenbar $J_G = J_{G_1} + J_2^*$. Wegen

$$\mathsf{P}(A_j/E_i) = p_{ij}$$

kann man die Größe $J_2^*$ *als Information des Experimentes $G_2$ unter der Bedingung, daß im Experiment $G_1$ das Ereignis $E_i$ eintrat*, bezeichnen. Die Größe

$$\mathsf{M}(J_2^*/E_i) = -\sum_{j=1}^{M} p_{ij} \log p_{ij}$$

nennt man *bedingte Entropie $H(G_2/E_i)$ des Experimentes $G_2$ unter der Bedingung $E_i$*; die Größe

$$\mathsf{M}J_2^* = -\sum_{i,j} q_{ij} \log p_{ij} = \sum_i p_i H(G_2/E_i)$$

heißt *bedingte Entropie* $H(G_2/G_1)$ *des Experimentes* $G_2$ *bezüglich des Experimentes* $G_1$. Mit den eingeführten Bezeichnungen ist offenbar

$$H(G) = H(G_1) + H(G_2/G_1)\,.$$

Wir beweisen, daß in dieser Gleichung immer

$$H(G_2/G_1) \leqq H(G_2)$$

gilt, d. h. *für zwei Experimente* $G_1$ *und* $G_2$ *ist die Entropie* $H(G)$ *nicht größer als die Summe der Entropien* $H(G_1)$ *und* $H(G_2)$.

$$H(G) = H(G_1 \times G_2) \leqq H(G_1) + H(G_2)\,.$$

*Dabei ist die Gleichheit nur dann erfüllt, wenn* $q_{ij} = p_i q_j$ *gilt, d. h. wenn* $G_1$ *und* $G_2$ *unabhängig sind.*

Zum Beweis bemerken wir zunächst, daß für zwei beliebige Verteilungen $(u_1, \ldots, u_n)$ und $(v_1, \ldots, v_n)$ die Ungleichung

$$- \sum u_i \log u_i \leqq - \sum u_i \log v_i \qquad (2)$$

gilt, wobei die Gleichheit nur für $u_i = v_i$ $(i = 1, \ldots, n)$ eintritt. Das folgt aus der Konvexität der Funktion $\log x$, wegen der für beliebige $a_i$ gilt

$$\sum_{i=1}^{n} u_i \log a_i \leqq \log\left(\sum_{i=1}^{n} u_i a_i\right)$$

(Gleichheit ist nur für $a_1 = a_2 = \cdots = a_n$ möglich.) Setzt man darin $a_i = \dfrac{v_i}{u_i}$, so erhält man (2).

Weiter gilt

$$H(G_1) + H(G_2) = - \sum q_{ij} (\log p_i + \log q_j) = - \sum q_{ij} \log p_i q_j\,.$$

Da $\{p_i q_j\}$ offenbar auch eine Verteilung ist, erhält man wegen (2)

$$- \sum q_{ij} \log p_i q_j \geqq - \sum q_{ij} \log q_{ij} = H(G)\,.$$

Dabei ist die Gleichheit nur möglich für $q_{ij} = p_i q_j$. ◀

5. $G_1^n$ bezeichne das Experiment, welches im $n$-fachen Wiederholen von unabhängigen Versuchen $G_1$ besteht. Wie wir im Punkt 3 sahen, ist die als Resultat des Experiments $G_1^n$ erhaltene Information gleich

$$J_{G_1^n} = - \sum_{j=1}^{N} \nu_j \log p_j\,,$$

wobei $\nu_j$ die Anzahl des Eintretens von $E_j$ ist. Nach dem Gesetz der großen Zahlen gilt $\dfrac{\nu_j}{n} \underset{P}{\rightarrow} p_j$ für $n \rightarrow \infty$ und folglich

$$\frac{1}{n} J_{G_1^n} \underset{P}{\rightarrow} H(G_1) = H_p\,.$$

Geht man von einigen einfachen Forderungen aus, die man natürlicherweise an eine Größe, die die Information quantitativ charakterisiert, stellen sollte, so kann man beweisen, daß das von uns betrachtete Maß der in einem Experiment enthaltenen Informationsmenge auch das einzig mögliche (bis auf einen konstanten Faktor) ist. (Vgl. A. FEINSTEIN, Founditions on Information Theory, 1958.)

Es ist auch interessant festzustellen, daß zwischen den in diesem Kapitel eingeführten Begriffen und den Wahrscheinlichkeiten großer Abweichungen ein Zusammenhang besteht. Wie wir in Sätzen 3, 6 in § 3, Kap. 5 gesehen haben, ist die Differenz zwischen der „verzerrten" Entropie $-\sum p_j^* \ln p_j$ und der Entropie $-\sum p_j^* \ln p_j^* \left(p^* = \frac{v_j}{n}\right.$ ist die relative Häufigkeit des Auftretens von $\left.E_j\right)$ ein Analogon zur Funktion der Abweichungen im mehrdimensionalen Fall (siehe Kap. 5, § 7).

## § 2. Die Entropie einer endlichen MARKOWschen Kette. Ein Satz über das asymptotische Verhalten der Information einer langen Nachricht und seine Anwendungen

1. Es sei $\{X_k\}_{k=1}^{\infty}$ eine stationäre endliche MARKOWsche Kette, die aus einer Klasse wesentlicher Zustände ohne Unterklassen besteht und seien $E_1, \ldots, E_N$ die Zustände der Kette. Die Stationarität der Kette bedeutet, daß die Anfangsverteilung $\mathsf{P}(X_1 = j) = p_j$ mit den Finalwahrscheinlichkeiten übereinstimmt. Dann gilt offenbar

$$\mathsf{P}(X_2 = j) = \sum_k p_k p_{kj} = p_j, \qquad \mathsf{P}(X_3 = j) = p_j \quad \text{usw.}$$

Es sei $G_k$ das Experiment, welches in der Bestimmung von $X_k$ besteht (d. h. des Zustandes, in den das System nach dem $k$-ten Schritt gelangte). Ist $X_{k-1} = i$, so ist die Entropie des $k$-ten Schrittes gleich

$$H(G_k/X_{k-1} = i) = -\sum_j p_{ij} \log p_{ij}.$$

Die Entropie einer stationären MARKOWschen Kette ist per Definition die Zahl

$$H = \mathsf{M}H\,(G_k/X_{k-1}) = H(G_k/G_{k-1}) = -\sum_i p_i \sum_j p_{ij} \log p_{ij}.$$

Wir betrachten die $n$ ersten Schritte der MARKOWschen Kette $X_1, \ldots, X_n$. Die Entropie des zusammengesetzten Experimentes $G^{(n)} = G_1 \times \cdots \times G_n$ ist wegen der MARKOWschen Eigenschaft gleich

$$\begin{aligned} H(G^{(n)}) &= H(G_1) + H(G_2/G_1) + \cdots + H(G_n/G_{n-1}) = \\ &= -\sum p_j \log p_j + (n-1)\,H \sim nH \end{aligned}$$

für $n \to \infty$. Für unabhängige $X_k$ stünde hier, wie wir sahen, das Gleichheitszeichen (wobei $H = -\sum p_i \log p_i$ wäre).

2. Wir betrachten jetzt das Kettchen $(X_1, \ldots, X_n)$ als eine bestimmte Nachricht (Ereignis) $C_n$ und bezeichnen wie früher mit $I(C_n) = -\log \mathsf{P}(C_n)$ die in der Nachricht $C_n$ enthaltene Informationsmenge. Der Wert $I(C_n)$ ist eine auf

dem Raum der Elementarereignisse gegebene Funktion, die gleich der im Experiment $G^{(n)}$ enthaltenen Information $J_G(n)$ ist. Wir zeigen jetzt, daß sich diese Information wie auch im Falle unabhängiger $X_k$ mit einer an 1 nahen Wahrscheinlichkeit asymptotisch wie $nH$ verhält. Damit ist $H$ ein Näherungswert für die Informationsmenge, die im Mittel auf einen Versuch in der Folge $\{X_k\}_{k=1}^{\infty}$ entfällt.

**Satz 1.** ***Für*** $n \to \infty$ ***gilt***

$$\frac{I(C_n)}{n} = \frac{-\log \mathsf{P}(C_n)}{n} \underset{P}{\to} H .$$

Die Behauptung des Satzes bedeutet, daß man alle Kettchen $C_n$ bei beliebigem $\delta > 0$ in 2 Klassen einteilen kann. Für die erste Klasse gilt $\left|\frac{I(C_n)}{n} - H\right| < \delta$, während die Summe der Wahrscheinlichkeiten der Elemente der zweiten Klasse für $n \to \infty$ gegen 0 strebt.

Beweis. Wir konstruieren folgendermaßen eine neue Markowsche Kette $\{Y_k\}_{k=1}^{\infty}$ mit Hilfe der gegebenen. Wir setzen $Y_k = (X_k, X_{k+1})$. Die Zustände dieser Kette sind Zustandspaare $(E_i, E_j)$ der Kette $\{X_k\}$, für die $p_{ij} > 0$ ist. Die Übergangswahrscheinlichkeiten sind offenbar wie folgt definiert:

$$p_{(i,j)(k,l)} = \begin{cases} 0, & j \neq k , \\ p_{kl}, & j = k . \end{cases}$$

Wir bemerken, daß man induktiv die Relation

$$p_{(i,j)(k,l)}(n) = p_{jk}(n-1)\, p_{kl} \tag{3}$$

leicht zeigen kann. Aus der Definition von $\{Y_k\}$ folgt, daß für diese Kette der Ergodensatz gilt. Das ist auch unmittelbar aus (3) zu sehen. Dabei ist

$$\lim_{n \to \infty} p_{(i,j)(k,l)}(n) = p_k p_{kl} .$$

Wir benötigen jetzt das Gesetz der großen Zahlen für die Anzahl der Wiederkehrpunkte $m_{(k,l)}(n)$ der Kette $\{Y_j\}_{j=1}^{\infty}$ in den Zustand $(k, l)$ in der Zeit $n$. Auf Grund dieses Gesetzes (siehe Satz 8, Kap. 11) gilt

$$\frac{m_{(k,l)}(n)}{n} \underset{P}{\to} p_k p_{kl} \quad \text{für} \quad n \to \infty .$$

Wir betrachten die Zufallsgröße $\mathsf{P}(C_n)$

$$\mathsf{P}(C_n) = \mathsf{P}(E_{X_1} E_{X_2} \cdots E_{X_n}) = \mathsf{P}(E_{X_1})\, \mathsf{P}(E_{X_2}/E_{X_1}) \cdots \mathsf{P}(E_{X_n}/E_{X_{n-1}}) =$$
$$= p_{X_1} p_{X_1 X_2} \cdots p_{X_{n-1} X_n} = p_{X_1} \prod_{(k,l)} p_{kl}^{m_{(k,l)}(n-1)} .$$

Das Produkt wird dabei über alle Paare $(k, l)$ erstreckt. Deshalb ist

$$\log \mathsf{P}(C_n) = \log p_{X_1} + \sum_{k,l} m_{(k,l)}(n-1) \log p_{kl} ,$$

$$\frac{\log \mathsf{P}(C_n)}{n} \underset{P}{\to} \sum_{k,l} p_k p_{kl} \log p_{kl} = -H . \quad ◀$$

3. Der Satz 1 hat eine wichtige Folgerung. Wir ordnen alle Kettchen $C_n$ der Länge $n$ in der Reihenfolge des Abnehmens ihrer Wahrscheinlichkeiten und sondern die höherwahrscheinlichen solange aus, bis die Summe der Wahrscheinlichkeiten der ausgewählten Kettchen ein gewisses vorgegebenes Niveau $\alpha$, $0 < \alpha < 1$ erstmalig nicht übersteigt. Die Zahl der ausgewählten Kettchen bezeichnen wir mit $M_\alpha(n)$.

**Satz 2.** *Für jedes* $0 < \alpha < 1$ *existiert ein von* $\alpha$ *unabhängiger Grenzwert*

$$\lim_{n\to\infty} \frac{\log M_\alpha(n)}{n} = H .$$

Beweis. Sei $\delta > 0$ eine bestimmte Zahl, die beliebig klein sein kann. Das Kettchen $C_n$ möge zur Kategorie $K_1$ gehören, wenn seine Wahrscheinlichkeit $\mathsf{P}(C_n) > 2^{-n(H-\delta)}$ ist. Analog gehört $C_n$ zur Kategorie $K_2$, wenn

$$2^{-n(H+\delta)} < \mathsf{P}(C_n) \leqq 2^{-n(H-\delta)}$$

gilt, und schließlich gehört $C_n$ zur dritten Kategorie $K_3$, wenn

$$\mathsf{P}(C_n) \leqq 2^{-n(H+\delta)}$$

ist. Da nach Satz 1 $\mathsf{P}(C_n \in K_1 \cup K_3) \to 0$ für $n \to \infty$ gilt, gehen in $M_\alpha(n)$ (mit diesem Symbol werden wir auch die Menge der ausgewählten Kettchen selbst bezeichnen) nur Kettchen aus $K_1$ und $K_2$ ein. Dabei gehört das letzte in $M_\alpha(n)$ eingehende Kettchen, wir bezeichnen es mit $C_{\alpha,n}$, zu $K_2$. Das bedeutet, daß

$$M_\alpha(n)\, 2^{-n(H+\delta)} < \sum_{C_n \in M_\alpha(n)} \mathsf{P}(C_n) < \alpha + \mathsf{P}(C_{\alpha,n}) < \alpha + 2^{-n(H-\delta)}$$

gilt. Hieraus folgt

$$\frac{\log M_\alpha(n)}{n} < \frac{\log(\alpha + 2^{-n(H-\delta)})}{n} + H + \delta .$$

Da $\delta$ beliebig ist, gilt

$$\limsup_{n\to\infty} \frac{\log M_\alpha(n)}{n} \leqq H .$$

Andererseits ist die Summe der Wahrscheinlichkeiten der zu $M_\alpha(n)$ gehörigen Kettchen aus $K_2$ größer oder gleich $\alpha - \mathsf{P}(K_1)$. Bedeutet $M_\alpha^{(2)}(n)$ die Zahl der angegebenen Kettchen, so ist

$$M_\alpha^{(2)}(n)\, 2^{-n(H-\delta)} \geqq \alpha - \mathsf{P}(K_1) .$$

Folglich gilt

$$M_\alpha(n)\, 2^{-n(H-\delta)} \geqq \alpha - \mathsf{P}(K_1) .$$

Für genügend große $n$ gilt wegen $\mathsf{P}(K_1) \to 0$ für $n \to \infty$

$$\frac{\log M_\alpha(n)}{n} \geqq H - \delta + \frac{1}{n} \log \frac{\alpha}{2} .$$

Daraus folgt

$$\liminf_{n\to\infty} \frac{\log M_\alpha(n)}{n} \geqq H. \quad \blacktriangleleft$$

Wir können jetzt eine nützliche Interpretation dieses Satzes erhalten. Sei $N$ die Anzahl der Zustände der Kette. Setzen wir der Einfachheit halber $N = 2^m$ voraus. Dann ist die Anzahl der möglichen Nachrichten der Länge $n$ (der Kettchen $C_n$) gleich $N^n = 2^{nm}$. Wir setzen weiter voraus, daß diese Nachrichten mit Hilfe eines Binärkodes übertragen werden und daß man zur Kodierung jedes Zustandes $m$ Binärzeichen benötigt. Folglich ist bei einer solchen Übertragungsform, die wir *unmittelbare Kodierung* nennen wollen, die Länge der Nachrichten gleich $nm$ (zum Beispiel kann man in der russischen Sprache, zu deren Modellierung man MARKOWsche Ketten benutzen kann, $N = 32$ und $m = 5$ annehmen). Die Behauptung von Satz 3 bedeutet, daß für große $n$ von diesen $2^{nm}$ Kettchen mit der Wahrscheinlichkeit $1 - \varepsilon$, $\varepsilon > 0$ nur $2^{nH}$ Nachrichten übertragen werden. Die Wahrscheinlichkeit des Erscheinens der restlichen wird klein sein, wenn wir ein kleines $\varepsilon$ fixieren. Daraus kann man leicht die Existenz eines anderen, ökonomischeren Kodes feststellen, mit dessen Hilfe zur Übertragung der Nachricht mit großer Wahrscheinlichkeit eine geringere Anzahl von Einheiten benötigt wird. In der Tat, man braucht nur die ausgewählten $2^{nH}$ Nachrichten mit Hilfe desselben Binärkodes zu numerieren und deren Nummer übertragen. Dazu benötigt man offenbar $nH$ Binäreinheiten. Da immer $H \leqq \log N = m$ ist, erhalten wir eine $m/H$-fache Kürzung der Länge einer Nachricht ($m/H \geqq 1$).

Das ist ein Spezialfall des sogenannten *Hauptsatzes der Kodierung für* MARKOW*sche Ketten*: Bei großen $n$ existiert ein Kode, mit dessen Hilfe man mit großer Wahrscheinlichkeit die Ausgangsnachricht $C_n$ durch eine um $m/H$-mal kürzere Signalfolge als bei der unmittelbaren Kodierung übertragen kann.

Die oben angeführte Form der Kodierung stellt natürlich eher ein übertriebenes Beispiel dar, als ein effektives Rezept zur Verkürzung der Nachricht. Diesbezüglich muß man bemerken, daß das Bestimmen von tatsächlich effektiven Kodierungsmethoden eine ziemlich schwierige Aufgabe ist. Im Morsealphabet beispielsweise ist es vernünftig, den häufiger auftretenden Buchstaben kürzere Folgen von Punkten und Strichen zuzuordnen. Aber eine $m/H$-fache Verkürzung des Textes wird dabei natürlich nicht erreicht. Gewisse Abkürzungsmethoden benutzten wir auch in diesem Buch. Beispielsweise ersetzten wir die häufig auftretenden Wörter „charakteristische Funktion" durch das Symbol „c. F.". Wir hätten bessere Resultate z. B. bei Verwendung der Stenographie erreichen können. Die Konstruktion eines Kodes mit einem großen Koeffizienten der Verkürzung ist zweifellos äußerst schwierig. Die von uns erhaltenen Sätze geben eine obere Schranke für ein dabei erreichbares Resultat an.

Da für eine Folge unabhängiger gleichwahrscheinlicher Zeichen

$$H = \Sigma \frac{1}{n} \log N = m$$

ist, ist ein solcher Text nicht zu verkürzen. Deshalb kann als gewisses Kriterium bei der Konstruktion verschiedener Kode die Nähe der „neuen" Nachrichten (kodiert im neuen Alphabet) zur Folge unabhängiger gleichwahrscheinlicher Symbole dienen.

Jedoch hat man dabei zu berücksichtigen, daß jene „Redundanz" des Textes, mit der wir „kämpfen", in vielen Fällen eine nützliche und notwendige Erscheinung ist — denn sonst wäre es nicht möglich, Druckfehler zu erkennen und Lücken ebenso leicht zu schließen, wie wir den Buchstaben *r* im Wort „Info.mation" wieder einsetzen. Der Leser weiß sicherlich, wie schwer es ist, einen stark gekürzten und formalisierten mathematischen Text zu lesen. Bei der Arbeit mit einem idealen Kode (wenn man einen solchen finden könnte) sind also Fehler bei der Informationsübertragung unzulässig, weil es unmöglich ist, ein fehlendes oder verzerrtes Symbol in einer Folge gleichwahrscheinlicher Zeichen zu erneuern. Im Zusammenhang damit entsteht eine der Hauptaufgaben der Informationstheorie, nämlich die Konstruktion eines Kodes mit minimaler „Redundanz", die ausreicht, um Übertragungsfehler zu beseitigen.

KAPITEL 13

# EINFACHSTE ZUFÄLLIGE PROZESSE

## § 1. Allgemeine Definitionen. Prozesse mit unabhängigen Zuwächsen

Als *zufälligen Prozeß*[1]) bezeichnet man eine auf ein und demselben Wahrscheinlichkeitsraum $\langle \Omega, \mathfrak{F}, \mathsf{P} \rangle$ gegebene Familie von Zufallsgrößen $\xi(t)=\xi(t, \omega)$, die von einem Parameter $t$ abhängen. Der Parameter $t$ durchläuft Werte aus einer bestimmten Menge $T$. Wir werden einen zufälligen Prozeß mit dem Symbol $\{\xi(t),\ t \in T\}$ bezeichnen.

Die von uns in den vorangehenden Kapiteln betrachteten Folgen von Zufallsgrößen $\xi_1, \xi_2, \ldots$ sind spezielle zufällige Prozesse, für die $T = \{1, 2, 3, \ldots\}$ ist. Dasselbe gilt auch für die Summen $S_1, S_2, \ldots$ der Größen $\xi_1, \xi_2, \ldots$ Ein zufälliger Prozeß ist auch die Folge $\{X_n,\ n = 1, 2, \ldots\}$ von Größen, die eine Markowsche Kette bilden. Solche Prozesse, für die man die Menge $T$ mit der gesamten Folge $\{\ldots, -1, 0, 1, \ldots\}$ oder einem Teil davon identifizieren kann, nennt man gewöhnlich *Prozesse mit diskreter Zeit* oder *zufällige Folgen.*

Ist $T$ ein Intervall reeller Zahlen, $T = [a, b]$, (das kann auch die ganze Achse $-\infty < t < \infty$ oder die Halbgerade $t \geqq 0$ sein), dann nennt man die Familie $\{\xi(t), t \in T\}$ einen Prozeß mit *stetiger Zeit.* Als einfaches Beispiel eines solchen Prozesses kann man den in Kap. 8 beschriebenen Erneuerungsprozeß $\{\eta(t), t \geqq 0\}$ ansehen.

In diesem Kapitel betrachten wir nur Prozesse mit stetiger Zeit.

Die Interpretation des Parameters $t$ als Zeit ist natürlich nicht notwendig. Sie entstand historisch, weil in der Mehrzahl der naturwissenschaftlichen Aufgaben, die zum Entstehen des Begriffs zufälliger Prozeß führten, der Parameter $t$ die Zeit darstellte und $\xi(t)$ der zum Zeitpunkt $t$ beobachtete Wert (z. B. Zustand eines Systems) war.

Als zufälligen Prozeß kann man zum Beispiel die Bewegung der Moleküle eines Gases, den Wasserstand in einem Stausee, die Tragflächenschwingungen eines Flugzeuges usw. betrachten.

Als Beispiel eines Prozesses mit stetiger Zeit kann zum Beispiel die zufällige Funktion

$$\xi(t) = \sum_{k=0}^{\infty} \sin kt \frac{\xi_k}{2^k}, \quad t \in [0, 2\pi],$$

dienen, wobei die $\xi_k$ unabhängig und identisch verteilt sind.

---

[1]) Neben der Bezeichnung „zufälliger Prozeß“ benutzt man häufig auch die Bezeichnungen „stochastischer Prozeß“ und „zufällige Funktion“.

Wir betrachten einen bestimmten zufälligen Prozeß $\{\xi(t),\ t \in T\}$. Fixieren wir $\omega \in \Omega$, so erhalten wir eine Funktion $\xi(t)$, $t \in T$, die man häufig *Realisierung* oder *Trajektorie* des Prozesses nennt.

Den zufälligen Prozeß $\xi(t)$, $t \in T$, kann man als ein zufälliges Element des meßbaren Raumes $\langle R^T, \mathfrak{B}^T \rangle$ auf dem Wahrscheinlichkeitsraum $\langle \Omega, \mathfrak{F}, \mathsf{P} \rangle$ auffassen. Dabei ist $R^T$ die Menge aller reellwertigen Funktionen $x(\cdot)$ auf $T$, $\mathfrak{B}^T$ ist die minimale $\sigma$-Algebra, die alle Mengen der Form $\{x(\cdot);\ x(t) \in B\}$, $t \in T$, $B \in \mathfrak{B}^1$, enthält (diese Mengen und ihre endlichen Durchschnitte bezeichnet man als Zylindermengen).

Ordnet man jedem $\omega$ die Funktion $x(t) = \xi(t, \omega)$ (Realisierung des Prozesses) zu, so erhält man eine meßbare Abbildung[1]) $\xi(\cdot)$ von $\langle \Omega, \mathfrak{F} \rangle$ in $\langle R^T, \mathfrak{B}^T \rangle$.

Diese Abbildung führt zu einem neuen Wahrscheinlichkeitsraum $\langle R^T, \mathfrak{B}^T, \mathsf{P}_\xi \rangle$. Man bezeichnet $\mathsf{P}_\xi$ als Verteilungsgesetz des zufälligen Prozesses $\xi(t)$, $t \in T$.

Wie im Fall zufälliger Größen oder Vektoren ist es oft zweckmäßiger und einfacher von vornherein $\langle \Omega, \mathfrak{F}, \mathsf{P} \rangle = \langle R^T, \mathfrak{B}^T, \mathsf{P} \rangle$ zu setzen, d. h. die $\omega$ mit Trajektorien zu identifizieren. Ist ein zufälliger Prozeß $\{\xi(t),\ t \in T\}$, d. h. der Wahrscheinlichkeitsraum $\langle R^T, \mathfrak{B}^T, \mathsf{P} \rangle$ gegeben, wobei $\mathsf{P}$ das *Verteilungsgesetz des Prozesses* ist, so können wir für jede endliche Auswahl $t_1, \ldots, t_n \in T$ die Abbildung

$$x(\cdot) \to \big(x(t_1), \ldots, x(t_n)\big)$$

betrachten, die jeder Funktion $x(\cdot) \in R^T$ ihre Werte an Argumentstellen $t_1, \ldots, t_n$ zuordnet. Nach der Konstruktion von $\mathfrak{B}^T$ ist diese Abbildung meßbar und definiert somit den zufälligen Vektor $\big(\xi(t_1), \ldots, \xi(t_n)\big)$ mit dem Verteilungsgesetz $P_{t_1,\ldots,t_n}$. Die Verteilungsgesetze $P_{t_1,\ldots,t_n}$ bezeichnet man als *endlichdimensionale Verteilungsgesetze* des zufälligen Prozesses $\xi(t)$, $t \in T$.

Offenbar genügen sie den Verträglichkeitsbedingungen[2]) des Satzes von Kolmogorow über die Existenz und Eindeutigkeit von Wahrscheinlichkeitsmaßen auf Produkträumen (vgl. Anhang 2). Umgekehrt folgt aus diesem Satz, daß jeder Familie verträglicher endlichdimenionaler Verteilungen genau ein Verteilungsgesetz $\mathsf{P}$ auf $\mathfrak{B}^T$ entspricht. Man kann also zufällige Prozesse mit Hilfe verträglicher endlichdimensionaler Verteilungen vorgeben.

---

[1]) Die Urbilder von Zylindermengen und somit von endlichen Vereinigungen paarweise disjunkter Zylindermengen liegen offenbar in $\mathfrak{F}$. Diese Vereinigungen bilden eine erzeugende Algebra in $\mathfrak{B}^T$. Daraus folgt die Meßbarkeit von $\xi(\cdot)$. (Anm. d. Red.).

[2]) Wir erinnern an die Definition verträglicher Verteilungen. Seien $R_t$, $t \in T$, reelle Geraden und $\mathfrak{B}_t$ $\sigma$-Algebren der Borelschen Mengen aus $R_t$. Sei $T_n = \{t_1, \ldots, t_n\}$ eine endliche Untermenge von Zahlen aus $T$. Die endlichdimensionale Verteilung von $(\xi(t_1, \omega), \ldots, \xi(t_n, \omega))$ ist die Verteilung $\mathsf{P}_{T_n}$ auf $(R^{T_n}, \mathfrak{B}^{T_n})$, wobei $R^{T_n} = \prod_{t \in T_n} R_t$ und $\mathfrak{B}^{T_n} = \prod_{t \in T_n} \mathfrak{B}_t$ ist. Seien $T', T'', t \in T_n$ zwei endliche Untermengen aus $T$ und $(R', \mathfrak{B}')$ und $(R'', \mathfrak{B}'')$ die entsprechenden Unterräume aus $(R^T, \mathfrak{B}^T)$. Die Verteilungen $\mathsf{P}_{T'}$ und $\mathsf{P}_{T''}$ auf $(R', \mathfrak{B}')$, $(R'', \mathfrak{B}'')$ sind verträglich, wenn ihre Projektionen auf den gemeinsamen Teil der Räume $R'$ und $R''$ (falls ein solcher existiert) übereinstimmen.

Betrachtet man einen zufälligen Prozeß $\xi(t)$ mit stetiger Zeit und untersucht seine Eigenschaften, so hat man zu berücksichtigen, daß im allgemeinen keineswegs alle häufig in der Analysis benutzten Relationen für Funktionen meßbare Ereignisse erzeugen, d. h. Mengen erzeugen, die zur $\sigma$-Algebra $\mathfrak{B}^T$ gehören und über deren Wahrscheinlichkeit zu sprechen es sinnvoll ist. Ist $T$ ein Intervall der Zahlengeraden, so ist z. B. die Menge $\{\sup_{t\in T} \xi(t) < c\}$ kein meßbares Ereignis, da wir sie nur in der Gestalt $\bigcap_{t\in T} \{\xi(t) < c\}$, d. h. als Durchschnitt einer *überabzählbaren* Zahl meßbarer Mengen darstellen können. Ein bedeutender Teil derartiger Schwierigkeiten ist jedoch überwindbar (und das werden wir in einigen Punkten zeigen).

Besonders einfache Struktur haben die sogenannten *homogenen Prozesse mit unabhängigen Zuwächsen.* Auf einige Vertreter dieser Klasse werden wir auch eingehen.

Der auf der Strecke $[a, b]$ definierte Prozeß $\{\xi(t), t \in [a, b]\}$ heißt *Prozeß mit unabhängigen Zuwächsen,* wenn für beliebige $t_0 < t_1 < \cdots t_n, a \leqq t_0 < \cdots < t_n \leqq b$ die Zufallsgrößen $\xi(t_0), \xi(t_1) - \xi(t_0), \ldots, \xi(t_n) - \xi(t_{n-1})$ unabhängig sind.

Ein Prozeß mit unabhängigen Zuwächsen heißt *homogen,* wenn die Verteilung von $\xi(t_1) - \xi(t_0)$ nur durch die Intervallänge $t_1 - t_0$ bestimmt wird und nicht von $t_0$ abhängt.

Im weiteren nehmen wir der Einfachheit halber $a = 0$ und $\xi(0) = 0$ an.

Aus der angeführten Definition ist es klar, daß man $\xi(t)$ für beliebiges $n$ als Summe identisch verteilter unabhängiger Zufallsgrößen $\xi_1, \ldots, \xi_n$ darstellen kann, wobei $\xi_k$ wie $\xi\left(\frac{t}{n}\right)$ verteilt ist. Diese Eigenschaft nennt man auch *unbegrenzte Teilbarkeit* der Verteilung von $\xi(t)$, $t \in T$ (siehe auch § 6, Kap. 7). Bezeichnen wir mit $\varphi_t(\lambda) = \mathsf{M}e^{i\lambda\xi(t)}$ und mit $\varphi_1(\lambda) = \varphi(\lambda)$, so finden wir

$$\varphi(\lambda) = \mathsf{M}e^{i\lambda(\xi_1+\cdots+\xi_n)} = [\varphi_{1/n}(\lambda)]^n .$$

Folglich gilt für $n \to \infty$ und alle $\lambda$ mit $\varphi(\lambda) \neq 0$ $\varphi_{1/n}(\lambda) = \varphi^{1/n}(\lambda) \to 1$. Die letzte Relation gilt offenbar immer in einer Umgebung des Punktes $\lambda = 0$. Ist für ein $\lambda$ aber $\varphi(\lambda) = 0$, dann gilt offenbar

$$\varphi_0(\lambda) = \lim_{n\to\infty} \varphi_{1/n}(\lambda) = 0 .$$

Die Grenzfunktion $\varphi_0(\lambda)$ kann also nur zwei Werte annehmen: 0 und 1. $\varphi_0(\lambda)$ ist aber nach dem Stetigkeitssatz eine c. F., da $\varphi_0(\lambda)$ im Punkte 0 stetig ist. Folglich ist $\varphi_0(\lambda)$ überall stetig, und es ist $\varphi_0(\lambda) \equiv 1$. Daraus folgt speziell für $n \to \infty$

$$\xi\left(\frac{1}{n}\right) \to 0 ,$$

und für einen Prozeß mit unabhängigen Zuwächsen ist $\varphi(\lambda) \neq 0$ bei keinem $\lambda$.

Prozesse, für die bei jeder Folge $\Delta \to 0$

$$\xi(\Delta) \underset{p}{\to} 0$$

gilt, heißen *stochastisch stetig*. Wir werden im weiteren nur derartige Prozesse betrachten. Für sie gilt $\varphi_\Delta(\lambda) \to 1$ für $\Delta \to 0$. Benutzt man diese Eigenschaft und die Tatsache, daß für $n \to \infty$ $\Delta = t - \frac{[t_n]}{n} \to 0$ gilt, so erhält man

$$\varphi_t(\lambda) = \mathsf{M}e^{i\lambda\xi(t)} = [\varphi_{1/n}(\lambda)]^{[tn]}\, \varphi_{t-\frac{[tn]}{n}}(\lambda) = \varphi^{\frac{[tn]}{n}}(\lambda)\, \varphi_{t-\frac{[tn]}{n}}(\lambda) \to \varphi^t(\lambda)$$

für $n \to \infty$. Da aber $\varphi_t(\lambda)$ nicht von $n$ abhängt, ist für jedes $t$

$$\varphi_t(\lambda) = \varphi^t(\lambda)\,.$$

Wir erhielten also, daß für einen homogenen stochastisch stetigen Prozeß mit unabhängigen Zuwächsen die c. F. von $\xi(1)$ nirgends verschwindet und eine beliebige Potenz von ihr erneut eine c. F. sein muß.

Unten werden wir zwei der verbreitetsten Klassen von Prozessen mit unabhängigen Zuwächsen betrachten — das sind die sogenannten WIENERschen und POISSONschen Prozesse.

## § 2. WIENERsche Prozesse. Eigenschaften der Trajektorien

Als *WIENERschen Prozeß* bezeichnet man einen homogenen Prozeß mit unabhängigen Zuwächsen, für den $\xi(1)$ normalverteilt ist. Mit anderen Worten ist das ein Prozeß, für den

$$\varphi(\lambda) = e^{i\lambda\theta - \frac{\sigma^2\lambda^2}{2}}, \quad \varphi_t(\lambda) = e^{i\lambda t\theta - \frac{\sigma^2\lambda^2 t}{2}}$$

bei gewissen $\theta$ und $\sigma^2 \geqq 0$ gilt. Die letzte Gleichung bedeutet, daß die Zuwächse $\xi(t + u) - \xi(u)$ normalverteilt sind mit den Parametern $(\theta t, \sigma\sqrt{t})$. Alle gemeinsamen Verteilungen von $\xi(t_1), \ldots, \xi(t_n)$ sind offenbar ebenfalls normal.

Die Zahlen $\theta$ und $\sigma$ nennt man entsprechend *Drift-* und *Diffusionskoeffizient*. Betrachten wir den sich von $\xi(t)$ durch eine lineare Transformation unterscheidenden Prozeß $\xi_0(t) = \frac{\xi(t) - \theta t}{\sigma}$, so erhalten wir, daß für ihn die c. F. gleich

$$\mathsf{M}e^{i\lambda\xi_0(t)} = e^{-\frac{i\lambda\theta(t)}{\sigma}}\, \varphi_t\left(\frac{\lambda}{\sigma}\right) = e^{-\frac{\lambda^2 t}{2}}$$

ist. Einen solchen Prozeß mit den Parametern $(0, \sqrt{t})$ nennt man häufig *Standard-WIENER-Prozeß*. Wir wollen ihn genauer betrachten. Die Existenz eines WIENERschen Prozesses folgt sofort aus dem Satz von KOLMOGOROW, da die Vorgabe von Verteilungen der Zuwächse auf Intervallen der Länge $t$ mit Hilfe der c. F.

$$\varphi_t(\lambda) = e^{-\frac{\lambda^2 t}{2}}$$

und die Unabhängigkeit dieser Zuwächse auf evidente Art und Weise die Vorgabe von verträglichen endlichdimensionalen Verteilungen induziert. Wir zeigen, daß man die Trajektorien $\xi(t)$, $0 \leqq t \leqq 1$, des Prozesses $\{\xi(t),\ t \in [0, 1]\}$ mit Wahrscheinlichkeit 1 als stetige Trajektorien auswählen kann. Dazu benötigen wir das

**Lemma 1.** *Sei $\mathfrak{R}_t$ die Menge der rationalen Zahlen auf der Strecke $[0, t]$. Dann gilt*

$$\mathsf{P}\left(\sup_{u \in \mathfrak{R}_t} \xi(u) > x\right) \leqq 2\mathsf{P}(\xi(t) > x).$$

Wir bemerken, daß $A = \left\{\sup\limits_{u \in \mathfrak{R}_t} \xi(u) > x\right\} = \bigcup\limits_{u \in \mathfrak{R}_t} \{\xi(u) > x\}$ ein meßbares Ereignis ist, da die Menge $\mathfrak{R}_t$ abzählbar ist.

Beweis. Sei $\xi_k = \xi(t_k) - \xi(t_{k-1})$, $0 = t_0 < t_1 < \cdots < t_n = t$, $\eta(x) = \min\{t_k: \xi(t_k) > x\}$, $\chi(x) = \xi(\eta(x)) - x$. Es ist klar, daß $\eta(x)$ die Zeit des erstmaligen Überschreitens des Niveaus $x$ durch Summen $\xi(t_k)$ ist und daß $\chi(x)$ die Größe der Niveauüberschreitung angibt. Auf Grund von $\mathsf{P}(\xi(t) > 0) = 1/2$ und der Unabhängigkeit der Zuwächse erhalten wir nach der Formel der totalen Wahrscheinlichkeit

$$\begin{aligned}\mathsf{P}(\xi(t) > x) &= \sum_{k=1}^{n} \mathsf{P}(\eta(x) = t_k)\ \mathsf{P}(\xi(t) > x/\eta(x) = t_k) = \\ &= \sum_{k=1}^{n} \mathsf{P}(\eta(x) = t_k)\ \mathsf{P}(\chi(x) + \xi(t) - \xi(t_k) > 0/\eta(x) = t_k) \geqq \\ &\geqq \sum_{k=1}^{n} \mathsf{P}(\eta(x) = t_k)\ \mathsf{P}(\xi(t) - \xi(t_k) > 0) \geqq \\ &\geqq \frac{1}{2} \sum_{k=1}^{n} \mathsf{P}(\eta(x) = t_k) = \frac{1}{2}\,\mathsf{P}\left(\max_{k \leqq n} \xi(t_k) > x\right).\end{aligned}$$

Wir bezeichnen mit $A_n = \left\{\max\limits_{k \leqq n} \xi(t_k) > x\right\}$ und betrachten „eingebettete" Zerlegungen $(t_0, t_1, \ldots, t_n)$ der Strecke $[0, t]$ in $n$ Intervalle, bei denen die Punkte der vorhergehenden Zerlegungen nicht entfernt werden, sondern nur neue hinzukommen. Dann gilt offenbar $A_{n+1} \supset A_n$ und die Zerlegungen können so gewählt werden, daß $A = \bigcup\limits_{n=1}^{\infty} A_n$ ist. Da auf Grund des Bewiesenen für beliebiges $n$ die Ungleichung $\mathsf{P}(A_n) \leqq 2\mathsf{P}(\xi(t) > x)$ gilt, ist $\mathsf{P}(A) = \lim\limits_{n \to \infty} \mathsf{P}(A_n) \leqq 2\mathsf{P}(\xi(t) > x)$. ◀

Da die Verteilungen von $\xi(u)$ symmetrisch sind, wird auch $\mathsf{P}\left(\inf\limits_{t \in \mathfrak{R}_t} \xi(u) < -x\right)$ durch denselben Ausdruck abgeschätzt. Deshalb gilt neben der Behauptung des Lemmas die Ungleichung

$$\mathsf{P}\left(\sup_{u \in \mathfrak{R}_t} |\xi(u)| > x\right) \leqq \mathsf{P}\left(\sup_{u \in \mathfrak{R}_t} \xi(u) > x\right) + \mathsf{P}\left(\inf_{u \in \mathfrak{R}_t} \xi(u) < -x\right) \leqq 4\mathsf{P}(\xi(t) > x).$$

**Satz 1.** *Die Trajektorien eines* WIENER*schen Prozesses können mit Wahrscheinlichkeit* 1 *als stetige Trajektorien ausgewählt werden.*

Beweis. Wir betrachten die Werte von $\xi(t)$ in den rationalen Punkten der Strecke [0, 1] und bestimmen deren Stetigkeitsmodul, der gleich

$$m(\Delta) = \sup_{\substack{|t'-t| \leqq \Delta \\ t', t \in \mathfrak{R}_1}} |\xi(t') - \xi(t)|$$

ist. Sei $\Delta$ der Einfachheit halber so gewählt, daß $1/\Delta = n$ eine ganze Zahl ist. Wenn dann für irgendwelche $t'$, $t$ mit $|t' - t| < \Delta$ die Ungleichung $|\xi(t') - \xi(t)| > \varepsilon$ gilt, so ist klar, daß für wenigstens ein $k$, $k = 0, 1, \dots (n-1)$, $\sup\limits_{[t \in k\Delta, (k+1)\Delta]} |\xi(t) - \xi(k\Delta)|$ größer als $\varepsilon/2$ ist. Folglich ist

$$\{m(\Delta) > \varepsilon\} \subset \left\{ \max_{k<n} \sup_{\substack{t \in \left[\frac{k}{n}, \frac{k+1}{n}\right] \\ t \in \mathfrak{R}_1}} \left| \xi(t) - \xi\left(\frac{k}{n}\right) \right| > \varepsilon/2 \right\},$$

und wegen Lemma 1 gilt

$$\mathsf{P}\big(m(\Delta) > \varepsilon\big) \leqq n 4 \mathsf{P}\big(\xi(\Delta) > \varepsilon/2\big) .$$

Da $\xi(\Delta)$ ebenso wie $\sqrt{\Delta}\,\xi(1)$ verteilt ist (man vergleiche ihre c. F.), erhalten wir bei beliebigem $\varepsilon > 0$ und $\Delta \to 0$ endgültig

$$\mathsf{P}\big(m(\Delta) > \varepsilon\big) \leqq 4n \mathsf{P}\left(\xi(1) > \frac{\varepsilon\sqrt{n}}{2}\right) = 4n \frac{1}{\sqrt{2\pi}} \int\limits_{\varepsilon/2\sqrt{n}}^{\infty} e^{-\frac{t^2}{2}} dt \to 0 . \qquad (1)$$

Da aber $m(\Delta)$ eine monotone Funktion von $\Delta$ ist, folgt daraus,

$$\mathsf{P}\left(\bigcup_{\delta<\Delta} \{m(\delta) > \varepsilon\}\right) \to 0 ,$$

also gilt für $\Delta \to 0$ für fast alle $\omega$ die Beziehung $m(\Delta) \to 0$.

Wir halten jetzt solch ein $\omega$ fest und betrachten für beliebige $t$ eine Folge $t_n \in R^1$, die gegen $t$ konvergiert. Wegen $m(\Delta) \to 0$ ist $\xi(t_n)$ eine Fundamentalfolge, also existiert eine Funktion

$$w(t) = w(t, \omega) = \lim_{\substack{t_n \to t \\ t_n \in \mathfrak{R}_1}} \xi(t_n) ,$$

die auf dem Intervall [0, 1] stetig ist und in den rationalen Punkten mit $\xi(t)$ zusammenfällt.

Jetzt verifiziert man leicht, daß $w(t) = w(t, \omega)$ ein WIENERscher Prozeß ist, d. h., seine Zuwächse sind unabhängig und $w(t)$ ist bei beliebigem $t$ normalverteilt mit den Parametern $(0, \sqrt{t})$. Da der Prozeß $w(t)$ stetig und also erst recht stochastisch stetig ist, gilt tatsächlich

$$\mathsf{M} e^{i\lambda w(t)} = \lim_{\substack{t_n \to t \\ t_n \in \mathfrak{R}_1}} \mathsf{M} e^{i\lambda \xi(t_n)} = e^{-\frac{\lambda^2 t}{2}} .$$

Die Unabhängigkeit von $w(t)$ und $w(1) - w(t)$ zum Beispiel folgt aus der Unabhängigkeit der $\sigma$-Algebren $\sigma(\xi(t_1), \ldots, \xi(t_n))$ und $\sigma(\xi(1) - \xi(u_1), \ldots, \xi(1) - \xi(u_n))$ für beliebige $n$, wobei $t_n \uparrow t$ und $u_n \downarrow t$ gilt, und aus den Beziehungen $\sigma(w(t)) \subset \subset \sigma(\xi(t_1), \ldots)$ und $\sigma(w(1) - w(t)) \subset \sigma(\xi(1) - \xi(u_1), \ldots)$ (siehe § 5, Kap. 3). ◀

Um den Sinn des Gesagten zu erläutern, bemerken wir, daß es nicht schwierig ist, WIENERsche Prozesse zu konstruieren, deren Trajektorien nicht mit Wahrscheinlichkeit 1 stetig sind. Wir betrachten zum Beispiel auf demselben Wahrscheinlichkeitsraum eine auf der Strecke $[0, 1]$ gleichmäßig verteilte und von der durch die Ereignisse $\{w(t) \in B\}$, $0 \leqq t \leqq 1$ erzeugten $\sigma$-Algebra unabhängige Zufallsgröße $\eta$ und führen die Funktion $f(t) = f(t, \omega) = 0$ für $t \neq \eta$ und $f(\eta) = 1$ ein. Dann ist, wie man leicht verifiziert, der Prozeß

$$w_1(t) = w(t) + f(t)$$

ebenfalls ein WIENERscher Prozeß: Die Zuwächse auf vorgegebenen disjunkten Intervallen sind unabhängig und $w_1(t)$ ist bei jedem fixierten $t$ normalverteilt. Das folgt aus

$$\mathsf{P}(w_1(t) \neq w(t)) = 0 \tag{2}$$

für alle $t$, da die Wahrscheinlichkeit dafür, daß $\eta$ mit einem fixierten $t$ zusammenfällt, gleich 0 ist. Prozesse, die die Eigenschaft (2) haben, nennt man gewöhnlich *stochastisch äquivalent*.

Gleichzeitig ist $w_1(t)$ offenbar unstetig, da mit Wahrscheinlichkeit 1 gilt $w_1(\eta) \neq w_1(\eta - 0) = w(\eta)$.

Mit gleichem Erfolg könnte man auch erreichen, daß die Trajektorien eines WIENERschen Prozesses abzählbar viele Sprungstellen haben.

Wenn man jedoch über Trajektorien WIENERscher Prozesses spricht, hat man in der Regel die oben konstruierte *stetige Modifikation* des Prozesses im Sinn. Solche Prozesse sind nämlich für die Beschreibung vieler physikalischer Erscheinungen notwendig. Stetige Prozesse zu untersuchen ist bedeutend einfacher, da sich alle analytischen Eigenschaften der Trajektorien durch die Werte von $w(t)$ in den rationalen Punkten beschreiben lassen.

Die Menge

$$\left\{\omega\colon \sup_{u \leqq t} w(u) \leqq x\right\}$$

ist zum Beispiel für einen solchen Prozeß ein meßbares Ereignis, da sie mit $\bigcap_{t \in \mathfrak{R}_t} \{w(t) \leqq x\}$ übereinstimmt. Dabei ist $S(t) = \sup_{u \leqq t} w(u)$ ein zufälliger Prozeß. Man sieht leicht, daß auch $\left\{\omega\colon \int_0^1 w(t)\, dt < x\right\}$ u. a. meßbare Ereignisse sind.

Die stetigen Trajektorien eines WIENERschen Prozesses sind jedoch *nirgends differenzierbar*. Wegen der Homogenität des Prozesses genügt es zu zeigen, daß er im Punkte 0 nicht differenzierbar ist. Würde für alle $\omega \in A$, $A \leqq \Omega$, $\mathsf{P}(A) > 0$ die Ableitung

$$w'(0) = w'(0, \omega) = \lim_{t \to 0} \frac{w(t)}{t},$$

existieren, so hätte man auf $A$ die Beziehung

$$\lim_{k\to\infty} \frac{w(2^{-k+1}) - w(2^{-k})}{2^{-k}} = \lim_{k\to\infty} \frac{2w(2^{-k+1})}{2^{-k+1}} - \lim_{k\to\infty} \frac{w(2^{-k})}{2^{-k}} =$$
$$= 2w'(0) - w'(0) = w'(0) .$$

Das ist aber aus folgendem Grunde unmöglich. Die unabhängigen Differenzen $w(2^{-k+1}) - w(2^{-k})$ sind ebenso wie $w(2^{-k})$ verteilt und mit der positiven Wahrscheinlichkeit $p = 1 - \Phi(1)$ größer als $\sqrt{2^{-k}}$. Daraus ergibt sich, daß die unabhängigen Ereignisse $B_k = \{w(2^{-k+1}) - w(2^{-k}) > \sqrt{2^{-k}}\}$ die Eigenschaft $\sum_{k=1}^{\infty} \mathsf{P}(B_k) - \infty$ haben. Nach dem Kriterium von BOREL treten also mit Wahrscheinlichkeit 1 unendlich viele Ereignisse $B_k$ ein, so daß

$$\mathsf{P}\left(\limsup_{k\to\infty} \frac{w(2^{-k+1}) - w(2^{-k})}{\sqrt{2^{-k}}} > 1\right) = 1$$

gilt. Ebenso stellen wir

$$\mathsf{P}\left(\liminf_{k\to\infty} \frac{w(2^{-k+1}) - w(2^{-k})}{\sqrt{2^{-k}}} < -1\right) = 1$$

fest. Daraus folgt

$$\mathsf{P}\left(\limsup_{k\to\infty} \frac{w(2^{-k+1}) - w(2^{-k})}{2^{-k}} = \infty;\right.$$
$$\left.\liminf_{k\to\infty} \frac{w(2^{-k+1}) - w(2^{-k})}{2^{-k}} = -\infty\right) = 1 ,$$

und damit ist der Prozeß $w(t)$ in jedem Punkte $t$ mit Wahrscheinlichkeit 1 nicht differenzierbar.

Wir empfehlen dem Leser als Übung zu zeigen, daß $w(t)$ im gewissen Sinne die Eigenschaften der Parabel besitzt, nämlich daß der Prozeß $w^*(t) = (1/\sqrt{c})\,w(ct)$ für beliebiges $c > 0$ erneut ein Standard-WIENER-Prozeß ist.

## § 3. Das lokale Gesetz des iterierten Logarithmus

Mit Hilfe von Überlegungen, die den am Schluß des vorigen Paragraphen angewandten ähnlich sind, kann man einen bedeutend schärferen Fakt feststellen: In einer Umgebung des Punktes $t = 0$ „füllt" die Trajektorie $w(t)$ anschaulich gesprochen das Innere des von zwei Ästen der Kurven $y = \pm\sqrt{2t \ln \frac{1}{t}}$ gebildeten Gebietes „vollständig aus". Das Äußere dieses Gebietes bleibt unberührt. Das ist das sogenannte *lokale Gesetz des iterierten Logarithmus.*

**Satz 2.**

$$\mathsf{P}\left(\limsup_{t\to 0} \frac{w(t)}{\sqrt{2t \ln \ln \frac{1}{t}}} = 1\right) = 1\,, \qquad \mathsf{P}\left(\liminf_{t\to 0} \frac{w(t)}{\sqrt{2t \ln \ln \frac{1}{t}}} = -1\right) = 1\,.$$

Zum Beweis des Satzes benötigen wir die folgende Präzisierung von Lemma 1.

**Lemma 2.**

$$\mathsf{P}\left(\sup_{u\leqq t} w(u) \geqq x\right) = 2\,\mathsf{P}\big(w(t) \geqq x\big) = \frac{2}{\sqrt{2\pi t}} \int_x^\infty \mathrm{e}^{-\frac{v^2}{2t}}\,\mathrm{d}v\,; \qquad x \geqq 0\,.$$

Rechts steht hier die sogenannte *zweifache Normalverteilung.*

Beweis. Wir bezeichnen mit $\overline{w}(t) = \sup_{u\leqq t} w(u)$. Aus Lemma 1 folgt $\mathsf{P}\big(\overline{w}(t) \geqq x\big) \leqq 2\,\mathsf{P}\big(w(t) \geqq x\big)$. Zum Beweis von Lemma 2 genügt es wegen der Stetigkeit der Verteilung von $w(t)$ deshalb, sich bei beliebigem $\delta > 0$ von

$$\mathsf{P}\big(\overline{w}(t) \geqq x\big) \geqq 2\,\mathsf{P}\big(w(t) \geqq x + \delta\big)$$

zu überzeugen. In der Tat, sei $\Delta = \frac{t}{n}$, $t_k = \frac{kt}{n}$, $\Delta_k = (t_{k-1}, t_k]$ und sei $\eta(x) = \inf\{t\colon w(t) \geqq x\}$. Wegen $\{\eta(x) > t\} = \{\overline{w}(t) < x\}$ ist $\eta(x)$ eine Zufallsgröße.

Es gilt

$$\mathsf{P}\big(w(t) \geqq x + \delta\big) = \lim_{n\to\infty} \sum_{k=0}^{n} \mathsf{P}\big(\eta(x) \in \Delta_k,\ w(t) \geqq x + \delta\big)\,.$$

Wie wir bereits feststellten (siehe (1)), ist $\mathsf{P}\big(m(\Delta) > \delta\big) = o(1)$ für $\Delta \to 0$. Außerdem ist $|x - w(t_k)| < m(\Delta)$ auf der Menge $\{\eta(x) \in \Delta_k\}$. Deshalb gilt

$$\begin{aligned}
\mathsf{P}(w(t) \geqq x + \delta) &= \lim_{n\to\infty} \sum_{k=1}^{n} \mathsf{P}(\eta(x) \in \Delta_k;\ w_k(t) - w(t_k) \geqq \\
&\geqq x - w(t_k) + \delta;\ m(\Delta) < \delta) \leqq \\
&\leqq \lim_{n\to\infty} \sum_{k=1}^{n} \mathsf{P}\big(\eta(x) \in \Delta_k;\ w(t) - w(t) \geqq 0;\ m(\Delta) < \delta\big) = \\
&= \lim_{n\to\infty} \sum_{k=1}^{\infty} \mathsf{P}\big(\eta(x) \in \Delta_k;\ \ w(t) - w(t_k) \geqq 0\big) = \\
&= \lim_{n\to\infty} \sum_{k=1}^{n} \mathsf{P}\big(\eta(x) \in \Delta_k\big) \cdot \mathsf{P}\big(w(t) - w(t_k) \geqq 0\big) = \\
&= \frac{1}{2} \sum_{k=1}^{n} \mathsf{P}\big(\eta(x) \in \Delta_k\big) = \frac{1}{2}\,\mathsf{P}\big(\overline{w}(t) \geqq x\big)\,. \quad \blacktriangleleft
\end{aligned}$$

Wir gehen nun zum Beweis des Satzes über. Vorbereitend bemerken wir, daß für $\frac{x}{\sqrt{t}} \to \infty$ nach der l'HOSPITALschen Regel

$$\mathsf{P}(w(t) > x) = \frac{1}{\sqrt{2\pi t}} \int_x^\infty e^{-u^2/2t}\,du = \frac{1}{\sqrt{2\pi}} \int_{\frac{x}{\sqrt{t}}}^\infty e^{-u^2/2}\,du \sim \frac{\sqrt{t}}{\sqrt{2\pi}\,x} e^{-\frac{x^2}{2t}} \tag{3}$$

gilt. Sei $a < 1$ und $x_k = \sqrt{2a^k \ln\ln a^{-k}}$. Wir betrachten die Ereignisse $A_k = \left\{\sup\limits_{u \le a^k} w(u) > (1+\varepsilon)\, x_{k+1}\right\}$. Dann gilt wegen $\frac{x_k}{\sqrt{a^k}} \to \infty$ für $k \to \infty$

$$\mathsf{P}(A_k) = 2\,\mathsf{P}\big(w(a^k) > (1+\varepsilon)\, x_{k+1}\big) \sim$$

$$\sim \sqrt{\frac{2}{\pi}}\,\frac{\sqrt{a^k}}{(1+\varepsilon)\, x_{k+1}} \exp\left\{-\frac{2(1+\varepsilon)^2 a^{k+1} \ln\ln a^{-k-1}}{2a^k}\right\} =$$

$$= \frac{1}{(1+\varepsilon)} \sqrt{\frac{1}{\pi a \ln\ln a^{-k-1}}}\,\frac{1}{(\ln a^{-k-1})^{a(1+\varepsilon)^2}} =$$

$$= c(a, \varepsilon)\,\frac{1}{\sqrt{\ln(k+1) + \ln\ln a^{-1}}\,(k+1)^{a(1+\varepsilon)^2}}\,.$$

Wir setzen $a = \frac{1}{1+\varepsilon} < 1$. Dann ist offenbar für $k \to \infty$

$$\mathsf{P}(A_k) \sim \frac{c(\varepsilon)}{k^{1+\varepsilon}\sqrt{\ln k}}\,.$$

In diesen Formeln sind $c(a, \varepsilon)$ und $c(\varepsilon)$ gewisse von ihren Argumenten abhängige Konstanten. Die erhaltene Relation bedeutet $\sum\limits_{k=1}^{\infty} \mathsf{P}(A_k) < \infty$ und

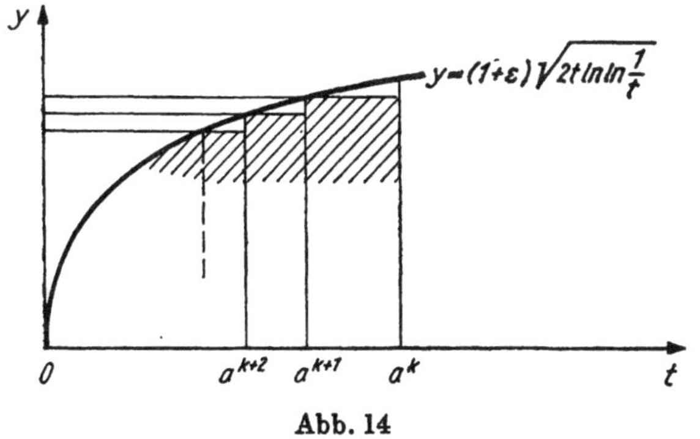


Abb. 14

folglich treten nach dem BORELschen Kriterium mit Wahrscheinlichkeit 1 von einem bestimmten $k$ an die Ereignisse $A_k$ nicht ein. (Diese Behauptung des

BORELschen Kriteriums gilt ohne Unabhängigkeitsvoraussetzungen.) Das bedeutet seinerseits (Abb. 14), daß mit Wahrscheinlichkeit 1 für alle genügend kleinen $t$ (und zwar $t < a^k$ bei einem bestimmten $k$) die Ungleichung

$$w(t) < (1 + \varepsilon) \sqrt{2t \ln \ln \frac{1}{t}}$$

erfüllt ist, oder, was dasselbe ist,

$$\mathsf{P}\left(\limsup_{t \to 0} \frac{w(t)}{\sqrt{2t \ln \ln \frac{1}{t}}} < 1 + \varepsilon\right) = 1 \tag{4}$$

gilt. Wir beweisen jetzt, daß bei beliebigem $\varepsilon > 0$

$$\mathsf{P}\left(\limsup_{t \to 0} \frac{w(t)}{\sqrt{2t \ln \ln \frac{1}{t}}} > 1 - \varepsilon\right) = 1 \tag{5}$$

gilt. Zusammen mit (4) ergibt das offenbar die erste Behauptung des Satzes.

Wir betrachten für $a < 1$ die unabhängigen Zuwächse $w(a^k) - w(a^{k+1})$ und bezeichnen mit $B_k$ das Ereignis

$$B_k = \left\{w(a^k) - w(a^{k+1}) > \left(1 - \frac{\varepsilon}{2}\right) x_k\right\}.$$

Da $w(a^k) - w(a^{k+1})$ ebenso wie $w\big(a^k(1 - a)\big)$ verteilt ist, erhalten wir auf Grund von (3) wie früher

$$\mathsf{P}(B_k) \sim \frac{\sqrt{a^k (1 - a)}}{\sqrt{2\pi}\left(1 - \frac{\varepsilon}{2}\right) x^k} \times$$

$$\times \exp\left\{-\frac{\left(1 - \frac{\varepsilon}{2}\right)^2 2a^k \ln \ln a^{-k}}{2a^k (1 - a)}\right\} \sim \frac{c_1(a, \varepsilon)}{\sqrt{\ln k}} k^{-\frac{\left(1 - \frac{\varepsilon}{2}\right)^2}{1 - a}}.$$

Daraus folgt für $a \leqq \varepsilon/2$ die Divergenz der Reihe $\sum_{k=1}^{\infty} \mathsf{P}(B_k)$ und nach dem BORELschen Kriterium treten also mit Wahrscheinlichkeit 1 unendlich viele Ereignisse $B_k$ ein.

Weiter folgt aus der Symmetrie des Prozesses $w(t)$ und aus der Relation (4) für alle genügend großen $k$ und für beliebiges $\delta > 0$

$$w(a^{k+1}) > -(1 + \delta)\, x_{k+1}.$$

Zusammen mit dem Vorangegangenen bedeutet das, daß das Ereignis

$$w(a^{k+1}) + [w(a^k) - w(a^{k+1})] = w(a^k) > -(1 + \delta)\, x_{k+1} + \left(1 - \frac{\varepsilon}{2}\right) x_k$$

unendlich oft eintritt. Die rechte Seite dieser Ungleichung kann aber durch Wahl von $a$ größer als $(1 - \varepsilon)\, x_k$ gemacht werden. In der Tat ist

$$- (1 + \delta)\, x_{k+1} + \frac{\varepsilon}{2} x_k > 0$$

sobald

$$(1 + \delta) \sqrt{a \frac{\ln \ln a^{-k-1}}{\ln \ln a^{-k}}} < \frac{\varepsilon}{2}$$

ist, was seinerseits durch genügend kleine Wahl von $a$ leicht erreicht werden kann. Damit ist die Relation (5) bewiesen. Offenbar folgt die zweite Behauptung des Satzes wegen der Symmetrie der Verteilung von $w(t)$ aus der ersten. ◀

Als Folgerung erhalten wir jetzt das Gesetz des iterierten Logarithmus für $t \to \infty$.

**Satz 3.** *Für den stetigen* Wiener-*Prozeß* $\{w(t),\, t \geqq 0\}$ *gilt*

$$\mathsf{P}\left(\limsup_{t\to\infty} \frac{w(t)}{\sqrt{2t \ln \ln t}} = 1;\ \liminf_{t\to\infty} \frac{w(t)}{\sqrt{2t \ln \ln t}} = -1\right) = 1 .$$

Mit anderen Worten, nach einer gewissen Zeit befinden sich die Trajektorien des Prozesses immer zwischen den Kurven $w = \pm \sqrt{2t \ln \ln t}\, (1 + \varepsilon)$ für beliebiges $\varepsilon > 0$. Bei beliebigen $\varepsilon < 0$ werden diese Kurven von den Trajektorien $w(t)$ geschnitten, wobei für beliebig großes $t_0$ Schnittpunkte existieren, die rechts von $t_0$ liegen.

Beweis. Wir betrachten den Prozeß $\left\{W(u) = uw\left(\frac{1}{u}\right),\, u \geqq 0\right\}$ mit $W(0) = 0$. Es ist bemerkenswert, daß der *Prozeß* $\{W(u),\, u \geqq 0\}$ wieder ein *Standard-*Wiener-*Prozeß* ist. Es ist nämlich für $t > u$

$$\begin{aligned}\mathsf{M} \exp \{i\lambda (W(t) - W(u))\} &= \mathsf{M} \exp \left\{i\lambda \left[tw\left(\frac{1}{t}\right) - uw\left(\frac{1}{u}\right)\right]\right\} = \\ &= \mathsf{M} \exp \left\{i\lambda \left[w\left(\frac{1}{t}\right)(t-u) - u\left(w\left(\frac{1}{u}\right) - w\left(\frac{1}{t}\right)\right)\right]\right\} = \\ &= \exp \left\{-\frac{\lambda^2}{2}(t-u)^2 \frac{1}{t} - \frac{\lambda^2 u^2}{2}\left(\frac{1}{u} - \frac{1}{t}\right)\right\} = \exp \left\{-\frac{\lambda^2}{2}(t-u)\right\}.\end{aligned}$$

Die Unabhängigkeit der Zuwächse kann gezeigt werden, indem man ihre Unkorreliertheit beweist. In der Tat ist

$$\begin{aligned}\mathsf{M}[W(u)\,(W(t) - W(u))] &= \mathsf{M}\left[uw\left(\frac{1}{u}\right) tw\left(\frac{1}{t}\right) - uw\left(\frac{1}{u}\right)\right] = \\ &= \mathsf{M}\left[uw\left(\frac{1}{t}\right) tw\left(\frac{1}{t}\right) - u^2 w^2\left(\frac{1}{u}\right)\right] = u - u = 0 .\end{aligned}$$

Zum Beweis des Satzes bleibt zu bemerken, daß

$$\limsup_{t\to\infty}\frac{w(t)}{\sqrt{2\,t\ln\ln t}}=\limsup_{u\to 0}\frac{u w\left(\frac{1}{u}\right)}{\sqrt{2u\ln\ln\frac{1}{u}}}=\limsup_{u\to 0}\frac{W(u)}{\sqrt{2u\ln\ln\frac{1}{u}}}\,. \quad\blacktriangleleft$$

Den Beweis kann man auch führen, indem man die Überlegungen aus Satz 2 wiederholt und dort $a > 1$ wählt.

Abschließend bemerken wir, daß WIENERsche Prozesse eine überaus wichtige Rolle in vielen wahrscheinlichkeitstheoretischen Betrachtungen spielen und als Modelle zur Beschreibung vieler Naturprozesse dienen. Sie sind zum Beispiel ein gutes Modell zur Beschreibung der Bewegung eines diffundierenden Teilchens. In diesem Zusammenhang nennt man WIENERsche Prozesse häufig auch *Prozesse der* BROWN*schen Bewegung*. WIENERsche Prozesse erweisen sich im gewissen Sinne als Grenzprozesse für durch die Punkte $\left(\frac{k}{n}, \frac{S_k}{n}\right)$ verlaufende zufällige Polygonzüge. Die $S_k$ sind dabei Summen von Zufallsgrößen mit $\mathsf{M}\xi_i = 0$, $\mathsf{D}\xi_i = 1$. Die Grenzverteilungen für $n \to \infty$ der Funktionale dieser Polygonzüge fallen nämlich (bei schwachen Voraussetzungen an die Funktionale) mit den Verteilungen der entsprechenden Funktionale der Trajektorien des WIENER-Prozesses zusammen. Mit dem WIENERschen Prozeß ist auch eng der Begriff des stochastischen Integrals und eine große Anzahl anderer Konstruktionen und Resultate verbunden.

## § 4. POISSONsche Prozesse. Eigenschaften der Trajektorien

Als POISSON*schen Prozeß* werden wir einen homogenen Prozeß mit unabhängigen Zuwächsen bezeichnen, für den $\xi(t) - \xi(0)$ nach dem POISSONschen Gesetz mit dem Parameter $\mu t$ verteilt ist:

$$\mathsf{P}(\xi(t) = k) = \frac{(\mu t)^k}{k!}\,e^{-\mu t}\,, \qquad \varphi_t(\lambda) = \mathsf{M}e^{i\lambda\xi(t)} = e^{-\mu t + \mu t e^{i\lambda}} = e^{\mu t(e^{i\lambda}-1)}\,.$$

Wie im Falle eines WIENERschen Prozesses bestimmt auch hier nach dem Satz von KOLMOGOROW die Angabe der Verteilungen der unabhängigen Zuwächse (POISSON-Verteilungen) die Verteilung des gesamten Prozesses $\xi(t)$.

Wir betrachten die Eigenschaften eines POISSONschen Prozesses. Für jedes $t$ nimmt $\xi(t)$ nur ganzzahlige Werte $0, 1, 2, \ldots$ an. Wir zerlegen das Intervall $[0, t)$ in Strecken $[0, t_1), [t_1, t_2), \ldots, [t_{n-1}, t_n)$ der Längen $\Delta_i = t_i - t_{i-1}$, $i = 1, \ldots, n$. Für kleine $\Delta_i$ hat die Verteilung der Zuwächse $\xi(t_i) - \xi(t_{i-1})$ die Eigenschaften

$$\left.\begin{aligned}
&\mathsf{P}(\xi(t_i) - \xi(t_{i-1}) = 0) = \mathsf{P}(\xi(\Delta_i) = 0 = e^{-\mu\Delta_i} = 1 - \mu\Delta_i + O(\Delta_i^2)\,,\\
&\mathsf{P}(\xi(t_i) - \xi(t_{i-1}) = 1) = \mu\Delta_i\,e^{-\mu\Delta_i} = \mu\Delta_i + O(\Delta_i^2)\,,\\
&\mathsf{P}(\xi(t_i) - \xi(t_{i-1}) \geqq 2) = O(\Delta_i^2)\,.
\end{aligned}\right\} \qquad (6)$$

Wir betrachten solche „eingebetteten“ rationalen Zerlegungen $\mathfrak{R}(n) = \{t_1, \ldots, t_n\}$ der Strecke $[0, t]$, daß $\mathfrak{R}(n) \subset \mathfrak{R}(n+1)$ und $\bigcup \mathfrak{R}(n) = \mathfrak{R}_t$ die Menge aller rationalen Zahlen aus $[0, t]$ ist. Wir bemerken folgende drei Tatsachen.

1. Sei $\nu(n)$ die Zahl der Intervalle der Zerlegung $\mathfrak{R}(n)$, auf denen der Zuwachs des Prozesses $\xi$ verschieden von 0 ist. Bei jedem $\omega$ wird $\nu(n)$ für $n \to \infty$ nicht kleiner. Außerdem ist die Zahl $\nu(n)$ darstellbar als Summe unabhängiger Zufallsgrößen, die gleich 1 sind, wenn es im $i$-ten Intervall einen Zuwachs gibt und Null im entgegengesetzten Falle. Deshalb erhalten wir wegen (6) und dem Satz von POISSON für verschieden verteilte Summanden (§ 3, Kap. 6) $\nu(n) \to \nu$ fast überall für $n \to \infty$, wobei $\nu$ POISSON-verteilt ist mit dem Parameter $\sum_i \mu \Delta_i = \mu t$.

2. Da die Länge des maximalen Intervalls $\Delta_i$ für $n \to \infty$ gegen 0 konvergiert, strebt die Summe der Längen der Intervalle, die Sprünge enthalten, gegen 0. Vereinigt man also die restlichen (d. h. die Intervalle ohne Zuwächse von $\xi$) unmittelbar nebeneinander liegenden Intervalle $\Delta_i$, erhalten wir bei jedem $\omega$ als Grenzwert für $n \to \infty$ $(\nu + 1)$ Intervalle $(0, a_1), (a_1, a_2), \ldots, (a_\nu, t)$, auf denen die Zuwächse des Prozesses $\xi$ gleich Null sind.

3. Schließlich ist wegen (6) die Wahrscheinlichkeit dafür, daß wenigstens ein Sprung auf den Intervallen $\Delta_i$ größer als Eins ist, kleiner als $\sum_i O(\Delta_i^2) = o(1)$ für $n \to \infty$, da $\sum \Delta_i^2 \leqq \max_i \Delta_i t$ ist.

Wir erhalten also, daß auf der Strecke $[0, 1]$ eine endliche Anzahl $\nu$ von solchen Punkten $a_1, \ldots, a_\nu$ existiert, daß in den rationalen Punkten der Intervalle $(a_k, a_{k+1})$ $\xi(t)$ ein und denselben konstanten Wert $k$ hat. Wir können damit die Trajektorie des Prozesses $\xi(t)$ so definieren, daß für alle $a_{k-1} < t \leqq a_k$ die Gleichung $\xi(t) = k$ gilt.

Solche links- oder rechtsstetigen Modifikationen werden gewöhnlich auch betrachtet. Dem Leser sollte bereits klar sein, daß es die von uns in der Bemerkung zum Satz 1 betrachtete Konstruktion des Hinzufügens einer Funktion $f(t)$ gestattet, POISSONsche Prozesse anzugeben, die dem Ausgangsprozeß stochastisch äquivalent, aber unstetig sind.

Einen POISSONschen Prozeß kann man also als reinen sprungförmigen Prozeß ansehen, dessen Sprunghöhen gleich 1 sind. Der Wert von $\xi(t)$ ist dabei gleich der Anzahl der Sprungstellen des Prozesses auf der Strecke $[0, t]$.

Die asymptotischen Relationen (6) verwendet man zusammen mit der Unabhängigkeit der Zuwächse häufig als Definition des Prozesses, die auf Grund des Gesagten der Ausgangsdefinition äquivalent ist. Aus diesen Relationen ist leicht zu sehen, daß die Verteilungen der Zufallsgrößen $a_1, a_2 - a_1, a_3 - a_2, \ldots$ übereinstimmen und diese Größen unabhängig sind. Wegen

$$\mathsf{P}(a_1 > t) = \mathsf{P}(\xi(t) = 0) = e^{-\mu t}$$

kann man $(\nu + 1)$ als die Zeit des erstmaligen Überschreitens des Niveaus $t$ durch die Summen $a_1 = \alpha_1, a_2 = \alpha_2 + \alpha_1, \ldots$ der exponential verteilten Sprünge $\alpha_1, \alpha_2, \ldots$ betrachten:

$$\nu = \max\{k : a_k \leqq t\}.$$

Aus dem Gesagten und den Eigenschaften eines POISSONschen Prozesses folgt auch die folgende bemerkenswerte Eigenschaft exponential verteilter Zufallsgrößen. Die Anzahlen der in disjunkte Zeitintervalle $\delta_i$ fallenden Sprungstellen (d. h. der Summen $a_k$) sind unabhängig. Dabei sind diese Größen POISSON-verteilt mit den Parametern $\mu\delta_i$ (vgl. auch § 1, Kap. 8).

Unter Benutzung dieses Umstandes kann man auch ein allgemeineres Modell eines sprungförmigen homogenen Prozesses mit unabhängigen Zuwächsen konstruieren. Wir betrachten eine beliebige Folge unabhängiger identisch verteilter Zufallsgrößen $\eta_1, \eta_2, \ldots$ mit der c. F. $\beta(\lambda)$, die nicht von der durch den Prozeß $\xi(t)$ erzeugten $\sigma$-Algebra abhängt. Wir konstruieren nun folgendermaßen einen neuen Prozeß $\eta(t)$. Jedem $\omega$ ordnen wir eine neue Trajektorie zu, die wir aus der Trajektorie von $\xi(t)$ durch Ersetzen des ersten Sprungs um Eins durch einen Sprung um $\eta_1$, des zweiten durch $\eta_2$ usw. erhalten. Es ist leicht zu sehen, daß $\eta(t)$ ebenfalls ein Prozeß mit unabhängigen Zuwächsen ist. Der Wert von $\eta(t)$ ist dabei gleich der Summe

$$\eta(t) = \eta_1 + \cdots + \eta_\nu \tag{7}$$

einer zufälligen Zahl $\nu$ der Zufallsgrößen $\eta_1, \eta_2, \ldots$, wobei $\nu$ auf Grund der Konstruktion nicht von $\{\eta_k\}$ abhängt.

Nach der Formel für die totale Wahrscheinlichkeit gilt deshalb

$$\mathsf{M}\, e^{i\lambda\eta(t)} = \sum \mathsf{P}(\nu = k)\, \mathsf{M}\, e^{i\lambda(\eta_1 + \cdots + \eta_k)} =$$

$$= \sum \frac{(\mu t)^k}{k!} e^{-\mu t} \big(\beta(\lambda)\big)^k = e^{-\mu t + \mu t\beta(\lambda)} = e^{\mu t(\beta(\lambda) - 1)}.$$

Das ist die c. F. des sogenannten *verallgemeinerten* (*zusammengesetzten*) POISSON*schen Prozesses*. In dieser Formel definiert $\mu$ die Intensität der Sprünge und $\beta(\lambda)$ deren Verteilung. Fügt man zu $\eta(t)$ die „Drift" hinzu, so ist

$$\tilde{\eta}(t) = \eta(t) + at$$

offenbar ebenfalls ein Prozeß mit unabhängigen Zuwächsen und der c. F.

$$\mathsf{M} e^{i\lambda\eta(t)} = e^{t(i\lambda a + \mu(\beta(\lambda) - 1))}.$$

Ist schließlich auf demselben Wahrscheinlichkeitsraum ein von $\tilde{\eta}(t)$ unabhängiger WIENERscher Prozeß $w(t)$ gegeben und ordnen wir jedem $\omega$ die Trajektorie $\tilde{\eta}(t) + w(t)$ zu, so erhalten wir erneut einen Prozeß mit unabhängigen Zuwächsen und der c. F.

$$e^{t\left(i\lambda a - \frac{\lambda^2}{2} + \mu(\beta(\lambda) - 1)\right)}.$$

Es ist jedoch zu bemerken, daß durch diese Konstruktionen die gesamte Klasse von Prozessen mit unabhängigen Zuwächsen (und folglich auch die Klasse der unbegrenzt teilbaren Verteilungen) bei weitem nicht erschöpft ist.

POISSONsche Prozesse benutzt man ebenso wie WIENERsche oft als mathematische Modelle in verschiedenartigen Anwendungen.

Durch einen POISSONschen Prozeß wird zum Beispiel der Prozeß des Auftretens kosmischer Teilchen bestimmter Energie in einem gegebenen Volumen oder der Entstehungsprozeß von Zusammenstößen von Elementarteilchen in einem Beschleuniger beschrieben. Durch POISSONsche Prozesse kann auch das Eintreffen von Anrufen in einem Fernsprechamt und vieles andere beschrieben werden.

Das Studium verallgemeinerter POISSONscher Prozesse wird auf Grund der Darstellung (7) in vielerlei Hinsicht auf die Untersuchung der Eigenschaften von Summen unabhängiger Zufallsgrößen zurückgeführt.

## ANHANG 1

# AUSDEHNUNGSSATZ FÜR WAHRSCHEINLICHKEITSMASSE

Sei $\mathcal{A}$ eine Algebra von Teilmengen von $\Omega$. Auf $\mathcal{A}$ sei ein Wahrscheinlichkeitsmaß $\mathsf{P}$, d. h. eine Mengenfunktion mit den Eigenschaften PA1—PA3 vorgegeben (vgl. Kap. 2). Sei $\mathcal{P}$ die Klasse aller Teilmengen von $\Omega$. Zu jedem $A \in \mathcal{P}$ existiert stets eine Folge $\{A_n\}_{n=1}^{\infty}$, disjunkter Mengen aus $\mathcal{A}$, so daß $\bigcup_{n=1}^{\infty} A_n \supseteq A$ ist (z. B. $A_1 = \Omega$, $A_n = \emptyset$, $n \geqq 2$). Mit $\gamma(A)$ bezeichnen wir die Klasse aller solcher Folgen. Auf $\mathcal{P}$ definieren wir eine Mengenfunktion

$$\mathsf{P}^*(A) = \inf\left\{\sum_{n=1}^{\infty} \mathsf{P}(A_n);\ \{A_n\} \in \gamma(A)\right\}.$$

Diese Funktion (die man das durch das Maß $\mathsf{P}$ auf $\mathcal{A}$ induzierte *äußere Maß* auf $\mathcal{P}$ nennt) hat folgende Eigenschaften:

1. $\mathsf{P}^*(A) \leqq \mathsf{P}^*(B) \leqq 1$, falls $A \subset B$.

2. $\mathsf{P}^*\left(\bigcup_{n=1}^{\infty} A_n\right) = \sum_{n=1}^{\infty} \mathsf{P}(A_n)$, falls $A_n \in \mathcal{A}$, $n = 1, 2, \ldots$ und $A_i \cap A_j = \emptyset$ für $i \neq j$.

3. $\mathsf{P}^*\left(\bigcup_{n=1}^{\infty} A_n\right) \leqq \sum_{n=1}^{\infty} \mathsf{P}^*(A_n)$ für beliebige $A_1, A_2, \ldots \in \mathcal{P}$.

Die erste Eigenschaft ist offensichtlich. Die zweite ergibt sich aus folgenden Überlegungen. Sei $\{B_n\}$ eine beliebige Folge aus $\gamma(A)$, wobei $A = \bigcup_{n=1}^{\infty} A_n$ ist ($A_n$ sind paarweise disjunkte Teilmengen aus $\mathcal{A}$).

$$\text{Aus } \bigcup_{m=1}^{\infty} A_n B_m = A_n \in \mathcal{A} \quad \text{folgt} \quad \mathsf{P}(A_n) = \sum_{m=1}^{\infty} \mathsf{P}(A_n B_m).$$

Also gilt

$$\sum_{n=1}^{\infty} \mathsf{P}(A_n) = \sum_{h} \sum_{m} \mathsf{P}(A_n B_m) = \sum_{m=1}^{\infty} \sum_{n=1}^{\infty} \mathsf{P}(A_n B_m).$$

Für jedes $N < \infty$ ist aber

$$\sum_{n=1}^{N} \mathsf{P}(A_n B_m) \leqq \mathsf{P}(B_m).$$

Also ist diese Ungleichung für jede Folge $\{B_m\}_{m=1}^{\infty} \in \gamma(A)$ auch für $N = \infty$ erfüllt, d. h., es ist

$$\sum_{n=1}^{\infty} \mathsf{P}(A_n) \leqq \sum_{m=1}^{\infty} \mathsf{P}(B_m).$$

Hieraus ergibt sich die Abschätzung $\mathsf{P}^*(A) \geqq \sum_{n=1}^{\infty} \mathsf{P}(A_n)$. Da die umgekehrte Ungleichung direkt aus der Definition von $\mathsf{P}^*(A)$ folgt, ist $\mathsf{P}^*(A) = \sum_{n=1}^{\infty} \mathsf{P}(A_n)$. ◀

Zum Beweis der dritten Eigenschaft betrachten wir für ein beliebiges, aber festes $\varepsilon > 0$ die Folgen $\{A_{nk}\}_{k=1}^{\infty} \in \gamma(A_n)$ mit der Eigenschaft

$$\sum_{k=1}^{\infty} \mathsf{P}(A_{nk}) \leqq \mathsf{P}^*(A_n) + \varepsilon/2^n .$$

Die Folge $\{A_{nk}\}_{n,k=1}^{\infty}$ enthält offensichtlich die Menge $\bigcup_{n=1}^{\infty} A_n$. Also gilt

$$\mathsf{P}^*(\bigcup A_n) \leqq \sum_n \sum_k \mathsf{P}(A_{nk}) \leqq \sum_{n=1}^{\infty} \mathsf{P}^*(A_n) + \varepsilon .$$

Da $\varepsilon$ beliebig gewählt war, folgt aus der letzten Ungleichung die Eigenschaft 3. ◀

Wir führen jetzt die *Operation der symmetrischen Differenz* $\oplus$ für beliebige Mengen $A, B$ aus $\mathcal{P}$ vermöge der Definitionsgleichung

$$A \oplus B = A\bar{B} \cup \bar{A}B$$

ein. Man kann leicht die Gültigkeit der Beziehungen

$$A \oplus B = B \oplus A = \bar{A} \oplus \bar{B} \subset A \cup B,\ A \oplus A = \emptyset,\ A \oplus \emptyset = A .$$

nachweisen. Mit Hilfe der Operation $\oplus$ und der Funktion $\mathsf{P}^*$ können wir auf $\mathcal{P}$ einen Abstand $\varrho$ definieren, indem wir für beliebige $A, B \in \mathcal{P}$

$$\varrho(A, B) = \mathsf{P}^*(A \oplus B) .$$

setzen. Offensichtlich gilt

1. $\varrho(A, B) \geqq 0$,
2. $\varrho(A, A) = 0$,
3. $\varrho(A, B) + \varrho(B, C) \geqq \varrho(A, C)$, da

$$\mathsf{P}^*(A \oplus C) = \mathsf{P}^*(A \oplus B \oplus B \oplus C) \leqq$$
$$\leqq \mathsf{P}^*(A \oplus B \cup B \oplus C) \leqq \mathsf{P}^*(A \oplus B) + \mathsf{P}^*(B \oplus C) .$$

Der Abstand $\varrho$ hat außerdem die folgende spezielle Eigenschaft:

4. Für beliebige $A, B \in \mathcal{P}$ ist $\varrho(A, B) \geqq |\mathsf{P}^*(A) - \mathsf{P}^*(B)|$. Es ist nämlich

$$A \subset B \cup (A \oplus B),\ B \subset A \cup (A \oplus B), \tag{1}$$

woraus

$$\mathsf{P}^*(A) - \mathsf{P}^*(B) \leqq \mathsf{P}^*(A \oplus B) = \varrho(A, B) ,$$
$$\mathsf{P}^*(B) - \mathsf{P}^*(A) \leqq \mathsf{P}^*(A \oplus B) = \varrho(A, B)$$

folgt. ◀

Aus 4. ergibt sich insbesondere die Eigenschaft

4′. Für $A, B \in \mathcal{A}$ ist $\varrho(A, B) \geqq |\mathsf{P}(A) - \mathsf{P}(B)|$

Wir stellen fest, daß dem Abstand $\varrho$ nur eine Eigenschaft fehlt, um eine Metrik zu sein: Aus $\varrho(A, B) = 0$ folgt nicht $A = B$.

Wir können dennoch *von Funktionen auf $\mathcal{P}$ sprechen, die stetig im Sinne des Abstandes $\varrho$ sind.* Wir sagen, daß die auf $\mathcal{P}$ definierte Funktion $f$ im „Punkt" $A$ *stetig* ist, falls für ein beliebiges $\varepsilon > 0$ ein $\delta > 0$ existiert, so daß $|f(B) - f(A)| < \varepsilon$ für alle $B$ mit $\varrho(A, B) < \delta$ gilt. Wir schreiben dafür

$$\lim_{B \to A} f(B) = f(A) .$$

Aus der Eigenschaft 4′. des Abstandes $\varrho$ folgt, daß die *Wahrscheinlichkeit* $\mathsf{P}$ *bezüglich dieses Abstandes eine gleichmäßig stetige Funktion auf $\mathcal{A}$ ist.*

Als *abgeschlossene Hülle* $\mathfrak{A}$ der Algebra $\mathcal{A}$ oder einer anderen Klasse von Mengen bezüglich des Abstandes $\varrho$ bezeichnet man die Gesamtheit der Mengen $B \in \mathcal{P}$ mit der Eigenschaft: für beliebiges $\varepsilon > 0$ existiert ein $A \in \mathcal{A}$, so daß $\varrho(A, B) < \varepsilon$ ist.

**Lemma.** *Die abgeschlossene Hülle $\mathfrak{A}$ einer Algebra $\mathcal{A}$ ist eine $\sigma$-Algebra.*

Beweis. Wir zeigen, daß $\mathfrak{A}$ die im Kap. 2 angegebenen Eigenschaften A1, A2′, A3 einer $\sigma$-Algebra hat. Die Bedingung A1 ist offensichtlich erfüllt, da $\mathcal{A} \subset \mathfrak{A}$ gilt.

Nach Voraussetzung existiert zu jedem $A \in \mathfrak{A}$ ein $B \in \mathcal{A}$, so daß

$$\varrho(A, B) < \varepsilon$$

gilt. Hieraus folgt die Gültigkeit der Beziehung

$$\varrho(\bar{A}, \bar{B}) = \mathsf{P}^*(\bar{A} \oplus \bar{B}) = \mathsf{P}^*(A \oplus B) = \varrho(A, B) < \varepsilon$$

für ein beliebiges $\varepsilon > 0$. Also liegt mit $A$ auch $\bar{A}$ in $\mathfrak{A}$. Die Gültigkeit der Bedingung A3 ist nachgewiesen.

Der Beweis der Gültigkeit von A2 ist ebenfalls einfach: Sind $A_1$ und $A_2$ Mengen aus $\mathfrak{A}$, so gilt

$$\begin{aligned} \varrho(A_1A_2, B_1B_2) &= \mathsf{P}^*(A_1A_2 \oplus B_1B_2) = \\ &= \mathsf{P}^*(A_1A_2 \oplus A_1B_2 \oplus A_1B_2 \oplus B_1B_2) = \mathsf{P}^*(A_1(A_2 \oplus B_2) \oplus \\ &\oplus B_2(A_1 \oplus B_1)) \leqq \mathsf{P}^*(A_2 \oplus B_2) + \mathsf{P}^*(A_1 \oplus B_1) < 2\varepsilon . \end{aligned}$$

Hieraus und aus A3 folgt $A_1 \cup A_2 = \overline{\bar{A}_1 \cap \bar{A}_2} \in \mathfrak{A}$. Wir zeigen zum Schluß die Gültigkeit von A2′. Dazu zeigen wir zunächst, daß $A = \bigcup_{n=1}^{\infty} A_n \in \mathfrak{A}$ gilt, falls $A_n \in \mathcal{A}$, $n \geqq 1$, ist.

O. B. d. A. kann man annehmen, daß die $A_n$ paarweise disjunkt sind. Aus den Eigenschaften des äußeren Maßes $\mathsf{P}^*$ ergibt sich die Ungleichung

$$\sum \mathsf{P}(A_k) \leqq \mathsf{P}^*(\Omega) = 1 ,$$

aus der für jedes $\varepsilon > 0$ die Abschätzung

$$\varrho\left(A, \bigcup_{k=1}^{n} A_k\right) = \mathsf{P}^*\left(\bigcup_{k=n+1}^{\infty} A_k\right) = \sum_{k=n+1}^{\infty} \mathsf{P}(A_k) < \varepsilon$$

für genügend große $n$ folgt.

Sei jetzt $A_n \in \mathfrak{A}$, $n \geqq 1$. Es ist zu zeigen $A = \bigcup_{n=1}^{\infty} A_n \in \mathfrak{A}$. Sei $\{B_n\}$ eine Folge von Mengen aus $\mathcal{A}$ mit der Eigenschaft $\varrho(A_n, B_n) < \varepsilon/2^n$. Dann ist $B = \cup B_n \in \mathfrak{A}$, und es gilt

$$A \oplus B \subset \bigcup (A_n \oplus B_n)\,. \tag{2}$$

Die Gültigkeit von (2) ergibt sich aus

$$A \oplus B = [(\bigcup A_n) \cap (\bigcap \bar{B}_n)] \cup [(\bigcap \bar{A}_n) \cap (\bigcup B_n)] \subset$$
$$\subset [\bigcup A_n\bar{B}_n] \cup [\bigcup B_n\bar{A}_n] = \bigcup(A_n\bar{B}_n \cup \bar{A}_nB_n) = \bigcup(A_n \oplus B_n)\,.$$

Aus der $\sigma$-Halbadditivität von $\mathsf{P}^*$ erhalten wir mit Hilfe von (2) die Abschätzung

$$\varrho(A, B) = \mathsf{P}^*(A \oplus B) \leqq \mathsf{P}^*(\bigcup (A_n \oplus B_n)) \leqq$$
$$\leqq \sum_{n=1}^{\infty} \mathsf{P}^*(A_n \oplus B_n) = \sum_{n=1}^{\infty} \varrho(A_n, B_n) < \varepsilon\,.$$

Damit ist nachgewiesen, daß $A = \bigcup_{n=1}^{\infty} A_n$ eine Menge aus $\mathfrak{A}$ ist. Die Zugehörigkeit von $\bigcap_{n=1} A_n$ zu $\mathfrak{A}$ folgt leicht aus dem Bewiesenen und der Eigenschaft A3. ◀

Jetzt können wir das folgende Hauptergebnis beweisen:

**Satz 1**[1]**.** *Ein Wahrscheinlichkeitsmaß* $\mathsf{P}$ *auf einer Algebra* $\mathcal{A}$ *läßt sich zu einem Wahrscheinlichkeitsmaß* $\bar{\mathsf{P}}$ *auf der* $\sigma$*-Algebra* $\mathfrak{A}$ *ausdehnen.*

Beweis. Sei $A \in \mathfrak{A}$. Infolge der gleichmäßigen Stetigkeit von $\mathsf{P}$ auf $\mathcal{A}$ existiert der Grenzwert

$$\bar{\mathsf{P}}(A) = \lim_{\substack{B \to A \\ B \in \mathcal{A}}} \mathsf{P}(B)\,.$$

Das besagt, daß aus $\varrho(A, B) < \varepsilon$, $A \in \mathfrak{A}$, $B \in \mathcal{A}$ die Ungleichung $|\bar{\mathsf{P}}(A) - \mathsf{P}(B)| < \delta(\varepsilon)$ folgt mit $\delta(\varepsilon) \to 0$ für $\varepsilon \to 0$. Mit Hilfe der Eigenschaft 4. von $\varrho$ ergibt sich aus $\varrho(A, B) < \varepsilon$, $A \in \mathfrak{A}$, $B \in \mathcal{A}$ die Ungleichung $|\mathsf{P}^*(A) - \mathsf{P}(B)| < \varepsilon$. Also ist

$$\bar{\mathsf{P}}(A) = \mathsf{P}^*(A)$$

für alle $A \in \mathfrak{A}$. Insbesondere ist $\bar{\mathsf{P}}(A) = \mathsf{P}(A)$ für $A \in \mathcal{A}$. Zum Beweis der Behauptung, daß $\bar{\mathsf{P}}$ ein Wahrscheinlichkeitsmaß auf $\mathfrak{A}$ ist, genügt es, die $\sigma$-Addi-

[1]) Der Satz über die Ausdehnung eines auf einer Algebra $\mathcal{A}$ definierten Maßes auf die minimale von $\mathcal{A}$ erzeugte $\sigma$-Algebra wurde von CARATHÉODORY bewiesen (vgl. z. B. seine „Vorlesungen über reelle Funktionen" Berlin-Leipzig 1927). Die Metrisierung von normierten BORELschen Algebren $\mathcal{A}$ mit Hilfe des Abstandes $\varrho(A, B) = \mathsf{P}(A \oplus B)$ wurde von vielen Autoren benutzt (vgl. z. B. A. N. KOLMOGOROW, Vortrag auf dem 6. Kongreß der polnischen Mathematiker, 1948; P. HALMOS, Measure Theory, New York 1950). Der Vorschlag, die Stetigkeit eines Maßes $\mathsf{P}$ bezüglich des Abstandes $\varrho(A, B) = \mathsf{P}(A \oplus B)$ zum Beweis des Ausdehnungssatzes 1 zu nutzen, wurde uns von L. JA. SAWELJEW unterbreitet.

tivität von $\overline{\mathsf{P}}$ zu zeigen. Die anderen Eigenschaften sind offensichtlich erfüllt. Sei $\{A_n\}_{n=1}^{\infty}$ eine Folge paarweise disjunkter Teilmengen aus $\mathfrak{A}$ und $A = \bigcup_{n=1}^{\infty} A_n$. Aus der endlichen Additivität von $\overline{\mathsf{P}}$ ergibt sich die Gleichung

$$\overline{\mathsf{P}}(A) = \sum_{k=1}^{n} \overline{\mathsf{P}}(A_k) + \overline{\mathsf{P}}\left(\bigcup_{k=n+1}^{\infty} A_k\right).$$

Also ist

$$\overline{\mathsf{P}}(A) \geqq \sum_{k=1}^{\infty} \overline{\mathsf{P}}(A_k).$$

Andererseits ist

$$\overline{\mathsf{P}}(A) = \mathsf{P}^*(A) \leqq \sum_{k=1}^{\infty} \mathsf{P}^*(A_k) = \sum_{k=1}^{\infty} \overline{\mathsf{P}}(A_k). \quad ◀$$

**Satz 2.** *Die Ausdehnung eines Wahrscheinlichkeitsmaßes $\mathsf{P}$ auf einer Algebra $\mathcal{A}$ zu einem Wahrscheinlichkeitsmaß auf der $\sigma$-Algebra $\mathfrak{A}$ ist eindeutig.*

Beweis. Angenommen, auf $\mathfrak{A}$ existiert ein weiteres Wahrscheinlichkeitsmaß $\mathsf{P}_1$, das auf $\mathcal{A}$ mit $\mathsf{P}$ übereinstimmt, so daß für ein $A \in \mathfrak{A}$

$$\mathsf{P}_1(A) \neq \overline{\mathsf{P}}(A)$$

ist. Wir nehmen zunächst an, daß $\varepsilon = \mathsf{P}_1(A) - \overline{\mathsf{P}}(A) > 0$ ist. Sei $\{B_n\}$ eine solche Folge aus $\gamma(A)$, daß

$$\sum_{n=1}^{\infty} \mathsf{P}(B_n) - \overline{\mathsf{P}}(A) < \varepsilon/2$$

ist. Dann gilt $\mathsf{P}_1(A) = \overline{\mathsf{P}}(A) + \varepsilon \geqq \sum_{n=1}^{\infty} \mathsf{P}(B_n) + \varepsilon/2$, was der Relation $A \subset \bigcup_{n=1}^{\infty} B_n$ widerspricht. Also ist

$$\mathsf{P}_1(A) \leqq \overline{\mathsf{P}}(A), \quad A \in \mathfrak{A}.$$

Aus der $\varrho$-Stetigkeit von $\overline{\mathsf{P}}$ im „Punkt" $\emptyset$ und der letzten Ungleichung folgt die $\varrho$-Stetigkeit von $\mathsf{P}_1$ im „Punkt" $\emptyset$ und somit in jedem „Punkt" $A \in \mathfrak{A}$, da auf Grund von (1)

$$|\mathsf{P}_1(A) - \mathsf{P}_1(B)| \leqq \mathsf{P}_1(A \oplus B) \leqq \overline{\mathsf{P}}(A \oplus B) \to 0$$

gilt, falls $\varrho(A, B) = \overline{\mathsf{P}}(A \oplus B) \to 0$. Also ist für jedes $A \in \mathfrak{A}$

$$\overline{\mathsf{P}}(A) = \lim_{\substack{B \to A \\ B \in \mathcal{A}}} \mathsf{P}(B) = \lim_{\substack{B \to A \\ B \in \mathcal{A}}} \mathsf{P}_1(B) = \mathsf{P}_1(A). \quad ◀$$

Aus den bewiesenen Aussagen ergibt sich offensichtlich die

**Folgerung.** *Ein Wahrscheinlichkeitsmaß $\mathsf{P}$ auf einer Algebra $\mathcal{A}$ läßt sich eindeutig zu einem Wahrscheinlichkeitsmaß auf der minimalen durch $\mathcal{A}$ erzeugten $\sigma$-Algebra $\mathfrak{A}^*$ ausdehnen.*[1])

---

[1]) Dieser Ausdehnungssatz läßt sich für beliebige $\sigma$-endliche Maße $\mu$ auf $\mathcal{A}$ beweisen. Vgl. z. B. Halmos „Measure Theory", New York 1950, K. Hinderer „Grundbegriffe der Wahrscheinlichkeitstheorie" Springer-Verlag, Berlin-Heidelberg-New York 1972, H. Bauer „Wahrscheinlichkeitstheorie und Grundzüge der Maßtheorie" Walter de Gruyter, Berlin 1968 (Anm. der Red.).

ANHANG 2

# SATZ VON KOLMOGOROW ÜBER DIE EXISTENZ VON WAHRSCHEINLICHKEITSMASSEN AUF PRODUKTRÄUMEN

Sei $T$ eine beliebige Indexmenge. Für jedes $t \in T$ sei $R_t$ die reelle Achse $(-\infty, \infty)$. Mit $R^T = \prod_{t \in N} R_t$ bezeichnen wir den Raum aller reellwertigen Funktionen auf der Indexmenge $T$ (der sogenannte *Produktraum*). Für jede endliche Teilmenge $N \subseteq T$ ist $R^N = \prod_{t \in T} R_t$ einfach der euklidische Raum der Dimension $n$, wobei $n$ die Anzahl der Elemente aus $N$ ist.

Für jede endliche Teilmenge $N \subseteq T$ sei auf $[R^N, \mathfrak{B}^N]$, wobei $\mathfrak{B}^N$ die $\sigma$-Algebra der BOREL-Mengen aus $R^N$ ist, ein Wahrscheinlichkeitsmaß $\mathsf{P}_N$ gegeben. Wir sprechen dann von einer Familie von endlichdimensionalen Wahrscheinlichkeitsmaßen auf $R^T$. Die Familie der Wahrscheinlichkeitsmaße $\mathsf{P}_N$ möge der folgenden Verträglichkeitsbedingung genügen: Für ein beliebiges $L \subseteq N$ und eine beliebige BOREL-Menge $B \subseteq R^L$ gilt

$$\mathsf{P}_L(B) = \mathsf{P}_N(B \times R^{N-L}) . \tag{1}$$

Das Maß $\mathsf{P}_N$ $(B \times R^{N-L})$ auf $\mathfrak{B}^L$ bezeichnet man als *Projektion* des Maßes $\mathsf{P}_N$ auf $R^L$. Die Verträglichkeitsbedingung (1)[1] besagt also, daß die Projektion von $\mathsf{P}_N$ auf $R^L$ stets mit $\mathsf{P}_L$ übereinstimmt. Eine Menge aus $R^T$, die sich in der Form $B \times R^{T-N}$, wobei $B \in \mathfrak{B}^N$ und $N$ eine endliche Teilmenge von $T$ ist, nennt man eine *Zylindermenge* aus $R^T$. Die Menge $B$ bezeichnet man als die *Basis* des Zylinders $B \times R^{T-N}$.

Mit $\mathfrak{B}^T$ bezeichnen wir die kleinste von den Zylindermengen erzeugte $\sigma$-Algebra von Teilmengen aus $R^T$.

**Satz** (A. N. KOLMOGOROW). *Zu jeder Familie von Wahrscheinlichkeitsmaßen* $\mathsf{P}_N$ *auf* $R^T$, *die der Verträglichkeitsbedingung* (1) *genügt, existiert auf* $[R^T, \mathfrak{B}^T]$ *ein eindeutig bestimmtes Wahrscheinlichkeitsmaß* $\mathsf{P}$, *so daß für jedes* $N$ *die Projektion von* $\mathsf{P}$ *auf* $R^N$ *mit* $\mathsf{P}_N$ *übereinstimmt* (*d.h., es ist* $\mathsf{P}(B \times R^{T-N}) = \mathsf{P}_N(B)$ *für jedes* $B \in \mathfrak{B}^N$).

---

[1]) Da die Indexmenge nicht geordnet ist, muß man der Verträglichkeitsbedingung (1) noch die Forderung der Symmetrie hinzufügen: Für jede Permutation $(i(1), \ldots, i(n))$ und beliebige Mengen $B_1, \ldots, B_n$ gilt

$$\mathsf{P}_{t_1,\ldots,t_n}(B_1 \times \cdots \times B_n) = \mathsf{P}_{t_{i(1)},\ldots,t_{i(n)}}(B_{i(1)} \times \cdots \times B_{i(n)})$$

hinzufügen. Den Beweis des Satzes von KOLMOGOROW für beliebige vollständige metrische separable Räume $X$ (anstelle von $R$) findet man z. B. bei H. BAUER „Wahrscheinlichkeitstheorie und Grundzüge der Maßtheorie" Walter de Gruyter, Berlin 1968 (Anm. d. Red.).

**Beweis.** Die Zylindermengen aus $R^T$ bilden eine Algebra. Wir zeigen, daß durch den Ansatz

$$\mathsf{P}(B \times R^{T-N}) = \mathsf{P}_N(B)\,, \qquad B \in \mathfrak{B}^N \tag{2}$$

auf dieser Algebra ein Wahrscheinlichkeitsmaß definiert wird. Da die Maße $\mathsf{P}_N$ der Verträglichkeitsbedingung (1) genügen, ist diese Definition der Wahrscheinlichkeit für Zylindermengen korrekt (läßt sich eine Zylindermenge $B \times R^{T-N}$, $B \in \mathfrak{B}^N$, auch in der Form $B_1 \times R^{T-L}$, $B_1 \in \mathfrak{B}^L$, $L \subseteq N$, schreiben, so ist wegen (1) $\mathsf{P}_N(B) = \mathsf{P}_L(B_1)$).

Wir zeigen, daß die durch (2) definierte Mengenfunktion $\mathsf{P}$ additiv ist. Dazu betrachten wir zwei disjunkte Zylindermengen $B_1 \times R^{T-N_1}$, $B_2 \times R^{T-N_2}$ und bezeichnen $N_1 \cup N_2$ mit $N$. Es gilt dann

$$\begin{aligned}\mathsf{P}(B_1 \times R^{T-N_1} \cup B_2 \times R^{T-N_2}) &= \mathsf{P}(\{B_1 \times R^{N-N_1} \cup B_2 \times R^{N-N_2}\} \times R^{T-N}) = \\ &= \mathsf{P}_N(B_1 \times R^{N-N_1} \cup B_2 \times R^{N-N_2}) = \\ &= \mathsf{P}_N(B_1 \times R^{N-N_1}) + \mathsf{P}_N(B_2 \times R^{N-N_2}) = \\ &= \mathsf{P}(B_1 \times R^{T-N_1}) + \mathsf{P}(B_2 \times R^{T-N_2})\,.\end{aligned}$$

Zum Nachweis der $\sigma$-Additivität von $\mathsf{P}$ benutzen wir die Äquivalenz der Eigenschaften PA 3 und PA 3′ (vgl. Kapitel 2). Auf Grund dieser Äquivalenz genügt es zu zeigen, daß für eine monoton fallende Folge von $\mathcal{B}_n$ Zylindermengen aus der Gültigkeit der Ungleichungen $\mathsf{P}(\mathcal{B}_n) \geqq \varepsilon$, $n = 1, 2, \ldots$, für ein $\varepsilon > 0$ die Beziehung $\mathcal{B} = \bigcap_{n=1}^{\infty} \mathcal{B}_n \neq \emptyset$ folgt.

Die Aussage „die Folge $\mathcal{B}_n$ ist monoton fallend" bedeutet dabei, daß in den Darstellungen

$$\mathcal{B}_n = B_n \times R^{T-N_n}\,.$$

Die Bedingungen

$$N_n \subset N_{n+1}\,, \qquad B_{n+1} \cap R^{N_n} \subset B_n$$

erfüllt sind. O. B. d. A. können wir im Weiteren annehmen, daß die Anzahl der Elemente von $N_n$ gleich $n$ ist ($N_n = \{t_1, \ldots, t_n\}$). Die Punkte des Raumes $R_{t_i}$ werden wir mit $x_i$, die Punkte aus $R^{N_n}$ mit $(x_1^n, \ldots, x_n^n)$ bezeichnen, wobei der obere Index die Dimension des Raumes $R^{N_n}$ angibt.

Es sei also $\mathsf{P}(\mathcal{B}_n) = \mathsf{P}_{N_n}(B_n) \geqq \varepsilon > 0$. Wir zeigen, daß $\mathcal{B} = \bigcap_{n=1}^{\infty} \mathcal{B}_n$ nicht leer ist. Für jede Borel-Menge $B_n \subset R^{N_n}$ existiert bekanntlich ein Kompaktum $K_n$, so daß

$$K_n \subset B_n\,, \qquad \mathsf{P}_{N_n}(B_n - K_n) < \frac{\varepsilon}{2^{n+1}}$$

gilt. Setzt man $\mathcal{K}_n = K_n \times R^{T-N_n}$, so erhält man

$$\mathsf{P}(\mathcal{B}_n - \mathcal{K}_n) = \mathsf{P}_{N_n}(B_n - K_n) < \frac{\varepsilon}{2^{n+1}}\,.$$

Wir betrachten die Mengen $\mathcal{D}_n = \bigcap_{k=1}^{n} \mathcal{K}_k$. Man sieht leicht, daß $\mathcal{D}_n \subset \mathcal{B}_n$ ebenfalls Zylindermengen sind. Aus $\mathcal{B}_n - \bigcap_{k=1}^{n} \mathcal{K}_k \subset \bigcup_{k=1}^{n} (\mathcal{B}_k - \mathcal{K}_k)$ ergibt sich

$$\mathsf{P}(\mathcal{B}_n - \mathcal{D}_n) \leqq \mathsf{P}\left(\bigcup_{k=1}^{n} (\mathcal{B}_k - \mathcal{K}_k)\right) \leqq \sum_{k=1}^{n} \mathsf{P}(\mathcal{B}_k - \mathcal{K}_k) \leqq \frac{\varepsilon}{2};$$

$$\mathsf{P}(\mathcal{D}_n) \geqq \mathsf{P}(\mathcal{B}_n) - \frac{\varepsilon}{2} \geqq \frac{\varepsilon}{2}.$$

Daraus folgt, daß $\{\mathcal{D}_n\}$ eine fallende Folge nicht leerer Zylindermengen ist. Wir betrachten einen Punkt

$$X^n = (x_1^n, x_2^n, \ldots, x_n^n)$$

der Basis $D_n = \bigcap_{k=1}^{n} (K_k \times R^{N_n - N_k})$ des Zylinders $\mathcal{D}_n$. Dieser Punkt definiert eine Zylindermenge $\mathcal{X}^n$ in $R^T$. Es ist $(x_1^{n+p}, x_2^{n+p}, \ldots, x_n^{n+p}) \in K_n$ für jedes $p \geqq 0$, da $\mathcal{D}_n$ fallend sind. Da $K_n$ ein Kompaktum ist, existiert eine Indexfolge $n_{1k}$ mit $x_1^{n_{1k}} \to x_1$ für $k \to \infty$. Aus dieser Indexfolge kann man eine Teilfolge $n_{2k}$ so auswählen, daß $x_2^{n_{2k}} \to x_2$ usw.

Wir betrachten nun die Diagonalfolge $x^{n_{kk}} = (x_1^{n_{kk}}, x_2^{n_{kk}}, \ldots, x_{n_{kk}}^{n_{kk}})$. Es gilt (koordinatenweise): $X^{n_{kk}} \to X = (x_1, x_2, \ldots)$ für $k \to \infty$. Dabei ist für jedes $m$

$$(x_1^{n_{kk}}, x_2^{n_{kk}}, \ldots, x_m^{n_{kk}}) \to (x_1, \ldots, x_m) \in K_m$$

erfüllt. Das bedeutet, daß die dem Punkt $X$ entsprechende Menge $\mathcal{X} = \{y(\cdot) \in R^T: y(t_1) = x_1, y(t_2) = x_2 \cdots\}$ für jedes $m$ die Beziehung $\mathcal{X} \in \mathcal{K}_m \subset \mathcal{B}_m$ erfüllt. Also gilt $\mathcal{X} \in \bigcap_{m=1}^{\infty} \mathcal{B}_m = \mathcal{B}$. Damit ist nachgewiesen, daß $\mathcal{B}$ nicht leer ist. Die Mengenfunktion $\mathsf{P}$ ist auf der Algebra des Zylindermengen $\sigma$-additiv und somit ein Wahrscheinlichkeitsmaß. Die Behauptung des Satzes ergibt sich unmittelbar aus der im Anhang 1 bewiesenen Folgerung über die Ausdehnung eines auf einer Algebra definierten Wahrscheinlichkeitsmaßes auf die durch diese Algebra erzeugte $\sigma$-Algebra.

ANHANG 3

# INTEGRATIONSTHEORIE[1])

**0. Maßräume.** Sei $\langle \Omega, \mathfrak{F} \rangle$ ein meßbarer Raum. Wir sagen, daß ein *Maßraum* $\langle \Omega, \mathfrak{F}, \mu \rangle$ gegeben ist, wenn auf $\mathfrak{F}$ eine nichtnegative abzählbar additive Funktion $\mu$ gegeben ist, d. h. eine Funktion, die folgende Eigenschaften besitzt:

1. $\mu\left(\bigcup_j A_j\right) = \sum_j \mu(A_j)$ für eine beliebige abzählbare Folge paarweise disjunkter Mengen $A_j \in \mathfrak{F}$ ($\sigma$-Additivität)
2. $\mu(A) \geqq 0$ für alle $A \in \mathfrak{F}$.
3. $\mu(\emptyset) = 0$, wobei $\emptyset$ die leere Menge ist.

Der Wert $\mu(A)$ heißt *Maß* der Menge $A$. Wir betrachten nur endliche oder $\sigma$-endliche Maße $\mu$. Im ersten Fall ist $\mu(\Omega) < \infty$, im zweiten Fall existiert eine Zerlegung von $\Omega$ in abzählbar viele Teilmengen $A_j$, für die $\mu(A_j) < \infty$ ist.

Ein Wahrscheinlichkeitsraum ist ein Beispiel für einen Maßraum mit einem endlichen (normierten) Maß. Der Raum $\langle R^1, \mathfrak{B}^1, \mu \rangle$ in dem $R^1$ die reelle Zahlengerade, $\mathfrak{B}^1$ die $\sigma$-Algebra der BOREL-Mengen und $\mu$ das LEBESGUE-Maß sind, ist ein Beispiel für einen Maßraum mit $\sigma$-endlichem Maß.

Wie bei der Untersuchung der einfachsten Eigenschaften der Wahrscheinlichkeit (§ 2, Kap. 2) kann man leicht folgende Eigenschaften der Maße beweisen:

1. *$\mu(A) \leqq \mu(B)$ falls $A \subset B$ gilt.*
2. *$\mu\left(\bigcup_j A_j\right) \leqq \sum_j \mu(A_j)$ für beliebige $A_j \in \mathfrak{F}$.*
3. *Ist $A_n \subset A_{n+1}$ und $\bigcup_n A_n = A$, so gilt $\mu(A_n) \to \mu(A)$*, oder, was dasselbe ist:

3'. *Ist $A_n \supset A_{n+1}$ und $\bigcap_n A_n = A$, so gilt $\mu(A_n) \to \mu(A)$.*

Wir betrachten weiter meßbare Funktionen auf $\langle \Omega, \mathfrak{F} \rangle$, d. h. Funktionen $\xi(\omega)$ für die $\{\omega: \xi(\omega) \in B\} \in \mathfrak{F}$ für beliebige BOREL-Mengen $B$ des $R^1$ gilt.

Analog wie bei Wahrscheinlichkeitsmaßen führen wir die Begriffe der *Konvergenz dem Maße nach* und *der Konvergenz fast überall* ein.

Die Folge $\xi_n$ *konvergiert* gegen $\xi$ *fast überall* ($\xi_n \underset{\text{f.ü.}}{\to} \xi$), falls $\xi_n(\omega) \to \xi(\omega)$ für alle $\omega$ mit Ausnahme einer Menge vom Maß Null gilt.

---

[1]) Siehe auch P. HALMOS „Measure Theory“, New York 1950, H. BAUER „Wahrscheinlichkeitstheorie und Grundzüge der Maßtheorie“, Walter de Gruyter, Berlin 1968, K. HINDERER „Grundbegriffe der Wahrscheinlichkeitstheorie“, Springer 1972, J. NEVEU „Grundlagen der Wahrscheinlichkeitstheorie“, Oldenbourg, München-Wien 1969 (Anm. d. Red.).

Die Folge $\xi_n$ *konvergiert dem Maße nach* gegen $\xi (\xi_n \underset{\mu}{\to} \xi)$, wenn für alle $\varepsilon > 0$ und $n \to \infty$ gilt

$$\mu(\{|\xi_n - \xi| > \varepsilon\}) \to 0 .$$

Wir wenden uns jetzt der Konstruktion und Untersuchung der Eigenschaften von Integralen meßbarer Funktionen bzgl. eines Maßes zu. Wir betrachten zunächst endliche Maße, und nehmen dabei o. B. d. A. an, daß es Wahrscheinlichkeitsmaße sind.

## 1. Integrale primitiver Funktionen.

Die Funktion $\xi(\omega)$ nennt man *primitive Funktion* (oder auch *Treppenfunktion*), falls die Menge ihrer Werte endlich ist (in der Sprache der Wahrscheinlichkeitstheorie heißt das, daß die zufällige Größe $\xi$ diskret ist und nur endlich viele Werte annimmt). Als Indikatorfunktion einer Menge $F \in \mathfrak{F}$ bezeichnet man die primitive Funktion

$$I_F(\omega) = \begin{cases} 1, & \text{falls} \quad \omega \in F , \\ 0, & \text{falls} \quad \omega \notin F . \end{cases}$$

Die Indikatorfunktion $I_F(\omega)$ ist also eine zufällige Größe, die nur die Werte 1 oder 0 mit den Wahrscheinlichkeiten $p = \mathsf{P}(F)$ bzw. $q = 1 - p = \mathsf{P}(\overline{F})$ annimmt.

Offenbar kann man jede primitive Funktion $\xi(\omega)$ in der Form

$$\xi(\omega) = \sum_{k=1}^{n} x_k I_{F_k}(\omega) , \tag{1}$$

darstellen, wobei $x_k$, $k = 1, 2, \ldots, n$, die möglichen Werte von $\xi$ sind und $F_k = \{\omega : \xi(\omega) = x_k\}$ ist. Die Mengen $F_k$ sind paarweise disjunkt, und es ist $\bigcup_{k=1}^{n} F_k = \Omega$.

**Definition 1.** Als *Integral* einer primitiven Funktion $\xi(\omega) = \sum_{k=1}^{n} x_k I_{F_k}(\omega)$ bezeichnet man die Zahl

$$\int \xi \, \mathrm{d}\mathsf{P} = \int \xi(\omega) \, \mathsf{P}(\mathrm{d}\omega) = \sum_{k=1}^{n} x_k \mathsf{P}(F_k) .$$

Als *Integral* einer primitiven Funktion $\xi(\omega)$ *über der Menge* $A \in \mathfrak{F}$ bezeichnet man den Ausdruck

$$\int_A \xi \, \mathrm{d}\mathsf{P} = \int \xi(\omega) \, I_A(\omega) \, \mathsf{P}(\mathrm{d}\omega) .$$

Die Korrektheit dieser Definitionen (die Unabhängigkeit von der Darstellung der Funktion $\xi(\omega)$ als $\sum_{k=1}^{n} x_k I_{F_k}$) kann leicht überprüft werden. Im Spezialfall $\xi(\omega) = I_F(\omega)$ gilt

$$\int I_F(\omega) \, \mathsf{P}(\mathrm{d}\omega) = \mathsf{P}(F) .$$

**2. Definition des Integrals für nichtnegative beschränkte Funktionen.**

**Lemma 1.** *Sei $\xi(\omega) \geqq 0$ meßbar und beschränkt. Dann existiert eine Folge $\xi_n(\omega)$ meßbarer primitiver Funktionen derart, daß $\xi_n(\omega) \uparrow \xi(\omega)$ für $n \to \infty$ gilt.*

Beweis. Wir zerlegen das Intervall $[0, n]$ in $_n 2^n$ gleichlange Teilintervalle. Es seien $x_0 = 0, x_1, \ldots, x_{n2^n} = n$ die Endpunkte der Teilintervalle, so daß $x_{i+1} - x_i = \frac{1}{2^n}$ ist. Wir setzen

$$F_i = \{\omega_i : x_i \leqq \xi(\omega) < x_{i+1}\}\,, \qquad i = 1, 2, \ldots, n2^n - 1,$$

$$F_0 = \{0 \leqq \xi(\omega) < x_1\} \cup \{\xi(\omega) \geqq n\}\,, \qquad \xi_n(\omega) = \sum_{i=0}^{n2^n} x_i I_{F_i}(\omega) \leqq \xi(\omega)\,.$$

Die meßbare primitive Funktion $\xi_n(\omega)$ hat die Eigenschaft, daß für jedes $\omega \in \Omega$ mit $\xi(\omega) < n$ die Ungleichung

$$0 \leqq \xi(\omega) - \xi_n(\omega) \leqq 1/2^n$$

erfüllt ist. Darüber hinaus gilt $\xi_n(\omega) \leqq \xi_{n+1}(\omega)$ für alle $n$. ◀

**Lemma 2.** *Sei $\xi$ eine meßbare Funktion mit $0 \leqq \xi(\omega) \leqq c$. Es seien $\{\xi_n\}$, $\{\eta_n\}$ zwei Folgen meßbarer primitiver Funktionen, die fast überall von unten gegen $\xi(\omega)$ konvergieren. Dann gilt*

$$\lim_{n\to\infty} \int \xi_n \, \mathrm{dP} = \lim_{n\to\infty} \int \eta_n \, \mathrm{dP}\,.$$

Beweis: Aus der Konvergenz fast überall folgt die Konvergenz in Wahrscheinlichkeit (vgl. Kap. 5, § 2). Daher sind für beliebige $\varepsilon > 0$ und $\delta > 0$ für genügend große $n$ die Ungleichungen

$$\mathrm{P}(|\xi - \xi_n| > \varepsilon) < \delta\,, \qquad \mathrm{P}(|\xi - \eta_n| > \varepsilon) < \delta\,, \qquad \mathrm{P}(|\xi_n - \eta_n| > 2\varepsilon) < 2\delta$$

erfüllt. Sei

$$\xi_n = \sum_i x_i^{(n)} I_{F_i^{(n)}}(\omega)\,, \qquad \eta_n = \sum_j y_j^{(n)} I_{G_j^{(n)}}(\omega)\,, \qquad A_n(\varepsilon) = \{|\xi_n - \eta_n| > 2\varepsilon\}\,.$$

Da $\xi_n \leqq \xi \leqq c$ und $\eta_n \leqq \xi \leqq c$ gilt, folgt daraus die Abschätzung

$$\begin{aligned}
\left|\int \xi_n \, \mathrm{dP} - \int \eta_n \, \mathrm{dP}\right| &= \left|\sum_i x_i^{(n)} \mathrm{P}(F_i^{(n)}) - \sum_j y_j^{(n)} \mathrm{P}(G_j^{(n)})\right| = \\
&= \left|\sum_{i,j} (x_i^{(n)} - y_i^{(n)})\ \mathrm{P}(F_i^{(n)} G_j^{(n)})\right| \leqq \\
&\leqq \sum_{i,j} |x_i^{(n)} - y_j^{(n)}|\ \mathrm{P}(F_i^{(n)} G_j^{(n)} \overline{A}_n(\varepsilon)) + 2c\,\mathrm{P}(A_n(\varepsilon)) \leqq \\
&\leqq 2\varepsilon + 2c\, 2\delta\,. \;◀
\end{aligned}$$

Durch die Aussage der Lemmata 1 und 2 ist die Korrektheit der folgenden Definition nachgewiesen.

**Definition 2.** Als *Integral* einer meßbaren beschränkten Funktion $\xi(\omega) \geqq 0$ bezeichnet man die Zahl

$$\int \xi \, \mathrm{dP} = \lim_{n\to\infty} \int \xi_n \, \mathrm{dP}\,,$$

wobei $\xi_n$ eine Folge meßbarer primitiver Funktionen ist, die die Eigenschaft $\xi_n \uparrow \xi$ für $n \to \infty$ hat.

**Definition 3:** Als *Integral* einer beliebigen beschränkten meßbaren Funktion $\xi(\omega)$ bezeichnet man die Zahl

$$\int \xi \,\mathrm{dP} = \lim \int \xi^+ \,\mathrm{dP} - \int \xi^- \,\mathrm{dP}\,,$$

wobei $\xi^+(\omega) = \max(0, \xi(\omega)) \geqq 0$, $\xi^-(\omega) = \max(0, -\xi(\omega)) \geqq 0$, gilt, so daß $\xi = \xi^+ - \xi^-$ ist.

**3. Eigenschaften von Integralen beschränkter Funktionen.** Wie auch für primitive Funktionen wollen wir unter $\int\limits_A \xi \,\mathrm{dP}$ die Zahl $\int \xi(\omega)\, I_A(\omega)\, \mathrm{P}(d\omega)$ verstehen.

I1. *Sind die Mengen $A_j \in \mathfrak{F}$ paarweise disjunkt und ist $\bigcup A_j = \Omega$, so gilt*

$$\int \xi \,\mathrm{dP} = \sum_j \int\limits_{A_j} \xi \,\mathrm{dP}\,. \tag{2}$$

Beweis: Es genügt, die Beziehung (2) für nichtnegative Funktionen $\xi(\omega)$ zu beweisen. Für primitive Funktionen ist die Gleichung (2) offensichtlich, da

$$\int \xi \,\mathrm{dP} = \sum_k x_k \mathrm{P}(\xi = x_k) = \sum_j \sum_k x_k \mathrm{P}(\{\xi = x_k\}\, A_j)$$

gilt. Im allgemeineren Fall gehen wir von der Definition 2 aus und erhalten

$$\int \xi \,\mathrm{dP} = \lim_{n\to\infty} \int \xi_n \,\mathrm{dP} = \lim_{n\to\infty} \sum_j \int\limits_{A_j} \xi_n \,\mathrm{dP} = \sum_j \lim_{n\to\infty} \int\limits_{A_j} \xi_n \,\mathrm{dP} = \sum_j \int\limits_{A_j} \xi \,\mathrm{dP}\,. \tag{3}$$

Die Vertauschung von Summation über $j$ und Grenzübergang für $n \to \infty$ ist erlaubt, da für die Restsummen die Beziehung $(c = \sup\limits_\omega \xi(\omega))$

$$\sum_{j=N}^{\infty} \int\limits_{A_j} \xi_n \,\mathrm{dP} \leqq \sum_{j=N}^{\infty} \int\limits_{A_j} \xi \,\mathrm{dP} \leqq c\mathrm{P}\left(\bigcup_{j=N}^{\infty} A_j\right) \to 0$$

für $N \to \infty$ gleichmäßig in $n$ gilt. ◀

I2. $\int (\xi + \eta) \,\mathrm{dP} = \int \xi \,\mathrm{dP} + \int \eta \,\mathrm{dP}\,.$

Der Beweis ergibt sich aus folgenden drei Bemerkungen

1. Für primitive Funktionen ist die Eigenschaft I2 offensichtlich. Für $\xi \geqq 0$, $\eta \geqq 0$ folgt ihre Gültigkeit auf Grund der Vertauschbarkeit von Summe und Grenzübergang.

2. Ist $\xi = \xi_1^+ - \xi_1^-$, wobei $\xi_1^+$ und $\xi_1^-$ nichtnegativ und beschränkt sind, so gilt

$$\int \xi \,\mathrm{dP} = \int \xi_1^+ \,\mathrm{dP} - \int \xi_1^- \,\mathrm{dP}\,.$$

In der Tat gilt $\xi_1^+ \geqq \xi^+ = \max(0, \xi)$, $\xi_1^- \geqq \xi^- = \max(0, -\xi)$. Also existiert eine meßbare Funktion $\zeta \geqq 0$ derart, daß $\xi_1^\pm = \xi^\pm + \zeta$ ist, und es gilt

$$\int \xi \,\mathrm{dP} = \int \xi^+ \,\mathrm{dP} - \int \xi^- \,\mathrm{dP} + \int \zeta \,\mathrm{dP} - \int \zeta \,\mathrm{dP} = \int \xi_1^+ \,\mathrm{dP} - \int \xi_1^- \,\mathrm{dP}\,.$$

3. Im allgemeinen Fall gilt $(\xi^\pm = \max(0, \pm\xi),\ \eta^\pm = \max(0, \pm\eta))$

$$\int (\xi + \eta) \,\mathrm{dP} = \int (\xi^+ + \eta^+) \,\mathrm{dP} - \int (\xi^- + \eta^-) \,\mathrm{dP} =$$
$$= \int \xi^+ \,\mathrm{dP} - \int \xi^- \,\mathrm{dP} + \int \eta^+ \,\mathrm{dP} - \int \eta^- \,\mathrm{dP} = \int \xi \,\mathrm{dP} + \int \eta \,\mathrm{dP}\,.$$

I3. *Sei a eine beliebige Konstante. Es ist*

$$\int a\xi \, dP = a \int \xi \, dP .$$

I4. *Aus* $\xi \leqq \eta$ *folgt* $\int \xi \, dP \leqq \int \eta \, dP$.

Der Beweis der Eigenschaften I3 und I4 ist offensichtlich. Da das Integral $\int \xi(\omega) \, P(d\omega)$ nach Definition mit dem Erwartungswert $M\xi$ der zufälligen Größe $\xi$ übereinstimmt (die Existenz ist hier durch Definition 2 gesichert), kann man die Eigenschaften I1—I4 als Eigenschaften von Erwartungswerten aufschreiben:

I1. $M\xi = \sum_j M(\xi; A_j)$, falls $A_j$ paarweise disjunkt und $\bigcup A_j = \Omega$.

I2. $M(\xi + \eta) = M\xi + M\eta$.

I3. $Ma\xi = aM\eta$,

I4. $M\xi \leqq M\eta$, falls $\xi \leqq \eta$ ist.

Wir verwenden im weiteren die Schreibweise $M(\xi; A) = \int_A \xi \, dP = \int I_A \xi \, dP$.

**4. Definition des Integrals und seine Eigenschaften im allgemeinen Fall.**

**Definition 4.** Als *Integral* einer meßbaren Funktion $\xi(\omega) \geqq 0$ bezeichnet man die Zahl

$$M\xi = \int \xi \, dP = \lim_{n\to\infty} \int_{\{\xi \leqq n\}} \xi \, dP = \lim_{n\to\infty} M(\xi; \xi \leqq n) .$$

Für eine Funktion $\xi(\omega)$, die sowohl negative als auch positive Werte annehmen kann, definieren wir

$$M\xi = \int \xi(\omega) \, P(d\omega) = M\xi^+ - M\xi^- = \int \xi^+(\omega) \, P(d\omega) - \int \xi^-(\omega) \, P(d\omega)$$

(dabei ist $\xi^\pm = \max(0, \pm \xi)$), falls eines der Integrale $M\xi^+$ oder $M\xi^-$ existiert. Man sagt, daß das Integral $M\xi$ existiert, falls beide Integrale $M\xi^+$ und $M\xi^-$ existieren. Die Funktion $\xi$ heißt dann *integrierbar*. Ist $M\xi$ eindeutig bestimmt, (d. h. $M\xi^+$ oder $M\xi^-$ ist endlich) aber nicht endlich, so bezeichnet man $\xi$ als *quasiintegrierbar*.

Im Sinne dieser Definition ist jede beschränkte meßbare Funktion $\xi$ integrierbar, unbeschränkte Funktionen müssen nicht integrierbar sein (auch nicht quasiintegrierbar).

Aus der Definition 4 folgt sofort der

**Satz 1.** $\xi$ *ist genau dann integrierbar,* (es ist ja $|\xi| = \xi^+ + \xi^-$) *wenn* $|\xi|$ *integrierbar ist. Aus der Integrierbarkeit von* $\xi$ *folgt die Existenz des Integrals* $\int_A \xi \, dP = M(\xi; A)$ *für jedes* $A \in \mathfrak{F}$.

Der Leser kann selbständig beweisen, daß die Eigenschaften I1—I4 des Integrals, die im Abschnitt 3 für beschränkte zufällige Größen bewiesen wurden, auch im allgemeinen Fall gelten. Beim Beweis der Gleichung (2) (Eigenschaft I1) muß man die Beziehung

$$\lim_{n\to\infty} M\left(\xi_n; \bigcup_{j=N}^{\infty} A_j\right) \leqq M\left(\xi; \bigcup_{j=N}^{\infty} A_j\right) \to 0$$

für $N \to \infty$ ausnutzen[1]). Diese Beziehung ist eine Folge des folgenden Lemmas, das wir gesondert formulieren.

**Lemma 3.** *Ist $\xi$ integrierbar oder quasiintegrierbar, so gilt für jede Folge $F_n \in \mathfrak{F}$ mit der Eigenschaft $\mathsf{P}(F_n) \to 0$ für $n \to \infty$, die Beziehung*

$$\mathsf{M}(\xi; F_n) \to 0 .$$

Beweis: Wir führen den Beweis für integrierbare $\xi$. Für beliebiges $\varepsilon > 0$ existiert ein $m(\varepsilon)$, so daß

$$\mathsf{M}|\xi| - \mathsf{M}(|\xi|; |\xi| \leqq m) < \varepsilon$$

für alle $m \geqq m(\varepsilon)$ gilt. Daher ist für jedes $F \in \mathfrak{F}$

$$\mathsf{M}(|\xi|; F) - \mathsf{M}(|\xi|; \{|\xi| \leqq m\} F) = \mathsf{M}(|\xi|; \{|\xi| > m\} F) = \mathsf{M}(|\xi| I_F; |\xi| > m) > \varepsilon$$

für alle $m \geqq m(\varepsilon)$. Wählt man $n$ so groß, daß $\mathsf{P}(F_n) \leqq \dfrac{\varepsilon}{m(\varepsilon)}$ ist, so erhält man die Abschätzung

$$\mathsf{M}(|\xi|; F_n) \leqq \mathsf{M}(|\xi|; \{|\xi| \leqq m\} F_n) + \varepsilon \leqq m(\varepsilon)\, \mathsf{P}(F_n) + \varepsilon \leqq 2\varepsilon . \blacktriangleleft$$

Die Eigenschaft I2 gilt auch für quasiintegrierbare Funktionen mit Ausnahme des Falles $\mathsf{M}\xi = +\infty$, $\mathsf{M}\eta = -\infty$ oder umgekehrt.

Wir geben noch weitere wichtige Eigenschaften von Integralen an, die sich leicht aus den Eigenschaften I1—I4 ableiten lassen,

I5. $|\mathsf{M}\xi| \leqq \mathsf{M}|\xi|$, denn es ist $|\mathsf{M}\xi| \leqq \mathsf{M}\xi^+ + \mathsf{M}\xi^- = \mathsf{M}|\xi|$.

I6. *Aus $c_1 \leqq \xi \leqq c_2$ folgt $c_1 \leqq \mathsf{M}\xi \leqq c_2$.*

I7. *Aus $\xi \geqq 0$ und $\mathsf{M}\xi = 0$ folgt $\mathsf{P}(\xi = 0) = 1$.*

Beweis: Nimmt man an, daß $\mathsf{P}(\xi > 0) > 0$ ist, so folgt daraus die Existenz eines $\varepsilon > 0$ derart, daß

$$\mathsf{P}(\xi \geqq \varepsilon) = q > 0; \qquad \mathsf{M}\xi \geqq \mathsf{M}(\xi; \xi \geqq \varepsilon) \geqq \varepsilon q > 0$$

ist. Der daraus folgende Widerspruch beweist I7. ◀

I8. *Aus $\mathsf{P}(\xi = \eta) = 1$ und der Existenz von $\mathsf{M}\xi$ folgt die Gleichung $\mathsf{M}\xi = \mathsf{M}\eta$.*

Beweis: Für jedes $n$ ist

$$\begin{aligned} \mathsf{M}(\eta; |\eta| \leqq n) &= \mathsf{M}(\eta I_{\{\xi=\eta\}}; |\eta| \leqq n) + \mathsf{M}(\eta I_{\{\xi\neq\eta\}}; |\eta| \leqq n) \\ &= \mathsf{M}(\eta I_{\{\eta=\xi\}}; |\eta| \leqq n) = \mathsf{M}(\xi I_{\{\eta=\xi\}}; |\xi| \leqq n) \\ &= \mathsf{M}(\xi; |\xi| \leqq n), \text{ denn es ist } \mathsf{M}(\eta I_{\{\xi\neq\eta\}}; \eta \leqq n) \leqq n \mathsf{P}(\xi \neq \eta) = 0 . \end{aligned}$$

Also gilt

$$\mathsf{M}\eta = \lim_{n\to\infty} \mathsf{M}(\eta; |\eta| \leqq n) = \lim_{n\to\infty} \mathsf{M}(\xi; |\xi| \leqq n) = \mathsf{M}\xi . \blacktriangleleft$$

---

[1]) Die Eigenschaft I 1 ist ein Spezialfall der folgenden Behauptung: Für jede integrierbare oder quasiintegrierbare Funktion $\xi$ wird durch

$$\nu(A) = \int_A \xi(\omega)\, \mathsf{P}(d\omega)$$

eine $\sigma$-additive Mengenfunktion $\nu$ auf $\mathfrak{F}$ definiert, vgl. Satz 7 (Anm. d. Red.).

### 5. Weitere Eigenschaften der Integrale.

**Satz 2** (Lebesgue, Satz über die Konvergenz einer majorisierten Folge). *Die Folge $\xi_n$ konvergiere für $n \to \infty$ fast überall oder dem Maße nach (in Wahrscheinlichkeit) gegen $\xi$ und es gelte $|\xi_n| \leqq \eta$, $n \geqq 1$. Dann folgt aus der Existenz von $\mathsf{M}\eta$ die Existenz von $\mathsf{M}\xi$, und es gilt*

$$\mathsf{M}\xi = \lim_{n\to\infty} \mathsf{M}\xi_n .$$

Beweis. Das Integral $\mathsf{M}\xi$ existiert, weil für beliebige $N$ gilt

$$\mathsf{M}\min(|\xi|, N) = \lim_{n\to\infty} \mathsf{M}\min(|\xi_n|, N) \leqq \lim_{n\to\infty} \mathsf{M}|\xi_n| \leqq \mathsf{M}\eta .$$

Ferner folgt aus $\xi_n \underset{p}{\to} \xi$ die Beziehung

$$\mathsf{P}(|\xi_n - \xi| > \varepsilon) \underset{n\to\infty}{\to} 0 \text{ für jedes } \varepsilon > 0 .$$

Also gilt nach Lemma 3 für jedes $\delta > 0$ für genügend große $n$

$$\mathsf{M}(|\xi|; |\xi - \xi_n| > \varepsilon) < \delta .$$

Daraus ergibt sich

$$|\mathsf{M}\xi_n - \mathsf{M}\xi| \leqq \mathsf{M}(|\xi_n - \xi|; |\xi_n - \xi| \leqq \varepsilon) + \\ + \mathsf{M}(|\xi_n - \xi|; |\xi_n - \xi| > \varepsilon) \leqq \varepsilon + 2\delta . \blacktriangleleft$$

**Satz 3.** (Beppo Levi)[1]. *Sei $\xi_n$ eine monoton nichtfallende Folge nichtnegativer zufälliger Größen (d. h. $\xi_{n+1} \geqq \xi_n \geqq 0$ für alle $n$), die für $n \to \infty$ fast überall gegen die zufällige Größe $\xi$ konvergieren. Dann gilt*

$$\lim_{n\to\infty} \int \xi_n \, d\mathsf{P} = \int \xi \, d\mathsf{P} .$$

(*Hier ist $\int \xi \, d\mathsf{P} = \infty$ zugelassen; es ist $\int \xi \, d\mathsf{P} < \infty$ genau dann, wenn $\lim_{n\to\infty} \int \xi_n \, d\mathsf{P} < \infty$ ist.*

Beweis: In Ergänzung zum Satz 2 ist es noch zu zeigen, daß $\mathsf{M}\xi_n \to \infty$, falls $\mathsf{M}\xi = \infty$ ist. Wir setzen

$$\xi_n^N = \min(\xi_n, N) , \qquad \mathsf{M}\xi^N = \min(\xi, N) .$$

Offenbar gilt $\xi_n^N \uparrow \xi^N$ für $n \to \infty$ und $\mathsf{M}\xi^N \uparrow \mathsf{M}\xi^N$. Folglich kann der Wert von $\mathsf{M}\xi_n^N$ durch geeignete Wahl von $n$ und $N$ beliebig groß gemacht werden, es ist aber $\mathsf{M}\xi_n \geqq \mathsf{M}\xi_n^N$. $\blacktriangleleft$

**Folgerung 1.** *Sei $\{\xi_n\}$ eine Folge nichtnegativer zufälliger Größen. Es ist stets*

$$\int \left( \sum_{n=1}^{\infty} \xi_n \right) d\mathsf{P} = \sum_{k=1}^{\infty} \int \xi_n \, d\mathsf{P} .$$

(Beide Seiten sind gleichzeitig endlich oder unendlich).

[1]) Es gilt folgende allgemeinere Aussage:
Aus $\xi_n \uparrow \xi$ für $n \to \infty$ folgt $\mathsf{M}\xi_n \uparrow \mathsf{M}\xi$, falls $\mathsf{M}\xi_n^+ < \infty$ für mindestens ein $n$; aus $\xi_n \downarrow \xi$ für $n \to \infty$ folgt $\mathsf{M}\xi_n \downarrow \mathsf{M}\xi$, falls $\mathsf{M}\xi_n^- < \infty$ für mindestens ein $n$. Den Beweis findet man im o. g. Buch von J. Neveu (Anm. d. Red.).

**Folgerung 2** (Verallgemeinerung der Eigenschaft I1). *Sei $\xi \geqq 0$ integrierbar oder quasiintegrierbar und $\{A_j\}$ eine Folge disjunkter Mengen aus $\mathfrak{F}$. Es ist dann*

$$\int_{\cup A_j} \xi \, dP = \sum_{j=1}^{\infty} \int_{A_j} \xi \, dP .$$

**Satz 4.** *Ist die zufällige Größe $\xi$ integrierbar und ist die zufällige Größe $\eta$ beschränkt, so ist die zufällige Größe $\xi \cdot \eta$ ebenfalls integrierbar. Ist $A \in \mathfrak{F}$ und ist $\eta$ beschränkt auf $A$, so existiert $\int_A \eta \, dP$.*

Beweis: a) Es gilt $|\eta(\omega)| \leqq c$, also ist $|\xi(\omega)\, \eta(\omega)| \leqq c|\xi(\omega)|$. Aus I4 und I3 folgen die Ungleichungen

$$M \leqq Mc|\xi| \, |\xi\eta| .$$

Nach Voraussetzung ist aber $M|\xi| < \infty$.
b) Die zweite Behauptung des Satzes folgt aus der ersten, indem man $\xi = I_A$ einsetzt. ◀

**Satz 5** (Lemma von Fatou). *Sei $\{\xi_n\}$ eine Folge integrierbarer nichtnegativer zufälliger Größen mit der Eigenschaft*

$$\liminf_n \int \xi_n \, dP < \infty .$$

*Dann ist die zufällige Größe $\xi(\omega) = \liminf_n \xi_n(\omega)$ integrierbar, und es gilt*

$$\int \xi \, dP \leqq \liminf_n \int \xi_n \, dP$$

Beweis: Die Folge $\eta_n(\omega) = \inf_{i \geqq n} \big(\xi_i(\omega)\big)$ ist monoton nichtfallend, und es ist $\eta_n \leqq \xi_n$ für jedes $n$. Nach I4 existieren die Integrale $M\eta_n$, und es ist $M\eta_n \leqq M\xi_n$. Also ist

$$\lim_n \int \eta_n \, dP \leqq \liminf_n \int \xi_n \, dP < \infty .$$

Außerdem existiert $\lim_n \eta_n(\omega)$ fast überall, und es ist

$$\lim_n \eta_n(\omega) = \liminf_n \xi_n(\omega) = \xi(\omega) .$$

Nach Satz 3 ist $\xi$ integrierbar, und es gilt

$$\int \xi \, dP = \lim_n \int \eta_n \, dP \leqq \liminf_n \int \xi_n \, dP . \quad ◀$$

Sei $g(x)$ eine Borelsche Funktion auf $R^1$ (d. h. für jedes $B \in \mathfrak{B}^1$ gilt: $\{x: g(x) \in B\} = g^{-1}(B) \in \mathfrak{B}^1$). Die Funktion $\eta(\omega) = g\big(\xi(\omega)\big)$ ist dann ebenfalls eine zufällige Größe über $\langle \Omega, \mathfrak{F}, P\rangle$. Andererseits induziert die zufällige Größe $\xi$ einen Wahrscheinlichkeitsraum $\langle R^1, \mathfrak{B}^1, P_\xi\rangle$, wobei $P_\xi(B) = P(\omega: \xi(\omega) \in B) = P\big(\xi^{-1}(B)\big)$ für jedes $B \in \mathfrak{B}^1$ gilt. Man kann also von Integralen bezüglich des Maßes $P_\xi$ sprechen. Es gilt der folgende

**Satz 6.** *Das Integral* $\mathsf{M}\eta$ *existiert genau dann, wenn das Integral* $\int_{R^1} g(x)\, \mathsf{P}_\xi(\mathrm{d}x)$ *existiert. Es ist dann*

$$\mathsf{M}\eta = \int_\Omega \eta(\omega)\, \mathsf{P}(\mathrm{d}\omega) = \int_{R^1} g(x)\, \mathsf{P}_\xi(\mathrm{d}x)\,. \tag{4}$$

*Insbesondere gilt also*

$$\mathsf{M}\xi = \int_{R^1} x\, \mathsf{P}_\xi(\mathrm{d}x)\,, \tag{5}$$

*wobei die eine Seite genau dann existiert, wenn die andere existiert.*

Beweis: Sei zunächst $g(x) = I_B(x)$ die Indikatorfunktion einer Menge $B \in \mathfrak{B}^1$. Dann ist $\eta = g(\xi(\omega)) = I_{\{\omega' : \xi(\omega') \in B\}}(\omega)$, und es ist $\mathsf{M}\eta = \mathsf{P}(\xi \in B)$. Daher gilt

$$\int g(x)\, \mathsf{P}_\xi(\mathrm{d}x) = \int I_B(x)\, \mathsf{P}_\xi(\mathrm{d}x) = \mathsf{P}_\xi(B) = \mathsf{P}(\xi \in B) = \mathsf{M}\eta\,.$$

Auf Grund der Eigenschaften des Integrals kann man leicht die Behauptung des Satzes für primitive Funktionen $g$ beweisen. Durch den Grenzübergang ergibt sich die Gültigkeit des Satzes für beschränkte Funktionen $g \geqq 0$. Sei $g \geqq 0$ (u. U. unbeschränkt). Ist die Funktion

$$g(\xi)\, I_B(\xi) = \eta(\omega)\, I_{\{\xi \in B\}}(\omega)$$

beschränkt, so gilt

$$\int_B g(x)\, \mathrm{d}\mathsf{P}_\xi(x) = \mathsf{M}(\eta; \xi \in B)\,.$$

Also ist

$$\int_{\{g \leqq n\}} g\, \mathrm{d}\mathsf{P}_\xi = \mathsf{M}(\eta; \eta \leqq n)\,.$$

Durch Grenzübergang $n \to \infty$ erhält man die Behauptung des Satzes. Die Betrachtung von Funktionen $g$, die sowohl positive als auch negative Werte annimmt, bietet keine zusätzlichen Schwierigkeiten. ◀

**6. Integrale bezüglich nichtnormierter Maße. Satz von Radon-Nikodym.** Sei $\langle \Omega, \mathfrak{F} \rangle$ ein meßbarer Raum und $Q$ ein endliches Maß auf $\mathfrak{F}$, d. h. eine nichtnegative $\sigma$-additive Mengenfunktion auf $\mathfrak{F}$ mit der Eigenschaft $Q(\Omega) < \infty$.

Das Integral $\int \xi\, \mathrm{d}Q = \int_\Omega \xi(\omega)\, Q(\mathrm{d}\omega)$ einer reellwertigen meßbaren Funktion $\xi$ bezüglich $Q$ wird genauso schrittweise definiert, wie für Wahrscheinlichkeitsmaße. Sämtliche in den vorangehenden Abschnitten angegebenen Eigenschaften des Integrals bezüglich eines normierten Maßes $\mathsf{P}$ lassen sich auf Integrale bezüglich $Q$ übertragen (die Eigenschaft I6 lautet jetzt: Aus $c_1 \leqq \xi \leqq c_2$ folgt $c_1 Q(\Omega) \leqq \int \xi\, \mathrm{d}Q \leqq c_2 Q(\Omega)$); die Beweise erfahren ebenfalls keine Veränderungen.

Es ist notwendig, folgende Bemerkung zum Satz 6 zu machen. Es seien $\langle \Omega, \mathfrak{F} \rangle$, $\langle \Omega', \mathfrak{F}' \rangle$ meßbare Räume, $Q$ ein endliches Maß auf $\mathfrak{F}$ und $\xi$ eine meßbare Abbildung von $\Omega$ in $\Omega'$ (es ist $\xi^{-1}(A) = \{\omega : \xi(\omega) \in A\} \in \mathfrak{F}$ für alle $A \in \mathfrak{F}'$). Die Abbildung $\xi$ induziert dann ein Maß $Q_\xi$ auf $\mathfrak{F}'$, das durch

$$Q_\xi(A) = Q(\xi^{-1}(A))\,, \qquad A \in \mathfrak{F}'\,,$$

definiert ist.

Sei $g$ eine meßbare reellwertige Funktion auf $\Omega'$. Dann ist die zusammengesetzte Funktion $g(\xi(\omega))$ ebenfalls meßbar. In Verallgemeinerung des Satzes 6 erhalten wir den

**Satz 6'.** *Die Funktion $g$ ist genau dann bezüglich $Q_\xi$ integrierbar (quasiintegrierbar), wenn die Funktion $g(\xi)$ bezüglich $Q$ integrierbar (quasiintegrierbar) ist, und es gilt*

$$\int_\Omega g(\xi(\omega))\, Q(\mathrm{d}\omega) = \int_{\Omega'} g(\omega')\, Q_\xi(\mathrm{d}\omega')\,. \tag{4'}$$

Der Beweis des Satzes 6' verläuft genauso wie der des Satzes 6.

**Satz 7.** *Für jede bezüglich $Q$ integrierbare (quasiintegrierbare) Funktion $\xi$ ist die Mengenfunktion*

$$\nu(A) = \int_A \xi(\omega)\, Q(\mathrm{d}\omega) = \int_\Omega \xi(\omega)\, I_A(\omega)\, Q(\mathrm{d}\omega)$$

*auf $\mathfrak{F}$ $\sigma$-additiv. Ist $\xi \geqq 0$ und integrierbar, so ist $\nu$ ein endliches Maß auf $\mathfrak{F}$.*

Beweis. Es genügt, den Satz für nichtnegative $\xi$ zu beweisen (im allgemeinen Fall benutzt man die Darstellung $\xi = \xi^+ - \xi^-$). Die Behauptung ergibt sich unmittelbar aus der Folgerung 2 des Satzes 3.

**Definition 5.** Es seien $\langle \Omega, \mathfrak{F} \rangle$ ein meßbarer Raum und $Q$ ein Maß auf $\mathfrak{F}$ mit $Q(\Omega) = \infty$. Das Maß $Q$ heißt *$\sigma$-endlich*, wenn eine Folge $\{A_n\} \in \mathfrak{F}$ existiert mit der Eigenschaft $Q(A_n) < \infty$, $\bigcup_{n=1}^{\infty} A_n = \Omega$.

Beispiel 1. Das Lebesguesche Maß $\mu$ auf der $\sigma$-Algebra $\mathfrak{B}^n$ der Borel-Mengen des Raumes $R^n$ ist kein endliches, aber ein $\sigma$-endliches Maß. (Als $\{A_n\}$ nehme man z. B. Kugeln mit dem „Durchmesser" $n$).

Beispiel 2. Es seien $\langle \Omega, \mathfrak{F} \rangle$ ein meßbarer Raum, $Q$ endliches Maß auf $\mathfrak{F}$ und $\xi \geqq 0$ eine meßbare quasiintegrierbare Funktion ($\int \xi\, \mathrm{d}Q = \infty$). Die Funktionen $\xi_n = \xi I_{\{\xi \leqq n\}}$ seien integrierbar. Auf Grund des Satzes 7 ist $\nu(A) = \int_A \xi\, \mathrm{d}Q$ ein $\sigma$-endliches Maß.

Man kann den Begriff des Integrals $\int \xi\, \mathrm{d}Q$ einer meßbaren Funktion $\xi$ bezüglich eines $\sigma$-endlichen Maßes genauso schrittweise einführen wie für Wahrscheinlichkeitsmaße auf $\mathfrak{F}$. Der Unterschied besteht lediglich darin, daß bereits Indikatorfunktionen nicht integrierbar, sondern lediglich quasi-integrierbar sein können. Die meisten von uns angeführten Sätze, insbesondere die Sätze 6' und 7 behalten ihre Gültigkeit. Das Maß

$$\nu(A) = \int_A \xi\, \mathrm{d}Q$$

ist wieder genau dann endlich, falls $\xi \geqq 0$ bezüglich $Q$ integrierbar ist; $\nu$ ist genau dann $\sigma$-endlich, wenn $\xi \geqq 0$ quasiintegrierbar ist, und eine Folge $\{A_n\} \in \mathfrak{F}$ existiert, so daß die $\xi_n = \xi I_{A_n}$ integrierbar sind und $\Omega = \bigcup_{n=1}^{\infty} A_n$ ist.

**Definition 6.** Es seien $\langle \Omega, \mathfrak{F} \rangle$ ein meßbarer Raum und $\nu$, $\mu$ beliebige Maße auf $\mathfrak{F}$. Das Maß $\nu$ heißt *absolut stetig* bezüglich $\mu$, wenn für jedes $E \in \mathfrak{F}$ aus $\mu(E) = 0$ die Beziehung $\nu(E) = 0$ folgt. Wir schreiben dafür $\nu \ll \mu$.

**Satz 8.** *Ein endliches Maß $\nu$ ist genau dann bezüglich eines Maßes $\mu$ absolut stetig, wenn zu jeder Zahl $\varepsilon > 0$ eine Zahl $\delta > 0$ derart existiert, daß für jedes $A \in \mathfrak{F}$ aus $\mu(A) < \delta$ die Ungleichung $\nu(A) < \varepsilon$ folgt.*

Beweis. Sei $A \in \mathfrak{F}$ mit der Eigenschaft $\mu(A) = 0$. Aus der Bedingung des Satzes folgt für jedes $\varepsilon > 0$ die Gültigkeit von $\nu(A) < \varepsilon$. Also gilt $\nu(A) = 0$ und damit $\nu \ll \mu$.

Angenommen, es existiert ein $\varepsilon > 0$ und eine Folge $\{A_n\} \in \mathfrak{F}$ mit der Eigenschaft $\mu(A_n) < \frac{1}{2^n}$ und $\nu(A_n) > \varepsilon$, $n = 1, 2, \ldots$ Sei

$$A = \bigcap_{n=1}^{\infty} \bigcup_{m=n}^{\infty} A_m .$$

Dann ist

$$\mu(A) \leqq \mu\left(\bigcup_{m=n}^{\infty} A_m\right) \leqq \sum_{m=n}^{\infty} \mu(A_m) < 2^{-(n-1)},$$

woraus $\mu(A) = 0$ folgt. Wegen der Endlichkeit von $\nu$ gilt $\nu(A) \geqq \limsup_n \nu(A_n) \geqq \geqq \varepsilon > 0$. Das ist ein Widerspruch zur Voraussetzung $\nu \ll \mu$. ◀

Der folgende Satz beschreibt vollständig die Struktur aller bezüglich eines $\sigma$-endlichen Maßes $\mu$ absolut stetigen Maße $\nu$.

**Satz 9** (Satz von Radon-Nikodym). *Es seien $\mu$ und $\nu$ Maße auf einer $\sigma$-Algebra $\mathfrak{F}$ von Teilmengen aus $\Omega$. Ist $\mu$ $\sigma$-endlich, so sind folgende Aussagen äquivalent:*
a) *Es existiert eine nichtnegative Funktion $\xi$ mit der Eigenschaft*

$$\nu(A) = \int_A \xi(\omega)\, \mu(d\omega) \qquad \textit{für jedes } A \in \mathfrak{F};$$

b) $\nu \ll \mu$.

*Die in* a) *auftretende meßbare Funktion $\xi$ ist in folgendem Sinne eindeutig bestimmt: Ist $\eta$ eine meßbare Funktion mit der Eigenschaft $\nu(A) = \int_A \eta(\omega)\, \mu(d\omega)$ für jedes $A \in \mathfrak{F}$, so ist*

$$\mu\left(\omega : \xi(\omega) \neq \eta(\omega)\right) = 0 .$$

Auf den Beweis des Satzes 9 wird hier verzichtet.[1]) Die Implikation a) $\Rightarrow$ b) folgt unmittelbar.

Bemerkung 1. Die $\mu$-fast-überall eindeutig bestimmte Funktion $\xi(\omega)$ bezeichnet man als Radon-Nikodym-*Ableitung* oder *Dichte* von $\nu$ bezüglich $\mu$. Die Integrierbarkeit von $\xi$ bezüglich $\mu$ wird nicht behauptet. Offenbar ist $\xi$ genau dann integrierbar, wenn $\nu$ endlich ist; $\nu$ ist $\sigma$-endlich genau dann, wenn $\xi$ $\mu$-fast-überall endlich ist.

---

[1]) Der interessierte Leser wird auf die o. g. Bücher von P. Halmos, H. Bauer oder J. Neveu verwiesen (Anm. d. Red.).

Bemerkung 2. Der im § 2 Kap. 3 eingeführte Begriff der absoluten Stetigkeit stimmt mit dem hier behandelten überein. (Man nehme als $\mu$ das LEBESGUEsche Maß auf der $\sigma$-Algebra der BOREL-Mengen und als $\nu$ das durch die Verteilungsfunktion $F$ eindeutig bestimmte Verteilungsgesetz $\mathsf{P}$. Gilt für jedes $x$ die Darstellung $F(x) = \int_{-\infty}^{x} f(u)\, du$, so ist offenbar $\mathsf{P} \ll \mu$. Die Umkehrung folgt aus dem Satz von RADON-NIKODYM.

## 7. Direkte Produkte meßbarer Räume, Produktmaße. Satz von FUBINI.

**Definition 7.** Es seien $\langle \Omega_1, \mathfrak{F}_1 \rangle$, $\langle \Omega_2, \mathfrak{F}_2 \rangle$ meßbare Räume. Unter dem *meßbaren Produktraum* $\langle \Omega_1 \times \Omega_2, \mathfrak{F}_1 \times \mathfrak{F}_2 \rangle$ versteht man den Raum $\Omega_1 \times \Omega_2$ aller Paare $(\omega_1, \omega_2)$, $\omega_1 \in \Omega_1$, $\omega_2 \in \Omega_2$ mit der $\sigma$-Algebra $\mathfrak{F}_1 \times \mathfrak{F}_2$ von Teilmengen aus $\Omega_1 \times \Omega_2$, die durch die Teilmengen der Gestalt

$$A_1 \times A_2 = \{(\omega_1, \omega_2) : \omega_1 \in A_1, \omega_2 \in A_2\}\,, \qquad A_1 \in \Omega_1\,,\ A_2 \in \Omega_2$$

erzeugt wird. Die Mengen der Form $A_1 \times A_2$ aus $\Omega_1 \times \Omega_2$ bezeichnen wir als *Rechtecke*.

**Definition 8.** Sei $A$ eine beliebige Menge aus $\Omega_1 \times \Omega_2$ und $\omega_1(\omega_2)$ ein beliebiges Element aus $\Omega_1(\Omega_2)$. Als *$\omega_1$-Schnitt* (*$\omega_2$-Schnitt*) von $A$ bezeichnet man die Menge

$$A_{\omega_1} = \{\omega_2 : (\omega_1, \omega_2) \in A\} \subseteq \Omega_2 \qquad \left(A_{\omega_2} = \{\omega_1 : (\omega_1; \omega_2) \in A\} \subseteq \Omega_1\right).$$

Sei $h$ eine beliebige reellwertige Funktion auf $\Omega_1 \times \Omega_2$. Als *$\omega_1$-Schnitt* von $h$ bezeichnet man die Funktion $h_{\nu_1}$ auf $\Omega_2$ mit der Eigenschaft

$$h_{\omega_1}(\ddot{\omega}_2) = h(\omega_1, \omega_2)\,, \qquad \omega_2 \in \Omega_2\,.$$

Analog werden die $\omega_2$-Schnitte von $h$ definiert.

**Satz 10.** a) *Jeder Schnitt einer meßbaren Menge $A$ ($A \in \mathfrak{F}_1 \times \mathfrak{F}_2$) ist meßbar.*

b) *Jeder Schnitt einer meßbaren Funktion $h$ auf $\Omega_1 \times \Omega_2$ ist meßbar (bezüglich $\mathfrak{F}_1$ bzw. $\mathfrak{F}_2$).*

Beweis a) Sei $\mathcal{A}$ die Klasse der Mengen aus $\Omega_1 \times \Omega_2$, deren Schnitte meßbar sind. Offenbar ist $\mathcal{A}$ eine $\sigma$-Algebra. Ist $E = A_1 \times A_2$, so ist ein beliebiger Schnitt von $E$ entweder leer oder er stimmt mit $A_1$ bzw. $A_2$ überein. Also ist $\mathfrak{F}_1 \times \mathfrak{F}_2 \subseteq \mathcal{A}$.

b) Sei $h$ eine meßbare Funktion auf $\Omega_1 \times \Omega_2$, $\omega_1 \in \Omega_1$, $B \in \mathfrak{B}^1$.

Offenbar gilt

$$h_{\omega_1}^{-1}(B) = \{\omega_2 : h(\omega_1, \omega_2) \in B\} = \{\omega_2 : (\omega_1, \omega_2) \in h^{-1}(B)\} = \left(h^{-1}(B)\right)_{\omega_1}.$$

Aus der Behauptung a) des Satzes folgt $\left(h^{-1}(B)\right)_{\omega_1} \in \mathfrak{F}_2$. Analog wird die Meßbarkeit von $h_{\omega_2}$ bewiesen. ◀

**Satz 11.** *Es seien $\langle \Omega_1, \mathfrak{F}_1, \nu_1 \rangle$, $\langle \Omega_2, \mathfrak{F}_2, \nu_2 \rangle$ meßbare Räume mit $\sigma$-endlichen Maßen und $A$ eine beliebige Menge aus $\mathfrak{F}_1 \times \mathfrak{F}_2$. Die Funktionen*

$$f(\omega_1) = \nu_2(A_{\omega_1})\,, \qquad g(\omega_2) = \nu_1(A_{\omega_2})$$

*sind meßbare nichtnegative Funktionen auf $\Omega_1$ bzw. $\Omega_2$, und es gilt*

$$\int f\, d\nu_1 = \int g\, d\nu_2 .$$

Beweis. Offenbar enthält das System $\mathfrak{M}$ aller Teilmengen von $\Omega_1 \times \Omega_2$, für die die Behauptung des Satzes gilt, alle Rechtecke und alle endlichen Vereinigungen disjunkter Rechtecke. Es bleibt noch zu zeigen, daß $\mathfrak{M}$ eine $\sigma$-Algebra ist. Das folgt leicht aus den angegebenen Sätzen über Vertauschung von Integration und Grenzübergang (ausführlichere Beweise findet der Leser in den o. g. Büchern von P. Halmos oder H. Bauer).

**Satz 12.** *Es seien $\langle \Omega_1, \mathfrak{F}_1 \rangle$ und $\langle \Omega_2, \mathfrak{F}_2 \rangle$ meßbare Räume und $\nu_1$, $\nu_2$ $\sigma$-endliche Maße auf $\mathfrak{F}_1$ bzw. $\mathfrak{F}_2$. Dann existiert ein eindeutig bestimmtes $\sigma$-endliches Maß $\nu$ auf $\mathfrak{F}_1 \times \mathfrak{F}_2$ mit der Eigenschaft*

$$\nu(A_1 \times A_2) = \nu_1(A_1)\, \nu_2(A_2)\,, \qquad A_i \in \mathfrak{F}_i\,. \tag{6}$$

Man nennt $\nu$ das *Produkt der Maße* $\nu_1$, $\nu_2$ und bezeichnet es mit $\nu = \nu_1 \times \nu_2$.

Beweis. Die kleinste Algebra $\mathfrak{A}$, die die Rechtecke $A_1 \times A_2 \subseteq \Omega_1 \times \Omega_2$ enthält, besteht aus endlichen Vereinigungen disjunkter Rechtecke. (Die Rechtecke bilden eine erzeugende *Halbalgebra* von $\mathfrak{A}$.) Man kann also den Ansatz (6) erweitern und gewinnt eine endliche-additive Funktion $\nu$ auf $\mathfrak{A}$, die darüber hinaus stetig ist. Die Behauptung des Satzes folgt unmittelbar aus dem Ausdehnungssatz für Maße (vgl. Anhang 1). ◀

Für eine beliebige Menge $A \in \mathfrak{F}_1 \times \mathfrak{F}_2$ gilt

$$\nu(A) = \int \nu_2(A_{\omega_1})\, \nu_1\, (d\omega_1) = \int \nu_1(A_{\omega_2})\, \nu_2(d\omega_2)\,.$$

Betrachten wir jetzt den Raum $\langle \Omega_1 \times \Omega_2, \mathfrak{F}_1 \times \mathfrak{F}_2, \nu_1 \times \nu_2 \rangle$, wobei $\nu_1$, $\nu_2$ $\sigma$-endliche Maße auf $\mathfrak{F}_1$ bzw. $\mathfrak{F}_2$ sind. Sei $h$ eine meßbare reellwertige Funktion auf $\Omega_1 \times \Omega_2$, für die das Integral

$$\int_{\Omega_1 \times \Omega_2} h(\omega)\, (\nu_1 \times \nu_2)\, (d\omega)$$

einen Sinn hat, d. h., $h$ ist bezüglich $\nu_1 \times \nu_2$ quasiintegrierbar. Das Integral $\int_{\Omega_1 \times \Omega_2} h(\omega)\, (\nu_1 \times \nu_2)\, (d\omega)$ wird als das *Doppelintegral* von $h$ bezeichnet.

Die Funktionen (Schnitte von $h$) $h_{\omega_1}(\omega_2)$ und $h_{\omega_2}(\omega_1)$ sind in $\omega_2$ bzw. $\omega_1$ meßbar. Die Integrale

$$\int_{\Omega_2} h_{\omega_1}(\omega_2)\ \nu_2(d\omega_2) = f(\omega_1) \qquad \text{und} \qquad \int_{\Omega_1} h_{\omega_2}(\omega_1)\, \nu_1(d\omega_1) = g(\omega_2)$$

sind (sofern sie einen Sinn haben) meßbare Funktionen in $\omega_1$ bzw. $\omega_2$. Ist die Funktion $f(\omega_1)$ quasiintegrierbar bezüglich $\nu_1$ (d. h. $\int f(\omega_1)\, \nu(d\omega_1)$ hat einen Sinn), so führen wir die Bezeichnung

$$\int_{\Omega_1} f(\omega_1)\, \nu_1(d\omega_1) = \int_{\Omega_1} \left( \int_{\Omega_2} h(\omega_1, \omega_2)\, \nu_2(d\omega_2) \right) \nu_1(d\omega_1)$$

ein und nennen diesen Ausdruck *iteriertes Integral* von $h$. Analog wird das *iterierte Integral*

$$\int_{\Omega_2} \left( \int_{\Omega_1} h(\omega_1, \omega_2)\, \nu_1(d\omega_1) \right) \nu_2(d\omega_2)$$

eingeführt.

**Satz 13.** (Fubini) *Ist $h$ eine integrierbare Funktion bezüglich $\nu_1 \times \nu_2$, dann sind fast alle ihre Schnitte integrierbar. Die Funktionen*

$$f(\omega_1) = \int_{\Omega_2} h(\omega_1, \omega_2)\, \nu_2(d\omega_2)\,, \qquad g(\omega_2) = \int_{\Omega_1} h(\omega_1, \omega_2)\, \nu_1(d\omega_1)$$

*sind bezüglich $\nu_1$ bzw. $\nu_2$ integrierbar, und es gilt*

$$\int_{\Omega_1 \times \Omega_2} h\, d(\nu_1 \times \nu_2) = \int_{\Omega_1} f\, d\nu_1 = \int_{\Omega_2} g\, d\nu_2\,.$$

*Ist $h \geqq 0$ eine meßbare Funktion auf $\Omega_1 \times \Omega_2$, dann gilt*

$$\int_{\Omega_1 \times \Omega_2} h\, d(\nu_1 \times \nu_2) = \int_{\Omega_1} \left(\int_{\Omega_2} h\, d\nu_2\right) d\nu_1 = \int_{\Omega_2} \left(\int_{\Omega_1} h\, d\nu_1\right) d\nu_2\,,$$

*wobei alle auftretenden Integrale gleichzeitig endlich oder unendlich sind.*

Beweis. Für Indikatorfunktionen folgt die Behauptung aus dem Satz 11. Also gilt sie für primitive Funktionen. Sei $h \geqq 0$. Dann existiert eine Folge nichtnegativer primitiver Funktionen $h_n \uparrow h$. Nach Satz 3 gilt dann

$$\lim_n \int h_n\, d(\nu_1 \times \nu_2) = \int h\, d(\nu_1 \times \nu_2)\,.$$

Die Funktionen

$$f_n(\omega_1) = \int h_n(\omega_1, \omega_2)\, \nu_2(d\omega_2)$$

bilden eine nichtfallende Folge nichtnegativer Funktionen, die gegen $f(\omega_1) = \int h(\omega_1, \omega_2)\, \nu_2(d\omega_2)$ konvergiert. Nochmalige Anwendung des Satzes 3 führt zur Gleichung

$$\lim_n \int f_n\, d\nu_1 = \int f\, d\nu_1\,.$$

Damit haben wir gezeigt, daß das Integral $\int h\, d(\nu_1 \times \nu_2)$ mit einem der iterierten Integrale übereinstimmt; seine Übereinstimmung mit dem zweiten iterierten Integral wird genauso bewiesen. Damit ist der Satz für nichtnegative Funktionen $h$ bewiesen. Die noch zu beweisende Behauptung folgt aus der Tatsache, daß $h$ genau dann integrierbar ist, wenn $h^+ = \max(h, 0)$ und $h^- = \max(-h, 0)$ integrierbar sind. ◀

Es seien $\langle \Omega, \mathfrak{F}, \mathsf{P} \rangle$ ein Wahrscheinlichkeitsraum, $\langle X_1, \mathfrak{A}_1 \rangle$, $\langle X_2, \mathfrak{A}_2 \rangle$ meßbare Räume und $\xi_1$, $\xi_2$ meßbare Abbildungen von $\Omega$ in $X_1$ bzw. $X_2$. Dann vermittelt der „Vektor" $(\xi_1, \xi_2)$ eine meßbare Abbildung von $\Omega$ in $X_1 \times X_2$.

**Definition 9.** Zufällige Elemente $\xi_1$, $\xi_2$ auf $\langle \Omega, \mathfrak{F}, \mathsf{P} \rangle$ mit Werten aus $X_1$ bzw. $X_2$ heißen *unabhängig*, falls für die induzierten Wahrscheinlichkeitsmaße $\mathsf{P}_{\xi_i}$ auf $\mathfrak{A}_i$ und $\mathsf{P}_{\xi_1,\xi_2}$ auf $\mathfrak{A}_1 \times \mathfrak{A}_2$ gilt $\mathsf{P}_{\xi_1,\xi_2} = \mathsf{P}_{\xi_1} \times \mathsf{P}_{\xi_2}$. Für $X_i = R^n$, $i = 1, 2$, stimmt diese Definition mit der Unabhängigkeitsdefinition für zufällige Vektoren aus § 5, Kap. 3 überein.

Als einen Spezialfall des Satzes von Fubini erhält man den

**Satz 14.** *Es seien $\xi_1$, $\xi_2$ unabhängige zufällige Elemente der meßbaren Räume $\langle X_1, \mathfrak{A}_1 \rangle$, $\langle X_2, \mathfrak{A}_2 \rangle$ auf dem Wahrscheinlichkeitsraum $\langle \Omega, \mathfrak{F}, \mathsf{P} \rangle$. Ist die reelle Funktion $h(x, y)$ $\mathsf{P}_{\xi_1,\xi_2}$-integrierbar, so gilt*

$$\int_{X_1 \times X_2} h(x, y)\, \mathsf{P}_{\xi_1,\xi_2}(dx, dy) = \int_{X_1} \left(\int_{X_2} h(x, y)\, \mathsf{P}_{\xi_2}(dy)\right) \mathsf{P}_{\xi_1}(dx) = \int_{X_2} \left(\int_{X_1} h(x, y)\, \mathsf{P}_{\xi_1}(dx)\right) \mathsf{P}_{\xi_2}(dy)\,.$$

*Ist $h(x, y)$ nichtnegativ, so gilt die letzte Beziehung ohne Integrierbarkeitsvoraussetzungen.*

Aus dem Satz 14 erhält man sofort den

**Satz 15.** *Die Zufallsgrößen $\xi_1, \xi_2$ seien unabhängig. Aus der Existenz von $\mathsf{M}\xi_1, \mathsf{M}\xi_2$ folgt die Existenz von $\mathsf{M}\xi_1\xi_2$ und die Gültigkeit von*

$$\mathsf{M}\xi_1\xi_2 = \mathsf{M}\xi_1\mathsf{M}\xi_2$$

*(für $\xi_i \geqq 0$ ist diese Gleichung stets erfüllt, beide Seiten sind u. U. gleich $+\infty$).*

*Ist keine der Zufallsgrößen $\xi_1, \xi_2$ gleich 0 mit Wahrscheinlichkeit 1, so folgt aus der Endlichkeit von $\mathsf{M}\xi_1\xi_2$ auch die Endlichkeit von $\mathsf{M}\xi_1, \mathsf{M}\xi_2$.*

Beweis. Für nichtnegative $\xi_1, \xi_2$ folgt die Behauptung aus Satz 14. Im allgemeinen Fall führen wir $\xi_1^+ = \max(0, \xi_1)$, $\xi_1^- = -\min(0, \xi_1)$ ein und definieren analog $\xi_2^\pm$. Die Größen $\xi_1^\pm$ und $\xi^\pm$ sind unabhängig und nichtnegativ. Es gilt

$$\mathsf{M}\xi_1\xi_2 = \mathsf{M}(\xi_1^+ - \xi_1^-)(\xi_2^+ - \xi_2^-) = \mathsf{M}\xi_1^+\xi_2^+ - \mathsf{M}\xi_1^-\xi_2^+ - \mathsf{M}\xi_1^+\xi_2^- + \mathsf{M}\xi_1^-\xi_2^- =$$
$$= \mathsf{M}\xi_1^+\mathsf{M}\xi_2^+ - \mathsf{M}\xi_1^-\mathsf{M}\xi_2^+ - \mathsf{M}\xi_1^+\mathsf{M}\xi_2^- + \mathsf{M}\xi_1^-\mathsf{M}\xi_2^- = \mathsf{M}\xi_1\mathsf{M}\xi_2 .$$

Die zweite Behauptung ergibt sich wie folgt. Die Zufallsgrößen $|\xi_1|, |\xi_2|$ sind unabhängig und nichtnegativ, also gilt

$$\mathsf{M}|\xi_1\xi_2| = \mathsf{M}|\xi_1|\mathsf{M}|\xi_2| .$$

Die Endlichkeit der $\mathsf{M}|\xi_i|$ (und damit die von $\mathsf{M}\xi_i$) ergibt sich aus $\mathsf{M}|\xi_1\xi_2| < \infty$ und $\mathsf{M}|\xi_i| > 0$, $i = 1, 2$. ◀

ANHANG 4

# DER STETIGKEITSSATZ FÜR CHARAKTERISTISCHE FUNKTIONEN

Sei $\{\varphi_n(t)\}_{n=1}^{\infty}$ eine Folge c. F. und $\{F_n\}_{n=1}^{\infty}$ die Folge der entsprechenden Verteilungsfunktionen.

Wir wissen schon, daß die schwache Konvergenz $F_n \Rightarrow F$ die Konvergenz der charakteristischen Funktionen $\varphi_n(t) \to \varphi(t)$ für jedes $t$ nach sich zieht, wobei $\varphi$ die c.F. der Verteilung $F$ ist. Die Frage ist, ob auch die umgekehrte Behauptung gilt, daß aus der Konvergenz $\varphi_n(t) \to \varphi(t)$ die schwache Konvergenz der $F_n$ folgt. Ist $\varphi$ eine c.F., so ist uns eine positive Antwort auf diese Frage bekannt (siehe den Stetigkeitssatz in § 4, Kap. 6). Wir brauchen also nur noch zu untersuchen, unter welchen Bedingungen die Grenzfunktion $\varphi$ eine c.F. ist.

**Satz 1.** *Gilt $\varphi_n(t) \to \varphi(t)$ für $n \to \infty$ für jedes $t$, so sind folgende drei Bedingungen äquivalent:*

1. *$\varphi$ ist eine c.F.*
2. *$\varphi(t)$ ist stetig im Punkte $t = 0$.*
3. $\limsup\limits_{n\to\infty} \int\limits_{|x|>N} \mathrm{d}F_n(x) \to 0$ *für* $N \to \infty$.

Zum Beweis benötigen wir einige Sätze über die schwache Konvergenz von Verteilungsfunktionen.

**Lemma.** *Für die schwache Konvergenz einer Folge von Verteilungsfunktionen $\{F_n\}$ gegen eine nichtfallende Funktion $F$*[1]) *ist die Gültigkeit von*

$$F_n(x) \to F(x)$$

*für $n \to \infty$ auf einer überall dichten Menge $D$ reeller Zahlen hinreichend.*

Beweis. Sei $x$ eine beliebige Stetigkeitsstelle von $F$. Für beliebige $x', x'' \in D$ mit der Eigenschaft $x' \leqq x \leqq x''$ ist

$$F_n(x') \leqq F_n(x) \leqq F_n(x'') .$$

Also gilt

$$\lim_{n\to\infty} F_n(x') \leqq \liminf_{n\to\infty} F_n(x) \leqq \limsup_{n\to\infty} F_n(x) \leqq \lim_{n\to\infty} F_n(x'') .$$

Nach Voraussetzung folgt daraus die Ungleichung

$$F(x') \leqq \liminf_{n\to\infty} F_n(x) \leqq \limsup_{n\to\infty} F_n(x) \leqq F(x'') .$$

[1]) Die schwache Konvergenz einer Folge von Verteilungsfunktionen gegen eine nicht notwendig normierte nichtfallende Funktion $F$ (es ist also $\lim F(t) \leqq 1$) bedeutet die Konvergenz $F_n(x) \xrightarrow[n\to\infty]{} F(x)$ in allen Stetigkeitsstellen $x$ von $F$ (Anm. d. Red.).

Jetzt betrachten wir Folgen $\{x'\}$, $\{x''\}$ aus $D$ mit der Eigenschaft $x' \uparrow x$, $x'' \downarrow x$. Da $x$ eine Stetigkeitsstelle von $F$ ist, erhält man aus der letzten Ungleichung die Beziehung

$$\lim_{n\to\infty} F_n(x) = F(x) \,. \blacktriangleleft$$

**Satz 2** (Helly). *Jede Folge $\{F_n\}$ von Verteilungsfunktionen enthält eine Teilfolge $\{F_{nn}\}$, die schwach gegen eine nichtfallende Funktion $F$ konvergiert.*

Beweis. Sei $D = \{x_n'\}$ eine beliebige abzählbare überall dichte Menge reeller Zahlen. Die Zahlenfolge $\{F_n(x_1')\}$ ist beschränkt und enthält folglich eine konvergente Teilfolge $\{F_{1n}(x_1')\}$. Den Grenzwert dieser Teilfolge bezeichnen wir mit $F(x_1')$. Jetzt betrachten wir die Teilfolge $\{F_{1n}(x_2')\}$. Diese Teilfolge enthält ebenfalls eine konvergente Teilfolge $\{F_{2n}(x_2')\}$, deren Grenzwert wir mit $F(x_2')$ bezeichnen. Dabei ist

$$\lim_{n\to\infty} F_{2n}(x_1') = F(x_1') \,.$$

Durch Fortsetzung dieses Verfahrens erhalten wir für jede Zahl $k$ die $k$ Folgen

$$\{F_{kn}(x_1')\} \,, \qquad i = 1, \ldots, k \,,$$

mit der Eigenschaft

$$\lim_{n\to\infty} F_{kn}(x_i') = F(x_i') \,.$$

Wir betrachten die Diagonalfolge $\{F_{nn}(x)\}$. Für jedes $x_k' \in D$ können nur $k - 1$ erste Glieder der Zahlenfolge $\{F_{nn}(x_k')\}$ nicht zur Folge $\{F_{kn}(x_k')\}$ gehören. Also gilt

$$\lim_{n\to\infty} F_{nn}(x_k') = F(x_k') \,.$$

Dadurch wird auf $D$ eine nichtfallende beschränkte Funktion $F$ definiert. Sie kann leicht zu einer von links stetigen nichtfallenden Funktion auf der reellen Achse fortgesetzt werden. Die Folge $\{F_{nn}\}$ und die Funktion $F$ leisten das Verlangte. $\blacktriangleleft$

Beweis von Satz 1. Wir zeigen, daß die Bedingung 3. die Bedingung 1. nach sich zieht. Aus Satz 2 folgt, daß die Folge $\{F_n\}_{n=1}^{\infty}$ eine Teilfolge $\{F_{n_k}\}_{k=1}^{\infty}$ enthält, die schwach gegen eine nichtfallende Funktion $F$ konvergiert. Wir zeigen, daß $F$ eine Verteilungsfunktion ist.

Für ein gegebenes $\varepsilon > 0$ können wir wegen 3. ein $N$ wählen, für das

$$\limsup_{n\to\infty} \big(F_n(N) - F_n(-N)\big) > 1 - \varepsilon \tag{1}$$

gilt und $N$ und $-N$ Stetigkeitspunkte von $F(x)$ sind. Dann gilt

$$\lim_{n\to\infty} \big(F_n(N) - F_n(-N)\big) = F(N) - F\,(-N) \leqq V \,, \tag{2}$$

wobei $V = Var\, F$ ist. Nehmen wir $V < 1$ an und setzen $\varepsilon = 1 - V$, dann steht (1) im Widerspruch zu (2). Folglich ist $V = 1$. $F$ ist also eine Verteilungsfunktion, es gilt $F_{n_k} \Rightarrow F$ und folglich konvergiert $\varphi_{n_k}$ und damit auch $\varphi_n$ gegen die c.F. $\varphi$ der Verteilungs-Funktion $F$.

Um zu zeigen, daß aus 2. die Beziehung 3. folgt, zeigen wir zunächst

**Lemma 2.** *Ist $\psi$ die c.F. von $\xi$, dann gilt für beliebige $u > 0$*

$$\mathsf{P}\left(|\xi| > \frac{2}{u}\right) \leqq \frac{1}{u}\int_{-u}^{u} [1 - \psi(t)]\, dt .$$

Beweis. Der rechte Teil dieser Ungleichung ist gleich

$$\frac{1}{u}\int_{-u}^{u}\int_{-\infty}^{+\infty} (1 - e^{-itx})\, dF(x)\, dt ,$$

wobei $F$ die Verteilungsfunktion von $\xi$ ist. Ändern wir die Integrationsreihenfolge und benutzen

$$\int_{-u}^{u} (1 - e^{-itx})\, dt = \left(t + \frac{e^{-itx}}{ix}\right)\Bigg|_{-u}^{u} = 2u\left(1 - \frac{\sin ux}{ux}\right),$$

so erhalten wir

$$\frac{1}{u}\int_{-u}^{u} [1 - \psi(t)]\, dt = 2\int_{-\infty}^{\infty}\left(1 - \frac{\sin ux}{ux}\right) dF(x) \geqq$$

$$2\int_{|x|>\frac{2}{u}}\left(1 - \left|\frac{\sin ux}{ux}\right|\right) dF(x) \geqq 2\int_{|x|>\frac{2}{u}}\left(1 - \frac{1}{|ux|}\right) dF(x) \geqq \int_{|x|>\frac{u}{2}} dF(x) . \quad ◀$$

Sei nun die Bedingung 2. erfüllt. Nach Lemma 2 gilt

$$\limsup \int_{|x|>\frac{2}{u}} dF_n(x) \leqq \limsup_{n\to\infty} \frac{1}{u}\int_{-u}^{u} [1 - \varphi_n(t)]\, dt = \frac{1}{u}\int_{-u}^{u} [1 - \varphi(t)]\, dt .$$

Da $\varphi(t)$ im Punkt 0 stetig ist und $\varphi(0) = 1$ gilt, kann der Wert des Integrals auf der rechten Seite bei beliebig kleiner Wahl von $u$ beliebig klein gemacht werden. Das bedeutet, daß 3. erfüllt ist. Daß aus der Bedingung 1. die Bedingung 2. folgt, ist uns bereits bekannt. Damit ist der Satz bewiesen. ◀

# SACHWORTVERZEICHNIS

## Berichtigung zu Borowkow, Wahrscheinlichkeitstheorie

Es müssen ersetzt werden:

| | | | |
|---|---|---|---|
| S. 7, 6. Z.; | $i \neq \dot{\gamma}$ | durch | $i \neq \gamma$ |
| 9. Z.: | $\mathsf{P}\left(\bigcup_{k=1}^{n} A_k\right) = \sum_{k=1}^{n} \mathsf{P}(A_k),$ | durch | $\mathsf{P}\left(\bigcup_{k=1}^{n} A_k\right) \leqq \sum_{k=1}^{n} \mathsf{P}(A_k)$ |
| S. 31, 1. Z. v. u.: | $\mathsf{P}((a, b))$ | durch | $\mathsf{P}([a, b))$ |
| S. 38, 3. Z. v. u.: | Vektor $\zeta(\omega)$ | durch | Vektor $\xi(\omega)$ |
| S. 53, 25. Z.: | $M_2$ | durch | M2 |
| | $M\xi$ | durch | $M\zeta$ |
| S. 128, 5. Z.: | Satz 6 | durch | Satz 7 |
| 14. Z.: | $\frac{1}{\sqrt{2\pi}} e^{-u^2/2}$ | durch | $\frac{1}{\sqrt{2\pi n\sigma^2}} e^{-n^2/2}$ |
| 21. Z.: | $\varphi^n\left(\frac{1}{\sqrt{n}}\right)$ | durch | $\varphi^n\left(\frac{1}{\sigma\sqrt{n}}\right)$ |
| S. 179, 21. Z.: | steht. | durch | steht 0. |
| 22. Z.: | $S_{n+1} - \gamma_n$ | durch | – |
| 23. Z.: | steht 0 | durch | $S_{n+1} - \gamma_n$ |

S. 199, 1. Z. v. u.: ..., da für $\sum_{n=1}^{\infty} (\pi n)^{-k/2} < \infty$ $k \geqq 3$

durch: ..., da $\sum_{n=1}^{\infty} (\pi n)^{-k/2} < \infty$ für $k \geqq 3$

| | | | |
|---|---|---|---|
| S. 225, 8. Z.: | $\sup\limits_{[t \epsilon k\Delta, (k+1)\Delta]}$ | durch | $\sup\limits_{t \in [k\Delta, (k+1)\Delta]}$ |

ISBN 3-7643-0788-9

Bei Fragen zur Produktsicherheit wenden Sie sich bitte an:
If you have any questions regarding product safety,
please contact:

Walter de Gruyter GmbH
Genthiner Straße 13
10785 Berlin
productsafety@degruyterbrill.com